高等职业教育"十四五"规划教材

U0965053

高等职业教育产教融合新形态教材

果蔬贮藏与加工技术

（食品智能加工技术、园艺技术等专业适用）

祝战斌　车玉红　主编

中国农业大学出版社
·北京·

内 容 简 介

本书以果蔬贮藏保鲜与加工工艺为主线，以典型果蔬产品的贮藏与加工品为载体，共设计果蔬采后生理、果蔬贮藏技术、果蔬贮藏病害、果蔬加工技术 4 个项目，各项目以典型产品为主线，以工作过程为导向，设计了果蔬中主要化学成分测定、果蔬贮藏条件调控、果蔬商品化处理、北方水果贮藏技术、南方水果贮藏技术、主要蔬菜贮藏技术、果蔬贮藏中常见生理性病害、果蔬常见的侵染性病害、干制品加工、罐头制品加工、果蔬汁制品加工、果酒加工、糖制品加工、蔬菜腌制品加工、速冻制品加工等 15 项任务。本书以贮藏技术和加工工艺为重点，原理力求简易明了，教材内容与生产实际衔接、与职业岗位标准衔接、与职业技能等级证书衔接，强化对学生职业岗位能力的培养。本书适用于高等职业教育院校食品智能加工技术、园艺技术、绿色食品生产与检验等专业，也可供从事果蔬贮藏与加工生产的企业作为培训用书。

图书在版编目(CIP)数据

果蔬贮藏与加工技术 / 祝战斌，车玉红主编. --北京：中国农业大学出版社，2023.2
ISBN 978-7-5655-2919-1

Ⅰ. ①果… Ⅱ. ①祝… ②车… Ⅲ. ①果蔬保藏－高等职业教育－教材②果蔬加工－高等职业教育－教材 Ⅳ. ①TS255.3

中国国家版本馆 CIP 数据核字(2023)第 018158 号

书　　名 果蔬贮藏与加工技术
作　　者 祝战斌　车玉红　主编

策划编辑 张　玉　张　蕊　　**责任编辑** 张　玉
封面设计 郑　川　李尘工作室
出版发行 中国农业大学出版社
社　　址 北京市海淀区圆明园西路 2 号　　**邮政编码** 100193
电　　话 发行部 010-62733489，1190　　读者服务部 010-62732336
编辑部 010-62732617，2618　　出　版　部 010-62733440
网　　址 http://www.caupress.cn　　**E-mail** cbsszs @ cau.edu.cn
经　　销 新华书店
印　　刷 北京时代华都印刷有限公司
版　　次 2023 年 6 月第 1 版　　2023 年 6 月第 1 次印刷
规　　格 185 mm×260 mm　　16 开本　　16.5 印张　　412 千字
定　　价 49.00 元

编委会

主　　编　祝战斌（杨凌职业技术学院）

　　　　　车玉红（新疆农业职业技术学院）

副主编　王文成（漳州职业技术学院）

　　　　　黄友琴（广西农业职业技术大学）

　　　　　杨　玲（甘肃畜牧工程职业学院）

参　　编　刘小鸣（辽宁职业学院）

　　　　　张宁宁（山东药品食品职业学院）

　　　　　唐玮雪（黑龙江民族职业学院）

出版说明

为贯彻落实《国家职业教育改革实施方案》(国发〔2019〕4号,又称“职教二十条”)以及《高等职业学校专业教学标准》等相关文件精神,有效推进产教融合、校企合作,建设一批校企“双元”合作开发的高质量教材,经向行业专家咨询及与有关高等职业院校沟通,借鉴与物化高等职业教育食品类专业教育教学改革成果,中国农业大学出版社开展了高等职业教育产教融合新形态食品类专业系列教材建设工作。

“高等职业教育产教融合新形态教材”食品类专业系列教材建设是食品类专业高技能人才培养的基础性工作,也是促进社会与经济发展的客观需求。近20年来,随着加入世贸组织,我国食品工业得到了持续与快速的发展,食品工业进入产业升级、调整改革的关键时期,食品产业从数量扩张向质量提升转变。原有的高等职业教育食品类专业教材从内容到表现形式,要满足现代食品工业人才培养的需要,就必须改革创新,在实践中不断探索高等职业教育食品类专业新形态系列教材建设的新路子,才能为高等职业教育食品类专业高技能人才培养奠定坚实的基础、发挥应有的作用。

“高等职业教育产教融合新形态教材”食品类专业系列教材具有如下特点:

1.精心组织编审队伍。在征集相关高等职业院校的申报材料的基础上,充分考虑不同院校的专业优势及教学创新改革进程及成果等,慎重确定参加编审的骨干人员,并根据教师提供的编写提纲、编写思路与样章等,由食品类专业系列教材编审委员会及专家组遴选组建编写团队。同时,邀请高等职业院校、行业及生产企业的专家参与教材建设,审核编写提纲,后期对书稿进行严格审定。教材编写过程中,作者与审稿人员充分沟通,对书稿反复修改,从而确保了教材内容的前瞻性、科学性及对一线岗位的适应性。

2.创新编写体例。本次教材建设重点在食品类专业基础课程和专业核心课程。以“项目引领,任务驱动”作为教材的基本框架,以职业岗位确立典型工作任务,以典型工作任务确定岗位能力需求,以能力需求确定学习项目与任务,突出了实践性、企业案例化与职业化,并与项目紧密关联。内容新颖、趣味性强是本系列教材的一大亮点。对专业基础课程教材,创新了传统的学科编写体例,参考模块式总体思路设计,使教材精炼、实用,有利于提高学生的学习效果与效率,较以往传统教材有较大突破。

3.突出职业教育特色。教材编写体现了现代职业教育体系教学改革精神,该新形态系列教材将努力体现课程内容与职业标准对接、教学过程与生产过程对接的要求,反映高等职业教育专业课教学与思想政治理论课教学同向同行、职业技能与职业精神培养高度融合的特点,尤其是“项目引领，任务驱动”式教材，每一任务的活动规程，力求按工作任务的环节以表格任务单或实际案例形式进行编写与训练，突出操作环节与质量要求，促进职业技能培养与职业精神养成的紧密结合，实现教学与职业岗位的“零距离对接”。

4.新形态信息技术在系列教材中广泛应用。努力对食品类专业教材中的知识点与技能点进行信息化处理，使其表现形式更加多元化，提高智能化水平，突出趣味性与直观性，实现手机终端推送学习，采用微课、视频、动画等展示相关知识、专项实验、任务拓展与测试题答案等内容，充分体现了高等职业教育教材多元化创新的全新特色。

“高等职业教育产教融合新形态教材”食品类专业系列教材基本覆盖了食品加工、食品生物技术、食品营养与检测等食品类专业的专业基础课程与专业核心课程。系列教材既充分强调了食品科学的实践性，同时又充分考虑了食品产业与基础理论的有机结合，努力做到每种教材间内容相互补充、相互衔接，构成一个完整的课程体系。系列教材主要作为高等职业教育食品类专业的相关课程教材，也可作为现代食品企业相关技术人员及专业技术工人的培训、参考用书。

“高等职业教育产教融合新形态教材”食品类专业系列教材的顺利出版，是全国近 60 所高职学院及部分食品企业等共同奋斗的结果。编写过程中所做的许多探索，为进一步推进高等职业教育教材建设的改革与创新提供了宝贵的经验。我们真诚地希望，以此为契机，进一步有效加强与各高等职业院校及食品企业的交流与合作，不断拓展食品类专业新形态系列教材合作开发的思路，创新教材开发的模式与服务方式。让我们共同努力，为深化高等职业教育食品类专业教育教学改革与人才培养质量的提高，发挥积极的推动作用。

中国农业大学出版社

2022 年 7 月

前　言

为贯彻落实《国务院办公厅关于深化产教融合的若干意见》《国家职业教育改革实施方案》等，促进教育链、人才链与产业链、创新链有机衔接，推进人力资源供给侧结构性改革的迫切要求，我们按照教育部颁布的高等职业教育《食品智能加工技术专业教学标准》《园艺技术专业教学标准》等，根据果蔬贮藏与加工技术领域和职业岗位的任职要求，对接最新行业、职业标准和岗位规范，以工学结合为切入点，以项目为载体，以真实生产任务(工作过程)为导向，以相关职业岗位能力要求为依据，重构教材内容体系，编写了《果蔬贮藏与加工技术》这本教材。

党的二十大报告指出，育人的根本在于立德。全面贯彻党的教育方针，落实立德树人根本任务，培养德智体美劳全面发展的社会主义建设者和接班人。教材在编写过程中，紧紧围绕“培养什么人、怎样培养人、为谁培养人”这一教育根本问题，全面落实立德树人根本任务，强化学生素养教育，明确素养教育目标，增设素养育人元素，将“绿色发展”“科技自立自强”等有机融入学生素养教育之中，不断提升育人成效。

教材在编写过程中，坚持“产教融合、科教融汇”，坚持“以学生为主体，以教师为主导”，在认真调研的基础上，分析职业岗位，确定职业岗位能力，以果蔬贮藏保鲜与加工工艺为主线，以典型果蔬产品的贮藏与加工品为载体，按照项目化教材编写的基本思路，共设计果蔬采后生理、果蔬贮藏技术、果蔬贮藏病害、果蔬加工技术 4 个项目，各项目以典型产品为主线，以工作过程为导向，设计了果蔬中主要化学成分测定、果蔬贮藏环境条件调控、果蔬商品化处理、北方水果贮藏技术、南方水果贮藏技术、主要蔬菜贮藏技术、果蔬贮藏中常见生理性病害、果蔬贮藏中常见的侵染性病害、干制品加工、罐头制品加工、果蔬汁制品加工、果酒酿造、糖制品加工、蔬菜腌制品加工、速冻制品加工等 15 项任务。在内容编写上，以贮藏技术和加工工艺为重点，原理力求简易明了，特别是将近年来国家行业有关果蔬贮藏加工技术标准、产品质量标准及近年来生产中的新技术、新工艺渗透到教材之中，使教材内容与生产实际衔接、与职业岗位标准衔接、与职业技能等级证书衔接，突出实用性和职业性，强化对学生职业岗位能力的培养。

本教材由祝战斌、车玉红主编，编写分工为：项目一由黄友琴编写，项目二中知识点、任务

一、任务三由杨玲编写；项目二中任务二、项目四中任务二由王文成编写；项目三由刘小鸣编写；项目四中任务一由车玉红编写；项目四中任务三、任务四由唐玮雪编写；项目四中任务五、任务六由张宁宁编写；项目四中任务七由祝战斌编写。全书由祝战斌制定编写提纲，由祝战斌、车玉红进行修改完善并统稿。

本教材承蒙江西生物科技职业学院曹端荣院长、江苏农林职业技术学院茶与食品学院曹正院长、北京农业职业学院赵晨霞教授与原中央农业广播电视学校陈肖安等同志对教材内容进行了初审与最终审定，在此一并表示感谢。

由于编者水平有限，加之时间仓促，教材中存在着不同程度和不同形式的错误和不妥之处，衷心希望广大读者及时发现并提出，更希望广大读者对教材编写质量提出宝贵意见，以便修订和完善，进一步提高教材质量。

编　者

2022 年 12 月

本书资源码

目　录

项目一　果蔬采后生理

学习目标

①能熟记呼吸作用、呼吸强度、呼吸商、呼吸跃变、呼吸热、田间热等基本概念；②能准确陈述呼吸强度与果蔬贮藏保鲜的密切关系，乙烯代谢在果蔬产品贮藏保鲜过程中的重要作用，水分蒸腾、冷害、休眠对果蔬贮藏保鲜的影响；③能进行果蔬基本化学成分的测定；④能准确使用各种仪器进行果蔬贮藏环境条件的测定；⑤能测定不同果蔬的呼吸强度；⑥培养学生发现问题、研究问题的科学素养，增强科学研究的严谨性。

工作任务

①果蔬贮藏原料的收购、检验、运输；②果蔬贮藏原料的商品化处理；③果蔬贮藏环境条件的测定与控制；④果蔬贮藏过程中呼吸强度的测定；⑤果蔬贮藏质量的鉴定和贮藏期的判断。

知识点 1　果蔬的基本化学组成

果蔬营养丰富，它的化学成分十分复杂。果蔬中所含的化学成分可分为两部分，即水分和干物质(固形物)。水分包括游离水和结合水；干物质包括水溶性成分和非水溶性成分。水溶性成分主要是糖类、果胶物质、有机酸、单宁物质、水溶性维生素、水溶性色素。非水溶性成分包括木质素、原果胶、淀粉、脂肪、脂溶性维生素、脂溶性色素、部分含氮物质、部分矿物质和部分有机酸盐等。这些物质各有特性，它们是决定果蔬本身品质的重要因素。

果蔬采收后，果蔬内部的许多物质会发生很大的变化，由此引起果蔬耐贮性、抗病性、果蔬品质及营养成分的变化。熟悉果蔬中物质的变化对于做好果蔬的贮运工作具有十分重要的意义。

1.1　水分

果蔬中含量最高的化学成分是水，大多数果蔬含水量在 80%～90%，有些可达 95%以上。水分是维持果蔬的正常生理活性和新鲜品质的必要条件，也是果蔬的重要品质特性之一。果蔬的含水量因果蔬种类和品种而异，果蔬采收后，水分供应被切断，而呼吸作用仍在进行，由于一部分水分被带走造成果蔬的萎蔫，从而促使酶的活力增强，加快了一些物质的分解，造成营养物质的损耗，并且减弱了果蔬的耐贮性和抗病性，引起果蔬品质劣变。为防止失水，贮藏室应进行地面洒水、喷雾或用

> **思考：**果蔬的品质决定其价值，你认为当代大学生应具备怎样的优秀品质呢？

塑料薄膜覆盖，增大空气中的相对湿度，使果蔬的水分不易蒸发散失。

1.2 碳水化合物

碳水化合物是果蔬中干物质的主要成分，包括糖类、淀粉、纤维素、半纤维素和果胶物质等。

1.2.1 糖类

大多数果蔬都含有糖，糖不仅是决定果蔬营养和风味的重要成分，也是果蔬甜味的重要来源，还是果蔬重要的贮藏物质之一。果蔬中的糖主要包括果糖、葡萄糖、蔗糖和某些戊糖等可溶性糖，不同的果蔬含糖的种类不同。例如苹果、梨中主要以果糖为主；桃、樱桃、杏、番茄主要含葡萄糖，果糖次之；甜瓜、胡萝卜主要含蔗糖；西瓜主要含果糖。不同种类的果蔬含糖差异很大，而且果蔬在成熟和衰老过程中含糖量和含糖种类也在不断变化。一般果蔬的含糖量随着成熟而增加，但是块茎、块根等蔬菜与前者相反，成熟度越高含糖量越低。

1.2.2 淀粉

淀粉为多糖类，主要存在于未成熟果实中。如香蕉的绿果中淀粉含量达25%左右，成熟后下降到1%以下。块根、块茎类蔬菜中含淀粉最多，如藕、芋头、山药、马铃薯等，其淀粉含量与老熟程度成正比。果蔬中的淀粉开始是逐步积累的，可溶性糖很少；随着成熟、后熟，在酶的作用下，淀粉可转化为糖。淀粉逐步减少，可溶性糖增加，果实甜味增加。

1.2.3 纤维素和半纤维素

纤维素和半纤维素在植物界分布极广，数量很多，它们是植物的骨架物质，也是细胞壁和皮层的主要成分，对果蔬的形态起支持作用。纤维素在果蔬皮层中含量较高，在幼嫩时期是一种含水纤维素，在成熟过程中逐渐木质化和角质化，变得坚硬、粗糙，不堪食用。半纤维素在植物体内有支持组织和贮存的双重功能。从果蔬品质来说，纤维素和半纤维素含量越低越好，但纤维素、半纤维素和果胶物质形成的复合纤维素对果蔬有保护作用，可增强果蔬耐藏性。纤维素不能被人体吸收，但能刺激肠道蠕动，有助于消化。纤维素具有很强的韧性，不溶于水、稀酸、稀碱，但能溶于浓硫酸。半纤维素也不溶于水，能溶于稀碱，也易被稀酸水解成单糖。

1.2.4 果胶物质

果胶物质沉积在细胞初生壁和中胶层中，起着黏结细胞个体的作用，是果蔬中普遍存在的高分子化合物。果胶物质以原果胶、果胶、果胶酸3种形式存在于果蔬中。未成熟的果蔬，果胶物质主要是以原果胶存在，并与纤维素和半纤维素结合，不溶于水，将细胞紧密黏结，果实组织坚硬。随着果蔬成熟，原果胶在酶的作用下，逐渐水解而与纤维分离，转变成果胶渗入细胞液中，细胞间即失去黏结，使组织松散，硬度下降；果胶在果胶酶的作用下分解成果胶酸，果胶酸没有黏性，使细胞失去黏着力，果实也随之发绵变软，贮藏能力逐渐降低。

1.3 有机酸

有机酸是果蔬酸味的主要来源，其中柠檬酸、苹果酸和酒石酸在果实中的含量较高。蔬菜的含酸量较少，除番茄外，大多都感觉不到酸味的存在，但有些蔬菜如菠菜、苋菜、竹笋等含有较多的草酸。不同种类和品种的果蔬产品，有机酸种类和含量不同。

通常果蔬发育完成后有机酸的含量最高，随着成熟和衰老，有机酸的含量呈下降趋势。有机酸含量降低主要是由于有机酸参与果蔬呼吸，作为呼吸的基质而被消耗掉。在贮藏中果实中的有机酸下降速度比糖快，而且温度越高有机酸的消耗也越多，造成糖酸比逐渐升高，这也是为什么有的果实贮藏一段时间以后吃起来变甜的原因。

果蔬中有机酸的含量以及有机酸在贮藏过程中变化的快慢，通常作为判断果蔬是否成熟和贮藏环境是否适宜的一个指标。

1.4　含氮化合物

果蔬中的含氮物质主要是蛋白质，其次是氨基酸、酰胺及某些铵盐和硝酸盐。果实中除坚果外，含氮物质一般比较少，为 0.2%～1.5%。蔬菜则较多，叶菜类蔬菜富含含氮物质，甘蓝类和豆类蔬菜也含有很多，其中以抱子甘蓝、羽衣甘蓝和花椰菜为最多。

1.5　单宁

单宁也称鞣质，是一种多酚类化合物，易溶于水，有涩味，大多数水果、蔬菜中都含有单宁。单宁与果蔬的风味、褐变和抗病性密切相关。单宁是引起涩味的主要成分，含量高时会给人带来很不舒服的收敛性涩感，但适度的单宁含量可以给产品带来清凉爽口感。果蔬在采后受机械伤或贮藏后期衰老，单宁物质都会出现不同程度的褐变，随着果蔬成熟单宁含量逐渐降低。

1.6　酶

果蔬中含有各种各样的酶，这些酶溶解在细胞汁液中，主要有两大类，一类是水解酶类，包括果胶酶、淀粉酶、蛋白酶等；另一类是氧化酶类，包括抗坏血酸氧化酶、过氧化物酶、多酚氧化酶等。抗坏血酸氧化酶对维生素 C 的含量有很大影响，过氧化物酶可防止有毒物质的积累，多酚氧化酶在植物受到伤害时促进发生褐变，果胶酶影响着果蔬的质地。

1.7　色素

色素构成了果蔬的色泽，色泽是人们感官评价果蔬质量的一个重要因素，也是检验果蔬成熟衰老的依据。果蔬中色素种类很多，有的单独存在，有的几种色素同时存在，或显现，或被掩盖。各种色素随着成熟期的不同及环境条件的改变而有各种变化。果蔬的色素主要有叶绿素、类胡萝卜素和花青素，其中叶绿素和类胡萝卜素为非水溶性色素，花青素为水溶性色素。

1.7.1　叶绿素

叶绿素是两种结构很相似的物质，即叶绿素 a 和叶绿素 b。叶绿素的含量以及种类直接影响果蔬的外观质量。对于大多数果蔬来讲，随着果蔬的成熟，叶绿素含量逐渐降低；随着贮藏期的延长叶绿素的含量也会降低。

1.7.2　类胡萝卜素

类胡萝卜素主要有胡萝卜素、番茄红素、番茄黄素、辣椒黄素、辣椒红素、叶黄素等，是一类脂溶性的色素，性质较稳定，构成果蔬的黄色、橙色或橙红色。类胡萝卜素广泛存在于水果和蔬菜的叶、根、花、果实中。类胡萝卜素中有一些化合物可以转化成维生素 A，它们又称为“维生素 A 原”。类胡萝卜素常与叶绿素并存，成熟过程中叶绿素酶活性增强，叶绿素逐渐分解，类胡萝卜素显色。

1.7.3　花青素(也称花色素)

花青素是一类非常不稳定的糖苷型水溶性色素，常表现为紫、蓝、红等色，一般在果实成熟时才合成，存在于表皮的细胞液中，花青素在酸性溶液中呈红色，在碱性溶液中呈蓝色，在中性溶液中呈紫色，与金属离子结合时会呈现各种颜色，是果蔬红紫色的重要来源。

1.8 维生素

维生素是活细胞维持正常生理功能所必需的、需要极微量的天然有机物质。维生素在水果、蔬菜中含量极为丰富，是人体维生素的重要来源，包括维生素 A、维生素 B_1、维生素 B_2、维生素 C 和维生素 K 等，其中主要是维生素 A 和维生素 C。据报道，人体所需维生素 C 的98%、维生素 A 的 57%左右来自果蔬。在贮运加工过程中如何保持原料中原有的维生素和强化维生素是经常遇到的问题。

1.8.1 维生素 C

维生素 C 是植物体在光的作用下合成的，光照时数以及光的质量对果蔬中维生素 C 含量影响很大。果蔬种类不同，维生素 C 含量有很大差异。果蔬的不同组织部位其含量也不同，一般是果皮的维生素 C 含量高于果肉的含量。

维生素 C 在酸性条件下比较稳定，由于果蔬本身含有促进抗坏血酸氧化的酶，因而在贮藏过程中会逐渐被氧化减少。减少的快慢与贮藏条件有很大的关系，一般在低温、低氧中贮藏的果蔬，可以降低或延缓维生素 C 的损失。

1.8.2 维生素 A

维生素 A 是脂溶性的，只存在于动物性食品中，在植物性食品中只含有胡萝卜素。维生素 A 耐热，在加工过程中损失较少，仅在较强氧化剂存在时可因氧化而失去活性，在有光线照射的条件下会加速氧化进程。

1.9 矿物质

矿物质在果蔬中分布极广，占果蔬干重的 1%～5%，果蔬产品是人体摄取矿物质的重要来源之一。果蔬中的矿物质主要是钾、钠、钙等元素，其中钾元素可占总量的 50%以上，它们进入人体后，与呼吸释放的 HCO_3^- 结合，可中和血液 pH，使血浆的 pH 增大。因此果蔬食品在营养学中又被称为“碱性食品”。

1.10 芳香物质

果蔬中的香味来源于果蔬的芳香物质，芳香成分也是判断果蔬成熟的一种标志。果蔬的芳香物质是一些挥发性油状混合物，含量甚微，但对品质影响较大。挥发油的主要成分为醇、醛、酯、酸、酮、烷、烯、萜等有机物，核果类果实的芳香物质主要存在于种子中，其他果实的芳香物质主要存在于果皮中，蔬菜分别存在于根、茎、叶、种子中。在果蔬成熟过程中，芳香物质逐步增多。芳香物质具有催熟作用，贮藏中应及时通风排除，以免果蔬贮藏寿命缩短。

知识点 2 呼吸作用

果蔬采收之前，靠发达的根系从土壤中吸收水分和无机成分，利用叶片的光合作用积累并贮藏营养，从而具有优良的品质。果蔬采后失去了水分和无机物的供应，同化作用基本停止，但仍然是一个“活”的有机体，在贮运中继续进行一系列的复杂生理活动。其中最主要的有呼吸生理、蒸发生理、成熟衰老生理、低温伤害生理和休眠生理，这些生理活动影响着果蔬耐藏性和抗病性，必须进行有效的调控。

果蔬产品采后的一些生理变化会直接影响果蔬耐贮性和抗病性的变化。耐贮性是指果蔬在一定的贮藏期限内能保持其原有品质而不发生明显不良变化的特性。抗病性是指果蔬抵抗致病微生物侵害的特性。果蔬贮藏的任务是使果蔬产品保持鲜活品质，通过控制环境条件，对产品采后的生命活动进行调节，尽可能延长产品的寿命，一方面使其保持生命力以提高其抗病性，达到防止腐烂败坏的目的；另一方面使产品自身品质变劣得以延迟，达到保鲜的目的。因此，从生理角度研究腐烂变质的原因，采取措施增强果蔬耐贮性和抗病性，延缓果蔬衰老，对果蔬贮藏具有重要意义。

2.1　呼吸作用的类型

呼吸作用是果蔬的生活细胞(呼吸底物)，在一系列酶的参与下，经过许多中间反应环节进行的生物氧化还原过程，将体内复杂的有机化合物分解成较简单的物质，同时释放能量的过程。呼吸标志着生命的存在，根据呼吸过程中是否有氧的参与，可将果蔬呼吸类型分为有氧呼吸和无氧呼吸两种类型。有氧呼吸是主要的呼吸方式。

2.1.1　有氧呼吸

有氧呼吸是指生活细胞在有氧气参与下，将呼吸底物彻底氧化分解成二氧化碳和水，同时释放大量能量的过程。其反应式如下：

$$C_6H_{12}O_6+6O_2 \rightarrow 6CO_2\uparrow+6H_2O+2\ 817.7\ \text{kJ}$$

2.1.2　无氧呼吸

无氧呼吸是指果蔬在缺氧条件下，呼吸底物氧化不彻底，产生乙醛、乙醇、乳酸等各种中间产物，同时释放少量能量的过程。其反应式如下：

$$C_6H_{12}O_6 \rightarrow 2C_2H_5OH+2CO_2\uparrow+87.9\ \text{kJ}$$

无氧呼吸释放能量比有氧呼吸少，为了获取同样多的能量则要消耗更多的呼吸底物，同时无氧呼吸的中间产物乙醛、乙醇等有害物质在细胞内积累，会使细胞中毒，甚至死亡。所以无氧呼吸对贮藏不利。

2.2　呼吸作用的指标

2.2.1　呼吸强度

呼吸强度是指果蔬在一定温度下，单位时间内单位重量产品呼吸所排出的二氧化碳毫克量或吸收氧气的毫克量，常用单位为 mg/(kg · h)。呼吸强度是衡量呼吸作用强弱(大小)的指标。呼吸强度大，呼吸作用旺盛，营养物质消耗快，贮藏寿命短。

2.2.2　呼吸系数(呼吸商)

呼吸系数也称为呼吸商，是指果蔬在一定时间内，其呼吸所排出的二氧化碳和吸收的氧气的容积比。用 RQ 表示。呼吸系数的大小，在一定的程度上可以估计呼吸作用性质和底物的种类。以葡萄糖为底物的有氧呼吸，RQ=1；以含氧量高的有机酸为底物的有氧呼吸，RQ>1；以含碳多的脂肪酸为底物的有氧呼吸，RQ<1。当发生无氧呼吸时，吸入的 O_2 少，RQ>1，RQ 值越大，无氧呼吸所占的比例也越高。RQ 值越小，需要吸入的 O_2 量越大，氧化时释放的能量越多。所以蛋白质、脂肪所供给的能量最高，糖类次之，有机酸最少。

2.2.3 呼吸热

呼吸消耗底物，同时释放能量。有氧呼吸每消耗 1 mol 己糖，释放能量 2 817.7 kJ，其中有1 554 kJ以化学能贮存在 30 mol ATP 中，大部分以热的形式释放出来，这就是呼吸热。无氧呼吸每消耗 1 mol 己糖，产生 87.9 kJ 的能量，转化为化学能为 2 mol ATP，其余的以热的形式释出，也就是呼吸热。

在果蔬贮藏中，呼吸作用始终在进行，呼吸热不断地被释放出来，为了保持恒定的库温，就必须随时排除果蔬所释放出来的呼吸热及其他热源。

2.3 呼吸跃变

在果实的发育过程中，呼吸强度随果实发育阶段的不同而不同。有的果实呼吸强度不断下降；有的果实则不同，在成熟过程中，呼吸强度会急速上升至最高点，随果实成熟衰老再次快速下降，这种现象叫作呼吸跃变。跃变最高点叫呼吸高峰(跃变高峰)。

根据果实在成长、成熟过程中的呼吸方式，可将果实分为两类(图 1-1)，一类是跃变型果实，主要有苹果、梨、油梨、香蕉、杏、桃、李、蓝莓、番茄、猕猴桃、柿子、无花果、杧果、甜瓜、西瓜等。其特征是果实幼嫩时呼吸旺盛，在生长的过程中随着果实的膨大呼吸量不断下降，达到一个最低值后又急剧上升，达到高峰后再次下降直到果实败坏。果实完熟时达到呼吸高峰，此时果实达到最佳鲜食品质，呼吸高峰过后果实品质迅速下降，不耐贮藏。各种果实出现跃变的时间和呼吸高峰的大小，千差万别，跃变来得越快，果实采后的寿命也就越短。跃变期出现的早晚与乙烯有关，外源乙烯只有在跃变前期才能促进呼吸高峰出现，呼吸跃变是果实从生长转向衰老的一个标志。另一类是非跃变型果实，主要有柑橘、石榴、柠檬、葡萄、草莓、菠萝、荔枝、龙眼、杨桃、枣、黄瓜等，其特征是果实在发育过程中没有呼吸高峰，这类果实采后寿命必须应用抑制呼吸作用的各种环境因素及技术加以调控。

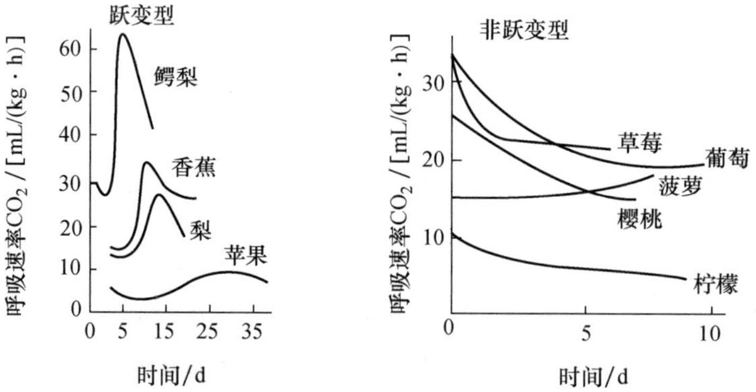

图 1-1 呼吸跃变型果实和非跃变型果实呼吸强度曲线

2.4 影响呼吸作用的因素

2.4.1 果蔬种类与品种

不同种类、不同品种的果蔬呼吸强度不同。果品中呼吸强度依次为浆果类(葡萄除外)最大，核果类次之，仁果类较低。蔬菜中呼吸强度叶菜类最大，果菜类次之，直根、块茎较低。同一种类的果蔬的呼吸强度，一般南方生长的比北方生长的大，早熟品种比晚熟品种大，夏季成熟的比秋季成熟的大，贮藏器官比营养器官大。

2.4.2 发育年龄与成熟度

在果蔬生长发育和成熟过程中，幼龄时期呼吸强度最大，随着成熟度的增加呼吸强度逐渐减弱。这是因为幼龄时期，各种代谢过程都很活跃，而且表层保护组织尚未发育完全，组织内的细胞间隙也较大，便于气体交换，内层组织能获得较充足的氧气，因此呼吸强度大，这也是幼嫩瓜果较难贮藏的原因。老熟瓜果和其他蔬菜新陈代谢缓慢，表皮组织、蜡质和角质保护层加厚，呼吸强度降低，较耐贮藏。

2.4.3 温度

温度是影响呼吸作用最重要的因素，也是影响果蔬采后贮藏的最重要的因素。在一定温度范围内，温度升高，酶活性增强，呼吸强度增大，物质消耗增多，贮藏寿命缩短。一般在5～35 ℃范围内，温度和呼吸作用的关系可以用温度系数Q_{10}（温度每升高10 ℃，呼吸强度增加的倍数）来表示。但是，Q_{10}并不是在整个生物学范围内都保持恒定，而是温度的函数（表1-1）。不同的果实Q_{10}也有差异（表1-2）。

表1-1 温度系数Q_{10}在不同温度范围内的变化

温度范围/℃	增加倍数	Q_{10}值	温度范围/℃	增加倍数	Q_{10}值
0～10	1.2～2.0	2.5～4.0	20～30	0.75～1.0	1.5～2.0
10～20	1.0～1.2	2.0～2.5	30～40	0.5～0.75	1.0～1.5

表1-2 一定温度下几种果实的Q_{10}值

种类	温度/℃	Q_{10}值	种类	温度/℃	Q_{10}值
香蕉	5～15	2.4	番茄	10～15	2.3
番木瓜	4.5～15	3.0	苹果	5～15	2.5

当温度超过35 ℃时，呼吸作用各种酶的活性受到抑制或破坏，呼吸强度反而下降。果蔬呼吸加快，还会造成组织内部缺氧和二氧化碳积累危害，不仅引起呼吸的量变，还会引起呼吸的质变。

降低贮藏温度可以减弱呼吸强度，减少物质消耗，延长贮藏时间。因此，贮藏果蔬的普遍措施就是尽可能维持较低的温度，将果实的呼吸作用抑制到最低限度。但贮藏温度并不是越低越好，温度过低糖酵解过程和细胞线粒体呼吸的速度相对加快，呼吸强度反而增大。不同品种的果蔬对低温的适应能力各不相同，但都有一定的限度。如番茄最适贮藏温度为10～12 ℃，黄瓜10～13 ℃，青椒8～10 ℃，沃柑5～8 ℃。贮藏中应根据不同果蔬对低温的忍耐性，在不发生冷害的前提下，尽量降低贮藏温度，温度过低或过高都会影响到果蔬正常的生命活动。

另外，温度的稳定性也是十分重要的，贮藏环境的温度波动会刺激水解酶的活性，呼吸强度增大，增加物质消耗。

2.4.4 相对湿度

相对湿度与温度相比，对呼吸强度的影响是次要因素，但仍然会对果蔬呼吸产生影响。一般来说，轻微的干燥较湿润更可抑制呼吸作用。但贮藏环境的相对湿度过低，会刺激果蔬内部水解酶活性的增强，使呼吸底物增加，从而刺激呼吸作用增强。

湿度对不同果蔬呼吸强度的影响不相同。如大白菜、菠菜、温州蜜柑、红橘等采后稍经晾晒，蒸发掉一小部分水分，有利于降低呼吸强度，增强耐贮性。

洋葱、大蒜贮藏时要求低湿,低湿可抑制呼吸强度,使其保持休眠状态。但薯芋类蔬菜贮藏时要求高湿,干燥反而促进呼吸导致生理病害。香蕉在相对湿度<80%时,不能正常成熟,也无呼吸跃变,但在相对湿度>90%时呼吸表现出正常的跃变模式。

2.4.5 气体成分

一般大气含氧量约21%,二氧化碳约0.03%,其余为氮气以及其他一些微量气体。适当降低贮藏环境的氧气浓度和提高CO_2浓度,可抑制果蔬呼吸作用,从而抑制果蔬的成熟和衰老过程。

氧气是果蔬正常呼吸的重要因子,是生物氧化不可缺少的条件。当氧气浓度低于10%时,呼吸强度明显降低,但氧气浓度并不是越低越好,氧气浓度过低,就会产生无氧呼吸,大量积累乙醇、乙醛等有害物质,造成缺氧伤害。无氧呼吸消失点的氧气浓度一般为1%~5%,不同种类的果蔬有差异。

另一方面,提高二氧化碳浓度可以抑制呼吸,但二氧化碳浓度并不是越高越好,二氧化碳浓度过高,反而会刺激呼吸作用和引起无氧呼吸,产生二氧化碳中毒,这种伤害甚至比缺氧伤害更加严重,其伤害程度决定于果蔬周围的氧和二氧化碳浓度、温度和持续的时间。不同种类的果蔬对二氧化碳的忍耐能力是有差异的,大多数果蔬适宜的二氧化碳浓度是1%~5%,二氧化碳伤害可因提高氧气浓度而有所减轻,在较低的氧气浓度中,二氧化碳伤害则更重。

2.4.6 机械损伤和病虫害

果蔬在采收、运输和贮藏过程中常常会受到挤压、震动、碰撞、摩擦等机械损伤。机械损伤,即使是轻微的挤压和擦伤也会引起呼吸加强,加速果蔬的成熟衰老,大大缩短贮藏时间。生产中震动对果蔬的危害常常被忽视,震动往往会造成内伤,其与外伤造成的危害一样。因此,在采收及采后的各环节中都要避免机械损伤,在贮藏前要进行严格选果。

病虫害与机械损伤的影响相似,果蔬受到病虫害侵害时,呼吸作用明显加强,缩短了贮藏时间。

2.4.7 植物激素

植物激素有两大类,一类是生长激素,如生长素、赤霉素、细胞分裂素等有抑制呼吸、防止衰老的作用;另一类是成熟激素,如乙烯、脱落酸,有促进呼吸加速成熟的作用。贮藏环境中的乙烯虽然含量少,但对呼吸作用的刺激却是很大的,在贮藏中控制乙烯的生成,及时排除以降低乙烯的含量,是减缓成熟、降低呼吸强度的有效方法。

综上所述,影响呼吸强度的因素是多方面的、复杂的。这些因素之间不是孤立的,而是相互联系、相互制约的。在果蔬贮藏过程中,多种环境因素共同作用于果蔬,影响果蔬的呼吸强度。

知识点3 乙烯与成熟衰老

乙烯是一种最简单的链烯,在正常条件下为气态,是一种植物激素,能够促进果蔬的成熟与衰老,贮运中应特别注意。

水果、蔬菜在个体发育过程中,经历生长、发育、完熟、衰老几个阶段。它们是相辅相成,紧密联系的连续过程。这些过程被许多植物激素所控制,特别是乙烯的出现是果实进入成熟的征兆。由于适当浓度乙烯的作用,果实呼吸作用随之提高,某些酶的活性增强,从而促进果实成熟、衰老等一系列生理生化的变化,果实也同时表现出不同成熟阶段的特性。

3.1　果实成熟与衰老的机制

据报道，几乎所有的植物组织都能产生乙烯，乙烯能促进果蔬后熟、软化和衰老；能促进叶绿素的降解，使果蔬转色；能促进果蔬风味的形成；能脱除果蔬的涩味；会引起果蔬叶片的脱落。研究表明，即使在稀薄浓度下(1 mg/L)，乙烯也具有催熟效应，所以有人将它称为“成熟激素”。

> 思考：请同学们通过网络了解“乙烯的发展史”，科学家们“筚路蓝缕，手胼足胝”的艰苦努力推动了人类社会的发展，我们也要继承和发扬优秀科学家们勤奋、坚持、求真、严谨的品质。

3.1.1　乙烯的生理作用

乙烯能提高果蔬产品的呼吸强度，促进果蔬产品成熟，乙烯除了能促进果实的成熟，还有许多其他的生理作用，乙烯可以加快叶绿素的分解，促进果蔬的衰老，从而导致品质下降。例如，25 ℃下 0.5～5.0 μL/L 的乙烯处理会使黄瓜褪绿变黄，膜透性增加，瓜皮呈水浸状斑点。0.1 μL/L 的乙烯可使莴苣叶褐变。乙烯还会促进植物器官的脱落，如 0.1～1.0 μL/L 的乙烯可以引起大白菜和甘蓝脱帮。

3.1.2　乙烯的生物合成

乙烯的生物合成途径是：MET(蛋氨酸)→SAM(3-腺苷蛋氨酸)→ACC(1-氨基环丙烷羧酸)→C_2H_4(乙烯)。在合成过程中有促进因素，也有抑制因素，合成过程见图 1-2。其中 SAM 和 ACC 是合成中的两个重要中间产物，SAM 起着传递—S—CH_3 基团的作用，ACC 是乙烯的限速步骤，ACC 专一地以 SAM 为底物。

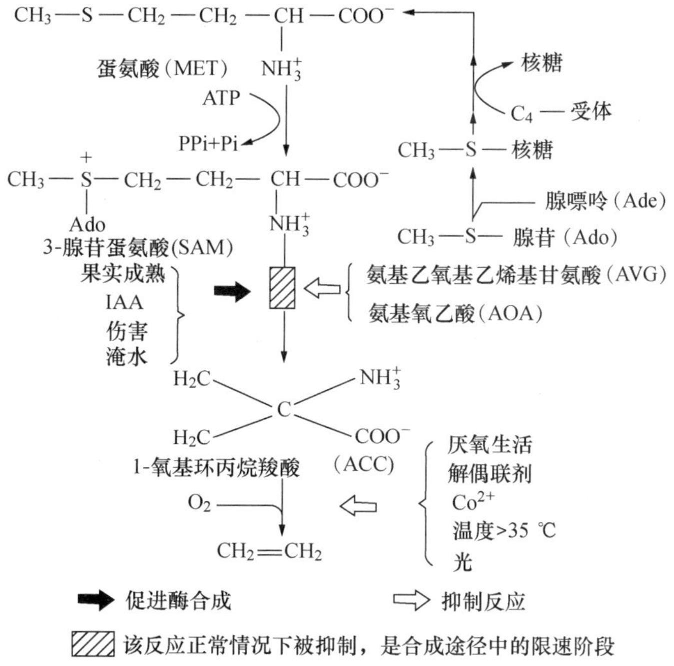

图 1-2　乙烯生物合成的途径及调节

3.1.3　影响乙烯生成和作用的因素

(1)果蔬的种类和成熟度　非跃变型果实乙烯生成量极少，不足以诱导自身的完熟，应在充分成熟时采收。跃变型果实在刚进入成熟阶段乙烯生成量也很少，进入完熟阶段后乙烯合成才急剧增加，出现乙烯释放高峰，长期贮藏的果实应在跃变前采收。

（2）温度　过高过低的温度对乙烯的生成均有影响。在正常合理温度下，随着温度上升乙烯合成速度加快，对大多数果蔬来说，20～25 ℃乙烯合成速度最快，0 ℃左右乙烯生成受到很大抑制。所以低温贮藏是抑制乙烯的非常有效的方法。在贮藏上，对某些果蔬前期用高温处理，能显著地抑制乙烯合成，因高温破坏或抑制了合成乙烯的酶。

（3）气体成分　低 O_2 能抑制乙烯的合成，因乙烯合成是一个需 O_2 过程。而高 CO_2 对 ACC 合成和 ACC→乙烯同时具有抑制作用。如采后鳄梨在空气中 8 d 之后就达到了呼吸高峰，不降低 O_2，只把 CO_2 提高到 5%，达到呼吸最高点需 23 d，最大呼吸量为原来的 40%。

（4）伤害　很多果蔬受伤后，乙烯加速生成，称为“伤乙烯”。据报道，伤乙烯与正常乙烯是同一途径产生的。在受伤时，也有部分乙烯是来自膜破坏的产物经直接氧化生成的。

（5）化学药物　某些药物处理可抑制内源乙烯的生成。如塞苯唑浸泡苹果后在 0 ℃下贮藏 11 周，乙烯产生很少。Co^{2+} 和二硝基苯酚（DNP）能抑制 ACC→乙烯，现在已知，还有某些解偶联剂、还原剂、铜螯合剂、自由基消除剂都对乙烯生成有抑制作用，另外紫外线可破坏乙烯并消除其影响。

3.2　成熟与衰老的调控

3.2.1　避免机械损伤和病虫害

果实一旦受损伤，不仅呼吸旺盛、易传染病害，而且会大量产生乙烯，促进果实的成熟、衰老。机械损伤有利于氧气进入果实组织内部，促进 ACC 转化为乙烯。所以，在果蔬采收、分级、包装、运输和销售过程中要轻拿轻放，避免机械损伤，并且严格除去有机械损伤和病虫害的果实。

3.2.2　温度的调节与控制

乙烯在 0 ℃左右时，合成能力较低，随着温度上升，乙烯合成加快。因此，在不造成果蔬发生冷害和冻害的前提下，尽量降低贮藏温度，可以抑制乙烯的生成及其生理活性。

3.2.3　湿度的调节与控制

果蔬贮藏要求适宜的相对湿度，不同果蔬要求不同，多数果蔬适宜的相对湿度为 90%～95%，少数产品如洋葱、大蒜适宜的相对湿度为 65%～75%。

3.2.4　气体成分调节

ACC 转化为乙烯是一个需氧反应，降低贮藏环境中氧气浓度，不仅乙烯的生成速率会明显降低，而且乙烯的生理效应同样受到抑制。高二氧化碳浓度主要是抑制乙烯的催熟效应。

3.2.5　及时排除乙烯

果实在逆境下会大量产生乙烯，控制适宜的贮藏环境，避免机械损伤和病虫害侵染，可减少乙烯的生成。但不管如何地小心和加以控制，果蔬采后总是会有乙烯释放出来，加之乙烯有自身催化作用，必须及时排除乙烯。

3.2.6　通风换气

通风换气是应用广泛、方法简单的排除乙烯措施，常用于冷藏、通风库贮藏，但不能用于调节气体贮藏。

3.2.7 乙烯吸收剂

通风会破坏调节气体贮藏环境中的气体成分，因而常用乙烯氧化剂来脱除乙烯。主要是将饱和的高锰酸钾溶液吸附在碎砖块、蛭石、氧化铝等多孔载体上，置于气体贮藏库和塑料薄膜袋（帐）中，吸附氧化释放出来的乙烯。

知识点4 蒸腾、冷害及休眠对果蔬贮藏的影响

4.1 蒸腾作用对果蔬贮藏的影响

果蔬中的水分挥发到空气中，称为蒸腾作用。果蔬采收前，由于蒸发作用不断地失去水分，但失去的水分可从植株或土壤中得到补充。采后的果蔬由于蒸发作用也会不断失水，但是采后的果蔬的失水再也不能得到补充，果蔬由于蒸发失水造成表面皱缩的现象称萎蔫。萎蔫对果蔬的影响是多方面的，贮藏中应控制失水。

4.1.1 蒸腾作用对果蔬的影响

（1）失重，失鲜　在贮藏中，果蔬不断蒸散失水所引起的最直观的现象是失重和失鲜。失重即“自然损耗”，生产上叫“干耗”。失重包括水分和干物质的损失，其中主要是失水，这是贮运中重量的损失。失重伴随而来的是失鲜，失鲜是质量方面的损失，不同果蔬失鲜的具体表现不同。如叶菜类失水易萎蔫、变色、失去光泽；萝卜失水严重时会造成糠心；苹果、梨失鲜时，表现为光泽差，果肉变沙，表皮皱缩等。总的来说，失鲜表现为形态、结构、色泽、质地、风味等多方面变化，会降低产品的食用品质和商品品质。一般失水5%以上为失鲜，失水达10%不能食用。

（2）破坏正常的代谢过程　蒸腾失水直接影响到细胞脱水，如果仅轻度脱水，可使冰点降低，提高抗寒能力，并且细胞脱水使细胞膨压下降，组织较为柔软，韧性增加，有利于减少贮运中的机械损伤。但是失水严重，会造成原生质脱水，呼吸基质增多，促使水解酶活性加强，加速大分子水解成小分子，如风干的甘薯变甜。严重脱水，细胞液浓度增高，有些离子浓度过高，导致细胞中毒，甚至破坏原生质的胶体结构，呼吸强度增加，乙烯、脱落酸含量增多，加速产品衰老。

（3）降低耐贮性和抗病性　失水萎蔫破坏了正常的新陈代谢，水解过程加强，细胞膨压下降造成机械结构改变，导致果蔬的耐贮性和抗病性降低。对大多数果蔬贮藏来说，蒸腾失水是不利的。但也有少数果蔬，蒸腾失水不但无害，反而有利于贮藏。洋葱、大蒜在贮藏前必须经过适当晾晒，加速最外层鳞片干燥，肉质鳞片膜质化后才能贮藏。大白菜、甘蓝菜经过晾晒，外轮叶片轻度失水，细胞液浓度增大，冰点降低，耐低温能力提高，且细胞失水后膨压下降，组织较柔软，韧性增强，有利于减少贮藏中的机械损伤。柑橘贮藏前果皮轻度失水，能减少贮藏中枯水病的发生。马铃薯、甘薯收获后适当晾晒，有利于贮藏。对采后需要失水的果蔬，贮藏的关键是掌握好蒸发失水的“度”，失水过多或过少对贮藏都是不利的。

4.1.2 影响蒸腾作用的因素

果蔬失水的快慢主要受产品自身和环境因素的影响。

果蔬内在因素主要有：

（1）果蔬表面积比　果蔬器官的表面积与其重量或体积之比（cm^2/g，cm^2/cm^3）称为表面

积比。果蔬失水从其表面进行，表面积比越大，蒸腾失水越多。叶菜类的表面积最大，失水要比果实快，而个小的果蔬要比个大的果蔬表面积比大，因此失水比较快，在贮藏中更易萎蔫。

（2）果蔬品种特性　果蔬蒸发主要是通过表皮层上的气孔和皮孔进行的，不同品种的果皮组织厚薄不一，果皮上所具有蜡质层、果脂、皮孔的大小都不同，因而蒸发特性不同。一般果皮薄、气孔和皮孔数目多的果蔬，容易蒸发失水。

（3）果蔬成熟度　果蔬成熟度提高，果皮组织生长发育逐渐完善，角质层、蜡质层逐步形成，其蒸发速度变小。

（4）细胞的持水力　细胞保持水分与细胞中可溶性物质的含量、亲水胶体的含量和性质有关。原生质中有较多亲水性胶体，可溶性固形物含量高，细胞具有较高的渗透压，可阻碍水分向细胞壁和细胞间隙渗透，有利于保持水分。如洋葱的含水性比马铃薯强，但在相同贮藏条件下失水性反而比马铃薯弱。

外在因素主要有：

（1）空气湿度　空气湿度是影响果蔬表面水分蒸发的直接因素。表示空气湿度的常见的概念包括绝对湿度、相对湿度、饱和湿度和饱和差。直接影响果蔬蒸散强度的环境条件是空气的湿度饱和差。空气从含水物中吸取水分的能力，决定于空气的湿度饱和差，饱和差越大，吸水力越大。

（2）温度　高温促进蒸发，低温抑制蒸发。这是因为温度高，水分子蒸发速度快，同时由于温度高，细胞液黏度下降，使水分子容易自由移动，利于水分的蒸发。另外温度升高，湿度饱和差值增大，也利于水分的蒸发，湿度大小与蒸散量呈反比，而蒸散量的大小与湿度饱和差成正比。当绝对湿度不变时，温度越低，相对湿度越大，饱和湿度饱和差越小，蒸散速度越慢。

（3）空气流速　在贮藏环境中的空气流动可以改变果蔬周围的空气湿度，从而影响蒸发。空气流动速度快，将潮湿的空气带走，降低空气的绝对湿度，在一定的时间内，空气流速越快，果蔬水分损失越大。

（4）包装　包装对水分蒸发的影响十分明显。由于包装物的物理障碍作用，使包装内的空气湿度增大，减少水分蒸发。采用包装的果蔬，蒸发失水量比没有包装的小，果蔬包纸、装塑料袋、涂蜡、加保鲜剂等都有防止或降低水分蒸发的作用。

4.1.3　控制果蔬采后失水的措施

（1）包装、涂膜　包装是由于包装物的障碍作用，通过改变小环境空气流速及保持相对湿度、提高空气湿度来达到减少水分蒸发的目的。对果蔬产品进行适当的包装，有利于减缓库房温湿度变化给产品带来的不利的影响，减少失水，在果蔬产品表面人为涂抹一层薄膜，堵塞产品表面部分的气孔、皮孔可以有效地阻止产品失水。

（2）适当的低温高湿　适当的低温高湿可以最大限度地减少果蔬产品失水，有利于贮藏。

（3）适当通风　适当的通风是必要的，它可以将库内的热负荷带走，并且防止库内温度不均，但要尽量降低风速，0.3～3 m/s 的风速对果蔬产品水分蒸散影响不大。

（4）保持库温的恒定　库温波动，库房内的湿度饱和差和相对湿度都会发生变化，促使果蔬产品失水加快，不利于贮藏。

4.2　冷害对果蔬贮藏的影响

冷害是指由果蔬组织冰点以上的不适宜低温造成的生理代谢失调的现象，它是果蔬贮藏中最常见的生理病害。

降低温度是贮藏保鲜的主要措施，低温有利于延缓果蔬的呼吸、蒸腾作用，抑制乙烯生成和微生物活动，但果蔬对低温的忍耐是有限的，温度并不是越低越好。不适宜的低温，不仅不能增加果蔬的耐藏性和抗病性，反而出现冷害、冻害，影响果蔬正常生理代谢，造成低温伤害。

4.2.1　冷害的症状

冷害的主要症状是出现凹陷、变色、成熟不均和产生异味。一些原产于热带、亚热带的果蔬，往往属于冷敏性，如香蕉、柑橘、杧果、菠萝、番茄、青椒、茄子等，在低温冷害临界温度下，组织不能进行正常的代谢活动，耐藏性和抗病性下降，表现出局部表皮组织坏死、表面凹陷、颜色变深呈水渍状、果肉组织褐变，不能正常成熟、易被微生物侵染、腐烂等冷害症状。不同果蔬的冷害症状不一样，黄瓜变为渍状部分色泽变暗；番茄不能显现正常的红色，辣椒表现为成片的凹陷斑等。

4.2.2　冷害对果蔬贮藏的影响

(1)生理代谢异常　冷害使细胞膜由软弱的液晶态转变为固态胶体，细胞膜透性增大，电解质外渗，酶活性增强，呼吸上升，乙烯增加，成熟、衰老加快。同时出现反常呼吸，乙醇、乙醛、丙二醛等有毒物质积累，组织受到伤害。

(2)耐贮性和抗病性下降　遭受冷害的果蔬新陈代谢紊乱，可溶性糖明显减少，维生素 C 减少，有机酸和果胶也有变化，果蔬的外观、质地、风味变劣，耐贮性和抗病性下降，极易被微生物侵染腐烂(表 1-3)。

表 1-3　部分果蔬的冷害症状

种类	发生冷害临界温度/℃	冷害症状
香蕉	12.8	果皮上出现褐色条纹，果心变硬，果实不能正常成熟
柠檬	10	外果皮出现凹陷斑纹，凹陷区细胞均匀褐变
杧果	13	果皮变暗淡，出现浅灰和褐色斑块，果实不能正常成熟
菠萝	6.1	果皮褐变，果肉呈水渍状，果蒂枯萎，风味不正常
黄瓜	7.2	果皮上出现水渍状斑点
茄子	7.2	果皮褐变，烫伤症状
绿番茄	7.2	果皮凹陷斑，水渍状软烂

4.2.3　影响果蔬冷害的因素

(1)贮藏温度和时间　在导致发生冷害的温度下，一般温度越低，发生越快。温度越高，越不容易出现冷害。但也有特殊情况，如葡萄柚在 0 ℃或 10 ℃下贮藏 4～6 周后极少出现冷害，而中间温度则导致严重冷害发生。贮藏温度和时间是冷害发生与否及程度轻重的决定因素，某些中间温度出现严重冷害症状，只是局限于一定的时间，长期贮藏后，冷害的程度与贮藏温度是呈负相关的，如果将遭受冷害的产品放到常温中，都会迅速表现冷害症状和腐烂。

(2)果蔬的冷敏性　冷敏性因果蔬种类、品种、成熟度不同而异。热带、亚热带果蔬冷敏性较高，容易遭受冷害；同一种类不同品种也存在冷敏性差异，温暖地区栽培的产品比冷凉地区栽培的冷敏性高，夏季生长的比秋季生长的冷敏性高；果蔬的成熟度也影响冷敏性，提高产品的成熟度可以降低冷敏性；一般不耐寒的植物线粒体膜中不饱和脂肪的含量低于耐寒的植物，冷敏性高。此外，果实大小、果皮厚薄和粗细对冷害的迟早和程度都会有影响。

4.2.4 防止冷害的措施

(1)变温贮藏 从低温到高温,有利控制冷害。通过升温,组织中积累的有毒物质在加强代谢中被消耗,或是低温中衰竭了的代谢产物在升温中得到恢复。Fidler 等(1969)提出,采用两种温度将南非核果由水路运到欧洲,开始 4～5 d 采用－5 ℃,然后将温度提高到 7.7 ℃,并一直保持这个温度到结束,没有发现内部褐变和不能成熟。这种温度调节对高峰类果实如香蕉有效,但对无高峰类果实如柑橘无效。

在低温贮藏中,间歇升降温度,对防止冷害有效。如英国人将苹果在 0 ℃贮藏 51 d 后,在 18.5 ℃下贮藏 5 d,再转入 0 ℃贮藏 30～50 d,其冷害显著低于一直在 0 ℃中贮藏。

(2)低温锻炼 贮藏初期,果蔬贮藏温度从高温到低温,采取逐步降温的方法,使之适应低温环境,减少冷害。每天下降 2.7 ℃可把香蕉的凹陷斑纹(冷害)从 90.6%降低到 8.9%,油梨的凹陷斑纹从 30.0%降低到 1.7%,但对柠檬和葡萄柚无效。

(3)提高成熟度 提高成熟度可减少果蔬冷害的发生。粉红期的番茄在 0 ℃下放置 6 d 后,在 22 ℃下完全后熟而无冷害。绿熟期的番茄 0 ℃贮藏 12 d,大量发生冷害,果实变味。

(4)提高湿度 接近 100%的相对湿度可以减轻冷害症状,相对湿度过低则会加重冷害症状。采用塑料薄膜包装,可以保持贮藏环境的相对湿度,减少冷害。

(5)采用气调贮藏 二氧化碳浓度从 1.7%～7.5%都能够影响冷害的发生,贮藏中适当提高二氧化碳浓度,降低氧浓度可减轻冷害。对防止冷害来说 7%的氧是最适宜的浓度。

(6)化学处理 氯化钙、乙氧基喹、苯甲酸钠等化学物质,通过降低水分的损失,可以修饰细胞膜脂类的化学组成和增加抗氧化物的活性,减轻冷害。

4.3 休眠对果蔬贮藏的影响

在果蔬贮藏过程中,有些处于休眠状态,有些则处于生长状态。休眠是植物在生长发育过程中,遇到与自身不适应的环境条件,为了适应环境,保持自己的生命能力,有的器官产生暂时停止生长的现象。

有休眠特性的果蔬采摘后,就会逐渐进入休眠状态,各种新陈代谢活动都降低到最低水平,即使有适宜生长的环境条件也不发芽生长,因此得以熬过严寒、酷暑、干旱、缺水等恶劣环境,保持其生命力和繁殖力,这一特性对贮藏保鲜十分有利,它起到保持果蔬产品质量,延长贮藏寿命的作用。

4.3.1 休眠的种类

休眠的种类可以分为生理休眠和被迫休眠两种:

(1)生理休眠 由于植物内在因素引起的休眠,即使给予适宜的条件仍要休眠一段时间,暂不发芽,这种休眠称为生理休眠。如大蒜、洋葱、马铃薯等在休眠期内,即使有适宜的生长条件,也不能脱离休眠状态,暂时不会发芽。

(2)被迫休眠 由不适合环境条件造成的暂停生长的现象叫做被迫休眠。但不适因素得到改善后生长便可恢复,结球白菜和萝卜的产品器官形成以后,冬天来临外界环境不适宜它们生长而进入休眠。

4.3.2 生理休眠特点

(1)休眠前期(休眠诱导期) 果蔬采收后,生命活动还很旺盛,为了适应新的环境往往加厚自己的表皮和角质层,或者形成膜质鳞片等方式,来减少水分蒸发和病菌侵入,并在伤口部位加速愈伤，形成木栓组织和周皮层，以加强对自身的保护，这段时期称为休眠前期。

休眠前期的长短与外界环境有关。通常高温、高湿有利于果蔬愈伤组织的形成，而洋葱则需要在干燥条件下，经过晾晒形成膜质鳞片后，才能进入休眠状态。

如果在休眠前期给予适当处理，可阻止进入生理休眠。如马铃薯休眠前期 2～5 周，收获后在表皮干燥前，切块→湿沙层积→块茎吸水后，在短期内即可发芽。

(2)生理休眠(真休眠或深休眠)　在生理休眠期内果蔬的生理活性降到最低程度，细胞结构也发生了深刻的变化，即使给予适宜的条件仍不能发芽生长。

生理休眠期的长短，同样受外界环境条件的影响。如洋葱在管叶倒伏后，留在田间不收，鳞茎吸水活化，会缩短休眠。此外，贮藏条件也会影响生理休眠的长短。低温处理(0～5 ℃)可解除洋葱休眠，但可通过低温、气调使之长期处于被迫休眠状态。

(3)休眠后期(强迫休眠)　此时期产品由休眠向生长过渡，体内大分子物质向小分子转化，可利用的营养物质增加，若外界条件适宜生长，可终止休眠，若外界条件不适宜生长，则可延长休眠。

4.3.3　休眠的调控

(1)适时收获　用于二季作的土豆，早收易打破休眠，所以作为贮藏的要晚收；而洋葱晚收，易缩短休眠期，提早发芽，所以要适时采收。

(2)化学药剂处理　赤霉素处理可打破休眠。目前使用的有抑芽效果的化学药剂主要有青霉素、萘乙酸甲酯等。马铃薯采前 3～4 周，用 0.3%～0.5%青鲜素处理喷洒植株叶面，洋葱、大蒜采前 1～2 周用 0.25%的青鲜素(MH)喷洒植株叶子，可抑制贮藏期的萌芽。采收后的马铃薯用 0.003%萘乙酸甲酯粉拌撒，也可抑制萌芽。

(3)控制贮藏条件　温度是控制休眠的主要因素，降低贮藏温度是延长休眠期最安全、最有效、应用最广泛的一种措施。板栗、萝卜在 0 ℃能够长期处于休眠状态而不发芽，中断冷藏后才开始正常发芽；马铃薯、洋葱等块茎、鳞茎和球茎类的休眠是由于要度过高温、干燥环境，创造此条件有利于休眠，而潮湿、冷凉条件下会使休眠期缩短。

适当低 O_2、高 CO_2 也可延长休眠，如洋葱可以利用气调贮藏，同时采用低湿、低温和低 O_2、高 CO_2 能更有效地抑制发芽。但气调贮藏对马铃薯的抑制发芽效果不明显。

(4)辐射处理　采用辐照处理块茎、鳞茎类蔬菜，可防止贮藏中发芽。辐照的时间一般在休眠中期进行，辐照的剂量因产品种类而异。作为种子用的产品不能用辐照处理来抑制其发芽。

知识点 5　果蔬商品化处理

果蔬采后到贮藏、销售、加工前还需经过一系列商品化处理，如清洗、分级、预冷、涂膜防腐处理、包装等，以提高其商品价值。

5.1　清洗

清洗是用水去除果蔬表面附着的污物，减少病菌和农药残留，使之符合商品要求和卫生标准，提高商品价值的过程。清洗的目的是洗去果蔬表面附着的灰尘、泥沙和大量的微生物，以及部分残留的化学农药，保证产品清洁卫生，从而保证产品的质量。

果蔬产品的清洁一般是在产品采收之后、贮藏之前，或销售之前进行，经过清洗后的果实不仅外观质量高、能够直接食用、耐贮存，而且还可以进一步制成清洗加工好的果蔬半成品（净菜），但该产品卫生质量要求高，采后处理所用清洁水必须符合国家饮用水标准。

大部分果蔬产品采用水洗法，在水洗过程中，可在清水中加入防腐杀菌剂和保鲜剂，如次氯酸钠、漂白粉、高锰酸钾等。近年来，一些去污能力强的脂肪酸系列洗涤剂也应用在生产上，以达到降低产品的带菌数，减缓产品衰老速度，延长货架期寿命的效果。

5.2 分级

分级是根据果蔬产品的大小、重量、色泽、形状、成熟度、新鲜度、清洁度、营养成分及病虫害和机械损伤等情况，按照一定的标准，进行严格的挑选，将果蔬分为若干等级。果蔬分级的目的是使之达到商品标准化，实行优级优价，同时，也便于贮藏、销售和包装，而且通过挑选分级，剔除有病虫害和机械损伤的产品，可以减少贮藏中的损失，减轻病虫害的传播，并可进一步推动果蔬栽培管理技术的发展和提高产品质量。

我国把果蔬标准分为 4 级：国家标准、行业标准、地方标准和企业标准。另外，在果蔬产品国际贸易中常采用国际标准。

水果的分级标准，因种类、品种而异。我国目前的做法是，在果形、新鲜度、颜色、品质、病虫害和机械损伤等方面符合要求的基础上，再根据大小（果实横径的最大部分直径）或重量（单果重）分为若干等级。形状不规则的蔬菜产品，如西芹、花椰菜、青花菜等则按重量进行分级，蒜薹、豇豆、甜豌豆片、青刀豆等则按长度进行分级。

果蔬的分级方法分为人工分级和机械分级两种，人工分级是最常用的分级方法，适应于形状不规则和易受伤产品的分级，如绿叶菜、草莓、蘑菇等。机械分级采用专门的分级机械进行，适用于形态较为规则的果蔬产品，常用的分级设备有形状分选机（按照产品大小分级，有机械式和光电感应式两种）、质量分级机（机械秤式和电子秤式两种）、颜色分级机等 3 种。

5.3 预冷

> **思考**：我国果蔬采后商品化处理水平和程度低，分级标准化程度差，亟需科技创新提高水平，树牢标准意识，与国际接轨。

所谓预冷，是指产品在贮藏或运输之前，迅速将其温度降低到规定温度的措施。预冷可除去产品的田间热，迅速降低品温，以控制果蔬采后的生理生化活动，减少微生物的侵染和营养成分的损失，从而提高贮藏保鲜效果。预冷温度因果蔬种类、品种而异，一般要求达到或接近贮藏的适温水平（0～5 ℃）。预冷工作最好在产地进行，而且越快越好。果蔬采收预冷的方法有以下几种。

5.3.1 自然降温冷却

将采收的果蔬放在阴凉通风的地方，让其自然降温，其预冷时间长，难以达到所需要的预冷温度，但简便易行，是生产中最常用的预冷方法之一。

5.3.2 水冷却

将果蔬浸在冷水中或用冷水冲淋，使其降温。冷却水有低温水（一般在 0～3 ℃）和自来水两种。为了防止冷却水对果蔬产生污染，生产上应该在冷却水中加入一些防腐药剂。此法主要应用于蔬菜的预冷。

5.3.3 真空冷却

将果蔬放在耐压、气密的容器中，迅速抽出空气和水蒸气，使产品表面的水在真空负压下蒸发而冷却降温，其冷却速度极快。在真空冷却中，大约温度每降低 5.6 ℃，失水量为 1%，这样果蔬的失水为 1.5%～5%，由于被冷却产品的各部分是等量失水，所以产品不会出现萎蔫现象。此法主要应用于蔬菜。

5.3.4　强制冷风冷却

将果蔬放在预冷室内，利用制冷机，通过鼓风机使冷空气流经果垛，将产品热量带走，从而达到降温目的。注意在预冷期间要保持预冷室内有较高的相对湿度。此法适用于各种果蔬。

5.3.5　冷库冷却

将果蔬直接放在冷库降温的一种方式，操作简单，应用广泛，适于各种果蔬。

5.4　涂膜处理

涂膜处理也称打蜡，果蔬涂膜后，在表面形成一层蜡质薄膜，可改善果蔬外观，提高商品价值，阻碍气体交换，降低果蔬的呼吸作用，减少养分消耗，延缓衰老，减少水分散失，防止果皮皱缩，提高保鲜效果，抑制病原微生物的侵入，减轻腐烂，若在涂膜液中加入防腐剂，防腐效果更佳。

商业上使用的大多数涂膜剂以石蜡和巴西棕榈蜡作为基础原料，因为石蜡可以很好地控制失水，而巴西棕榈蜡能使果实产生诱人的光泽。近年来，含有聚乙烯、合成树脂物质、防腐剂、保鲜剂、乳化剂和湿润剂的涂膜剂逐渐得到应用，取得了良好效果。一般情况下，只对短期贮运的果蔬或者是在果蔬贮藏后上市之前进行涂膜处理。

涂膜的方法有浸涂法、刷涂法、喷涂法 3 种，涂膜处理分为人工涂膜和机械涂膜两种。新型的喷蜡机大多与洗果、干燥、喷涂，低温干燥、分级、包装等工序联合配套进行。

5.5　催熟

催熟是指销售前用人工方法促使果实加速完熟的技术。为了提早上市，以获得更好的经济利益，或者为了长途运输，需要提前采收，这时采下的果实成熟度不一致，很多果实青绿、肉质坚硬、风味欠佳、缺乏香气，不受消费者欢迎。为了保障这些产品在销售时达到完熟程度，确保其最佳品质，常需要采取催熟措施。催熟可使未充分成熟的果实尽快达到最佳食用成熟度和最佳商品外观。催熟多用于香蕉、洋梨、猕猴桃、柿子、杧果、番茄等。

果实的后熟是一系列极其复杂的生理生化变化的过程，所以催熟需具备一定条件。用来催熟的果实必须达到一定的生理成熟，催熟时一般要求较高的温度、湿度和充足的 O_2（不同的果蔬最佳催熟温度和湿度不同，一般以温度 21～25 ℃、相对湿度 85%～90%为宜）。要有适宜的催熟剂，在催熟过程中催熟剂应达到一定浓度。国内外研究证明，乙烯、丙烯、丁烯、乙炔、乙醇等化合物对果蔬均有催熟作用，其中乙烯应用最为普遍，适合于各种果实的催熟。乙烯使用最常用的质量浓度为 0.2～1 g/L。由于乙烯是气体，使用不方便，生产上常采用乙烯利进行水果蔬菜的催熟。催熟环境应有良好的气密性，用乙烯催熟必须在密闭环境中进行，要有充足的 O_2 含量，由于催熟过程的呼吸作用会产生 CO_2，但过多 CO_2 会抑制催熟效果，因此，催熟室每隔 24 h 要通风 1～2 h，密闭后再输入乙烯。

5.6　脱涩

脱涩主要是对柿果而言。柿有甜柿和涩柿两大品种，我国以栽培涩柿较多。甜柿的果实在树上充分长成后可自然脱涩，采收后即可食用。而涩柿含有较多的单宁物质，成熟后仍有较强的涩味，采收后不能立即食用，必须经过脱涩处理才能上市。柿果脱涩的机理就是将体内可溶性的单宁物质，通过与乙醛缩合变为不溶性的单宁物质的过程。据此，常用的脱涩方法有温水脱涩、石灰脱涩、混果脱涩、酒精脱涩、高 CO_2 脱涩、脱氧剂密封法脱涩、乙烯及乙烯利脱涩等。

5.7 包装

合理的包装是使产品标准化、商品化、保证安全运输和贮藏的重要措施。包装能改善果蔬产品外观，提高果蔬产品在市场上的竞争力；可防止有害病菌在果蔬间的传播蔓延，减少腐烂；可减少果蔬内水分的过度蒸发，有助于果蔬保持新鲜状态；能减少果蔬之间的碰撞、挤压、摩擦、减少机械损伤。

对果蔬包装容器的基本要求是具有一定的机械强度，防止或减轻产品在装卸、运输、堆码过程中受到的机械应力。同时，具有一定的通透性，有利于产品呼吸热的排出及氧、二氧化碳、乙烯等气体的交换。

常用的包装容器类型有筐类、木箱、纸箱、塑料箱、网袋等。包装容器的规格标准受多种因素的影响，如包装材料、消费者的购买习惯、商品的用途、人体合理的搬运质量等。包装容器以及小包装上应贴标签，标签上要注明产品名称、净重、数量或体积，商标名、产地、包装或运销商名称和地址、尺寸和等级、贮藏条件、特别处置说明等内容。其中产品名称、净重、生产者及包装商或运销商和地址尤为重要。

知识点 6 果蔬运输及冷链流通

6.1 果蔬的运输

果蔬的运输是动态贮藏过程，整个运输过程中产品的振动程度，环境中的温度、湿度和空气成分都会对运输效果产生重要影响。所以这就要求运输环节要做到：①快装快运，果蔬在进行新陈代谢，不断消耗体内的营养物质并散发热量，必须快装快运，保持其品质及新鲜。②轻装轻卸，果蔬表面保护组织差，很容易受到机械损伤，具有易腐性，从生产到销售要经过很多次的集聚和分配，所以要轻装轻卸。③防热防冻，温度过高，呼吸强度增高，产品衰老加快；温度过低，产品容易产生冷害和冻害，应注意防热防冻。

常用的运输的方式有公路、水路、铁路运输、空运等。其中公路运输是我国最常用的短途运输方式，其灵活性强、速度快，但成本高、运量小。水路运输，利用各种轮船进行水路运输具有运输量大、行驶平稳、成本低，尤其是海运是最便宜的运输方式。铁路运输，具有运输量大，速度快，连续性强，适合于长途运输。目前我国铁路运输车有普通棚车、无冷源保温车、冷藏车、集装箱 4 种，其中集装箱是当今世界上发展非常迅速的一种运输工具，其抗压强度大，能反复使用，可机械化装卸，产品不易受伤害。集装箱按功能可分为普通集装箱、冷藏集装箱、冷藏气调集装箱、冷藏减压集装箱等。空运速度最快，但其成本高，适合经济价值高的果蔬运输。

果蔬运输时需要注意的是，运输工具要彻底消毒，果蔬要合乎运输标准，快装快运，堆码稳当，注意通风，避免挤压，不同种类的果蔬最好不要混装，敞篷车船运输果蔬堆上应覆盖防水布，最好使用冷链系统，以最大限度地保持果蔬的品质。

6.2　低温冷链运输系统

目前在发达国家已建立起以低温冷藏为中心的冷藏系统，如图 1-3 所示，使果蔬采后损失＜5%。这种果蔬采后的流通、贮藏、销售连贯的低温冷藏技术体系称为冷链保藏运输系统。低温冷链运输依据果蔬采后的生理特点，选择最佳安全低温运输温度(表 1-4)。

生产基地水果蔬菜采收

↓

分级、包装、成件、预冷等商品化处理冷藏库

↓

收购、运送、分配、调运批发冷藏车

↓

零售商店(水冷库、冷藏柜)

↓

消费者、食堂、饭店、宾馆小型冷库、电冰箱

图 1-3　低温冷链保藏运输系统示意图

表 1-4　新鲜果蔬在低温运输中的推荐温度

果蔬	冷链运输/℃		果蔬	冷链运输/℃		果蔬	冷链运输/℃	
	1～2 d	2～3 d		1～2 d	2～3 d		1～2 d	2～3 d
苹果	3～0	3～10	甜瓜	4～10	4～10	辣椒	7～10	7～8
蜜橘	4～8	4～8	草莓	1～2	未推荐	黄豆	10～15	10～13
甜橙	4～10	2～10	菠萝	10～12	8～10	菜豆	5～8	未推荐
柠檬	8～15	8～15	香蕉	12～14	12～14	豌豆	0～5	未推荐
葡萄柚	8～15	8～15	板栗	0～20	0～20	南瓜	0～5	未推荐
葡萄	0～8	0～6	石刁柏	0～5	0～2	番茄(未熟)	10～15	10～13
桃	0～7	0～3	花椰菜	0～8	0～2	番茄(成熟)	4～8	未推荐
杏	0～3	0～2	甘蓝	0～10	0～6	胡萝卜	0～8	0～5
梨	0～7	0～5	莴苣	0～6	0～2	洋葱	－1～20	－1～13
樱桃	0～4	未推荐	菠菜	0～5	未推荐	马铃薯	5～10	5～20

任务一　果蔬中主要化学成分测定

子任务一　果蔬中总酸含量的测定

【任务引入】

果蔬中含有多种有机酸，如柠檬酸、苹果酸和酒石酸，通常也称为果酸。另外，还含有少量

的草酸、乙酸、苯甲酸、水杨酸、琥珀酸、延胡索酸等。有机酸是果蔬特有的酸味物质，在果蔬组织中以游离态或酸式盐的形式存在。

总酸度是指食品中所有酸性成分的总量，通常用所含主要酸的质量分数来表示，可用滴定法来测定。在同一样品中，往往有几种有机酸同时存在，但在分析有机酸含量时，是以主要酸为计算标准的。通常仁果类、核果类及大部分浆果类以苹果酸计算；葡萄以酒石酸计算；柑橘类以柠檬酸计算。

果蔬中总酸的测定可以参照《食品中总酸的测定》(GB/T 12456—2021)。

【子任务要求】

能够配制氢氧化钠标准滴定溶液；能够进行样品处理；能够进行酸碱中和滴定操作。

【测定原理】

根据酸碱中和原理，用碱液滴定试液中的酸，以酚酞为指示剂确定滴定终点。按碱液的消耗量计算果蔬中的总酸含量。

【任务实践操作】

1 准备材料、仪器及试剂

1.1 材料

柑橘、苹果、葡萄、菠萝等。

1.2 试剂

(1)1%酚酞溶液　称取 1.00 g 酚酞，溶于 100.00 mL 95%乙醇中。

(2)0.10 mol/LNaOH 标准滴定溶液的配制与标定　称取 4.00 g 氢氧化钠溶于 1 000 mL 无二氧化碳的水中，摇匀。称取 0.60 g 于 105～110 ℃烘至恒重的基准邻苯二甲酸氢钾(精确至 0.000 1 g)，溶于 60.00 mL 无二氧化碳的水中，加 2 滴酚酞指示剂，用配制好的氢氧化钠溶液滴定至溶液呈粉红色，同时做空白实验。按下式计算其浓度：

$$c=\frac{m\times 1\ 000}{(V_1-V_2)\times 204.2}$$

式中：c——NaOH 氢氧化钠标准溶液的浓度(mol/L)；

m——邻苯二甲酸氢钾的质量(g)；

V_1——滴定时氢氧化钠溶液的用量(mL)；

V_2——空白实验氢氧化钠溶液的用量(mL)；

204.2——邻苯二甲酸氢钾的摩尔质量(g/mol)；

1.3 仪器

天平、组织捣碎机、恒温水浴锅、研钵、滴定管、锥形瓶、烧杯、容量瓶、漏斗、移液管、吸耳球、玻璃棒、滤纸等。

2 测定步骤

2.1 样品处理

柑橘或苹果，洗干净去皮、去柄切成块状称取 200.00 g，置于组织捣碎机中捣碎并混匀。取适量样品匀浆 20.00 g(视含量而定),用蒸馏水移入 250.00 mL 容量瓶中,在 75～80 ℃的水浴中加热,冷却定容,过滤,收集滤液备用,准确吸取 25.00 mL 于锥形瓶中,加 2 滴酚酞指示剂。

2.2　滴定

以 0.100 0 mol/L NaOH 标准滴定溶液滴定至微红色,30 s 不褪色为滴定终点,记录消耗 NaOH 溶液毫升数。平行测定 3 次。

2.3　空白试验

用水代替试液,按上面方法滴定,记录消耗 NaOH 溶液毫升数。

3　结果分析

计算公式

$$X=\frac{(V-V_0)\times c\times k}{m\times\frac{V_1}{V_2}}\times 100\%$$

式中:X——果蔬中总酸的含量(%);

V——滴定样液所消耗 0.0500 mol/L NaOH 标液体积(mL);

V_0——样品定容的体积(mL);

c——标液 NaOH 滴定液的浓度 0.100 0(mol/L);

k——酸的换算系数:苹果酸 0.067;酒石酸 0.075;柠檬酸 0.064;

V_1——滴定用样品液的体积(25.00 mL);

V_2——样品定容的体积(250.00 mL);

m——样品的质量(g);

计算结果表示到小数点后两位。

同一样品,两次测定结果之差,不得超过两次测定平均值的 2%。

4　任务实践操作建议

操作实施一:果蔬中总酸含量的测定

(1)资讯　学生分成 3～5 人一组,各组根据汇总的相关资料,师生共同讨论、分析,用集体智慧完成果蔬中总酸含量的测定方案初稿。

(2)决策计划　师生共同讨论、制作汇报提纲,各小组选派 1 名同学进行学习汇报交流,并根据反馈情况,用集体智慧修改并确定果蔬中总酸含量测定方案。

(3)实施　学生按照确定的工作任务测定方案,独立完成果蔬中总酸含量的测定任务,并填写工作任务记录单(表 1-5),教师在工作任务实施过程中巡回指导。

表 1-5 工作任务记录单

<table>
<tr><td colspan="6">操作实施一：果蔬中总酸含量的测定</td></tr>
<tr><td colspan="3">仪器(设备型号)：</td><td colspan="3">操作人员：</td></tr>
<tr><td>工作项目</td><td colspan="4">操作内容</td><td>完成情况</td></tr>
<tr><td></td><td colspan="4"></td><td></td></tr>
<tr><td></td><td colspan="4"></td><td></td></tr>
<tr><td></td><td colspan="4"></td><td></td></tr>
<tr><td>改进措施</td><td colspan="5"></td></tr>
<tr><td rowspan="3">工作任务
完成记录
评价</td><td>班级</td><td></td><td>第　　组</td><td>组长签字</td><td></td></tr>
<tr><td>教师
签字</td><td colspan="2"></td><td>日期</td><td></td></tr>
<tr><td colspan="5">评语：</td></tr>
</table>

子任务二　果蔬中果胶含量的测定

【任务引入】

果蔬中果胶含量的测定可以参照《水果及其制品中果胶含量的测定分光光度法》(NY/T 2016—2011)。

【子任务要求】

会提取果蔬中的果胶；会使用分光光度计；用标准曲线法计算样品果胶含量。

【测定原理】

用无水乙醇沉淀试样中的果胶，果胶经水解后生成半乳糖醛酸，在硫酸中与咔唑试剂发生缩合反应，生成紫红色化合物，该化合物在 525 nm 处有最大吸收，其吸收值与果胶含量成正比，以半乳糖醛酸为标准物质，标准曲线法定量。

【任务实践操作】

1　准备材料、仪器及试剂

1.1　试剂

(1)无水乙醇。

(2)硫酸。

(3)咔唑($C_{12}H_9N$)。

(4)67%乙醇溶液(无水乙醇＋水＝2＋1)。

(5)pH 0.5 的硫酸溶液：用硫酸调节水的 pH 至 0.5。

(6)40 g/L 氢氧化钠溶液：称取 4.0 g 氢氧化钠，用水溶解并定容至 100 mL。

(7)1 g/L 咔唑乙醇溶液：称取 0.100 0 g 咔唑，用无水乙醇溶解并定容至 100 mL。作空白实验检测，即 1 mL 水、0.25 mL 咔唑乙醇溶液和 5 mL 硫酸混合后应清澈、透明、无色。

(8)半乳糖醛酸标准储备液：准确称取无水半乳糖醛酸 0.100 0 g，用少量水溶解，加入 0.5 mL 氢氧化钠溶液并定容至 100 mL，混匀。此溶液中半乳糖醛酸质量浓度为 1 000 mg/L。

(9)半乳糖醛酸标准使用液：分别吸取 0 mL、1.0 mL、2.0 mL、3.0 mL、4.0 mL、5.0 mL 半乳糖醛酸标准储备液于 50 mL 容量瓶中，定容，溶液质量浓度分别为 0 mg/L、20.0 mg/L、40.0 mg/L、60.0 mg/L、80.0 mg/L、100.0 mg/L。

1.2 仪器

分光光度计；组织捣碎机；分析天平；恒温水浴振荡器；离心机 4 000 r/min。

2 测定步骤

2.1 试样处理

新鲜水果用水洗干净后用干净纱布擦去表面水分，将其切碎放入组织捣碎机中捣成匀浆。称取 1.0～50 g(精确至 0.001 g)试样于 50 mL 有刻度离心管中，加入少量滤纸屑，再加入 35 mL 约 75 ℃的无水乙醇，在 85 ℃水浴中加热 10 min，充分振荡。冷却，再加无水乙醇使总体积接近 50 mL，在 4 000 r/min 的条件下离心 15 min，弃去上清液。在 85 ℃水浴中用乙醇溶液洗涤沉淀，离心分离，弃去上清液，此步骤反复操作，直至上清液中不再产生糖的穆立虚反应为止(检验方法：取上清液 0.5 mL 注入小试管中，加入 5% α-萘酚的乙醇溶液 2～3 滴，充分混匀，此时溶液稍有白色浑浊，然后使试管轻微倾斜，沿管壁慢慢加入 1 mL 硫酸，若在两液层的界面不产生紫红色色环，则证明上清液中不含有糖分)，保留沉淀 A。同时做试剂空白试验。

2.2 果胶提取液的制备

2.2.1 酸提取方式

将上述制备出的沉淀 A，用 pH 0.5 的硫酸溶液全部洗入三角瓶中，混匀，在 85 ℃水浴中加热 60 min，期间应不时摇荡，冷却后移入 100 mL 容量瓶中，用 pH 0.5 的硫酸溶液定容，过滤，保留滤液 B 供测定用。

2.2.2 碱提取方式

对于香蕉等淀粉含量高的样品宜采用碱提取方式。将上述制备出的沉淀 A，用水全部洗入 100 mL 容量瓶中，加入 5 mL 氢氧化钠溶液定容，混匀，至少放置 15 min，期间应不时摇荡。过滤，保留滤液 C 供测定用。

2.3 标准曲线的绘制

吸取 0 mg/L、20.0 mg/L、40.0 mg/L、60.0 mg/L、80.0 mg/L、100.0 mg/L 半乳糖醛酸标准使用溶液各 1.0 mL 于 25 mL 玻璃试管中，分别加入 0.25 mL 咔唑乙醇溶液，产生白色絮状沉淀，不断摇动试管，再快速加入 5.0 mL 硫酸，摇匀。立刻将试管放入 85 ℃水浴振荡器内水浴 20 min，取出后放入冷水中迅速冷却。在 1.5 h 的时间内，用分光光度计在波长 525 nm 处测定标准溶液的吸光度，以半乳糖醛酸浓度为横坐标，吸光度值为纵坐标，绘制标准曲线。

2.4 样品的测定

吸取 1.0 mL 滤液 B 或滤液 C 于 25 mL 玻璃试管中，加入 0.25 mL 咔唑乙醇溶液，同标准溶液显色方法进行显色，在 1.5 h 的时间内，用分光光度计在波长 525 nm 处测定其吸光度，根据标准曲线计算出滤液 B 或滤液 C 中果胶含量，以半乳糖醛酸计。按上述方法同时做空白试验，用空白调零。如果吸光度超过 100 mg/L 半乳糖醛酸的吸光度时，将滤液 B 或滤液 C 稀释后重新测定。

3 结果分析

样品中果胶含量以半乳糖醛酸质量分数 ω 计，单位为克每千克(g/kg)，按下面公式进行计算：

$$\omega=\frac{\rho\times V}{m\times 1\ 000}$$

式中：ρ——滤液 B 或滤液 C 中半乳糖醛酸质量浓度(mg/L)；

V——果胶沉淀 A 定容体积(mL)；

m——试样质量(g)；

计算结果保留三位有效数字。

精密度：在重复性条件下获得的两次独立测试结果的绝对差值不得超过这两次测定算术平均值的 10%。

4 任务实践操作建议

操作实施二：果蔬中果胶含量的测定

(1)资讯　学生分成 3～5 人一组，各组根据汇总的相关资料，师生共同讨论、分析，用集体智慧完成果蔬中果胶含量的测定方案初稿。

(2)决策计划　师生共同讨论、制作汇报提纲，各小组选派 1 名同学进行学习汇报交流，并根据反馈情况，用集体智慧修改并确定工作任务测定方案。

(3)实施　学生按照确定的工作任务测定方案，独立完成果蔬中果胶含量的测定任务，并填写工作任务记录单(表 1-6)，教师在工作任务实施过程中巡回指导。

表 1-6　工作任务记录单

<table>
<tr><td colspan="6">操作实施二：果蔬中果胶含量的测定</td></tr>
<tr><td colspan="4">仪器(设备型号)：</td><td colspan="2">操作人员：</td></tr>
<tr><td>工作项目</td><td colspan="4">操作内容</td><td>完成情况</td></tr>
<tr><td></td><td colspan="4"></td><td></td></tr>
<tr><td></td><td colspan="4"></td><td></td></tr>
<tr><td></td><td colspan="4"></td><td></td></tr>
<tr><td>改进措施</td><td colspan="5"></td></tr>
<tr><td rowspan="3">工作任务完成记录评价</td><td>班级</td><td></td><td>第　　组</td><td>组长签字</td><td></td></tr>
<tr><td>教师签字</td><td colspan="2"></td><td>日期</td><td></td></tr>
<tr><td colspan="5">评语：</td></tr>
</table>

子任务三　果蔬中维生素C含量的测定(2,6-二氯靛酚法)

【任务引入】

维生素C又称抗坏血酸,是人类营养中重要的维生素之一,是人体不可缺少的营养物质,当人体缺乏维生素C时容易出现坏血病。水果和蔬菜是食品中维生素C的主要来源。因此,维生素C在果蔬中含量的多少,是鉴定果蔬营养价值的重要指标之一。

【子任务要求】

学会用2,6-二氯靛酚法测定果蔬中维生素C的含量。

【测定原理】

2,6-二氯靛酚测定法适用于测定还原性抗坏血酸,不适于有亚铁、亚锡、亚铜、亚硫酸盐或硫代酸盐共存的样品。还原型抗坏血酸可以还原染料2,6-二氯靛酚。该染料在酸性溶液中呈粉红色,在中性或碱性溶液中呈蓝色,被还原后颜色消失。还原型抗坏血酸还原染料后,本身被氧化成脱氢抗坏血酸。在没有杂质干扰时,一定量的样品提取液还原标准染料液的量,与样品中抗坏血酸含量成正比。

【任务实践操作】

1　准备材料、仪器及试剂

1.1　材料

柑橘、枣、猕猴桃、青椒、花椰菜、番茄、豌豆、黄瓜等。

1.2　仪器

滴定管、分析天平(0.1 mg)、容量瓶、锥形瓶、烧杯、漏斗等。

1.3　试剂制备

(1)标准抗坏血酸溶液　准确称取抗坏血酸(50±0.1)mg,用2%草酸溶解,转移入250 mL容量瓶中,用草酸稀释至刻度,算出每毫升溶液中抗坏血酸的毫克数。

(2)2,6-二氯靛酚溶液　称取2,6-二氯靛酚钠盐50 mg,溶于50 mL热水中,冷却后用水稀释至250 mL,过滤后盛于棕色瓶内,保存在冰箱中。

(3)标定　吸取标准抗坏血酸溶液2 mL,加2%草酸5 mL,以2,6-二氯靛酚染料溶液滴定,至桃红色15 s不褪即为终点。根据已知标准抗坏血酸溶液和染料的用量,计算出每1 mL染料溶液抗坏血酸毫克数。

2　测定步骤

2.1　样品液的准备

称取切碎的果蔬样品25 g(或蜜枣5 g),放在研钵中加2%草酸溶液少许;或称取(100±0.1)g样品加2%草酸100 g倒入打碎机中打成浆,然后称取50 g。注入250 mL容量瓶中,加2%草酸稀释到刻度,过滤备用。如果滤液有颜色,在滴定时不易辨别终点,可先用白陶土脱色,过滤或离心沉淀备用。

2.2 测定

吸取滤液 10 mL 于烧杯中，用已标定过的 2，6-二氯靛酚盐溶液滴定，至桃红色并保持 15 s 不褪色为止，记录染料的用量。平行测定 3 次取平均值。

吸取 2%草酸溶液 10 mL，用染料作空白滴定记录用量。平行测定 3 次取平均值。

2.3 实验数据记录

2.3.1 染料标定原始数据(表 1-7)

表 1-7 染料标定数据

标准抗坏血酸溶液的浓度/(mg/mL)	滴定时所消耗的染料溶液/mL				每 1 mL 染料溶液所相当抗坏血酸/mg
	第 1 次	第 2 次	第 3 次	第 4 次	

2.3.2 样品中抗坏血酸含量测定原始数据(表 1-8)

表 1-8 抗坏血酸含量测定数据

样品名称	样品数量/g	样品液体总体积/mL	滴定时所用样品液的量/mL	滴定样品所用染料量/mL				空白滴定所用染料量/mL				每 100 g 样品中维生素 C 含量/mg
				1	2	3	平均	1	2	3	平均	

3 结果分析

$$W=\frac{(V-V_1)\times A}{B}\times 100$$

式中：W——100 g 样品含的抗坏血酸质量(mg)；

V——滴定样品所用的染料体积(mL)；

V_1——空白滴定所用的染料体积(mL)；

A——1 mL 染料溶液抗坏血酸质量(mg)；

B——滴定样品液中样品质量(g)。

注：经过熏硫或亚硫酸及其盐类处理的样品，在配制样品液时，应加甲醛(纯)5 mL 以除去二氧化硫的影响，以后再定容量。

4 任务实践操作建议

具体内容可参照子任务一果蔬中总酸含量的测定与子任务二果蔬中果胶含量的测定的任务实践操作建议中的分组安排、实践操作时间等在具体教学中有计划、有步骤地实施。

子任务四　果蔬中含糖量的测定

【任务引入】

可溶性固形物是指液体或流体食品中所有溶解于水的化合物的总称。可溶性固形物包括糖、酸、维生素、矿物质等。但一般来说可溶性固形物主要是指可溶性糖类，包括单糖、双糖、多糖（除淀粉、纤维素、几丁质、半纤维素不溶于水）。总糖主要指具有还原性的葡萄糖、果糖、戊糖、乳糖和在测定条件下能水解为还原性的单糖的蔗糖、麦芽糖以及可能部分水解的淀粉。

可溶性糖就是易溶于水的糖。常见的可溶性糖有葡萄糖、果糖、麦芽糖和蔗糖。果蔬中含的可溶性固形物是指可溶性糖类。

【任务要求】

学会使用手持折光仪和阿贝折光仪测定果实的可溶性固形物含量。

【测定原理】

对于同一种物质，浓度不同折射率不同，因此，根据折射率可以确定物质的浓度。折光仪的浓度标度是用纯葡萄糖溶液标定的，而果汁等不纯的葡萄糖溶液，由于盐类、有机酸、蛋白质等物质对折射率存在影响，因此，测定结果包括葡萄糖和上述物质，统称为可溶性固形物。

【实践操作】

1　准备仪器与试剂

手持折光仪、阿贝折光仪、组织捣碎器、烧杯、漏斗、纱布等。

2　操作步骤

2.1　样品准备

将果蔬用组织捣碎器打成浆状，用纱布过滤得到果汁。

2.2　阿贝折光仪的校正

以测定蒸馏水折射率的方法进行校正，即在标准温度（20 ℃）下折光仪应表示出折射率为1.332 99或可溶性固形物为0。若校正时温度不是20 ℃，应查蒸馏水的折射率表（表1-9），以该温度下蒸馏水的折射率进行核准。

表1-9　蒸馏水折射率值表

温度/℃	蒸馏水折射率	温度/℃	蒸馏水折射率
13	1.333 7	22	1.332 8
14	1.333 6	23	1.332 7
15	1.333 5	24	1.332 6
16	1.333 4	25	1.332 5
17	1.333 3	26	1.332 4
18	1.333 2	27	1.332 3
19	1.333 1	28	1.332 2
20	1.333 0	29	1.332 1
21	1.332 9	30	1.332 0

2.3 样品的测定

用滴管吸取均匀试样汁液，仔细滴 2～3 滴于折光计棱镜平面的中央（注意勿使玻璃棒触及棱镜）。迅速闭合上下二棱镜，静置 1 min 后，即可读数。读出的数值即为饮料中的可溶性固形物的百分含量，然后查可溶性固形物对温度的校正表（表 1-10），换算成 20 ℃时可溶性固形物百分含量。

表 1-10　可溶性固形物对温度的校正表（20℃）

温度/℃	固形物含量/%														
	0	5	10	15	20	25	30	35	40	45	50	55	60	65	70
应减去的校正值															
10	0.50	0.54	0.58	0.61	0.64	0.66	0.68	0.70	0.72	0.73	0.74	0.75	0.76	0.78	0.79
11	0.46	0.49	0.53	0.55	0.58	0.60	0.62	0.64	0.65	0.66	0.67	0.68	0.69	0.70	0.71
12	0.42	0.45	0.48	0.50	0.52	0.54	0.56	0.57	0.58	0.59	0.60	0.61	0.61	0.63	0.63
13	0.37	0.40	0.42	0.44	0.46	0.48	0.49	0.50	0.51	0.52	0.53	0.54	0.54	0.55	0.55
14	0.33	0.35	0.37	0.39	0.40	0.41	0.42	0.43	0.44	0.45	0.45	0.46	0.46	0.47	0.48
15	0.27	0.29	0.31	0.33	0.34	0.34	0.35	0.36	0.37	0.37	0.38	0.39	0.39	0.40	0.40
16	0.22	0.24	0.25	0.26	0.27	0.28	0.28	0.29	0.30	0.30	0.30	0.31	0.31	0.32	0.32
17	0.17	0.18	0.19	0.20	0.21	0.21	0.21	0.22	0.22	0.23	0,23	0.23	0.23	0.24	0.24
18	0.12	0.13	0.13	0.14	0.14	0.14	0.14	0.15	0.15	0.15	0.15	0.16	0.16	0.16	0.16
19	0.06	0.06	0.06	0.07	0.07	0.07	0.07	0.08	0.08	0.08	0.08	0.08	0.08	0.08	0.08
应加入的校正值															
21	0.06	0.07	0.07	0.07	0.07	0.08	0.08	0.08	0.08	0.08	0.08	0.08	0.08	0.08	0.08
22	0.13	0.13	0.14	0.14	0.15	0.15	0.15	0.15	0.15	0.16	0.16	0.16	0.16	0.16	0.16
23	0.19	0.20	0.21	0.22	0.22	0.23	0.23	0.23	0.23	0.24	0.24	0.24	0.24	0.24	0.24
24	0.26	0.27	0.28	0.29	0.30	0.30	0.31	0.31	0.31	0.31	0.31	0.32	0.32	0.32	0.32
25	0.33	0.35	0.36	0.37	0.38	0.38	0.39	0.40	0.40	0.40	0.40	0.40	0.40	0.40	0.40
26	0.40	0.42	0.43	0.44	0.45	0.46	0.47	0.48	0.48	0.48	0.48	0.48	0.48	0.48	0.48
27	0.48	0.50	0.52	0.53	0.54	0.55	0.55	0.56	0.56	0.56	0.56	0.56	0.56	0.56	0.56
28	0.56	0.57	0.60	0.61	0.62	0.63	0.63	0.64	0.64	0.64	0.64	0.64	0.64	0.64	0.64
29	0.64	0.66	0.68	0.69	0.71	0.72	0.72	0.73	0.73	0.73	0.73	0.73	0.73	0.73	0.73
30	0.72	0.74	0.77	0.78	0.79	0.80	0.80	0.81	0.81	0.81	0.81	0.81	0.81	0.81	0.81

同一个试样进行两次平行测定，二次测定的结果之差应不超过 0.5%。则取两次测定的算术平均值作为测定结果。

2.4 说明及注意事项

（1）仪器应放置在干燥和空气流通的室内，防止光学仪器受潮后发霉。严禁用油手或汗手触及光学零件。

（2）每次测定后必须用洁净软布擦拭棱镜表面，油类需用乙醇、乙醚或二甲苯等试剂擦拭干净，切勿用硬质物质触及棱镜，以防损伤。

3 结果分析

（略）

4 任务实践操作建议

具体内容可参照子任务一果蔬中总酸含量的测定与子任务二果蔬中果胶含量的测定的任务实践操作建议中的分组安排、实践操作时间等在具体教学中有计划、有步骤地实施。

任务二 果蔬贮藏环境条件调控

子任务一 果蔬呼吸强度的测定

【任务引入】

呼吸作用是果蔬采收以后进行的重要生理活动，是影响贮运效果的重要因素。测定果蔬呼吸强度可衡量果蔬呼吸作用的强弱，了解果蔬采收后的生理变化，为低温贮藏、气调贮藏、果蔬贮运以及呼吸热的计算提供必要的数据。

【子任务要求】

通过任务实践操作，使学生掌握果蔬产品呼吸强度的测定方法。

【测定原理】

呼吸强度的测定，一般采用定量碱液吸收果蔬在一定时间内呼吸所释放出来的二氧化碳量，再用已知浓度的酸滴定剩余的碱，用消耗酸的数量与对照数量之差，即可计算出呼吸所释放出的二氧化碳，求出其呼吸强度，表示单位为 CO_2 mg/(kg·h)。主要反应如下：

$$2NaOH + CO_2 = Na_2CO_3 + H_2O$$
$$Na_2CO_3 + BaCl_2 = BaCO_3 \downarrow + 2NaCl$$
$$2NaOH + H_2C_2O_4 = Na_2C_2O_4 + 2H_2O$$

果蔬呼吸强度的测定方法有静置法和气流法两种。

【任务实践操作】

1 准备材料、仪器和试剂

1.1 材料

苹果、梨、柑橘、香蕉、番茄、黄瓜等果蔬。

1.2 仪器和试剂

真空干燥器、大气采样器、吸收管、滴定管架、铁夹、50 mL 滴定管、150 mL 三角瓶、500 mL 烧杯、直径 8 cm 培养皿、小漏斗、10 mL 移液管、洗耳球、100 mL 容量瓶等仪器；钠石灰、20% NaOH，NaOH 0.4 mol/L、草酸 0.1 mol/L、饱和 $BaCl_2$ 溶液、酚酞指示剂、正丁醇、凡士林等试剂。

2 操作步骤

2.1 静置法测定

（1）放入定量碱液　用移液管吸取 0.4 mol/L NaOH 20 mL 放入培养皿中，将培养皿放入呼吸室（干燥器）底部。

（2）放入定量样品　放置隔板，装入 1 kg 果实或者蔬菜，封盖，计时 1 h，准备测定。

（3）取出碱液　放置 1 h 后，取出培养皿，把碱液移入烧杯中（冲洗 2～3 次），加饱和 $BaCl_2$ 溶液 5 mL，酚酞指示剂 2 滴。

（4）滴定　用 0.1 mol/L 草酸滴定至红色完全消失、记录 0.1 mol/L 草酸用量（V_2）。并用同样的方法做空白滴定（干燥器中不放果蔬样品），记录 0.1 mol/L 草酸用量（V_1）。

2.2 气流法测定

气流法测定装置如图 1-4 所示。

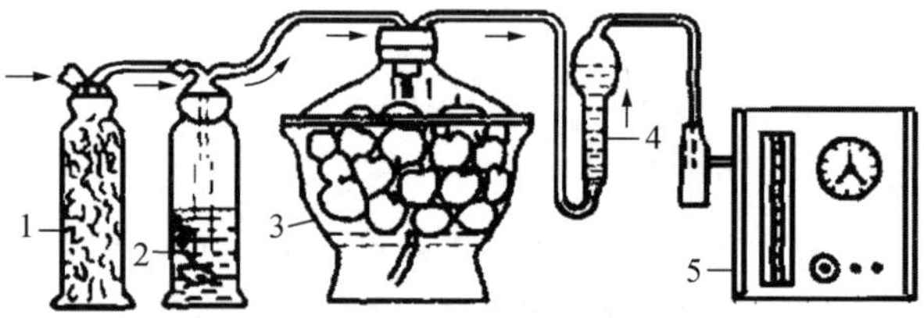

图 1-4　气流法测定装置

1. 钠石灰　2. 20% NaOH　3. 呼吸室　4. 吸收管　5. 大气采样器

（引自：赵晨霞．果蔬贮运与加工．2002）

（1）安装　按图（暂不串接吸收管）连接好大气采样器，同时检查是否漏气。开启大气采样器及样品中的空气泵，如果净化瓶中有气泡连续不断地产生，说明整个系统气密性良好，否则应检查是哪个接口漏气。

（2）抽空　称取果实 1 kg 放入呼吸室，先将呼吸室与大气采样器的安全瓶连接，拨动开关，将空气流量调在 0.4 L/min，将定时钟旋钮按反时针方向转到 30 min 处，使呼吸室先抽空平衡 30 min。

（3）测定　取一支吸收管装入 0.4 mol/L 的 NaOH 溶液 10 mL 和 1 滴正丁醇，当呼吸室抽空 30 min 后，立即安上吸收管，把定时针重新转到 30 min 处，调整流量保持 0.4 L/min。待样品测定 30 min 后，取下吸收管，将碱液移入三角瓶中，加饱和 $BaCl_2$ 5 mL 和酚酞指示剂 2 滴，然后用 0.1 mol/L 草酸滴定至粉红色消失即为终点。记录滴定量（V_2）。

（4）空白液滴定　用移液管吸取 0.4 mol/L 的 NaOH 溶液 10 mL，放入一支吸收管中，加 1 滴正丁醇，稍加摇动后再将其中碱液毫无损失地移到三角瓶中，用煮沸过的蒸馏水冲洗 5 次，直至显中性为止。加少量饱和 $BaCl_2$ 溶液和酚酞指示剂 2 滴，然后进行滴定，记录滴定量（V_1）。如果两次滴定相差超过 0.1 mL，必须重滴一次。

3 结果分析

计算：

$$呼吸强度[CO_2,mg/(kg\cdot h)]=\frac{(V_1-V_2)\cdot c\cdot 44}{W\cdot T}$$

式中：c——草酸浓度(mol/L)；

W——样品重量(kg)；

T——测定时间(h)；

44——CO_2 的相对分子质量。

将测定数据填入表1-11，列出计算式并计算结果。

表1-11　测定数据

样品重/kg	测定时间/h	气流量/(L/min)	0.4 mol/L NaOH	0.1 mol/L 草酸用量/mL 空白(V_1)	测定(V_2)	测定温度/℃

4　任务实践操作建议

操作实施一：果蔬产品呼吸强度的测定

(1)资讯　学生分成3～5人一组，各组根据汇总的相关资料，师生共同讨论、分析，用集体智慧完成果蔬产品呼吸强度的测定方案初稿。

(2)决策计划　师生共同讨论、制作汇报提纲，各小组选派1名同学进行学习汇报交流，并根据反馈情况，用集体智慧修改并确定工作任务测定方案。

(3)实施　学生按照确定的工作任务测定方案，独立完成果蔬产品呼吸强度的测定任务，并填写工作任务记录单(表1-12)，教师在工作任务实施过程中巡回指导。

表1-12　工作任务记录单

<table>
<tr><td colspan="6">操作实施一：果蔬产品呼吸强度的测定</td></tr>
<tr><td colspan="3">仪器(设备型号)：</td><td colspan="3">操作人员：</td></tr>
<tr><td>工作项目</td><td colspan="4">操作内容</td><td>完成情况</td></tr>
<tr><td></td><td colspan="4"></td><td></td></tr>
<tr><td></td><td colspan="4"></td><td></td></tr>
<tr><td></td><td colspan="4"></td><td></td></tr>
<tr><td>改进措施</td><td colspan="5"></td></tr>
<tr><td rowspan="3">工作任务完成记录评价</td><td>班级</td><td></td><td>第　　组</td><td>组长签字</td><td></td></tr>
<tr><td>教师签字</td><td colspan="2"></td><td>日期</td><td></td></tr>
<tr><td colspan="5">评语：</td></tr>
</table>

5 实训作业

呼吸强度测定中为什么要将吸收二氧化碳的定量碱液量毫无损失地移到三角瓶中?

子任务二 果蔬贮藏环境中氧气和二氧化碳含量的测定

【任务引入】

采后的果蔬仍是一个有生命的活体,在贮藏中不断地进行着呼吸作用,必然影响到贮藏环境中的 O_2 和 CO_2 含量,如果 O_2 过低或 CO_2 过高,或二者比例失调,就会危及果蔬正常生命活动。特别是在气调贮藏中,要随时掌握贮藏环境中 O_2 和 CO_2 的变化,所以在贮藏期间需经常测定 O_2 和 CO_2 的含量。测定 O_2 及 CO_2 的方法有化学吸收法及物理化学测定法。

【子任务要求】

掌握奥氏气体分析仪测定贮藏环境中 O_2 和 CO_2 含量的原理和方法,学会使用奥氏气体分析仪并会用奥氏气体分析仪测定贮藏环境中 O_2 和 CO_2 含量。

【测定原理】

本操作实施采用化学测定法,即采用奥氏气体分析仪,主要根据气体容量吸收的原理进行测定,即通过吸收剂将贮藏环境中所测定的 O_2 及 CO_2 吸收(反应)之后气体体积发生变化来测定的。测定 CO_2 一般用碱性钾(KOH)溶液作吸收剂;测定 O_2 一般都用焦性没食子酸的碱性溶液作吸收剂。

【任务实践操作】

1 准备材料、仪器和试剂

1.1 材料

苹果、梨、香蕉、番茄、黄瓜等各种水果蔬菜,塑料薄膜袋,乳胶管等。

1.2 仪器

奥氏气体分析仪,其结构如图 1-5 所示。

1.3 试剂

1.1.1 试剂种类

焦性没食子酸、氢氧化钾、氯化钠、液体石蜡、盐酸、甲基橙。

1.1.2 试剂配制

(1)氧吸收剂 取焦性没食子酸 30 g 于第一个烧杯中,加 70 mL 蒸馏水,搅拌溶解,定容至 100 mL;另取 30 g 氢氧化钾或氢氧化钠于第二个烧杯中,加 70 mL 蒸馏水中,定容至 100 mL;冷却后将两种溶液混合在一起,即可使用。

(2)二氧化碳吸收剂 30%的氢氧化钾或氢氧化钠溶液吸收二氧化碳(以氢氧化钾为好,因氢氧化钠与二氧化碳作用生成碳酸钠的沉淀量多时会堵塞通道)。取氢氧化钾 60 g,溶于 140 mL 蒸馏水中,定容至 200 mL 即可。

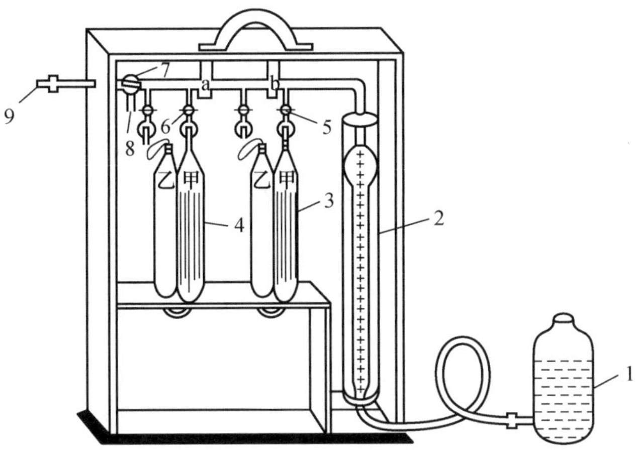

图 1-5　奥氏气体分析仪结构

1. 量气筒　2. 水套筒　3. 压力瓶　4. 梳形管　5、6. 吸收管　7、8、9. 两通活塞

(3)封闭液的配制　在饱和氯化钠溶液中，加 1～2 滴盐酸溶液后，加 2 滴甲基橙指示剂即可。在调节瓶中很快形成玫瑰红色的封闭指示剂。当碱液从吸收瓶中偶然进入量气筒内，会使封闭液立即呈碱性反应，由红色变为黄色，也可用纯蒸馏水做封闭液。

2　操作步骤

2.1　清洗与调整

(1)清洗　将仪器的所有玻璃部分洗净，磨口活塞涂凡士林，并按图装配好。在吸气球管中注入吸收剂，3 中注入二氧化碳吸收剂，4 中注入氧气吸收剂，吸收剂不宜装得太多，一般装到吸收瓶的 1/2(与后面的容器相通)即可，后面的容器加少许(液面有一薄层)液体石蜡，使吸收液呈密封状态，调节瓶中装入封闭液。将吸气孔接上待测气样。

(2)调整　将所有磨口活塞关闭，使吸气球管与梳形管不相通，转动 8 呈"⊢"状，高举调节瓶，排出 2 中空气，以后转动 8 呈"⊣"状，打开活塞 5 并降下 1，此时 3 中的吸收剂上升，升到管口顶部时，立即关闭 5，使液面停止在刻度线上，然后打开活塞 8，同样使吸收剂液面达到刻度线。

2.2　洗气

用气样清洗梳形管和量筒内原有空气，使进入中的气样保持纯度，避免误差。打开三通活塞，箭头向上，调节瓶向下，气样进入量气筒，约 100 mL，然后把三通活塞箭头向左，把清洗过的气样排出，反复操作 2～3 次。

2.3　取样

正式取气样，将三通活塞箭头向上，并降低调节瓶，使液面准确达到 0 位，取气样 100 mL，调节瓶与量气筒两液面在同一水平线上，定量后关闭气路，封闭所有通道。再举起调节瓶观察量气筒的液面，堵漏后重新取样。若液面稍有上升后停在一定位置上不再上升，证明不漏气，可以开始测定。

2.4 测定

先测定二氧化碳，旋动二氧化碳吸气球管活塞，上下举动调节瓶，使吸气球管的液体与气样充分接触，吸收二氧化碳，将吸收剂液面回到原来的标线，关闭活塞。调节瓶液面和量气筒的液面平衡时，记下读数。如上操作，再进行第二次读数，若两次读数误差不超过 0.3%，即表明吸收完全，否则再进行如上操作。以上测定结果为 CO_2 含量，再转动氧气吸气球管的活塞，用同样的方法测定出 O_2 含量。

3 结果分析及注意事项

3.1 计算

$$O_2\text{ 含量}=\frac{100\times(V_2-V_3)}{V_1}\times 100\%$$

$$CO_2\text{ 含量}=\frac{100\times(V_1-V_2)}{V_1}\times 100\%$$

式中：V_1——量气筒初始体积(mL)；

V_2——测定二氧化碳时残留气体体积(mL)；

V_3——测定氧气时残留气体体积(mL)。

3.2 注意事项

(1)举起调节瓶时量气筒内液面不得超过刻度 100 处，否则蒸馏水会流入梳形管，甚至到吸气球管内，不但影响测定的准确性，还会冲淡吸收剂造成误差。液面也不能过低，应以吸收瓶中吸收剂不超出活塞为准，否则吸收剂流入梳形管时要重新洗涤仪器才能使用。

(2)举起调节瓶时动作不宜太快，以免气样因受压力大冲过吸收剂成气泡状而漏出，一旦发生这种现象，要重新测定。

(3)先测二氧化碳后测氧气。

(4)焦性没食子酸的碱性溶液在 15～20 ℃时吸收氧的效能最大，吸收效果随温度下降而减弱，0 ℃时几乎完全丧失吸收力。因此，测定室温一定要在 15 ℃以上。

(5)多次举调节瓶读数不相等时，说明吸收剂的吸收能力减弱，需重新配制吸收剂。

4 任务实践操作建议

本子任务的【任务实践操作建议】的具体内容，可参照子任务一果蔬产品呼吸强度的测定的任务实践操作建议中的分组安排、实践操作时间等在具体教学中有计划、有步骤地实施。

任务三 果蔬商品化处理

子任务一 果蔬硬度测定

【任务引入】

果实的硬度是指以硬度计对水果果肉组织垂直施压，果肉所能承受的压力。果实的硬度是指果肉抗压力的强弱，抗压力越强，果实的硬度就越大。

果肉的硬度与细胞之间原果胶含量呈正相关，一般未成熟的果实硬度较大，随着果实成熟度的提高，不溶性的原果胶逐渐分解为可溶性的果胶或果胶酸，硬度会逐渐下降。因此，根据果实的硬度，可判断果实的成熟度。

水果硬度的测定是根据 NY/T 2009—2011 进行测定。

【子任务要求】

学会使用硬度计；会用硬度计测定果实中的硬度。

【测定原理】

果实的硬度是指果肉抗压力的强弱，以每平方厘米面积上承受的压力（N/cm^2）或磅数表示。果肉抗压力越强，果实的硬度就越大也越耐贮藏，反之，抗压力越弱，果实的硬度就越小。果实硬度大小是衡量果实本身特性和贮藏过程中及结束贮藏时果实品质好坏的重要指标之一。这是因为随着果实成熟度的提高，果肉逐渐变软，硬度降低，使耐贮性下降。

【任务实践操作】

1 准备材料、仪器和试剂

1.1 材料

各种水果、蔬菜。

1.2 仪器

HP-30 型硬度计或 GY-1 型硬度计（图 1-6），水果刀。

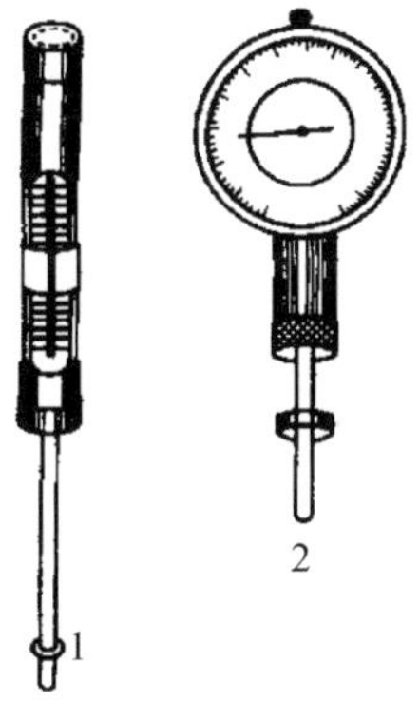

图 1-6 果实硬度计

1. HP-30 型 2. GY-1 型

2 测定步骤

（1）去皮 将果实待测部分的果皮削掉。

（2）对准部位 硬度计压头与削去果皮的果肉相接触，并与果实切面接触，且与果实切面垂直。

（3）加压 左手紧握果实，右手持硬度计，缓缓增加压力，直到果肉切面达压头的刻度线上为止。

（4）读数 这时游标尺（或指针）随压力增加而被移动，它所指的数值即表示每平方厘米（或 0.5 cm^2）上的千克数或磅数。

仪器回零后，再次测定，每一个果实测 2～4 次，取其平均值。

3 注意事项

（1）测定果实硬度，最好是测定果肉的硬度，因为果皮的影响往往掩盖了果肉的真实硬度；

（2）加压时，用力要均匀，不可转动加压，也不能用猛力压入；

（3）探头必须与果面垂直，不要倾斜压入；

（4）果实的各个部位硬度不同，所以测定各处理果实硬度时，必须采用同一部位，以减少处理间的误差。

4 任务实践操作建议

操作实施一：果蔬硬度测定

（1）资讯　学生分成3～5人一组，各组根据汇总的相关资料，师生共同讨论、分析，用集体智慧完成果蔬产品硬度的测定方案初稿。

（2）决策计划　师生共同讨论、制作汇报提纲，各小组选派1名同学进行学习汇报交流，并根据反馈情况，用集体智慧修改并确定工作任务测定方案。

（3）实施　学生按照确定的工作任务测定方案，独立完成果蔬硬度测定任务，并填写工作任务记录单（表1-13），教师在工作任务实施过程中巡回指导。

表1-13　工作任务记录单

<table>
<tr><td colspan="7">操作实施一：果蔬硬度测定</td></tr>
<tr><td colspan="3">仪器（设备型号）：</td><td colspan="4">操作人员：</td></tr>
<tr><td>工作项目</td><td colspan="5">操作内容</td><td>完成情况</td></tr>
<tr><td></td><td colspan="5"></td><td></td></tr>
<tr><td></td><td colspan="5"></td><td></td></tr>
<tr><td></td><td colspan="5"></td><td></td></tr>
<tr><td>改进措施</td><td colspan="6"></td></tr>
<tr><td rowspan="3">工作任务
完成记录
评价</td><td>班级</td><td colspan="2"></td><td>第　　组</td><td>组长签字</td><td></td></tr>
<tr><td>教师
签字</td><td colspan="3"></td><td>日期</td><td></td></tr>
<tr><td colspan="6">评语：</td></tr>
</table>

（4）检查评估及反馈　学生对完成工作任务的表现进行自评和互评，各小组进行总结、考核、评估及反馈，教师做出最后评价，填写工作任务评价及反馈单。

子任务二　果蔬贮藏保鲜后感官品质鉴定

【任务引入】

果蔬品质也称质量，是衡量产品优劣的尺度。果蔬质量的好坏程度，是构成果蔬特征及可接受性的要素，主要包括果蔬的感官质量、营养质量、安全质量和保藏期等方面。

果蔬品质鉴定是由国家法定质检机构根据已确认的标准进行的，以判断果蔬质量好坏程度和食用价值大小的过程。品质鉴定的目的不仅在于确定产品的质量是否符合标准、属什么等级，还要进一步阐明果蔬的成分、性质等各方面特点，以便扩大综合利用。同时，品质鉴定也是推行果蔬产品标准化的重要手段，在保护商品质量、降低损耗中起到重要作用。

【子任务要求】

通过操作实施，使学生掌握果蔬贮藏品质鉴定的内容和方法，了解果蔬贮藏效果。果蔬贮藏品质的鉴定，主要是借助仪器和感官对其外观、质地、病害、腐烂、损耗等进行评定。通过评定可概括了解果蔬贮藏前后的变化，这对及时采取管理措施、提高贮藏效果有积极意义。

【测定原理】

(1)外观品质　人们总是根据水果的大小、形状(具有该品种特征特性)、色泽、状态、缺陷(水果表面有无伤痕、斑疤、污点)作为消费的依据。

大小：大小作为一种品质属性决定产品的等级和价格。直径是大小最常用的指标，通常用测径仪测量；重量分个体重量和群体重量(产量)两种；体积通过排水法测量或直接测量。

形状：常用纵径与横径之比作为果实的果形指数，也可用形状图和模型，不同的产品有不同的特征形状。

颜色：感官品质中最重要的属性，内在品质很好，可能因外观颜色不好而不受欢迎。颜色鉴定通常用目测法，即用比色卡描述果蔬的颜色。也可用光反射计、光传递计等仪器来测定。

光泽：蜡质在果蔬表面的含量、结构和排列影响产品的光泽，可用目测或光泽计测定。

缺陷：缺陷就是缺乏完好性。果蔬产品很少能够保持完美无缺，销售时需按缺陷的程度进行分级，依级定价。引起产品缺陷的因素有生物因素(害虫、病原体)、环境因素(气候、土壤、水分供应)、生物学因素(生理病害、营养失调、成熟度、遗传畸变)及其他原因(种植方法、非商品器官、机械损伤、化学物质)。缺陷的发生及严重程度按1—5级的评分系统来评价。1=无症状；2=轻度症状；3=中度症状；4=严重症状；5=极重症状。为减少评价者之间的误差，对一定的缺陷要有详细的描述和照片作为评分的指南。

(2)质地品质　质地是果蔬产品的主要属性之一，不仅与产品的食用品质有关，而且还是贮藏品质的一个重要的指标。

耐压品质(硬度和软度)：用硬度计测定其硬度。

纤维素和坚韧性：用纤维仪测量抗切力，用化学分析测定纤维素含量和木质素含量。

多汁性：通过榨汁或钻孔测定多汁性。

感官质地品质：评价石细胞、咀嚼性、油分、脆性、粉质性。

(3)风味品质　风味是由化学物质引起的一种感觉现象，主要通过味觉和嗅觉感知，是决定产品可食性的一项重要指标。虽然描述风味的术语很多，但给风味下定义很困难。气味是风味最重要的构成要素，当人们鼻腔阻塞失去了对气味的感觉能力，也就失去了对食品风味的鉴赏能力。味道是风味较简单的构成要素，它包括有甜、酸、咸、苦、涩、芳香6种味道。

甜度：用化学方法测定总糖、还原糖或其他糖。也可用折光仪测定可溶性固形物(主要成分是糖)近似代表含糖量。

酸：用pH计测定果汁pH，通过滴定来测定可滴定酸的含量。

咸度：测定氯化钠的含量。

苦味：通过品尝试验或测定与苦味有关的生物碱和糖苷来确定。

涩味：通过品尝试验或测定单宁的含量来确定。

芳香味：通过感官分析和某产品特定芳香物质的鉴定评价来确定。

(4)营养品质　通过化学分析测定果蔬总碳水化合物、膳食纤维、蛋白质及各种氨基酸、脂肪、维生素和矿物质。

(5)安全性　利用薄层色谱、气相色谱、液相色谱等可对微量有毒有害物质进行测定。

【任务实践操作】

1　准备鉴定的实验材料、仪器

(1)实验材料　选择当地有代表性的果蔬产品 2～3 种，如苹果、葡萄、柑橘、香蕉、猕猴桃、桃、李子、杏、马铃薯、胡萝卜、大白菜、花椰菜(菜花)、甘蓝、番茄等。

(2)仪器　天平、硬度计、手持糖量计、台秤、100 mL 烧杯、纱布、不锈钢果刀等。

2　操作步骤

选择实验材料→确定贮藏天数→外观品质→好果率→仪器测定(自然损耗、硬度、可溶性固形物)→结果记录→分析小结。

(1)随机称取经过贮藏保鲜的果蔬样品 30 kg，分成 6 份，每份 5 kg，每组 1 份。

(2)品质鉴定主要包括颜色、饱满度、好果率的感官鉴定；自然损耗、硬度和可溶性固形物的仪器鉴定，各种不同的果蔬鉴定项目不同，可根据具体情况而定，下面是苹果、葡萄和柑橘的贮藏品质鉴定表(表 1-14 至表 1-16)。

表 1-14　苹果贮藏品质鉴定表

品种	贮藏时间		烂耗			硬度/(kg/cm^2)		固形物/%		色泽			风味	备注
	入贮时间	贮藏天数/d	好果/个	烂果/个	好果率/%	贮前	贮后	贮前	贮后	果皮	果肉	果心		

表 1-15　葡萄贮藏品质鉴定表

品种	采后药剂处理		贮藏时间		掉粒率/%		干柄率/%		漂白率		烂耗			备注
	种类	浓度	入贮时间	贮藏天数/d	脱粒数/个	掉粒率/%	干柄穗数/个	干柄率/%	漂白穗数/个	漂白率/%	好果/个	烂果/个	好果率/%	

表 1-16　柑橘贮藏品质鉴定表

品种	采后药剂处理		贮藏时间		色泽		含汁率/%		风味	烂耗				备注
	种类	浓度	入贮时间	贮藏天数/d	果皮	橘瓣	果汁	滤渣		青蒂/个	好果/个	烂果/个	好果率/%	

3　注意事项

(1)在相同条件下鉴定,保证鉴定结果一致。
(2)果蔬贮藏要有一定时间,最好不要在贮藏初期进行鉴定。
(3)鉴定果蔬一定要随机取样。
(4)果蔬样品分份时注意做到随机和平均。
(5)鉴定做到仔细、认真,按顺序进行。

4　任务实践操作建议

本子任务的【任务实践操作建议】的具体内容,可参照子任务一果蔬硬度测定的任务实践操作建议中的分组安排、实践操作时间等在具体教学中有计划、有步骤地实施。

知识拓展

判断果蔬成熟度的几种方法

练习及作业

1. 什么是呼吸作用、呼吸强度、呼吸商、呼吸热、呼吸跃变?
2. 影响呼吸作用的因素有哪些?如何利用这一原理延长果蔬的贮藏寿命?
3. 试述乙烯的作用机理、生物合成途径及影响其合成作用的因素。
4. 影响蒸腾作用的因素有哪些?蒸腾作用对果蔬贮藏有哪些影响?
5. 什么是冷害?其症状主要有哪些?如何控制冷害的发生?
6. 什么是预冷?预冷的生理意义是什么?
7. 贮藏的果蔬为何要进行涂膜处理?涂膜的方法有哪些?
8. 催熟的作用是什么?催熟的方法有哪些?
9. 脱涩的原理是什么?脱涩的方法有哪些?
10. 果蔬贮运过程中应注意哪些问题?

项目二　果蔬贮藏技术

学习目标

①能根据不同情况，提出果蔬贮藏库的初步设计方案；②能对当地主要果蔬产品贮藏库种类、贮藏方法、贮藏量、贮藏效益进行调查，并形成调查报告；③能阅读并编制各种果蔬贮藏技术方案；④能进行果蔬贮藏组织工作及现场技术指导；⑤能准确判断果蔬贮藏过程中常见的质量问题，并采取有效措施解决或预防；⑥会对果蔬产品贮藏保鲜效果进行质量鉴定；⑦引导学生对新型绿色环保型保鲜技术深入思考，牢固树立绿色化发展理念。

工作任务

①清扫贮藏库，对库房及库内设备、用具进行消毒；②对库内的蒸发器、送风管道、气体净化系统、氮气发生系统、库温调节系统和库内气体循环系统等设备进行检查；③对气调库进行气密检查；④对入库贮藏的果品、蔬菜进行抽样检查、挑选整理；⑤检查记录库内温度、湿度及气体指标的变化；⑥根据不同季节、不同品种、不同贮藏方法和技术要求，控制、调节库内的温度、湿度；⑦检查库内果品、蔬菜的质量，发现问题及时处理。

知识点1　果蔬简易贮藏

简易贮藏通常是指在构造相对简单的贮藏场所，利用较低的气温和土温降低果蔬贮藏场所的温度；利用土壤、秸秆等其他覆盖物的蓄冷、隔热、隔气、保湿性能保持贮藏环境低而稳定的温度、低的氧气和高的二氧化碳浓度、高的相对湿度从而达到保鲜果蔬的目的。其主要包括沟藏和窖藏等形式。

1.1　沟(埋)藏

沟藏又称埋藏，是一种封闭式的地下贮藏方法，是将果蔬堆放在沟内或者坑内，然后根据外界温度变化分次进行覆土，利用地温和土壤的隔热、保湿性能进行贮藏的一种方法，其保温保湿效果优于堆藏。

1.1.1　沟(埋)藏的特点与性能

由于贮藏沟、坑处在土层和覆盖物的封闭状态下，贮藏果蔬自身的呼吸作用使氧气含量不断降低，二氧化碳浓度不断增大，造成了一个自发的气调环境。与此同时，沟(坑)内二氧化碳浓度提高，抑制了呼吸作用的进行和微生物的活动，增强了果蔬的耐藏性。由于沟藏可造成一个温度适宜而稳定，有一定湿度和自身呼吸造成的高 CO_2 和低 O_2 的贮藏环境，因此也把沟藏看成是一种自发的修改气体贮藏(modified atmosphere storage,简称“MA”贮藏)。沟藏方法简单易行,只要管理得当,可以获得良好的贮藏效果。缺点是:只能进行季节性的短期贮藏(自11月至次年3月),入贮初期的高温不易控制,贮藏期中难以检查等。沟藏通常用于寒冷地区和要求贮藏温度较高的果蔬的短期贮藏,常见于仁果类水果及直根、块茎类蔬菜。

思考:请同学们查阅资料,了解我国果蔬贮藏发展史,其最早可追溯到900年前的宋朝。简易贮藏技术更是中华民族智慧和创造的结晶,通过学习,进一步增强文化自信。

1.1.2 沟(埋)藏的形式与结构

沟藏的地点应选择在平坦干燥、地下水位较低的地方。沟(坑)的深度和宽度,应根据当地的地形、气温和果蔬种类对温度的要求,以及贮藏数量等情况而决定。一般沟藏,挖成平底直沟,深度依各地气候条件而定,华中、华东地区沟深1.0～1.2 m,东北深1.2～1.5 m。决定沟深的原则是:冬季果蔬产品应在冻土层以下,可保持适宜的低温而又不受冻。沟越深,保温效果越好,降温也越困难。贮藏沟的宽度一般为1.0～1.5 m,过宽贮量虽大但不易降温;过窄易受外界气温影响,沟温不稳定。长度可根据贮藏数量和场地情况适当增减。沟的方向一般采用东西长,寒冷地区为了减少寒风的吹袭面,以南北长为宜。沙地土层疏松,沟壁容易崩塌,应挖成向上外倾的斜壁,沟的断面呈倒梯形,以防倒塌,一般口宽1.0 m、底宽约0.8 m。

为了便于空气流通,在沟底顺沟长方向挖一条10 cm×10 cm通风纵沟,并沿两头直通地面;顺沟长每隔3～5 m再挖同样一条通风横沟,形成纵横交错的通风系统(图2-1)。

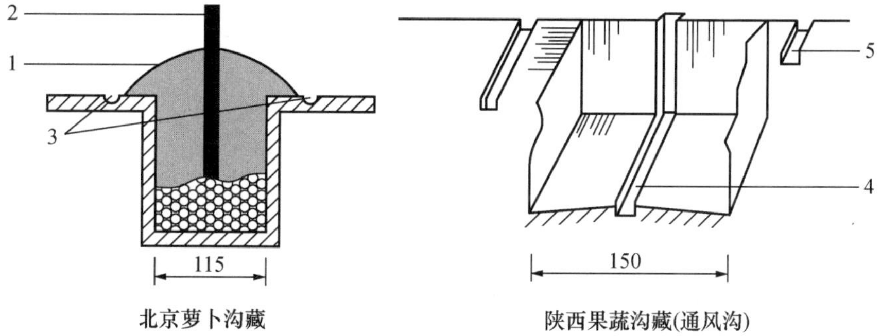

图2-1 果蔬沟(埋)藏示意图(单位:cm)

1. 覆土 2. 通风把 3,5. 排水沟 4. 通风沟

南方地下水位较高的地区,常用圆坑埋藏生姜等产品。圆坑入土深1 m,坑底直径2 m,挖出的泥土在坑边四周堆实拍紧成土墙,墙高1.3 m,坑的上口直径和深度均为2.3 m,坑底中央挖一排水洞,四周开排水沟。沟内装入果蔬至坑口成为圆头形,果蔬产品装入时,坑内插入8～10个用芦苇秆或玉米秆、高粱秆捆成的直径为10 cm的通风用通风束。一般每坑贮入量以5 t为宜,贮量少于2.5 t的坑冬季难以保温,10 t以上的大坑,管理不便,不宜采用。

1.1.3 沟(埋)藏的入贮与管理

沟、坑挖好后必须待土面干燥,并在底部铺放一层厚度为6～7 cm干净的沙子或者干草,然后将果蔬散堆或者堆码于沟内。堆码的高度,南方温暖地区(与地面相平或者距地面约10 cm),北方寒冷地区(距约地面30 cm)。对于容积大的沟、坑,可在堆码时在沟内按照一定间距垂直插立高粱秆或者玉米秆捆成的小捆,以利于沟内通气散热,测定沟内温度,秸秆长度以稍露出覆土层为度。

入贮完备后即进行覆盖，覆盖物有沙、土、秸秆等。埋藏初期，沟坑内温度高，降温缓慢，故可覆盖稻草等物，随气温的下降，逐步加厚覆盖层，其厚度掌握以果蔬不受热、不受冻为原则。进入严冬时节，覆盖层要盖足，一般高出地面 20～30 cm，顶部铺成圆顶或屋脊形，防止雨水进入沟坑内。开春后随气温回升，应逐步将覆盖物揭除，以免果蔬受热。埋藏果蔬一经开封取用，沟、坑中适宜的温度、湿度、气体含量均被破坏，沟、坑内剩余的果蔬不宜继续久贮，应及时处理，以免品质变劣。

1.2 窖藏

窖藏是在埋藏的基础上发展起来的，主要是利用地下温度、湿度受外界环境影响较小的原理，创造一个温度、湿度、气体成分都相对比较稳定的贮藏环境。可以根据当地的自然环境和地理条件特点建造，并可配备一定的通风设施，便于调节温度、湿度、气体成分等，贮藏量较大且效果好，是我国果蔬产地广泛采用的一种贮藏方式。

1.2.1 窖藏的形式结构

(1)棚窖　棚窖是挖成一长方形窖身，并用木料、秸秆、泥土架铺成棚顶的地下或半地下式窖型，主要用于苹果、梨、葡萄、大白菜、萝卜、马铃薯等果蔬的贮藏。

半地下式棚窖(图 2-2)的窖身，一般入土深度 1.0～1.5 m，在地面建筑土墙，高 1.0～1.5 m。为加强入贮前期通风降温，在土墙两侧近地面处，每隔 2～8 m 留一个气孔，天冷时将气孔堵死。半地下式棚窖入土较浅，保温效果较差，适于气候温暖地区或地下水位较高的地区使用。

地下式棚窖(图 2-2)的窖身，入土深度 2.5～8 m，窖顶露出地面，保温效果较好，适于寒冷地区的冬菜贮藏。要求地下水位要低，以防窖内湿度过高。窖长视贮藏量而定，一般在 20～50 m 范围内，小型窖长 10 m 左右，大型窖最大长度为 50 m。窖宽依据地点、材料而定，一般为 2～2.5 m 或 4～6 m。大型的棚窖应设有天窗和窖门，以便于果蔬出入，并起到通风换气的作用。

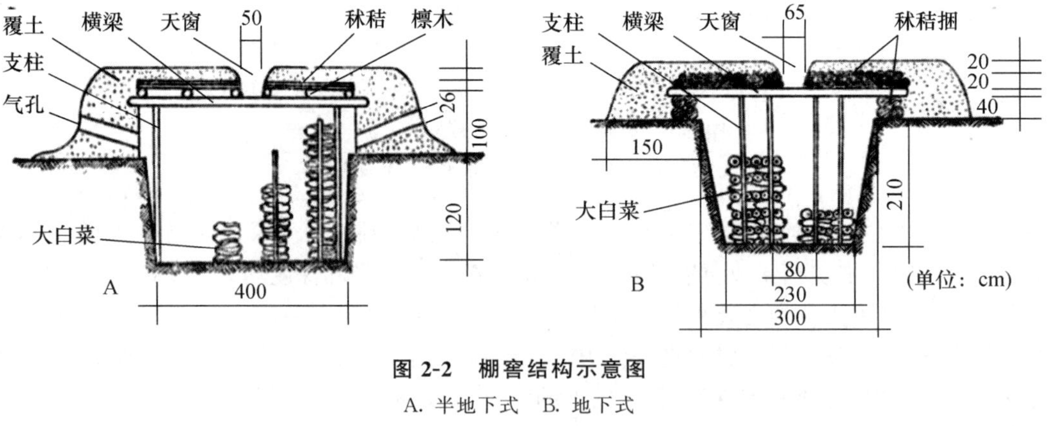

图 2-2　棚窖结构示意图

A. 半地下式　B. 地下式

(2)井窖　井窖是一种封闭式的深入地面下的土窖。窖址必须选择地下水位低、土质坚硬的丘陵山坡地带。井窖的窖身全部在地下，只有窖口露于地面。窖口可设在室内，也可在室外。挖掘时，先由地面垂直向下挖一井筒，达一定深度后，再向一侧或四周扩展挖出窖身，窖身可以是一个，也可几个连在一起。南方的井窖深度较浅，约 1.5 m，北方的井窖较深，3～4 m。

井窖的窖口要高出地面，并用砖石砌牢，周围封土，井口要安设井盖，井盖用厚 3～5 cm 的石板或水泥板做成。井窖有较好的密封和保温性能，果蔬腐烂率低，只要注意加强管理，窖挖成后，可多年连续使用。但井窖容量较小，入窖操作和产品出入也不方便。

(3)窑窖　窑窖贮藏是我国西北地区普遍采用的一种贮藏形式，主要在山西、陕西、甘肃及河南西部等地采用。建窑时应选择在地势高燥、土质紧密的山坡或平地，也可建成地下砖窑，窑窖的结构要便于通风降温和封闭保温，牢固安全。可作为永久性的贮藏场所，具有结构简单、造价低、有较好的保温性能、贮藏效果好等特点。一般由窑身、窑门和通风孔组成，窑顶厚度不少于 5 m，窑窖内呈拱形或人字形。

其平面结构形式有大平窑、子母窑和砖砌窑洞等类型，后两种类型是由大平窑发展而来的，其中应用比较普遍的有大平窑和母子窑两类。

大平窑从窑门到窑端呈通道形，由窑门、窑身和通气孔 3 部分组成(图 2-3)。

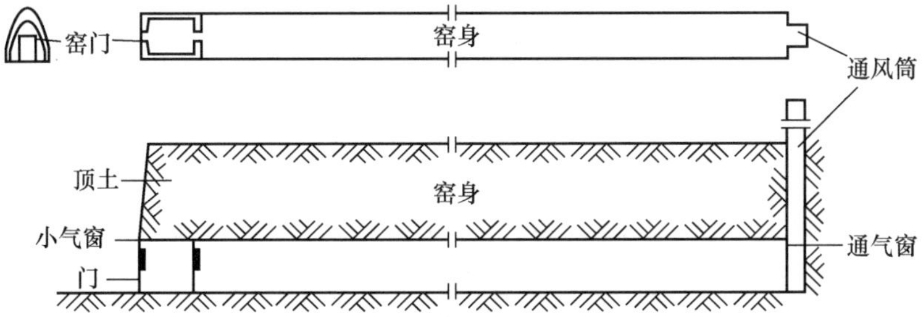

图 2-3　大平窑结构示意图

窑门是窑洞前端较窄的部分，高约 3 m，宽 1.2～2 m，门道长 4～6 m。为了进出库方便，门道可适当加宽，门道前后分别设门。窑身是贮存果蔬的部分，一般长为 30～60 m、宽为 2.6～3.2 m，高度与窑门一致，一般为 3.0～3.2 m。窑身的横断面要筑成尖拱形。从窑门到窑端比降 1%～2%，以防积水并利于空气流通。通风筒的主要作用是促使窑洞内外空气对流，以利于通风降温，它常设于窑洞最后部，从窑底向上垂直通向地面，为加速通风换气，可在活动窗处安装排气扇。

母子窑内由下坡马道、母窑、子窑和通气孔 4 部分组成(图 2-4)。一般窑身即母窑长 10～20 m，比降 10%～20%，自窑门向内构成缓坡，母窑可以作为通道，也可贮果，子窑是主要贮果部位，其宽度和高度与大平窑相似，长度以 10～15 m 为宜。子窑的数目可随贮藏产品数量的需要而定。通气孔设在母窑后端，内径和高度根据产品贮藏量确定，一般通气孔内直径约 1.5 m、高 7～10 m，即可满足窑内通气的需要。

窑窖的特点是利用深厚的土层，形成与外界环境隔离的隔热层，土层是自然冷源的载体，土层温度一旦下降，上升则很缓慢，在冬季蓄存的冷量，可周年用于调节窑温。母子窑的性能比大平窑更好，可在窑内存放冰或积雪，甚至配备一定的机械制冷设施，可进一步降低调控温度，能更好、更长地保持适宜的贮藏条件。

1.2.2　贮藏的管理

(1)清扫消毒　果蔬贮藏前 7～15 d，要彻底打扫和严格消毒杀菌。可燃烧硫黄(1.0～1.5 kg/100 m^3)密闭熏蒸，也可用 2%的福尔马林(甲醛)或 4%的漂白粉溶液进行喷雾消毒。密封 2 d 后，将通气孔口全部打开，通风换气后使用。

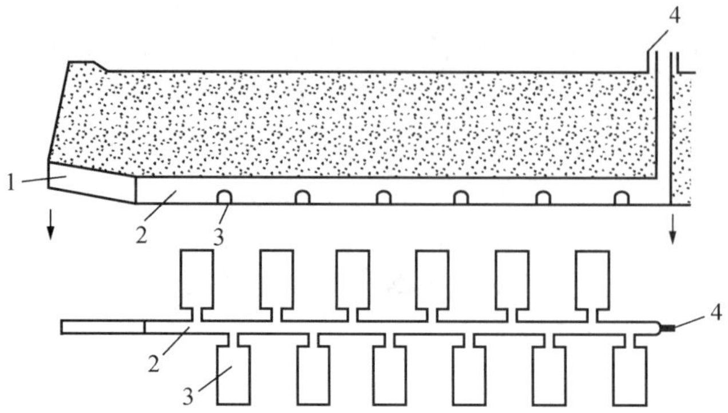

图 2-4　母子窑结构示意图(比例 1∶800)

1. 窑门　2. 母窑　3. 子窑　4. 通气孔

(2)入窖管理　果蔬采收后立即进行挑选、分级、装箱,经预冷后入窖贮藏。入窖前,用消毒过的木质衬垫进行垫衬,木质衬垫高 5～10 cm,然后在垫木上堆码果蔬。但果蔬不可堆放太厚,一般散装果蔬不超过 60 cm(硬质果蔬可堆高 1～1.5 m);箱、筐包装者堆码时不可及顶,最上层箱筐与窖顶之间留 70～100 cm 的空间。堆码应靠窖壁两侧,中间留 50 cm 宽的过道。筐装果蔬堆码可采用立垛和骑缝堆法,箱装果蔬用横直交错堆码,箱与箱之间留 3～5 cm 的间隙,以利通风。

(3)温度管理　入窖初期,由于窖内土温较高,加上入贮果蔬的田间热和呼吸热,使窖内温度很快升高,应抓紧时间加大通风量,使其迅速降温。方法是:白天和晚上将窖门和所有通风孔打开,引入窖外冷空气,排出窖内热空气,降低窖温。应充分利用凌晨 3—6 时的冷空气,以达到迅速降温的目的。当白天外界大气温度上升与窖内温度相同时,要及时关闭所有的通风孔口,以防热空气进入窖内。

冬季处在外界气温最低的时期,管理工作主要是适当通风换气,保温防冻和防止窖温回升。通风换气应选择中午气温稍高时进行,换气时,通风量不要过大,严防冻害发生。

立春后为贮藏后期,随气温升高,应严密关闭窖门和通风孔口,防止窖温上升。通风换气应选择气温较低的早、晚进行,尽量维持窖内适宜的低温。耐贮藏的果蔬在 3 月初进行一次挑选,选出优良者继续贮藏,当贮藏果蔬全部出窖后,立即将窖内打扫干净,同时封闭窖门和通风孔,以便秋季重新启用时,窖内仍能保持较低的温度。

(4)湿度管理　土窑洞本身要求四周的土层保持一定的含水量,才能防止窑壁土层由于干燥而引起裂缝,甚至塌方。另外,窑洞经过连年的通风管理,土中的大量水分会随气流而流失,故土窑洞贮藏必须有可行的加湿措施。具体加湿措施有冬季窑内贮雪、贮冰;窑洞地面洒水;果品出窑后窑内灌水等。

(5)空窑管理　果品全部出窑后,利用外界低温通风降温,灌一次透水,然后用土坯或砖将窑门封闭,再用麦秸泥抹严,与外界隔离,减少蓄冷在高温季节流失,使窑洞内保持稳定的低温环境,到秋季开始贮藏果品时再将窑门打开。

知识点 2　果蔬机械冷藏

机械冷库贮藏是指在利用良好隔热材料建筑的库房中设置机械制冷设备，根据不同贮藏商品的要求，通过制冷系统作用，控制库房内的温、湿度条件，并进行适当通风换气的一种贮藏方式。

机械冷藏起源于 19 世纪后期，可精确控制贮藏温、湿度，不受季节的影响，可满足周年贮藏水果、蔬菜，是目前应用最广泛的果蔬贮藏方式，但机械冷藏的贮藏库和制冷机械设备需要较多的资金投入，运行成本较高，且贮藏库房运行要求有良好的管理技术。目前，世界范围内机械冷藏库正向着操作机械化、规范化，控制精细化、自动化方向发展。

根据制冷要求不同，机械冷藏库分为高温库（0 ℃左右）和低温库（低于－18 ℃）两类，果蔬机械冷藏库为高温冷藏库。冷藏库根据贮藏容量大小划分，虽然具体的规模尚未统一，但大致可分为 4 类（表 2-1）。目前，中国贮藏果蔬产品的冷藏库中，大型、大中型库占的比例较小，中小型、小型库较多。

表 2-1　机械冷藏库的库容分类

规模类型	容量/t	规模类型	容量/t
大型	＞10 000	中小型	1 000～5 000
大中型	5 000～10 000	小型	＜1 000

2.1　机械冷库的制冷原理

机械冷库的制冷原理是利用制冷压缩机工作，其中充满制冷剂，利用具有低沸点、高汽化潜热的制冷剂在液相－气相之间的变化，形成吸热－放热循环过程来吸收库内热量，同时利用库内良好的隔热性以保持库内低温，达到延缓果蔬衰老、延长贮藏期的目的。

2.1.1　制冷系统

机械冷库的制冷系统是由制冷压缩机做功，以制冷剂气化而吸热为工作原理的制冷系统，以压缩式为多。压缩式制冷系统主要由蒸发器、压缩机、冷凝液化器和节流阀（膨胀阀）4 大主要部分组成。除此之外，还有贮液器、电磁阀、油分离器、过滤器、空气分离器、相关的阀门、仪表、管道和风机等其他部件，它们是为了保证和改善制冷机械的工作状况，提高制冷效果及其工作时的经济性和可靠性而设置的，在制冷系统中处于辅助地位，具体见图 2-5。

（1）压缩机　压缩机是制冷系统的主体部分，推动制冷剂在系统中循环。压缩机将冷藏库房中由蒸发器蒸发吸热气化的制冷剂通过吸收阀的辅助压缩至冷凝程度，并将被压缩的制冷剂输送至冷凝器。目前，常用的为活塞式压缩机。

（2）蒸发器　它是液态制冷剂蒸发（汽化）的地方。蒸发器是由一系列蒸发排管构成的热交换器，液态制冷剂通过膨胀阀，在蒸发器中由于压力骤减由液态变成气态，在此过程中制冷剂吸收载冷剂的热量，降低库房中温度，将库内的热传递至库外。载冷剂常用空气、水或浓盐液（常用 $CaCl_2$）。

（3）冷凝器　冷凝器通过水或空气的冷却作用将由压缩机输送来的高压、高温气态制冷剂在经过冷凝器时被冷却介质（风或水）吸去热量，促使其凝结液化为液态制冷剂，而后流入贮液

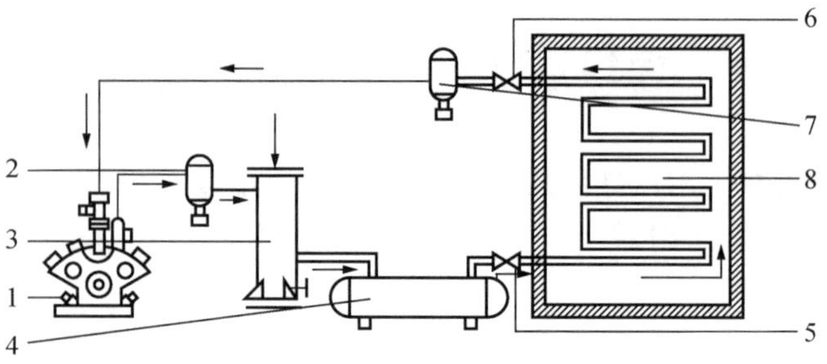

图 2-5 制冷系统

1. 压缩机 2. 油分离器 3. 冷凝器 4. 贮液器 5. 膨胀阀 6. 吸收阀 7. 氨分离器 8. 贮藏库

器贮存起来。

(4)节流阀 节流阀(膨胀阀)是控制液态制冷剂流量的关卡和压力变化的转折点,用来调节进入蒸发器的制冷剂的流量,同时起到制冷作用。

2.1.2 制冷剂

制冷剂是在制冷系统中循环且不断产生相态变化而传递热量的物质。理想的制冷剂应具备低沸点、低冷凝点、对金属无腐蚀性、不易燃烧、不爆炸、无毒无味、易于检测和易得价廉等特点。目前,生产中常用的有氨(NH_3)和氟利昂等。常用制冷剂的物理特性见表 2-2。

表 2-2 常用制冷剂的物理特性

制冷剂	化学分子式	正常蒸发温度/℃	临界温度/℃	临界压力/MPa	临界比体积/(m^3/kg)	凝固温度/℃	爆炸浓度极限容积/%
氨	NH_3	−33.40	132.4	11.5	4.130	−77.7	16～25
一氧化硫	SO_2	−10.08	157.2	8.1	1.920	−75.2	—
二氧化碳	CO_2	−78.90	31.0	7.5	2.160	−56.6	不爆
一氯甲烷	CH_3Cl	−23.74	143.1	3.8	2.700	−97.6	8.1～17.2
二氯甲烷	CH_2Cl_2	40.00	239.0	6.5	—	−96.7	12～15.6
氟利昂-11	CCl_2F	23.70	198.0	4.5	1.805	−111.0	不爆
氟利昂-12	CCl_2F_2	−29.80	111.5	4.1	1.800	—	—
氟利昂-22	$CHClF_2$	−40.80	96.0	5.0	1.905	−155.0	不爆
乙烷	C_2H_4	−88.60	32.1	5.0	4.700	—	—
丙烷	C_3H_3	−42.77	86.8	4.3	—	−160.0	—
水	H_2O	100				−183.2	

2.1.3 冷藏库房的冷却方式

机械冷藏库的库内冷却系统,一般可分为直接冷却(蒸发)、鼓风冷却和盐水冷却 3 种。

(1)直接冷却(蒸发) 将蒸发器直接装置于冷藏库中,制冷剂蒸发时可直接吸收库内热量,将库内空气冷却。蒸发器一般用蛇形管制成,装成壁管组或天棚管组均可。直接冷却的优点是库内降温速度快;缺点是蒸发器易结霜影响制冷效果,要经常除霜,库内温度分布不均匀而且不易控制,接近蒸发器处温度较低,远处则温度较高。此外,如果制冷剂在蒸发管或阀门处泄漏，在库内累积会直接危害果蔬产品。该方式不适合在大、中型果蔬冷藏库中应用。

（2）鼓风冷却　鼓风冷却是现代冷藏库内普遍采用的方式。它是将蒸发器安装在空气冷却器（室）内，冷却的空气由鼓风机直接或通过送风管道（沿冷库长边设置于天花板下）输送至冷库的各部位，形成空气的对流循环，如此循环降低库温（图 2-6）。大型冷藏库常用风道连接蒸发器，延长送风距离，使冷风在库内分布范围扩大，库温下降更加均匀。

（3）盐水冷却　盐水冷却（间接冷却）的蒸发器不直接安装在冷库内，而是将制冷系统的蒸发器安装在冷藏库房外的盐水槽中，先冷却中间介质（如食盐水、氯化钙溶液等），再将已降温的盐水泵入库房中的冷却盘管，吸取热量以降低库温，温度升高后的盐水流回盐水槽被冷却，继续输至盘管进行下一循环过程，不断吸热降温。

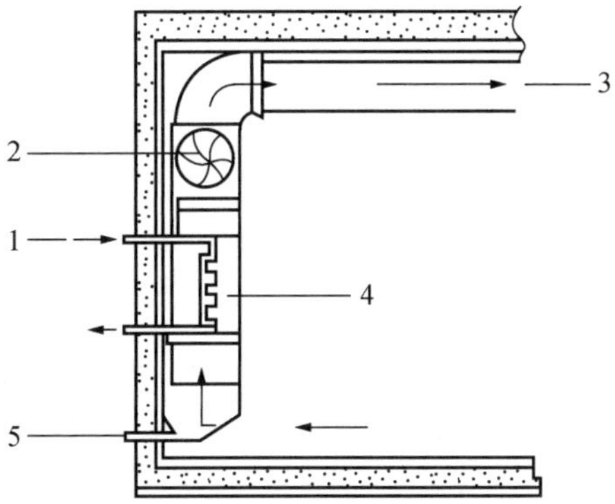

图 2-6　鼓风冷却示意图

1. 蒸发管　2. 鼓风机　3. 排风筒　4. 蒸发柜　5. 脱水器

间接冷却系统也可以使库温降到很低，利用 20%食盐水溶液，可降库温至－16.5 ℃。间接冷却方式降温需时较长，库温波动小，冷却效率低，耗能大，且库房内温度不易均匀，故在果蔬冷藏库中很少采用；但可避免有毒及臭味制冷剂泄露；另外食盐水、氯化钙溶液对金属都有腐蚀作用。

2.2　机械冷藏库的构造

机械冷藏库由建筑主体（库房）和机械制冷系统两大部分组成，库房主要由支撑系统、保温系统和防潮系统三大部分构成。现代化的冷库还设有温、湿自动检测和控制系统。

2.2.1　支撑系统

支撑系统是冷藏库的骨架，是保温系统和防潮系统赖以敷设的主体。目前，围护支撑系统主要有 3 种基本形式，即土建式、装配式及土建装配复合式。土建式冷藏库的围护结构是采用夹层保温形式（早期的冷藏库多是这种形式）；装配式冷藏库的围护结构是由各种复合保温板现场装配而成，其拆卸后异地重装，又称活动式冷藏库。土建装配复合式冷藏库的围护结构，其中承重和支撑结构为土建形式，而保温结构则是各种保温材料内装配形式，如常用的保温材料有聚苯乙烯泡沫板多层复合贴敷或聚氨酯现场喷涂发泡。目前，现代冷藏库结构正向着组装式发展，其库体由金属构架和预制成（包括防潮层和隔热层）的彩镀夹心板拼装而成。虽然施工方便、快速，但造价较高。

2.2.2　隔热系统

冷藏库的隔热性能是一项重要的经济技术指标。隔热性能好，对节省制冷设备的投资及运转费用、维持库温稳定具有重要意义。冷藏库隔热材料应选择隔热性能好（导热系数小）、造价低廉、无毒无异味、难燃或不燃、保持原形不变的隔热材料。各种隔热材料隔热性能请参照表 2-3。

表 2-3 一些材料的隔热性能

材料	导热系数/[W/(m·℃)]	热阻/(m²·℃/W)	材料	导热系数/[W/(m·℃)]	热阻/(m²·℃/W)
静止空气	0.025	40.0	加气混凝土	0.08～0.12	12.5～8.3
聚氨酯泡沫塑料	0.02	50.0	泡沫混凝土	0.14～0.16	7.1～6.2
聚苯乙烯泡沫塑料	0.035	28.5	普通混凝土	0.25	0.8
聚氯乙烯泡沫塑料	0.037	27.0	普通砖	0.68	1.47
膨胀珍珠岩	0.03～0.04	33.3～25.0	玻璃	0.68	1.47
软木板	0.05	20.0	干土	0.25	4.0
油毛毡、玻璃棉	0.05	20.0	湿土	3.25	0.31
纤维板	0.054	18.5	干沙	0.75	1.33
锯屑、稻壳、秸秆	0.061	16.4	湿沙	7.50	0.13
刨花	0.081	12.3	雪	0.4	2.5
炉渣、木料	0.18	5.6	冰	2.0	0.5

根据我国冷藏库设计标准 GB 50072—2021 的规定，冷藏库外围护结构单位面积的热流量一般控制在 7～11 W/m^2，冷藏库冷间隔墙之间的热流量控制在 10～12 W/m^2。冷藏库外围护结构（墙体、屋面或顶棚）的热阻值根据设计采用的室内外两侧温度差，结合面积热流量选取确定值而确定，如一般的园艺产品冷藏库，设计采用的室内外温差为 40 ℃，面积热流量为 7 W/m^2，则冷藏库外围护结构的热阻值应达到 5.71(m^2·℃)/W，一般来讲，选取确定的面积热流量越小，冷藏库外围护结构的热阻值越大，冷藏库的保温性越好，反之亦然。

冷藏库外围护结构及冷间隔墙隔热材料厚度的要求，依据确定的热阻值及隔热材料的导热系数进行计算，其计算公式为：

$$d = \lambda R_0$$

式中：d——隔热材料厚度(m)；

λ——隔热材料的导热系数[W/(m·℃)]；

R_0——围护结构总热阻[(m^2·℃)/W]。

隔热材料的选择上，考虑其导热系数小、吸湿性小之外，还应考虑造价。20 世纪 80 年代以前，冷藏库常用的隔热材料有稻壳、软木、炉渣和膨胀珍珠岩等，目前冷藏库保温广泛使用的材料主要有聚苯乙烯泡沫塑料、挤塑聚苯乙烯泡沫塑料和聚氨酯泡沫塑料。

2.2.3 防潮系统

防潮系统是设置在隔热层的两面与建筑材料之间的一层阻隔、阻止水汽向保温系统渗透的屏障，是维持冷库良好的保温性能和延长冷库使用寿命的重要保证。冷藏库对防潮隔汽材料的要求为蒸汽渗透率小、密度小、韧性好、便于施工和保证施工质量。常用的隔潮材料有沥青、油毡、水柏油、塑料涂层、塑料薄膜或金属板，可用它们做成隔潮层。冷藏库常用的隔潮材料特性见表 2-4。

2.3 机械冷藏库的使用和管理

机械冷库用于贮藏果蔬时，其效果的好坏受诸多因素的影响，在管理上要特别注意以下方面。

表 2-4　冷藏库常用的隔潮材料特性

材料名称	厚度/mm	蒸汽渗透系数 /[kg/(m·s·Pa)]	围护结构各层的蒸汽渗透阻 /(m^2·s·Pa/kg)
石油沥青油毡	1.5	$3.750\ 32\times10^{-7}$	3 998.06
热沥青	2.0	$2.083\ 51\times10^{-6}$	959.918 4
油毡纸	0.4	$4.167\ 02\times10^{-6}$	959.918 4
聚乙烯薄膜	0.01	$5.625\ 48\times10^{-9}$	12 430.94

2.3.1　入贮前准备

冷藏库在使用前，应对库房和用具进行全面彻底的消毒，以防止果蔬腐烂变质，并做好防虫、防鼠工作。常用的库房消毒处理方法有：乳酸消毒（按每立方米库容 1 mL 乳酸的用量）、过氧乙酸消毒（按每立方米库容 5～10 mL 的用量）、漂白粉消毒（按每立方米库容 40 mL 的 10%漂白粉溶液用量）、福尔马林消毒（按每立方米库容 15 mL 的福尔马林用量）、硫黄熏蒸消毒（按每立方米库容 5～10 g 硫黄的用量）。消毒后需彻底通风换气。库内所有用具（包括垫仓板、贮藏架、周转箱等）用 0.5%的漂白粉溶液或 2%～5%硫酸铜溶液浸泡、刷洗、晾干后备用。以上处理对虫害也有良好的抑制作用，对鼠类也有驱避作用。

2.3.2　产品的入贮及堆放

产品入库贮藏时，若已经预冷则可一次性入库，建立适宜的贮藏条件进行贮藏；若未经预冷处理则应分次、分批进行。一般来说，第一次入贮量以不超过该库总量的 1/5 为宜，以后每次以 1/10～1/8 为好。入库时，最好把每天入贮的水果、蔬菜分散堆放，以便迅速降温，当入贮产品降到要求温度时，再将产品堆垛到要求高度。

产品入贮时堆放的科学性对贮藏及降温有明显影响。产品堆放的总要求是“三离一隙”，目的是为了使库房内的空气循环畅通，避免产生死角，及时排除田间热和呼吸热，保证各部分温度的稳定均匀。“三离”是指离墙、离地面、离天花板。“一隙”是指垛与垛之间及垛内要留有一定的空隙，以保证冷空气进入垛间和垛内，排除热量。产品堆放时要防止倒塌，可搭架或堆码到一定高度（如 1.5 m）时，用垫仓板衬一层再堆放。新鲜果蔬产品堆放时，要做到分等、分级、分批次存放，尽可能避免混贮。

2.3.3　温度管理

温度是决定新鲜果蔬产品机械冷藏成败的关键，果蔬冷藏库温控制要把握“适宜、稳定、均匀及产品进出库时合理升降温”的原则。大多数新鲜果蔬产品在入贮初期，降温速度要快，入库产品的品温与库温的差别越小越好，防止呼吸失调；冷藏中期，要求冷藏库的温度波动最好控制在±0.5 ℃以内。机械冷藏库的温度控制是靠调节制冷剂在蒸发器中的流量和气化速率来完成的，温度调节一般只要给机器设定温度值，变化的调节即可自动完成。为了便于了解库内温度变化，要在库内不同位置装置温度计或遥测温度计，做好库内各部分温度的观察和记录工作。

2.3.4　相对湿度管理

新鲜果品蔬菜贮藏的相对湿度一般维持在 80%～90%，才能使贮藏产品不致失水萎蔫。

冷藏库湿度调节的方法较多。当相对湿度低时，库房增湿可采用地面洒水；也可将水以雾状微粒喷到空气中去，直接向空气加湿；也可直接喷于库房地面或产品上；也可设置空气调节柜，在通风时将外界引入的空气先经加湿装置加湿，这种机械加湿方法效果很好，易于控制加湿量，冷库内湿度分布均匀，缺点是增加了蒸发器的结霜。当相对湿度过高时，可用生石灰、草木灰等吸潮，也可以通过加强通风换气来达到降湿的目的。

常见果蔬产品的贮藏条件见表 2-5。

表 2-5　常见果蔬产品的推荐贮藏条件

种类	温度/℃	相对湿度/%	种类	温度/℃	相对湿度/%
苹果	1.0～4.0	90～95		7.0～13.0	85～90
杏	0.5～0	90～95	宽皮橘	4.0	90～95
香蕉(青)	13.0～14.0	90～95	青花菜	0	95～100
草莓	0	90～95	大白菜	0	95～100
酸樱桃	0	90～95	胡萝卜	0	98～100
甜樱桃	−1.0～−0.5	90～95	花菜	0	95～98
无花果	5～0	85～90	芹菜	0	95～98
葡萄柚	10.0～15.5	85～90	甜玉米	0	95～98
葡萄	−1.0～−0.5	90～95	黄瓜	10.0～13.0	95
猕猴桃	0.5～0	90～95	茄子	8.0～12.0	80～95
柠檬	11.0～15.5	85～90	大蒜头	0	65～70
枇杷	0	90	生姜	13	65
荔枝	1.5	90～95	生菜(叶)	0	95～98
杧果	13.3	85～90	蘑菇	0	95
油桃	−0.5～0	90～95	洋葱	0	65～70
甜橙	3～9	85～90	辣椒	7.0～13.0	90～95
桃	−0.5～0	90～93	马铃薯	3.5～4.5	90～95
中国梨	0～3	90～95	菠菜	0	95～100
西洋梨	−1.5～−0.5	90～95	番茄(绿熟)	10.0～12.0	85～95
柿	−1.0	90	番茄(硬熟)	3.0～8.0	80～90

2.3.5　通风换气

冷藏的果蔬在贮藏期间会释放出许多有害物质，如乙烯、CO_2 等，当这些物质积累到一定浓度后，就会使贮藏产品受到伤害。因此，冷藏库通风换气是必要的，通风换气是机械冷藏库管理中的一个重要环节。

实际上，小型冷藏库多无专门通风设施，一般冷藏库日常管理中的库门启闭即可使库内外有足够的气体交换，故小型冷藏库一般不需太多的通风。果蔬在中大型冷藏库长期贮藏时，CO_2 的积累成为不可忽视的问题，一般可在库内安装通风装置或风扇。通风换气的频率及持续时间应根据贮藏产品的种类、数量和贮藏时间的长短而定。对于新陈代谢旺盛的产品，通风换气的次数要多一些；产品贮藏初期，可适当缩短通风间隔的时间，如 10～15 d 换气一次，当温度稳定后，通风换气可一个月一次。生产上，通风换气常在每天温度较低的晚上到凌晨这一段时间进行，雨天、雾天等外界湿度过大时不宜通风，以免库内温湿度的剧烈变化。要彻底更换大型库内空气则耗能太大，不经济，往往采用空气洗涤的方法去除 CO_2 或其他气体，即让库

内空气循环流经 CO_2 吸收装置，如石灰箱、活性炭洗涤器等。

2.3.6 贮藏产品的检查

新鲜果蔬产品在贮藏过程中，要进行贮藏条件（温度、湿度、气体成分）的检查、核对和控制，并根据实际需要记录、绘图和调整等。另外，还要定期对贮藏库房中的果蔬产品的外观、颜色、硬度、品质风味进行检查，了解产品的质量状况和变化，发现问题及时采取相应的解决措施。对产品的检查应做到全面和及时，对于不耐贮的新鲜果蔬产品间隔 3～5 d 检查一次，耐贮性好的产品可间隔 15 d 甚至更长时间检查一次。检查要做好记录。此外，要注意库房设备的日常维护，及时处理各种故障，保证冷藏库的正常运行，如注意制冷效果、泄漏等的检查，采取针对性措施，如及时除霜等。

建立产品贮藏卡片，按垛位编号，将品种、数量、等级、质量、进出时间等信息填写在卡片上，悬挂在货位明显的地方。

2.3.7 出库管理

出库时，若冷藏库内外有较大温差（通常超过 5 ℃），从 0 ℃左右的冷藏库中取出的产品与周围温度较高的空气接触，会在产品的表面凝结水珠，即通常所称的"出汗"现象，果蔬贮藏中出现此现象既影响外观，也容易因微生物感染导致腐烂。因此，冷藏的果品和蔬菜在出库销售前最好预先进行适当的升温处理，再送往批发或零售点。在生产上，升温最好在专用升温间，在冷库外设置临时堆放果箱的周转仓库或在冷藏库房穿堂中进行。升温的速度不宜太快，一般以每 2～3 h 升高 1 ℃为宜，维持气温比品温高 3～4 ℃即可，直至品温与外界气温相差 2～3 ℃即可出库。出库前需催熟的产品可结合催熟进行升温处理。

知识点 3 果蔬气调贮藏

气调贮藏是调节气体成分贮藏的简称，是将果蔬放在密封库房内，同时改变贮藏环境中气体成分的一种果蔬保鲜技术。与常温贮藏和冷藏相比，气调贮藏具有保鲜效果好、贮藏时间长、损耗低、货架期长、绿色安全等显著优点。

3.1 气调贮藏的基本原理

气调贮藏其原理就是在一定的适宜温度下，通过改变贮藏环境中的气体成分，降低 O_2 浓度和提高 CO_2 浓度来抑制果蔬的呼吸作用和微生物的生长繁殖，以达到减少物质消耗、延缓果蔬成熟衰老的进程，从而延长果蔬贮藏寿命的目的。

正常空气中，O_2 浓度约为 21%，CO_2 的浓度为 0.03%，其余为 N_2 等。采收后的新鲜果蔬产品进行着正常的以呼吸代谢为主的生理活动，表现为吸收消耗 O_2，释放大约等量的 CO_2，并释放出一定热量。适当降低 O_2 浓度或增加 CO_2 浓度，就改变了环境中气体成分的组成，在该环境下，新鲜果蔬的呼吸作用就会受到抑制，呼吸强度降低，呼吸高峰出现的时间推迟，新陈代谢的速度延缓，减少了营养成分和其他物质的消耗，从而推迟了成熟衰老，为保持新鲜果蔬的质量奠定了生理基础；同时，较低的 O_2 浓度和较高的 CO_2 浓度能抑制乙烯的生物合成，削弱乙烯刺激生理作用的能力，有利于新鲜果蔬贮藏寿命的延长；此外，适宜的低 O_2 和高 CO_2 浓度具有抑制某些生理性病害和病理性病害发生发展的作用，可以减少产品贮藏过程中的腐烂损失。因此，气调贮藏能更好地保持产品原有的色、香、味、质地等特性以及营养价值，有效地延长新鲜果蔬产品的贮藏期和货架寿命。

3.2 气调贮藏的条件

由于不同果蔬品种具有不同的生理特性，使得它们对低氧和高二氧化碳的忍耐力和生理反应不一样，气调贮藏的效果也有差异。一般来说，气调对有明显呼吸高峰果实的贮藏效果最好，特别是贮藏期较长的果实，如苹果、梨和猕猴桃，而蔬菜对气调贮藏效果的反应较差。主要果蔬产品的气调贮藏指标及效果如表 2-6 所示。

表 2-6 常见果蔬气调贮藏的温湿度范围、气调条件和贮藏期

种类	温度范围/℃	湿度范围/%	气调条件		贮藏期
			O_2 体积分数/%	CO_2 体积分数/%	
苹果	−1～5	85～95	2～4	1～5	6～10 个月
梨	−1～3	85～95	2～4	0～5	8～9 个月
草莓	0～2	90～95	3～5	10～20	2～3 周
桃	0～2	80～90	8～10	3～5	1～2 个月
葡萄	0～1	85～90	5	10	3～5 个月
板栗	−2～0	90～95	3～7	2～6	8～12 个月
枣	−1～0	90～95	3～5	0～2	2～4 个月
柠檬	−12～15	85～90	0～5	5～8	4～6 个月
香蕉	10～16	90～95	2～5	5～8	1～2 个月
龙眼	0～5	85～90	6～8	4～6	1～2 个月
荔枝	1～3	85～90	3～5	0～5	1～2 个月
杧果	5～13	85～90	2～5	2～7	1～1.5 个月
哈密瓜	3～4	75～85	3～5	0～2	4～5 个月
芹菜	−2～1	90～95	2～4	0～5	3～4 个月
黄瓜	12～13	90～95	2～5	0～5	1～2 个月
青椒	7～9	85～90	2～5	4～6	2 个月
番茄	20～28	80～85	3～5	0～5	1～1.5 个月
胡萝卜	0～5	90～95	1～2	0～5	6～7 个月
菜花	0～1	90～95	2～4	0～5	3～4 个月
菠菜	0～1	95～100	12～16	4～6	3～4 个月
蒜薹	0～1	85～95	3～5	0～5	3～8 个月
大白菜	0～1	85～90	1～6	0～5	4～6 个月
结球甘蓝	3～18	90～95	2～5	0～6	4～6 个月

3.2.1 气调贮藏的温度要求

采用气调贮藏，即使温度较高，也能收到较好的贮藏效果，如绿色番茄在 20～28 ℃进行气调贮藏的效果与在 10～13 ℃下冷藏相仿。因此，气调贮藏法对热带、亚热带果蔬贮藏十分有意义，它可以采用较高的贮藏温度，以避免产品发生冷害，同时又能达到保持质量、延长贮藏期的目的。但是，不能认为进行气调贮藏就可以不必注意温度管理，只有适宜的气体组成与适宜的温度相配合，才能充分发挥气调贮藏的作用。

例如，在不同温度下气调贮藏黄瓜 30 d，结果表明在 10～13 ℃下，绿色好瓜率为 95%；在 20 ℃下，绿色好瓜率仅为 25%，其余的为半绿或完全黄化，但没有腐烂瓜；在 5～7 ℃下，虽全部保持绿色，却有 70%的瓜发生冷害和腐烂。对于同一种果蔬，气调贮藏的适温与冷藏的适温也有不同，冷藏中要求保持 0 ℃左右的温度，在气调贮藏时常需把温度提高一些。这是因为有些蔬菜组织在 0 ℃附近的低温下对二氧化碳很敏感，容易发生二氧化碳伤害，在稍高的温度下就可以避免这种伤害。

3.2.2 气体成分对贮藏的影响

(1)低 O_2 处理的效应　气调贮藏环境中降低 O_2 浓度，可以降低呼吸强度和基质的氧化速度，延缓跃变型果蔬呼吸高峰到来的时间，降低峰值，能够明显抑制叶绿素的降解，抑制乙烯的生物合成，延缓原果胶的降解速度，降低维生素 C 的氧化分解。贮藏前对产品用低 O_2 条件进行处理，对提高产品的贮藏效果也有良好的作用。由此看来，采用低 O_2 处理或贮藏，可成为气调贮藏中加强果实耐贮性的有效措施。但是过低的 O_2 浓度会造成缺氧呼吸，引起生理病害。如果 O_2 浓度在 1%以下时，贮藏时间过久，果蔬会产生酒味，这就是缺氧呼吸的结果。所以在果蔬贮藏中不允许 O_2 浓度低于 2%(一般为 5%左右)。若 O_2 浓度高于 16%，对呼吸无抑制作用，或抑制作用不显著。

(2)高 CO_2 处理的效应　在气调贮藏环境中提高 CO_2 浓度，能够抑制呼吸作用和底物的消耗，贮藏前给以高浓度 CO_2 处理，有助于加强气调贮藏的效果。人们在实验和生产中发现，有一些刚采摘的果品或蔬菜对高 CO_2 和低 O_2 的忍耐性较强，而且贮藏前期的高 CO_2 处理对抑制产品的新陈代谢和成熟衰老有良好的效应。但低 O_2 和高 CO_2 条件超过产品的忍耐极限时，又会产生负效应，低 O_2 导致无氧呼吸，高 CO_2 引起生理病害，产生异味，加重腐烂。

(3)O_2、CO_2 和温度的互作效应　适宜的低 O_2 高 CO_2 浓度的贮藏效果是在适宜的低温下才能实现的。贮藏环境中的 O_2、CO_2 和温度以及其他影响果蔬贮藏效果的因素，保持一定的动态平衡，形成了适合某种果品或蔬菜长期贮藏的气体组合条件。而当一个条件发生改变时，另外的条件也应随之做相应的调整，这样才可能仍然维持一个适宜的综合贮藏条件。不同的贮藏产品都有各自最佳的贮藏条件组合，但这种最佳组合不是一成不变的，当某一条件发生改变时，可以通过调整另外的因素来弥补由这一因素的改变所造成的不良影响。因此，适合一种产品的适宜气体组合条件可能有多个。

3.2.3 乙烯和臭氧的影响

果实在成熟时和受伤害后，会产生较多的乙烯。微量乙烯(1 mg/kg)对果蔬的呼吸会产生影响，乙烯还会促进叶绿素的分解。乙烯等低分子不饱和碳氢化合物含量的过分积累，会造成过熟，从而有损果蔬的品质。但当乙烯被氧化成氧化乙烯时，对果蔬的成熟则有抑制作用。臭氧可使乙烯氧化成为氧化乙烯，即可防止果蔬过熟，从而保持良好的新鲜度。

3.2.4 相对湿度

维持较高的相对湿度，可以降低果蔬与周围空气之间的蒸汽压差，从而减少果蔬的水分损失。气调贮藏库的相对湿度要求比一般冷藏库高，贮藏果实时一般保持在 90%～93%。增湿是气调贮藏库普遍需要采取的措施。是否需要加湿装置与制冷装置的设计有关，由普通冷库改建的气调库大多满足不了气调要求的湿度，这是因为制冷剂的蒸发温度较低和蒸发面积较小的缘故。如果充分地增大制冷剂的蒸发面积，则可保持库房中较高的相对湿度，这也是解决气调加湿问题的途径。

3.2.5 动态气调贮藏条件

果蔬在不同的贮藏时期内，逐步由新鲜向衰老变化，根据果蔬生理变化特点，在不同时期控制不同的气调指标，以适应果蔬对气体成分的适应性不断变化的特点，从而得到有效延缓代谢过程，保持更好的食用品质的效果。此法称之为动态气调贮藏，简称 DCA。科研人员在金冠苹果贮藏实验中发现，第一个月维持 O_2 和 CO_2 体积比为 3∶0，第二个月为 3∶2，以后为 3∶5，温度为 2 ℃，湿度为 98%，贮藏 6 个月时比一直贮于 O_2 和 CO_2 体积比为 3∶5 条件下的果实硬度更高，含酸量也更高，呼吸强度较低，各种损耗也较少。

3.3 气调贮藏的方法

气调贮藏按封闭设备可分为简易气调贮藏和气调库贮藏两种。气调库建筑和设备复杂，成本高；而简易气调（塑料薄膜密封气调）贮藏可放置在机械冷藏库、土窑洞等贮运场所，使用方便，成本低，还可以在包装、运输中应用，从而应用广泛。

3.3.1 气调冷藏库贮藏

气调冷藏库是目前世界上最先进的果蔬保鲜设施之一。它既能控制库内的温度、湿度，又能控制库内的氧气、二氧化碳、乙烯等气体的含量，通过控制贮藏环境的气体成分来抑制水果蔬菜的生理活性，使库内的水果蔬菜处于休眠状态，保鲜时间长，但成本较高。

(1)气调贮藏库的组成　气调冷藏库也称机械气调库，它在围护、隔热、制冷等方面的结构和设备都与常规冷藏库类似。气调冷藏库的基本构造如图 2-7 所示。一个完整的气调库可分为 5 部分，即围护结构、制冷系统、气调系统、控制系统和辅助性建筑。机械气调库的特点是库房要求有一定的气密性，并在库内气压变化时库体能忍受一定的压力。为此，贮藏间必须经过特别的建造和试验，确定漏气量是否符合标准规定。

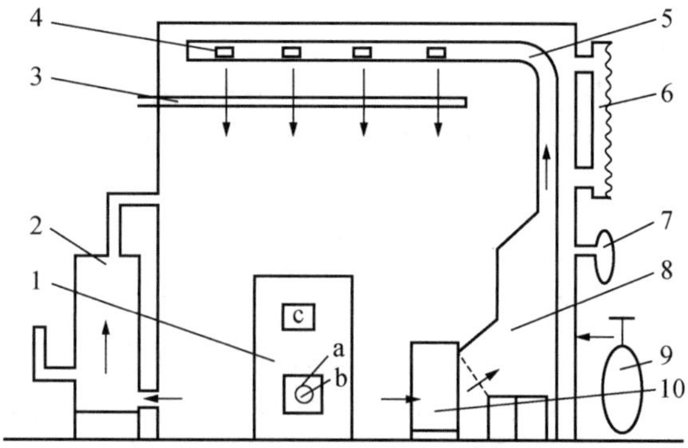

图 2-7　气调冷藏库的基本构造

a. 气密筒　b. 气密孔　c. 观察窗
1. 气密门　2. CO_2 吸收装置　3. 加热装置
4. 冷气出口　5. 冷风管　6. 呼吸袋
7. 气体分析装置　8. 冷风机
9. N_2 发生器　10. 空气净化器

围护结构：气调库的围护结构与冷库有相同部分，如承重和隔热保温结构，不同的是要求更高的气密结构。它主要有两种形式，一是与隔热保温结构做成一体，常用聚氨酯加气密材料现场发泡喷涂等方法；二是在隔热保温结构之外做成独立的气密结构。另外，常规气调库的气密门也非常重要。气调库的气密结构还附有一些压力平衡和安全结构。

制冷系统：气调贮藏并非单纯地调节气体，而是建立在低温条件下的气体调节。所以气调贮藏需要有制冷设备，包括冷凝器、压缩机、蒸发器、节流器（膨胀阀）等，与一般冷库基本相同，因气调库气密性强，不方便出入，要求制冷设备有更好的可靠性、无故障运转和更高的安全性。

气调系统：气调系统是气调库的关键部分，它的作用是维持气调库内 O_2 和 CO_2 等气体成分的特定比例，主要通过造气调气设备和测控仪器仪表进行气体成分的贮存、混合、分配、测试和调整等。一个完整的气调系统主要包括四大类设备。

贮配气设备：贮配气用的贮气罐、瓶，配气所需的减压阀、流量计、调节控制阀、仪表和管道等。通过这些设备的合理连接，保证气调贮藏期间所需各种气体的供给，并将气体以符合新鲜果蔬所需的速度和比例输送至气调冷藏库房中。

气体发生系统：完成库内气体调节。主要包括真空泵、制氮机、降氧机、富氮脱氧机（烃类化合物燃烧系统、分子筛气调机、氨裂解系统、膜分离系统）。其中膜分离系统是比较先进的气体发生系统，目前被广泛选用，它利用中空纤维膜，对不同大小的分子进行选择性分离，将压缩空气中的氮与氧分离，达到气调的目的。

气体净化系统：果蔬产品气调贮藏时须不断地排除封闭器内过多的 CO_2；此外，果蔬产品自身释放的某些挥发性物质，如乙烯和芳香酯类，在库内积累会产生有害影响。这些物质可以用气体净化系统清除掉。这种气体净化系统去除的是 CO_2 等气体成分，所以又称为气体洗涤器或二氧化碳吸附器。

分析监测仪器设备：为满足气调贮藏过程中相关贮藏条件的精确检测，为调配气提供依据，并对调配气进行自动监控，常需配备必要的分析监测仪器设备，主要有采样泵、安全阀、控制阀、流量计、奥氏气体分析仪、温湿度记录仪、测 O_2 仪、测 CO_2 仪、气相色谱仪、计算机等。

(2)气调冷藏库的设计与建造　气调冷藏库的设计和建造在基本遵循机械冷藏库的建设原则的同时，还要保证库房的良好气密性及压力平衡。在生产辅助用房上应增加气体贮存间、气体调节和分配机房。应适应贮藏间气调贮藏产品多样化（种类、品种、成熟度、贮藏时间等）要求，使单间的库容小型化（100～200 t/间）。库房应易于脱除有害气体和观察取样，并能实行自动化控制等。

气密层设置是气调贮藏库设计和建筑中的关键，在气调冷藏库房的围护结构上敷设气密层，可以保证气调库良好的气密性。气密材料和施工质量决定了气调冷藏库性能的优劣。气密层巨大的表面积经常受到温度、压力的影响，若施工不当或黏结不牢，尤其是当库体出现压力变化时，气密层有可能剥落而失去气密作用。因此，根据气调冷藏库的特点，土建的砖混结构设置气密层时多设在围护结构的内侧，以便于检查和维修。对于装配式气调冷藏库的气密层则多采用彩镀夹心板设置。

在建成的库房内现场喷涂泡沫聚氨酯（聚氨基甲酸酯），可以获得性能良好的气密结构并兼有良好的保温性能，在生产实践中得到普遍应用。气调冷藏库难以做到绝对气密，允许有一定的气体通透性，但不能超出一定的标准。气调冷藏库建成后或在重新使用前都要进行气密性检验，检验结果如不符合规定的要求，应查明原因，进行修补使其密封，达到气密标准后才能使用。

气密性能检验以气密标准为依据。联合国粮农组织（FAO）推荐的气调冷藏库气密标准见表 2-7。

气调贮藏库的气密特性使其库房内外容易形成一定的压力差。为保障气调冷藏库的安全运行，保持库内压力的相对平稳，库房设计和建造时须设置压力平衡装置。用于压力调节的装置主要有缓冲气囊（呼吸袋）和压力平衡器。缓冲气囊是一具有伸缩功能的塑料贮气袋，当库内压力波动较小时（<98 Pa），通过气囊的膨胀和收缩来平衡库内外的压力。压力平衡器为一

盛水的容器，当库内外压力差较大时（>98 Pa），水封即可自动鼓泡泄气，以保持库内外的压差在允许范围之内，使气调冷藏库得以安全运转（图 2-8）。

表 2-7 FAO 的气密标准

初始压力差/Pa	30 min 后压力差/Pa	结果
294	>147.0	优秀
	107.8～147.0	良好
	39.2～107.8	合格
	<39.2	不合格

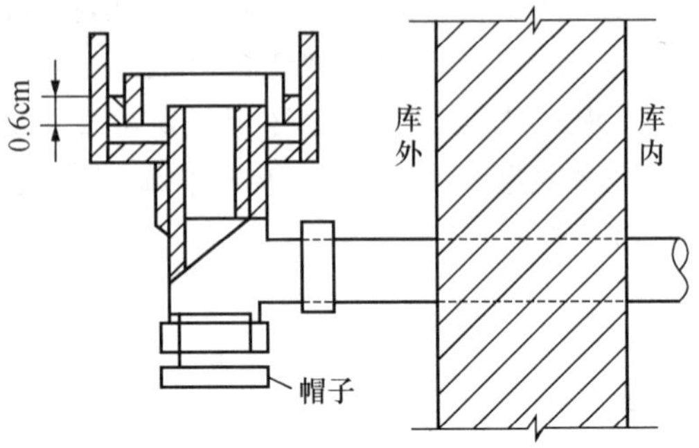

图 2-8 水封装置

气调贮藏库的库门通常有两种设置方法：

①只设一道门，既是保温门又是密封门，门在门框顶上的铁轨上滑动，由滑轮联挂。门的每一边有两个，总共 8 个插锁将门拴在门框上。门拴紧后，在门的四周门缝处涂上不会硬化的黏合剂密封。

②设两道门，第一道是保温门，第二道是密封门，通常第二道门的结构很轻巧，用螺钉铆接在门框上，门缝处再涂上玛碲脂加强密封。

另外，各种管道穿过墙壁进入库内的任何部位都需加用密封材料，不能漏气。

气调冷藏库运行期间，要求稳定的气体成分，管理人员不宜经常进入库房对产品、设备及库体状况进行检查。因此，气调冷藏库设计和建造时，必须设置观察窗和取样（产品和气体）孔。观察窗可设置在气调门上，取样孔则多设置于侧墙的适当位置。

（3）气调贮藏库的使用与管理

一是抓好原料的选择。保证贮藏产品的原始质量。由于气调贮藏对新鲜果蔬产品质量要求很高，如果原料本身已经发病或者成熟度很高，无论多么高级的贮藏方式都不可能获得满意的贮藏效果。

二是产品入库和出库。果蔬产品入库贮藏时要尽可能做到按种类、品种、成熟度、产地、贮藏时间要求等分库贮藏，不要混贮，入库时，除留出必要的通风、检查通道外，应尽量减少气调间的自由空间。这样，可以加快气调速度，缩短气调的时间，使果蔬尽早进入气调贮藏状态。

三是果蔬预冷和空库降温。入库前先进行空库降温，采用空库降温，可预先将围护结构的蓄热排除。气调贮藏的新鲜产品采收后应立即预冷，加速果蔬田间热的散发并尽快降低果蔬温度及呼吸热的产生。在气调间进行空库降温和入库后的预冷降温时，应注意保持库内外的压力平衡，不能封库降温，只能关门降温。尤其是入库后的降温，一定要等果蔬温度和库温达到并基本稳定在贮藏温度时才能封库，在降温时就急于封库，会在围护结构两侧产生压差，对结构安全造成威胁。

四是库房内应保持较高的相对湿度，有利于产品新鲜状态的保持。

五是气体调节。当库内温度基本稳定后，应迅速封库降 O_2，进行调气作业。一般来讲气调间的降 O_2 速度越快越好，在降 O_2 的同时，也应使 CO_2 的浓度升到最佳值。

六是注意安全性检查，果蔬从入库到出库，始终做好整个贮藏期果蔬的质量监测。每间气调库（间）都应有样品果蔬箱，放在库门或技术走廊观察窗门能看见和伸手可拿的地方，一般半个月抽样检查一次，检查硬度、糖分、含水量、形态等主要指标。在每年春季，库外气温上升时，果蔬也到了气调贮藏的后期，抽样检查的时间间隔应适当缩短。由于观察窗处的隔热效果较差，样品果蔬的贮藏质量比库内大批果蔬的质量稍差，样品没有问题，库内大批果蔬一般不会有问题。需要特别指出，整个贮期必须严格监视果蔬的冻、病害的发生。

另外，气调贮藏要求速进整出。不能像普通果蔬冷库那样随便进出货，库外空气随意进入气调间，这样不仅破坏了气调贮藏状态，而且加快了气调门的磨损，影响气密性。因此，果蔬出库时，最好一次出完或在短期内分批出完。在整个贮藏过程中，应经常测定、分析库内气体成分的变化，并进行必要的调节。气调贮藏库的温度、湿度管理与机械冷库基本相同，可以借鉴。

气调库及设备经一个贮季后（一般都在半年以上），必须进行年检大修，详细检修库房的气密性。气密破损的部位在修复后应重新进行气密性试验。各种机器设备、管道阀门、控制仪器仪表、电气部件等均应按说明书的要求进行年检大修。经试运转后，应恢复到原有的性能，为下一贮季做好准备。

3.3.2 简易气调贮藏

简易气调贮藏主要是利用塑料膜对气体的低透性，包装或密封果蔬产品，构成气调贮藏的封闭小环境，达到改变 O_2 和 CO_2 浓度、控制水分蒸发、抑制呼吸、延缓衰老、减少生理病害、延长贮藏期的目的。此法可与常温贮藏、普通冷库相结合，也可在运输中应用。其常用方法有塑料薄膜帐贮藏、塑料薄膜袋密封贮藏、硅窗薄膜袋（帐）气调贮藏。

（1）塑料薄膜帐贮藏　选用 0.20～0.25 mm 厚、机械强度好、透明、热密封性好、耐低温的聚乙烯或无毒聚氯乙烯，压制成长方形帐子（图 2-9）。帐子大小根据堆垛而定，一般可贮藏几吨至几十吨。帐子分帐顶和帐底两部分。在紧靠帐顶的上部设有充气袖口，紧靠帐底的下部设有抽气袖口，四壁中间部位均留有取气样用的小孔。帐底是一块塑料薄膜布，其大小与帐顶的面积相同。

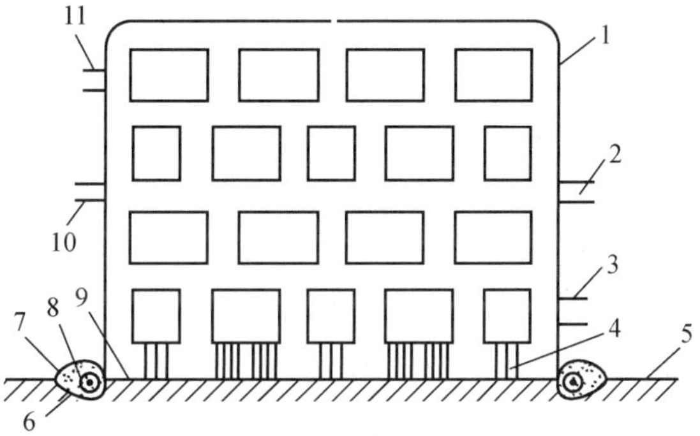

图 2-9　塑料薄膜帐子密封后纵剖面示意图

1. 帐顶　2. 取气样小孔　3. 抽气袖口　4. 砖头　5. 地面　6. 小沟　7. 覆土　8. 帐顶与帐底的卷道　9. 帐底　10. 取样小孔　11. 充气袖口

薄膜帐安装时，先在比帐底四边略少 20～30 cm 的地面上，挖好深宽各 10 cm 左右的小沟，在小沟上铺上帐底，帐底上放置垫果筐用的砖，砖之间撒消石灰（吸收二氧化碳用）。然后将预冷的容器放在砖上，码成通气的垛，垛底先铺一层垫底薄膜，在其上摆放垫木，把盛装产品的容器架空。每一容器的上下四周都酌留通气孔隙，码好的垛用塑料帐罩住，再把帐顶四壁的下边与帐底的四边紧紧卷在一起（卷 20～30 cm），埋入小沟内，用土覆盖，压紧；也可以用活动贮藏架在装架后整架封闭；比较耐压的产品可以散堆到帐架内再进行封帐；同时将充气和抽气袖口扎紧，使其成不漏气的密闭系统。为使凝结水不侵蚀贮藏产品，应设法使封闭帐悬空，不能贴紧产品。为防除帐顶凝结水，可加衬吸水层，还可将帐顶做成屋脊形，以免凝结水滴到产品上而引起腐烂病害。

另外，由于封闭薄膜的透气性很差，时间长了有可能造成帐内 O_2 过低和 CO_2 过高，因此需要对帐内气体进行调节。通常用消石灰做 CO_2 吸收剂，将其撒在帐内底部，也可用通风的方法来调节，也可以在塑料薄膜帐中配制抽气机、制氮机、氧气、二氧化碳测定仪、橡皮管等设备。

(2)塑料薄膜袋密封贮藏　是指将产品装在塑料薄膜袋内(多数为 0.02～0.08 mm 厚的聚乙烯)，扎紧袋口或热合密封的一种简易气调贮藏方法。袋的规格、袋的容量不一。柑橘等水果盛行单果包装。因为塑料膜很薄，透气性较好，在较短的时间内，可形成并维持适当的低 O_2 和高 CO_2 的气调环境。为防止出现袋内 O_2 太低而 CO_2 太高的情况，国际上通行的办法是应用打孔膜，孔径几微米至几毫米，孔的大小和数目以能满足换气要求为度。另外，为了提高膜的透性，降低膜的厚度是简便有效的方法，但太薄的膜极易破裂，在使用上受到限制。随着硅橡胶膜的推广和应用这一问题才得以解决。

(3)硅橡胶窗薄膜袋(帐)气调贮藏　硅橡胶窗作为气体交换窗，镶嵌在塑料帐或塑料袋上，起自动调节气体成分的作用，称为硅橡胶窗气调贮藏。

硅橡胶是一种有机硅高分子聚合物，具有特殊的透气性。首先，硅橡胶薄膜对 CO_2 的渗透率是同厚度聚乙烯膜的 200～300 倍，是聚氯乙烯膜的 20 000 倍。其次，硅橡胶膜具有选择性透性，对 N_2、O_2 和 CO_2 的透性比为 1∶2∶12，同时对乙烯和一些芳香成分也有较大的透性。上海、北京等地在番茄上的试验结果表明，在 10～13 ℃条件下贮藏 1 t 番茄需硅橡胶窗面积为 0.5～0.7 m^2。在国外采用较大型的集装箱形式的有硅橡胶窗的包装袋，运输贮藏都非常方便。法国科学研究中心冷冻研究所研制并已在市场出售的 CA-500 及 CA-1000 型贮藏袋就属此种。

利用硅橡胶膜特有的性能，在较厚的塑料薄膜(如 0.23 mm 聚乙烯)做成的袋(帐)上镶嵌一定面积的硅橡胶膜，就做成一个有硅橡胶膜气窗的包装袋(或硅窗气调帐)，袋内的果品或蔬菜进行呼吸作用释放出的 CO_2 通过气窗透出袋外，而所消耗掉的 O_2 则由大气透过气窗进入袋内而得到补充。由于硅橡胶膜具有较大的 CO_2 与 O_2 的透性比，且袋内 CO_2 的透出量是与袋内的浓度成正相关，因此，贮藏一定时间之后，袋内的 CO_2 和 O_2 含量就自然会调节到一定的范围。

有硅橡胶气窗的包装袋(帐)与普通塑料薄膜袋(帐)一样，主要是利用薄膜本身的透性自然调节袋中的气体成分。因此，袋内的气体成分必然是与气窗的特性、厚薄、大小，袋子容量、装载量，产品的种类、品种、成熟度，以及贮藏温度等因素有关，实际应用时要通过试验研究，最后确定袋(帐)子的大小、装量和硅橡胶窗面积的大小(图 2-10)。

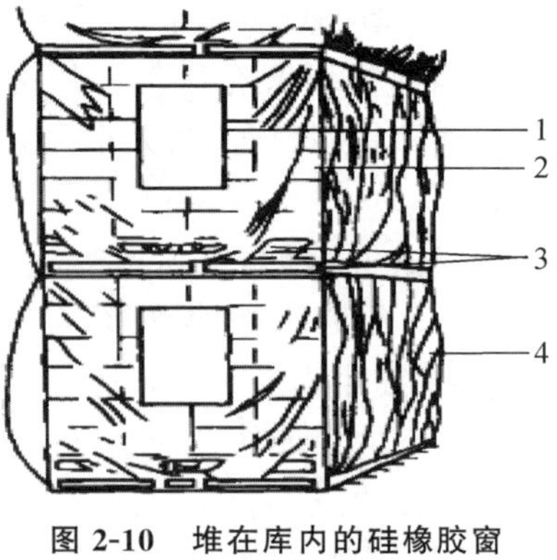

图 2-10　堆在库内的硅橡胶窗薄膜封闭集装箱

1. 硅橡胶窗　2. 装箱产品
3. 内外垫板　4. 封闭薄膜

应用硅橡胶窗进行气调贮藏，需要在贮藏温度、产品数量、膜的性质和厚度及硅橡胶窗面积等多方面进行综合选择，才能获得理想的效果。对于一般果蔬而言，将氧气和二氧化碳的组成控制在 2%～3%和 5%，有利于减缓果蔬的氧化过程，减少果胶和叶绿素等的分解，延长果蔬的贮藏寿命。

硅橡胶窗气调贮藏法不受环境的限制，在一般冷库、简易冷库、常温库等比较稳定的环境内都能使用，而且操作管理技术比较简单，是一种优良的贮藏方法。

任务一 北方水果贮藏技术

子任务一 苹果贮藏技术

【子任务要求】

通过操作实施，学生掌握苹果贮藏技术的内容、要点和方法，编制苹果贮藏技术方案，并能解决苹果贮藏中出现的问题。

【贮藏特性】

1 品种特性

苹果品种很多，目前全国有几十个栽培品种，其中主栽品种有十几个。按成熟期不同可分为早熟、中熟、晚熟3类。各品种由于遗传性所决定的贮藏性和商品性状存在着明显差异。

(1)早熟品种 成熟期在6月至7月初。主要品种有辽伏、伏帅、甜黄魁、黄魁、红魁、伏花皮等。由于生长期短，采后呼吸旺盛，内源乙烯发生量大，一般不耐贮藏，其中辽伏可贮7～10 d。

(2)中熟品种 成熟期在8—9月。主要品种有金帅、元帅、红星、首红、魁红、华冠、伏锦、新嘎啦、红玉等。这些品种较耐贮藏，常温下可存放2周左右，冷藏条件下可贮藏2个月，气调贮藏期更长一些。

(3)晚熟品种 成熟期在10—11月初。主要品种有国光、青香蕉、倭锦、富士、长富2号、秋富1号、金冠等。这些品种产量高，由于干物质积累多、呼吸水平低、乙烯发生晚且较少，因此一般具有风味好、肉质脆硬且耐贮藏的特点。在常温库一般可贮藏3～4个月，在冷库或气调条件下，贮藏期可达5～8个月，晚熟品种是贮藏的主要品种。

果实的商品性状(如色泽、风味、质地、形状等)对其商品价值及销售影响很大。因此用于长期贮存的苹果品种不仅要耐贮藏，而且必须具有良好的商品性状，以求获得更高的经济效益。

呼吸跃变：苹果属于呼吸跃变型果实，成熟时乙烯生成量很大，从而导致贮藏环境中有较多乙烯积累。苹果是对乙烯敏感性较强的果实，贮藏中采用通风换气或者脱除技术降低贮藏环境中的乙烯很有必要。另外，采收成熟度对苹果贮藏的影响很大，对计划长期贮藏的苹果，应在呼吸跃变启动之前采收。在贮藏过程中，通过降温和调节气体成分，可推迟呼吸跃变发生，延长贮藏期。

2 贮藏条件

大多数苹果品种，贮藏适温是－1～0 ℃。气调贮藏的理想温度应较一般贮藏温度高出0.5～1 ℃，有助于减轻气体伤害。红玉等对低温较敏感的品种适宜贮藏在2～4 ℃。低温下应采用高湿度贮藏，库内湿度保持在90%～95%。常温库贮藏苹果一般以空气湿度85%～

90%较为适宜。贮藏后期果实细胞的湿度不够时,可在地面洒水或在窖内放置水缸。

控制贮藏环境中的氧气、二氧化碳和乙烯含量,对提高苹果贮藏效果有显著作用。对大多数苹果而言,贮藏温度0～2 ℃时,以二氧化碳含量3%～5%、氧气含量2%～4%比较适宜。但不同品种具体要求不同,金冠要求O_2为1%～5%,CO_2为1%～6%;红富士为O_2为2%～7%,CO_2为0～2%。

乙烯对果实有催熟作用,可用活性炭、溴化活性炭、高锰酸钾等吸附方法,减少贮藏环境中的乙烯含量。

【任务实践操作】

1 确定贮藏方式

1.1 地沟贮藏法

在地势平坦、背风面阴、土质坚实、高燥不积水、运输管理方便的地段,将经过严格挑选的苹果适当降温入沟贮藏。首先从沟的一端开始一层层摆果,厚度为60～70 cm。入沟后在上方搭好屋脊状支架,盖上稻草、玉米秸或苇席等遮阴、防寒、保温。在整个贮藏期间,根据气候状况和苹果贮藏特性,做好初期、中期和后期管理工作。

1.2 窑窖贮藏

窑窖贮藏苹果可提供较理想的温度、湿度条件,既可筐装、箱装堆码,也可散放堆藏。从苹果入库到封窖前的贮藏初期,要打开窖门和通风孔,充分利用夜间低温降低窖温和土温,至窖温降到0 ℃为止。贮藏中期的重点工作是防冻,第二年春季气温回升时,严密封闭窖门和通风孔,避免外面热空气进入窖内。

1.3 冷库贮藏

苹果适宜冷藏,尤其对中熟品种最适合;其中元帅系品种应适时早采,金冠苹果应适时晚采。入冷库前应散热预冷一夜再入库,码垛应注意留有空隙。冷库贮藏管理主要是加强温湿度调控,应注意相对湿度保持在90%～95%。冷库贮藏国光、青香蕉、红富士等可保存到4—5月份,仍较新鲜。但若想保持其色泽和硬度少变化,最好是利用聚氯乙烯透气薄膜袋来衬箱装果,并加防腐药物,有利于保持鲜度,防止腐烂。

1.4 气调库贮藏

气调库是密闭条件很好的冷藏库,设有调控气体成分、温度、湿度的机械设备和仪表,管理方便,容易达到贮藏要求的条件。对于大多数苹果品种而言,控制2%～5%氧气浓度和3%～5%二氧化碳浓度比较适宜。苹果气调贮藏的温度可比一般冷藏高0.5～1 ℃,对二氧化碳敏感的品种,贮温还可再高些,因为提高温度既可减轻二氧化碳伤害,又对易受低温伤害的品种减轻冷害有利。用气调库贮藏保鲜能大大延长苹果的贮藏期限和大幅度降低由于微生物和生理病害造成的损失,并能保持苹果的营养价值。

2 贮藏技术控制

2.1 选择品种

选择商品性状好、耐贮藏的中晚熟品种。贮藏时绝不可只追求品种的耐藏性而忽视其商品质量，必须选择贮藏性与商品性兼优的品种。

2.2　适时采收

根据品种特性、贮藏条件、预计贮藏期长短确定适宜的采收期。常温贮藏或计划贮藏期较长时，应适当早采；低温或气调贮藏、计划贮藏期较短时，可适当晚采。采收时尽量避免机械损伤，并严格剔除有病虫、冰雹、日灼等伤害的果实。

2.3　产品处理

产品处理主要包括分级和包装等。严格按照市场要求的质量标准进行分级，出口苹果必须按照国际标准或者协议标准分级。包装采用定量的小木箱、塑料箱、瓦楞纸箱，每箱装10 kg左右。机械化程度较高的仓库，可用容量大约300 kg的大木箱包装，出库时再用纸箱分装。不论使用哪种包装容器，堆垛时都要注意做到堆码稳固整齐，并留有一定的通风散热空隙。

2.4　贮藏管理

在各种贮藏方式中，都应首先做好温度和湿度的管理，使二者尽可能达到或者接近贮藏要求的适宜水平。对于CA（人工气调贮藏）和MA（自发气调贮藏），除了调控温度和湿度条件外，还应根据品种特性，控制适宜的 O_2 和 CO_2 浓度。根据品种特性和贮藏条件，控制适当的贮藏期也很重要，千万不要因等待商机或者滞销等原因而使苹果的贮藏期不适当延长，从而造成严重变质或者腐烂。

2.5　产地选择

在苹果贮藏中，产地的生态条件、田间农业技术措施以及树龄、树势等是不可忽视的采前因素。选择优生区域、田间栽培管理水平高、盛果期果园的苹果是提高贮藏效果的重要先天性条件。我国山东、陕西、山西、河南、辽宁、甘肃等苹果主产地，都有苹果的适生区域，贮藏时可就近选择产地。

3　任务实践操作建议

操作实施一：苹果贮藏技术

（1）资讯　学生分成3～5人一组，各组根据汇总的相关资料，师生共同讨论、分析，用集体智慧完成苹果贮藏技术方案初稿。

（2）决策计划　师生共同讨论、制作汇报提纲，各小组选派1名同学进行学习汇报交流，并根据反馈情况，用集体智慧修改并确定苹果贮藏技术方案。

（3）实施　学生按照确定的苹果贮藏技术方案，独立完成工作任务，并填写工作任务记录单（表2-8），教师在工作任务实施过程中巡回指导。

（4）检查评估及反馈　学生对完成工作任务的表现进行自评和互评，各小组进行总结、考核、评估及反馈，教师做出最后评价，填写工作任务评价及反馈单。

表 2-8　工作任务记录单

<table>
<tr><td colspan="6">操作实施一：苹果贮藏技术</td></tr>
<tr><td colspan="3">仪器（设备等）：</td><td colspan="3">操作人员：</td></tr>
<tr><td>工作项目</td><td colspan="4">操作内容</td><td>完成情况</td></tr>
<tr><td></td><td colspan="4"></td><td></td></tr>
<tr><td></td><td colspan="4"></td><td></td></tr>
<tr><td></td><td colspan="4"></td><td></td></tr>
<tr><td>改进措施</td><td colspan="5"></td></tr>
<tr><td rowspan="3">工作任务
完成记录
评价</td><td>班级</td><td></td><td>第　　组</td><td>组长签字</td><td></td></tr>
<tr><td>教师
签字</td><td colspan="2"></td><td>日期</td><td></td></tr>
<tr><td colspan="5">评语：</td></tr>
</table>

子任务二　梨贮藏技术

【任务引入】

我国是梨属植物中心发源地之一，亚洲梨属的梨大都源于亚洲东部，日本和朝鲜也是亚洲梨的原始产地；国内栽培的白梨、砂梨、秋子梨都原产我国。尤其在我国北方，梨是仅次于苹果的第二类果树。因此，梨不仅在国内市场占有重要地位，而且在国际市场的地位也举足轻重。

【子任务要求】

通过操作实施，学生掌握梨贮藏技术的内容、要点和方法，编制梨贮藏技术方案，并能解决梨贮藏中出现的问题（含生理性与真菌性病害）。

【贮藏特性】

1　品种特性

我国栽培梨的种类及品种很多，根据其产地、果皮颜色等分为秋子梨、白梨、砂梨、西洋梨四大系统，各系统及其品种的商品性状和耐藏性有很大差异；根据果实成熟后的肉质硬度，可将梨分为硬质梨和软质梨两大类，白梨和砂梨系统属硬肉梨，秋子梨和西洋梨系统属软肉梨。一般来说，硬肉梨较软肉梨耐贮藏，但对 CO_2 的敏感性强，气调贮藏时易发生 CO_2 伤害。

呼吸跃变：国内外研究公认，西洋梨是典型的呼吸跃变型果实。白梨系统也具有呼吸跃变，但其内源乙烯发生量很少，果实后熟变化不明显。

2　贮藏条件

大多数梨品种贮藏的适宜温度为（0±1）℃。但鸭梨等个别品种对低温比较敏感，采后若迅速降温至 0 ℃贮藏，果实易发生黑心病。采后缓慢降温或分段降温，可减轻黑心病发生。

梨果皮薄，表面蜡质少，贮藏中易失水萎蔫。高湿度是梨贮藏的基本条件之一，在低温下贮藏梨适宜的相对湿度为90%～95%。

梨贮藏中的低 O_2 浓度（3%～5%）几乎对所有品种都有抑制成熟衰老的作用。但是品种间对 CO_2 的适应性却差异很大。许多研究表明，除西洋梨外，绝大多数梨品种对 CO_2 特别敏感，不适于气调贮藏。目前全国栽培和贮藏量比较大的鸭梨、酥梨、雪花梨对 CO_2 的敏感性都比较突出。

【任务实践操作】

1 确定贮藏方式

梨同苹果一样，短期贮藏可采用沟藏、窑窖贮藏、通风库贮藏。拟中长期贮藏的梨，则应采用机械冷库贮藏，这是我国当前贮藏梨的主要方式。

2 贮藏技术要点

2.1 选择品种

梨各系统均包括许多品种，中晚熟品种较早熟品种耐贮藏。当前我国栽培的众多品种中，鸭梨、酥梨、雪花梨、秋白梨、苹果梨等都是耐藏性好、经济价值高的品种，可进行长期贮藏；京白梨、苍溪梨、巴梨等的品质也较优良，在适宜条件下可贮藏3～4个月。

2.2 适时采收

采收期主要根据梨的种类、品种特性、成熟程度、食用方法以及市场供应情况而定。过早或过迟采收的梨均不耐贮藏，故应适时采收。

采收过早，果肉中的石细胞多，风味淡，品质差，贮藏中易失水皱缩，贮藏后期易发生果皮褐变；采收过晚，秋子梨和西洋梨系统的品种采后会很快软化，白梨系统和砂梨系统的品种采收过晚，果肉脆度明显下降，贮藏中后期易出现空腔，甚至果心败坏，同时对 CO_2 的敏感性增强。

2.3 贮藏管理

对低温较敏感的品种（如鸭梨、京白梨等）开始降温时不能太快，应采用缓慢降温，即果实入库后将温度迅速降至12 ℃，1周后每天降低1 ℃，至0 ℃左右时贮藏，降温过程总共约1个月时间。

目前长期贮藏的梨大多数为白梨系统，它们对 CO_2 比较敏感，易发生果心褐变，故气调贮藏时必须严格控制 CO_2 浓度小于2%，普通冷库或常温库贮藏期间也应定期通风换气。

梨的贮藏期应适当，贮藏期过长会使果皮发生褐变，对销售造成极为不利的影响。

2.4 产地选择

梨的品种很多，分布区域广泛，我国南北各地均有梨树栽培，但每个品种都有其主要栽培的区域。主产区栽培的梨之所以高产、优质、耐贮藏，在于当地具有适宜该品种生长发育的生态条件，以及有精耕细作、科学管理等人为因素的影响。

果实与贮藏环境的温差大，果实表面气体流动快和贮藏环境相对湿度小都会加快梨果失水速度。目前梨贮藏期间失水主要采取保鲜膜包装、涂蜡、涂膜等技术措施。但在应用时要注意膜不能太厚，否则易造成或加重褐变的发生。

3 任务实践操作建议

操作实施二:梨贮藏技术

(1)资讯　学生分成3～5人一组,各组根据汇总的相关资料,师生共同讨论、分析,用集体智慧完成梨贮藏技术方案初稿。

(2)决策计划　师生共同讨论、制作汇报提纲,各小组选派1名同学进行学习汇报交流,并根据反馈情况,用集体智慧修改并确定梨贮藏技术方案。

(3)实施　学生按照确定的梨贮藏技术方案,独立完成工作任务,并填写工作任务记录单(表2-9),教师在工作任务实施过程中巡回指导。

表 2-9　工作任务记录单

<table>
<tr><td colspan="6">操作实施二:梨贮藏技术</td></tr>
<tr><td colspan="4">仪器(设备等):</td><td colspan="2">操作人员:</td></tr>
<tr><td>工作项目</td><td colspan="4">操作内容</td><td>完成情况</td></tr>
<tr><td></td><td colspan="4"></td><td></td></tr>
<tr><td></td><td colspan="4"></td><td></td></tr>
<tr><td></td><td colspan="4"></td><td></td></tr>
<tr><td>改进措施</td><td colspan="5"></td></tr>
<tr><td rowspan="3">工作任务
完成记录
评价</td><td>班级</td><td></td><td>第　组</td><td>组长签字</td><td></td></tr>
<tr><td>教师
签字</td><td colspan="2"></td><td>日期</td><td></td></tr>
<tr><td colspan="5">评语:</td></tr>
</table>

(4)检查评估及反馈　学生对完成工作任务的表现进行自评和互评,各小组进行总结、考核、评估及反馈,教师做出最后评价,填写工作任务评价及反馈单。

子任务三　猕猴桃贮藏技术

猕猴桃原产于我国的长江流域。20世纪初,新西兰人将猕猴桃引种到新西兰,尔后培育出商用品种并把鲜果推向世界,更名为基维果(奇异果,Kiwifruit)。目前主栽品种有中华猕猴桃(软毛猕猴桃)和美味猕猴桃(硬毛猕猴桃),前者如魁蜜、庐山香等,后者的代表品种有秦美和海沃德。相比之下,中华猕猴桃的耐贮藏性要差一些。海沃德、华光5号、通山5号等品种成熟得晚,较耐贮藏和运输。

【子任务要求】

通过操作实施,学生掌握猕猴桃贮藏技术的内容、要点和方法,编制猕猴桃贮藏技术方案,并能解决猕猴桃贮藏中出现的问题。

【贮藏特性】

1　品种特性

猕猴桃为多汁浆果，果皮薄且缺乏蜡质，极不耐堆压和贮存，产地群众说猕猴桃是一种"七天软、十天烂，半月以后坏一半"的水果，反映了猕猴桃在一般条件下的不耐贮藏。

不同品种的猕猴桃耐藏性差异很大，如海沃德（中华猕猴桃），耐藏性好，一般可贮藏 4～6 个月。另外一些品种，如湘源 81-2（湖南）、华光 2 号（河南）、红庐 79-2（江西）等耐藏性较差，一般只能贮 2～3 个月。

适时采收非常重要，当猕猴桃可溶性固形物含量达 6.2%～10%时采收为宜，低于这个指标采收，果实贮藏后变软，香味淡。当可溶性固形物超过 10%时采收，果实贮藏过程中提前变软、发酵，品质下降。

呼吸跃变：猕猴桃是一种具有呼吸高峰的水果，但它的呼吸高峰出现的时间很短，不像苹果、梨那样明显。呼吸高峰过后 CO_2 释放量的再次上升，是一种"假"的呼吸现象，造成这一现象的主要原因是由于果实的发酵，发酵的出现意味着果实开始衰败。从贮藏保鲜的角度讲，就要防止果实的硬度下降，要延缓呼吸或乙烯释放高峰的到来，因为猕猴桃对乙烯极为敏感，果实内乙烯迅速增加，会加速果实衰老发病、腐烂。

猕猴桃耐藏性差的主要原因是果实软化较快，因此保鲜的主要目的是保硬。果实硬度的下降是果实内部一系列生理活动和生化物质变化的综合表现，硬度的变化表明果实内部的结构物质在发生降解和转化，这些降解和转化是由有关酶的活动决定的。因此，通过控制酶的活动，则可以调控果实的软化进程。

决定猕猴桃果实硬度的关键物质主要是一些多糖类物质，包括淀粉、果胶和纤维素等。淀粉以淀粉粒的形式存在于组织中，维持细胞的膨压并起到支撑细胞的作用，而果胶和纤维素则是细胞的黏合剂和骨架物质，这些物质的降解转化自然引起组织的解体和果实的软化。淀粉酶、果胶酶和纤维素酶活动的变化与其作用底物的变化相吻合，即在酶活性上升的同时，底物含量则迅速下降，这充分证明，要延缓果实的软化进程，就要通过贮藏措施来调控酶的活动。

2　贮藏条件

温度是影响猕猴桃贮藏保鲜的首要环境条件，温度过高，果实的呼吸作用旺盛，营养消耗和物质降解较快，加速了果实的后熟软化。温度过低，则会使果实发生冷害或冻害，果实不能正常后熟，失去商品价值和食用价值。猕猴桃的贮藏温度一般控制在 0 ℃左右，果温不宜低于 −0.5 ℃。在贮藏时还要保持温度的稳定，温度忽高忽低对贮藏也不利。

猕猴桃果实表面蜡质层较薄，皮孔较多，因此极易失水。果实失水后既加速了后熟软化，又降低了果实的商品价值，所以在猕猴桃贮藏时一定要防止水分蒸发。措施之一是提高贮藏环境的相对湿度，一般要求达到 90%～95%，措施之二是做好包装工作，使水分不易散出。

猕猴桃气调贮藏效果十分明显，在适宜的气体成分和温度条件下，可以较好保持果实硬度和品质，贮藏期比冷藏延长 1 倍以上。气调贮藏降低了果实的呼吸强度，推迟了呼吸高峰和乙烯的出现，降低了多糖水解酶的活性，减少了叶绿素的分解，提高了果实的耐藏性。一般来讲，猕猴桃适宜的气体成分指标为 O_2 2%～4%，CO_2 3%～5%。O_2 低于 1%时，果实易发生无氧呼吸，乙醇积累对果实造成伤害；CO_2 长时间高于 6%时，则会发生 CO_2 中毒现象，果实不能正常后熟。

乙烯是猕猴桃贮藏的大敌。猕猴桃对乙烯极为敏感，0.01 μL/L 的乙烯对猕猴桃就有催熟作用。乙烯能够促进果实的呼吸，提高多糖水解酶的活性，加速多糖类物质如淀粉、果胶和纤维素等的水解，促进果实的后熟和软化。因此在进行猕猴桃果实贮藏保鲜时一定要消除乙烯。

【任务实践操作】

1 确定贮藏方式

1.1 机械冷藏

机械冷藏降温速度快，可以根据需要灵活控制贮藏温度（0～1 ℃），因此贮藏效果大大超过常温贮藏。如秦美猕猴桃在冷藏条件下的贮藏期可以达到 4 个月，海沃德猕猴桃可以贮藏 6 个月。在冷藏管理时要定期进行库内通风换气，以消除果实产生的乙烯等有害气体；还要注意库内加湿，防止果实水分蒸发。

1.2 塑料袋自发气调贮藏

猕猴桃适合装在塑料袋中进行自发气调贮藏，贮藏前期猕猴桃的呼吸作用旺盛，因而袋内的 CO_2 含量相对较高，O_2 含量相对较低，在贮藏的中后期，果实的生命活动变弱，因而袋内的 CO_2 含量相对变少，O_2 含量升高。例如，在冷藏条件下只能贮藏 4 个月的秦美猕猴桃，在小包装气调贮藏条件下可以贮藏 6 个月，品质良好。在进行猕猴桃小包装自发气调贮藏时，保鲜袋内要加入乙烯吸收剂，并定期测定袋内的气体成分含量。

1.3 分子筛气调机大帐气调贮藏

分子筛气调机是以空气为原料，滤除 O_2 而制取 N_2 的设备，它可以根据贮藏技术的需要，人为调整制出 N_2 的含氧量。将猕猴桃密封于塑料大帐中，造成气调贮藏环境，大帐两端分别留有进出气口，制氮机制出的低氧的 N_2 从进气口通入塑料大帐，帐内原有的气体从出气口排出，当大帐的进气口和出气口的氧气含量相同时，表示该大帐充气完毕，然后扎紧大帐的进出气口。一定时间后，大帐内的 O_2 因呼吸消耗而降至下限，或因呼吸放出的 CO_2 在帐内积累至上限时，就要重新开启气调机进行调气，即排出帐内原来的气体而充入新制取的低氧的 N_2，如此周而复始。将猕猴桃密封于塑料大帐中，用分子筛气调机调节大帐内的气体成分，造成低 O_2 和高 CO_2 的贮藏环境，因而有效地减缓了果实的生理生化等生命活动，极高地保持了果实的硬度和品质。如秦美猕猴桃在大帐气调条件下，贮藏期可达 8 个月以上。

1.4 人工气调贮藏

可以根据果实对气体成分的要求，比较理想地控制贮藏环境的气体成分含量，并可以消除乙烯，是目前成功地进行商业贮藏的先进的贮藏方式，在应用时要注意库内加湿，防止猕猴桃果实失水。

2 贮藏技术要点

2.1 保鲜剂硬化剂处理

采后 24 h 浸 5%氯化钙（$CaCl_2$），取出晾干，置于 0 ℃冷库贮藏。浸钙后，抑制了多聚半乳糖醛酸酶(PG)的活性,非水溶性的果胶的降解及水溶性果胶的上升速度变慢,从而有效地减缓果实的软化速度。

2.2　分级和包装

猕猴桃一般用木箱或纸箱包装,果实在箱内作单层或多层摆放,箱内可衬纸板、带孔聚乙烯薄膜、网袋等,以保持高湿、高 CO_2 环境,以利于果实的长期贮藏。

3　任务实践操作建议

具体内容可参考子任务一苹果贮藏技术与子任务二梨贮藏技术的任务实践操作建议中任务的实践操作时间、分组安排、内容及步骤,在具体教学中有计划、有步骤地实施。

子任务四　葡萄贮藏技术

【任务引入】

葡萄是世界四大水果之一,意大利、法国、美国、智利、俄罗斯、日本等国为葡萄的主产国家。我国主产区在北方,如新疆、河北、山西、山东、陕西等。葡萄通过控温、控湿、调气加防腐保鲜剂的应用,可贮藏到次年 3—5 月份。

【子任务要求】

通过操作实施,学生掌握葡萄贮藏技术的内容、要点和方法,编制葡萄贮藏技术方案,并能解决葡萄贮藏中出现的问题(如生理性与真菌性病害)。

【贮藏特性】

1　品种特性

不同的葡萄品种,耐贮藏性能明显不同,葡萄种类中美洲种耐贮藏性强于欧亚种;晚熟品种强于早熟品种。晚熟、极晚熟品种的果肉较硬脆,果皮较厚,浆果高糖、高酸,果梗木质化好,如龙眼、新玫瑰、意大利、白牛奶、无核白、玫瑰香、李子香、白香蕉等。以龙眼最耐贮藏,玫瑰香次之,巨峰、红地球果梗易干,影响贮藏效果。通常有色品种的葡萄较耐贮藏,白色葡萄品种在贮藏中果皮容易变褐或产生褐色花纹。

呼吸跃变:葡萄是以整穗体现其商品价值的,故耐藏性应由浆果、果梗和穗轴的生物学特性共同决定。整穗葡萄为非呼吸跃变型果实,采后其呼吸呈下降趋势,成熟期间乙烯释放量少。葡萄果梗有呼吸跃变,呼吸强度是果实的 8～14 倍,且易失水造成褐变、脱粒。果蒂与果粒交界处的细微伤痕,也易引起霉菌侵入。故葡萄贮藏保鲜的关键在于推迟果梗和穗轴的衰老,控制果梗和穗轴的失水变干及腐烂。

2　贮藏条件

温度是影响葡萄变质速度的最重要的环境因子。鲜食葡萄贮藏的最佳温度为 0～1 ℃,在最适温度基础上,每增加 10 ℃,变质速度便增加 2～3 倍。

葡萄失水速度依赖于产品和周围环境的蒸汽压差。蒸汽压差大,水分损失增加,葡萄一般贮藏的相对适宜湿度为 90%～95%。

乙烯具有促进果粒老化和成熟的作用，O_2 浓度和 CO_2 浓度影响着果实的呼吸强度和乙烯的生成速度。一般认为气体条件：O_2 浓度 2%～4%、CO_2 浓度 3%～5%为适当组合，对大多数葡萄品种具有良好的贮藏效果。总体来说对低氧和高二氧化碳不敏感，但过高的二氧化碳和过低的氧气也会产生伤害。

【任务实践操作】

1 确定贮藏方式

1.1 窖藏

葡萄采收预冷后，待窖温冷却到 5 ℃以下入窖贮藏。贮藏前先将葡萄装筐、装箱，并整齐地将筐、箱垛起，用塑料薄膜全部盖严；然后按每立方米 3 g 硫黄的用量，将硫黄分放在塑料薄膜帐幕内预先准备好的铁盒上燃烧，使其生成二氧化硫；熏蒸 0.5 h 后揭开通风，然后隔 12～15 d 再熏蒸 1 次，以后每隔 2 个月重熏 1 次。通过二氧化硫熏蒸，葡萄在 0 ℃的温度下即可长期贮藏。

山西省阳高地区，采用地下式窑洞贮藏，这个地区气候条件严寒而干燥，所以采用石砌的地下窑洞。窑顶设有天窗，直通地面，在洞的一端设一方形井筒式的缓冲地带，便于出入窑门。窑洞结构如图 2-11 所示，窑洞横剖面为拱形，窑壁砌砖，窑内搭纵形木架，架上可放 4～5 层挂满葡萄的横吊杆。采收时应在果柄着生处两侧各留 3～4 cm 长的新梢以便吊挂。吊挂时果穗不相接触。一般长 8 m、宽 3 m、高 2 m 的窑，可贮葡萄 3 000～3 500 kg。

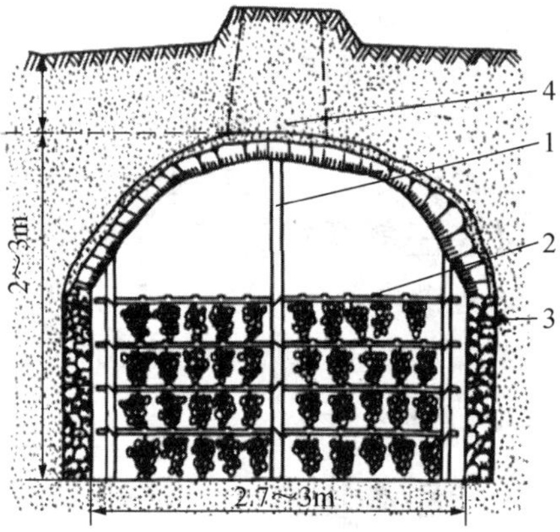

图 2-11 葡萄窖藏

1. 木架 2. 葡萄吊杆 3. 砌石 4. 天窗

控制窖内温度、湿度。一般入窖初期由于外界气温较高，可采用通风措施，使温度维持在 10 ℃以下。入冬后，气温下降，可采用昼通夜闭的方法，保持窖内温度在 0～1 ℃。相对湿度以 80%～90%为好，湿度不足时可在地面喷水保湿。当外界温度降到 10 ℃以下时则应注意封闭窖门。加强检查，及时剔除病穗烂粒。

1.2 气调贮藏

目前，在葡萄保鲜方面，主要是利用气调保鲜袋和 MA（自动气调库）进行贮藏保鲜，调整贮藏环境中的气体成分，使贮藏环境中的 O_2、CO_2 浓度达到适宜贮藏的浓度（CO_2 2%～3%、O_2 3%），从而有效地抑制病菌的生长，减少果实水分的损失和腐烂，起到延缓衰老、延长贮藏期的目的。

1.3 减压贮藏法

此法是将葡萄贮藏在密闭的室内，用真空抽出部分空气，使内部气压降到一定程度后，新鲜空气不断通过压力调节器、加湿机器后，变成近似饱和湿度的空气进入贮藏室，从而去除田间热、呼吸热和代谢产生的乙烯、二氧化碳、乙醇、乙醛等不利因子，使贮藏物品长期处于最佳休眠状态。

1.4　涂膜贮藏

用多糖喷涂葡萄能够在其表面形成一层半透膜，可有效地降低果实的呼吸作用，减少水分蒸发及病原菌的侵染，抑制真菌，防止褐变，保持风味，可食性大大增强，使常温下葡萄的保鲜期由2～3 d延长至8 d。

1.5　冷库贮藏

葡萄的贮藏温度应严格控制在－1～0 ℃，相对湿度保持在90％～95％。在生产中，葡萄入库前要迅速降温，同时要保持库温的恒定，库温的波动不应超过±0.5 ℃。冷藏过程变化最大的就是水分损失，冷藏初期易结露，到贮藏中后期又易失水，当失水1％～2％时，果柄干枯变黄，当失水达3％～5％时，葡萄就失去了其膨胀及圆润的外观，变得软而瘪了。因此，应在葡萄贮藏库安装加湿器，保持贮藏环境的相对湿度，保持果实品质，延长贮藏期。

2　贮藏技术要点

2.1　适时采收

葡萄是非呼吸跃变型果实，在气候和生产条件允许的情况下，采收期应尽可能延迟。充分成熟的葡萄含糖量高，着色好，果皮厚、韧性强，且果实表面蜡质充分形成，能耐久藏。在北方葡萄主产区，许多品种的果粒含糖量达15％～19％、含酸量达0.6％～0.8％时，即进入成熟期。

葡萄采收宜在天气晴朗、气温较低的清晨或傍晚进行。采摘时用剪刀小心剪下果穗，剔除病粒、破粒、青粒，剪去穗尖成熟度低的果粒。采收后按质分级，分别平放于内衬有包装纸的筐或箱中，包装时果穗间空隙越小越好。然后置于阴凉处或运往冷库。

2.2　预冷

采后经过6～12 h将品温从27 ℃降至0.5 ℃效果最好。为实现快速预冷，应在葡萄入贮前一周开机，使库温降至0 ℃。此外，葡萄入贮时应分批入库，以防库温骤然上升和降温缓慢。入库后应敞口，待果温降至0 ℃，放药剂封口。快速预冷对任何品种均有益。

2.3　防腐处理

防腐保鲜处理是葡萄贮运保鲜的关键技术之一。目前国内外使用的葡萄保鲜剂主要有以下几种。

(1)仲丁胺　研究表明，仲丁胺应用在宣化牛奶葡萄上保鲜效果较好。每千克果用仲丁胺原液0.1 mL，用脱脂棉或珍珠岩等作载体，将药袋装入开口小瓶或小塑料袋内，装药前须将仲丁胺稀释，否则易引起药害。仲丁胺防腐保鲜剂的缺点是释放速度快，药效期只有2～3个月。

(2)SO_2处理　SO_2对葡萄常见的真菌病害如灰霉菌有较强的抑制作用，同时还可降低葡萄的呼吸率。目前葡萄贮藏中常用SO_2进行防腐保鲜，进行硫处理时应注意药剂用量。葡萄成熟度不同，对SO_2的忍耐性不同。SO_2浓度过低，达不到防腐目的；过高易使果实褪色漂白，果粒表面生成斑痕。SO_2易对库内的金属器具设备产生腐蚀，葡萄出库后应检查清洗。SO_2对呼吸道和眼睛黏膜有强烈刺激作用，工作人员应戴防护面具，注意安全。

3　任务实践操作建议

具体内容可参考子任务一苹果贮藏技术与子任务二梨贮藏技术的任务实践操作建议中任

务的实践操作时间、分组安排、内容及步骤在具体教学中有计划、有步骤地实施。

子任务五　板栗贮藏技术

【任务引入】

板栗为我国原产，栽培历史悠久，是经济价值很高的干果。主要分布在河北、山东、河南、湖北、广西、贵州、江苏、浙江和北京等地。我国主栽的板栗品种有：明栗、大板栗、九家种、大红袍、油栗、红皮栗、燕红、红光、海丰等。板栗种仁肥厚甘美，风味极佳，深受人们喜爱，是我国出口的重要干果。但是板栗采收时气温较高，呼吸作用旺盛常导致果实内淀粉糖化，品质下降，大量的板栗因生虫、发霉、变质而损失掉。因此，做好板栗贮藏保鲜十分必要。

【子任务要求】

通过操作实施，学生掌握板栗贮藏技术的内容、要点和方法，编制板栗贮藏技术方案，并能解决板栗贮藏中出现的问题（如生理性与真菌性病害）。

【贮藏特性】

1　品种特性

板栗原产我国，栽培历史悠久，品种资源丰富，分布地域辽阔。一般嫁接板栗的耐藏性优于实生板栗，北方品种优于南方品种，中晚熟品种又较早熟品种耐贮藏。我国板栗以山东薄壳栗、山东红栗、湖南和河南油栗等品种最耐贮藏。

生理特性：板栗属坚果，市场上也称之为干果。板栗的果皮坚韧，呈褐色或赤褐色，光滑，一个球苞里有2～4个坚果。板栗果实营养丰富，含蛋白质5.7%～10.7%，脂肪2%～7.4%，碳水化合物62%，淀粉25%，以及B族维生素和脂肪酶等多种营养物质。板栗除鲜食以外，还可制成多种加工食品。

板栗果实采后最初1个多月内的呼吸十分旺盛，呼吸强度在相同条件下是苹果、梨的4～5倍，如果贮藏环境条件不当（温度和湿度），容易引起失重、发芽和严重腐烂，据统计我国板栗采收后因病虫害腐烂和失水造成的损失达到50%左右。

板栗采收脱苞后，由于含水量高和自身温度高，淀粉酶、水解酶活性强，呼吸作用十分旺盛，故采后应及时进行通风、散热、发汗，使果实失水达5%～10%，减少腐烂霉变。板栗虽是干果，但怕干、怕水、怕热、怕冻，防止霉烂、失水、发芽和生虫是板栗贮藏技术的关键。

2　贮藏条件

据中国农业大学园艺系试验证明：板栗适宜冷藏，温度以0～2 ℃为宜，若温度低于−3 ℃，要发生冻害；相对湿度维持在90%左右为好，若湿度过大，易发病腐烂，若湿度过小，则易失水风干。

据广西植物研究所试验证明：在二氧化碳浓度为10%、氧浓度为3%～5%、温度0 ℃、相对湿度90%～95%的贮藏条件下，可贮藏4个月。

【任务实践操作】

1　确定贮藏方式

1.1　沙藏法

在阴凉的室内地面上先铺一层高粱秆或稻草，然后铺上约 6 cm 厚的湿沙。一层沙一层板栗，每层 4～6 cm，总厚度为 50～60 cm，上面再铺 6～7 cm 沙，然后用稻草覆盖。每隔 15～20 d 检查翻动一次，有条件的也可用锯末、谷壳代替湿沙。

1.2　冷藏法

此法适用于温度较高的南方，即用麻袋或竹篓盛装板栗，篓内填垫防水纸，放于冷库中，温度控制在 1～3 ℃，相对湿度保持在 90%～95%，最好每隔 4～5 d 在麻袋外喷水 1 次，以保持适宜湿度。

1.3　架藏法

在阴凉的室内或通风库中，用毛竹制成贮藏架，每架三层，长 3 m、宽 1 m、高 2 m。架顶用竹制成屋脊形。栗果散热 2～3 d 后，连筐(25 kg/筐)浸入清水 2 min，捞出后堆码在竹架上，再用 0.08 mm 厚的聚乙烯大帐罩上，每隔一段时间揭帐通风 1 次，每次 2 h。进入贮藏后期，可用 2%食盐水加 2%纯碱混合液浸泡栗果，捞出后放入少量松针，罩上帐子继续贮藏。

1.4　气调贮藏法

采收成熟的栗果，经发汗与散热后，可采用塑料薄膜帐或袋贮果，进行简易气调贮藏。为防止栗果发霉，在入贮前栗果用 1 000 mg/kg 的甲基托布津溶液浸果 10 min，晾干后入贮。

(1)薄膜袋装保鲜　采用厚度为 0.05 mm 的聚乙烯薄膜，制成能装果 20～25 kg 的薄膜袋，在袋的两侧各打孔两排，孔径约 1 cm，孔的间距为 5 cm。装果时将袋放入篓内，装入栗果后扎紧袋口，放于常温库中贮藏。在贮藏期间，每隔 10 d 左右翻果检查一次，发现发霉果及时剔除。此法贮藏栗果到翌年 1 月份，霉变果仅 1%～2%，失重果为 3%～4%，栗果基本保持原来的品质风味。

(2)塑料大帐保鲜　选用厚度为 0.23 mm 的聚乙烯薄膜为制作大帐的材料，帐的大小依贮果量多少而定。控制大帐内二氧化碳浓度＜5%、氧浓度为 2%～4%、温度 1～0 ℃、相对湿度 90%～95%，保鲜期可达 4 个月。

2　贮藏技术要点

2.1　采收

应该在栗子充分成熟后进行采收，这时栗子皮色鲜艳，含水量低，各种营养成分含量高，品质好，耐贮藏运输。当板栗的栗苞由绿转黄并自动开裂，坚果呈棕褐色，全树有 1/3 栗苞顶端呈十字形开裂，栗果呈棕褐色时为采收适时，不宜过早。采收过早，气温偏高，坚果组织鲜嫩，含水量高，淀粉酶活性高，呼吸旺盛，不利贮藏。若采收过迟，则栗苞脱落，造成损失。

一般早熟种 8 月下旬到 9 月上旬成熟，中晚熟种 9 月下旬到 10 月下旬成熟。采收时还应注意天气情况，最好在连续几个晴天后采收，避开雨天，否则易造成腐烂。

2.2 预冷

及时冷却对板栗贮藏极为重要，田间热除去不及时和呼吸热积累会造成板栗种仁被“烧死”。防止的措施是在采收后选择背阴、冷凉、通风的地方，迅速摊晾降温，如有可能应采用强制通风的预冷方法，促使板栗的品温迅速降至贮藏温度要求，预冷前最好解除包装，因为在板栗降温的过程中，会出现大量的凝结水，附着在果实表面，致使板栗贮藏中霉烂增加。预冷达到要求并包装后整齐堆放，不要太实，防止垛中热量不易散发。

2.3 防腐处理

导致板栗腐烂的病菌多为腐生性真菌，主要有青霉菌属、毛霉菌属等。常用药剂防腐处理方法有以下几种。

(1)用 200 mg/kg 2,4-D 与 200 mg/kg 甲基托布津的混合液，浸果 3 min 即可。

(2)0.1%高锰酸钾溶液浸果 3 min。

(3)0.01%高锰酸钾和 0.125%敌百虫混合液浸果 1～2 min。

(4)500 倍甲基托布津溶液浸果 5 min，也可用 1%醋酸浸泡 1 min。

除药剂处理外，也可用 80%～85%二氧化碳气体或热空气处理，效果较理想；用虫胶涂料浸涂、打蜡，可减轻腐烂，用 1～10 kGy γ 射线辐射也可灭菌消毒。

3 任务实践操作建议

具体内容可参考子任务一苹果贮藏技术与子任务二梨贮藏技术的任务实践操作建议。

任务二 南方水果贮藏技术

子任务一 香蕉贮藏技术

【任务引入】

香蕉是重要的南方水果，是世界四大水果之一，在我国主产区是广东、广西、福建、海南、云南、台湾和四川等地。香蕉的主要品种有高把蕉、矮把蕉、天宝蕉、油蕉、大蕉、粉蕉等。香蕉生产的最大特点是全年生产，四季收获，因此香蕉采后在产地贮藏保鲜的不多，主要是解决运输销售中存在的问题。在全年的产量中，一般以夏秋季为旺季，冬春季为淡季。

【子任务要求】

通过操作实施，学生掌握香蕉贮藏技术的内容、要点和方法，编制香蕉贮藏技术方案，并能解决香蕉贮藏中出现的问题。

【贮藏特性】

1 呼吸跃变特性

香蕉是典型的呼吸跃变型果实，呼吸跃变(呼吸高峰)是其重要的采后生理转折点。随着呼吸跃变的到来，果实会发生一系列明显的生理生化变化：果实变软，紧接着是果皮褪绿变黄，这是由于叶绿素分解后，原来已存在的类胡萝卜素的颜色显现出来并成为优势颜色。当全果呈黄色并且出现褐色小斑点(俗称梅花斑)的时候,香蕉就属于过熟阶段。随着进一步完熟和衰老,果肉的甜度下降,最后全果败坏。当香蕉呼吸跃变到来后,香蕉果实就单向向着成熟、衰老发展,继而抗病性下降,果实一旦完熟,在田间已潜伏侵染的病原菌,就会表现危害症状,造成严重腐烂。

香蕉果实对乙烯很敏感,香蕉果实长到七至九成饱满度时采收,刚采收的香蕉很硬,果皮绿色,呼吸强度很低。但是,只要贮藏环境存在极微量的乙烯,就会启动香蕉的后熟作用,引发呼吸高峰,当果实一旦启动呼吸跃变,果实就会成熟变软,继而整个果实迅速衰老难以继续贮藏和运输。因此,抑制乙烯的产生和延缓呼吸跃变的到来是香蕉贮藏保鲜的关键。

易受冷害和高温伤害:香蕉是一种热带水果,对低温很敏感,贮运温度低于 11 ℃时会导致果实遭受冷害。香蕉冷害的典型症状是果皮变暗无光泽,暗灰色,严重时则变为灰黑色,冷害的香蕉催熟后果肉不能变软,果实不能正常成熟。当南方的香蕉运往北方销售时,如果车厢内温度低于 10 ℃,就会导致香蕉严重的冷害,损失很大。另外,过高的温度也会对香蕉造成伤害,当温度超过 35 ℃时,则引起果实高温烫伤,无法正常成熟,失去商品价值和食用价值。

2 贮藏条件

香蕉贮藏的温度以 11～13 ℃为宜,贮藏温度过高(18 ℃以上)香蕉容易黄熟腐烂;贮藏温度过低(10 ℃以下),又会产生低温伤害。气调贮藏适宜的气体成分:O_2 2%～4%,CO_2 3%～5%。香蕉对乙烯敏感,贮藏环境中乙烯浓度应低于 0.2 μL/L,否则香蕉易变黄腐烂。

【任务实践操作】

1 确定贮藏方式

1.1 低温贮藏运输

低温贮藏运输是香蕉最常用、效果最好的方式,特别在国外已成为一种常规的商业流通技术。目前香蕉的运输主要是有保温或者自动调控温度的汽车、火车,运输车辆要严格控制温度,避免香蕉发生冷害。

香蕉在低温贮运前最好进行预冷,以便迅速除去果实所带的田间热,使冷藏车船上的香蕉能尽快降到适宜的冷藏温度,避免温度波动。香蕉低温贮藏运输的适宜温度是 11～13 ℃,低于 11 ℃会发生冷害,适宜的湿度条件是相对湿度 85%～95%。

1.2 常温贮藏运输

目前,由于冷藏运输设备不足或冷藏运输成本较高等原因,香蕉的贮运有些也在常温条件下进行。香蕉常温贮藏运输一般只可用于短期或短途的贮运,并要注意防热防冻。在常温下贮运,配合使用防腐剂、乙烯吸收剂,可显著延长贮运时间。

1.3 气调贮藏

香蕉适合气调贮藏,典型的香蕉气调条件是 12～16 ℃、2%～5%CO_2 和 2%～5%O_2。也有报道 5%CO_2 和 4%O_2 可以延长香蕉保鲜时间的 2～3 倍。虽然研究表明香蕉气调保鲜效果很好,但是,实际上在国内外商业化贮藏应用还不多,可能是气调贮藏成本较高的原因。生产上香蕉贮运时普遍使用聚乙烯薄膜袋包装的自发性气调贮藏,效果也很好。若自发性气调贮藏再结合使用乙烯吸收剂,效果更佳,可延长贮运期 2～5 倍。

1.4 化学保鲜方法

1.4.1 防腐剂

用于香蕉保鲜的防腐剂有多菌灵、硫菌灵、噻菌灵、异菌脲、咪鲜胺等。这些防腐剂可以单用，也可以若干种混合使用，或者与涂膜剂、乙烯吸收剂等配合使用。混用、配合使用效果更好，例如，用0.1%苯来特加高锰酸钾处理，异菌脲与硫菌灵或噻菌灵混配，防腐保鲜效果比异菌脲单用更好。防腐剂的使用浓度一般为0.03%～0.1%，具体使用方法（以噻菌灵为例）：用噻菌灵溶液配成0.03%浓度，将经过流动水冲洗并晾干的香蕉浸入药液中2 min，捞起晾干，用聚乙烯薄膜袋包装，每袋7.5 kg，加入15 g已充分吸收高锰酸钾并晾干的珍珠岩作为乙烯吸收剂，将袋口密封，装入纸箱内，放在室内常温下储藏，夏季可储藏1个月，冬季可达2个月。

1.4.2 乙烯吸收剂

目前使用的是高锰酸钾，将其配成饱和溶液，用珍珠岩、蛭石、碎砖块等多孔物质充分吸收后晾干，用纱布或打孔牛皮纸包装成15 g的小包备用。

1.4.3 涂膜剂

其作用是在果实表面形成一层保护膜。脂肪酸蔗糖酯是最常用的涂膜剂，使用浓度为0.5%～2%。例如，用1%～2%脂肪酸蔗糖酯+0.1%噻菌灵处理后，在室温28 ℃条件下放置，储藏期可达25～30 d，单用噻菌灵处理也可保鲜20 d。

> **思考：**“民以食为天，食以安为先”，筑牢绿色发展理念，增强食品安全质量意识，创新绿色环保果蔬贮藏保鲜技术。

1.5 辐射保鲜法

辐射可以抑制香蕉细胞内的各种代谢过程。如果辐照在香蕉呼吸跃变之前进行，就有可能干扰香蕉的正常后熟，延迟其呼吸高峰的出现。辐射还能杀死附着在香蕉表面的病原菌，减少病害的发生。100～500 Gy的γ射线照射跃变前的香蕉，可使呼吸高峰推迟10～12 d出现。但大剂量照射会损伤香蕉，引起其质变。在商业上一般不选用辐射保鲜法贮藏香蕉。

2 贮藏技术要点

2.1 采收

根据香蕉采后贮运期的长短，选择适宜的采收期采收。如果香蕉要长途运输或长期贮藏，一般选择饱满度在七八成时采收。饱满度越高，越接近成熟衰老，耐藏性越差。一般出口的香蕉果实采收的饱满度为70%～75%，国内销售的香蕉果实采收的饱满度在70%～85%。为了保证优质和较长的贮运期，香蕉采收时要严格控制果实的饱满度。

香蕉采收时要尽量避免机械伤，最好两人配合，一人先砍断蕉茎，另一人肩披软垫托起果穗，再由拿刀人砍断蕉轴。现在也有在香蕉园架起索道，通过索道把整穗香蕉引送至处理场所，这样采后的全过程香蕉不着地，就能有效防止机械伤。不要在雨天或台风天气采收，香蕉采后当天要保鲜处理完毕。在采后处理及贮运过程中，香蕉很容易受机械损伤，在果实转黄前受机械伤处看不出明显的伤痕，但果实催熟转黄后伤痕处变黑，严重影响其商品外现。受损伤的果实不但呼吸作用增强，乙烯产生量增多，促进香蕉提早变黄成熟，而且病原菌易从伤口入侵，引起严重的腐烂。因此，防止香蕉遭受机械损伤是香蕉保鲜技术的重要措施。

2.2　去轴落梳

由于蕉轴含有较高的水分和营养物质，而且结构疏松，易被微生物侵染而导致腐烂，而且带蕉轴的香蕉运输、包装均不方便，因此香蕉采后一般要进行去轴落梳。去轴落梳过程中要剔除质量较差的尾梳，以及鬼头蕉、有病虫害或机械伤的蕉果。去轴落梳可用特制的弧形落梳刀，落梳后用利刀修整好切口。

2.3　清洗

由于香蕉在生长期间可能已附生大量的病原菌微生物，这些病原菌可能会导致香蕉在贮运期间的腐烂。因此，落梳后的香蕉在包装前要进行清洗，清洗时可加入一定量的次氯酸钠溶液，同时除去果指上的残花和粉尘等。

2.4　防腐处理

生产上一般用 1 000 mg/L 的特克多＋1 000 mg/L 的扑海因溶液进行药浴或喷淋蕉果，晾干后再进行包装贮藏。也可用施保克、多菌灵等防腐剂。

2.5　包装

经过清洗、防腐保鲜处理后的香蕉，套上水果泡沫网套，按照不同的规格分别包装。现在普遍采用瓦楞纸箱包装，一般是纸箱内衬聚乙烯薄膜袋，聚乙烯薄膜袋的薄膜厚度在 0.03～0.04 mm 比较适宜。在内包装中装入浸有饱和高锰酸钾溶液的蛭石或其他的轻质多孔材料，可显著延长香蕉的贮藏期。

2.6　贮藏

依据香蕉的贮藏条件，加强各项管理措施，尽可能地保持适宜的贮藏条件，以提高贮运效果。香蕉的最适贮运条件为：温度 11～13 ℃，空气相对湿度 85%～90%，O_2 和 CO_2 浓度均为 2%～5%。在加有乙烯吸收剂时也可在常温贮藏，一般可以贮藏 15～30 d。

2.7　催熟

香蕉采收后必须经过催熟过程才能食用，如果让其自然成熟则需要较长的时间，而且还会失水萎蔫，着色不均匀，香气逸散，这样的香蕉品质较差。香蕉催熟的方法主要有：

（1）乙烯催熟　将香蕉放入密闭室内，按照 1∶1 000 的浓度（乙烯与催熟室的空气容积比）输入乙烯气体，在 20 ℃的温度和 85%的相对湿度下，经过 24 h 的处理，即可达到催熟效果。

（2）乙烯利催熟　将乙烯利配成一定浓度的溶液（17～19 ℃用 2.0～4.0 mL/L；20～23 ℃1.5～2.0 mL/L；23～27 ℃1.0 mL/L），直接喷洒或者浸蘸，以每个蕉果都蘸到药液为宜，然后让其自然晾干，一般存放 3～4 d 即可。

3　任务实践操作建议

操作实施一：香蕉贮藏技术

（1）资讯　学生分成 3～5 人一组，各组根据汇总的相关资料，师生共同讨论、分析，用集体智慧完成香蕉贮藏技术方案初稿。

（2）决策计划　师生共同讨论、制作汇报提纲，各小组选派 1 名同学进行学习汇报交流，并根据反馈情况，用集体智慧修改并确定香蕉贮藏技术方案。

（3）实施　学生按照确定的香蕉贮藏技术方案，独立完成工作任务，并填写工作任务记录单(表 2-10),教师在工作任务实施过程中巡回指导。

表 2-10　工作任务记录单

<table>
<tr><td colspan="6">操作实施一:香蕉贮藏技术</td></tr>
<tr><td colspan="3">仪器(设备等):</td><td colspan="3">操作人员:</td></tr>
<tr><td>工作项目</td><td colspan="4">操作内容</td><td>完成情况</td></tr>
<tr><td></td><td colspan="4"></td><td></td></tr>
<tr><td></td><td colspan="4"></td><td></td></tr>
<tr><td></td><td colspan="4"></td><td></td></tr>
<tr><td>改进措施</td><td colspan="5"></td></tr>
<tr><td rowspan="3">工作任务
完成记录
评价</td><td>班级</td><td></td><td>第　　组</td><td>组长签字</td><td></td></tr>
<tr><td>教师
签字</td><td colspan="2"></td><td>日期</td><td></td></tr>
<tr><td colspan="5">评语:</td></tr>
</table>

(4)检查评估及反馈　学生对完成工作任务的表现进行自评和互评,各小组进行总结、考核、评估及反馈,教师做出最后评价,填写工作任务评价及反馈单。

子任务二　柑橘贮藏技术

【任务引入】

柑橘是世界上的主要水果之一,我国是柑橘的主要原产地,已经有 4 000 多年的柑橘栽培历史,现有的柑橘品种、品系有 800 多种,市场上常见的有 30～50 种。柑橘营养丰富,按照果实性状特性可以划分为柠檬、柚、橙、柑、橘五大类型。柑橘的采收期因为不同的地区、不同的气候条件和品种等情况而不同,通过贮藏保鲜结合种植不同成熟期的品种,可以显著延长柑橘鲜果的供应期。

【子任务要求】

通过操作实施,学生掌握柑橘贮藏技术的内容、要点和方法,编制柑橘贮藏技术方案,并能解决柑橘贮藏技术中出现的问题。

【贮藏特性】

1　品种特性

(1)不同种类、不同品种的柑橘,耐藏性能也有差异　柑橘果实结构、成熟期、抗病力都不同,成熟期晚、果心小而充实、果皮细密光滑、海绵组织厚且致密、呼吸强度低的品种较耐贮藏,反之则不耐贮藏。例如,甜橙比柑耐贮藏,在 20 ℃下,甜橙的呼吸强度较低,椪柑的呼吸强度较高。甜橙类、葡萄柚、柚类的果面蜡质层较发达,果实水分蒸腾比宽皮柑橘类少。一般来说,柠檬、柚类最耐贮藏,其次为橙类、柑类、橘类;甜橙比宽皮柑橘类耐贮藏;晚熟品种比早熟品种耐贮藏。

(2)呼吸跃变特性 柑橘是非呼吸跃变型水果，呼吸强度很低，柑橘类果实在树上成熟的时间比较长，成熟过程的变化不如呼吸跃变型果实那样急剧，即成熟过程拖得较长，在果皮退绿后才呈现出柑橘果实特有的颜色。果实成熟期，糖分和可溶性固形物逐渐增多，有机酸减少，叶绿素消失，类胡萝卜素形成。柑橘果实可溶性固形物、糖和酸含量因种类和品种而异，可溶性固形物含量一般为5%～15%，柠檬酸含量为0.3%～1.2%。柑橘类果实在贮藏过程中，由于呼吸作用的消耗，糖和酸含量不断减少，特别是酸含量下降较为明显。

(3)果实大小、结构与耐藏性密切相关 同一种类或同一品种的果实，常常是大果实不如中等大小果实耐贮藏。宽皮柑橘类因为果皮宽松易剥离，故称为宽皮柑橘，主要包括蕉柑、椪柑和橘子等。枯水是柑橘贮藏后期较普遍发生的生理病害，宽皮柑橘类容易出现枯水，尤其是大果、果皮粗糙的果实更容易出现枯水。枯水主要表现为浮皮现象，即果皮发泡，貌似新鲜，实际上已皮肉分离，瓤瓣和汁胞失水干枯。随着成熟度提高，果皮的蜡质层增厚，有利于防止水分的蒸腾和病原菌的侵染。因此，成熟度较低的青果往往比成熟度高的果实容易失水。通常柑橘果实白皮层厚而致密者较耐贮藏，据测定，甜橙类的白皮层在0.22 cm，而宽皮柑橘类的白皮层仅0.07 cm，因此甜橙比宽皮柑橘类耐贮藏。

(4)易发生冷害 柑橘是亚热带水果，由于其生长发育处在高温多湿的气候环境中，对低温较为敏感，贮藏温度过低易发生冷害，柑橘类果实对低温的敏感性因种类和品种而异。水肿病是一种贮藏生理病害，其原因就是由于贮藏温度偏低和CO_2浓度过高所致。根据华南农业大学的研究，甜橙在1～3 ℃贮藏4个月不会发生水肿病；而蕉柑在4～6 ℃贮藏3个月即出现水肿病；椪柑在4～6 ℃贮藏2个月水肿病就相当严重。甜橙在1～3 ℃下贮藏，褐斑病发病率最低，4～6 ℃的发病率最高，7～9 ℃以上的发病率则随着贮藏温度的升高而下降。对广东主要柑橘品种的最适贮藏温度进行比较试验，结果表明甜橙采用13 ℃、蕉柑7～9 ℃、椪柑10～12 ℃的贮藏温度比较适宜。

(5)湿度对贮藏效果的影响 橙类一般适宜贮藏在比较高的相对湿度中，相对湿度一般保持在95%左右，均获得较好的贮藏效果。贮藏甜橙、柠檬和葡萄柚采用85%～90%的相对湿度。但是在高湿度条件下贮藏，必须注意对病原菌的控制。

在高湿条件下，全果轻耗虽较小，但果皮吸水面产生浮皮，即果肉内的水分和其他成分向果皮转移，果皮重量有所增加(浮皮)。研究表明宽皮柑橘类果实，由于在高湿环境中容易发生枯水(浮皮)，故一般应采用较低的相对湿度。预防温州蜜柑枯水可进行贮前处理，即将采后的温州蜜柑果实置于温度7～8 ℃和相对湿度75%～80%的条件下约3周，使果实轻耗3%～4%，可以防止枯水，完全着色的果实经短期的贮前处理(10 ℃，7 d)即有效，未完全着色的果实则需要较长期的处理。然而在低湿条件下，全果轻耗较多，但主要是果皮轻耗，果肉轻耗却较小。

(6)气调贮藏的适应性 通过调节贮藏环境的气体成分，造成一个高CO_2、低O_2的贮藏条件，达到保鲜贮藏柑橘的目的。商业上应用气调贮藏方法贮藏柑橘，目前还在研究中。比如柠檬在5%～8%O_2中贮藏，可减少柠檬的腐烂和延缓变色，但是，当O_2浓度低于3%、CO_2浓度高于10%时，贮藏一段时间会对风味产生不良的影响。10%以上的CO_2可导致柚子果皮出现烫伤状的块和变味，当O_2浓度低于3%时，可引起柚子变味和乙醇、乙醛含量的增加。蕉柑在不使其发生水肿病的贮温(7～9 ℃)下，贮藏环境中CO_2浓度在3%以上，经过两个半月的贮藏也会出现水肿病。单纯的气调不能控制甜橙贮藏后期的腐烂，必须配合适当的防腐措施。

2 贮藏条件

不同种类和品种的柑橘，对低温的敏感性差异极大，其中最不耐低温的是柠檬、葡萄柚，适合的贮温为 10～15 ℃；其次是宽皮柑橘类，适合的贮温为 5～10 ℃；甜橙类一般较耐低温，可耐 1～5 ℃的低温，其中也有不耐低温的如广东的椪柑，适合的贮温为 10～12 ℃。

不同种类柑橘对贮藏环境相对湿度的要求各不相同。大多数柑橘品种贮藏的适宜相对湿度为 80%～90%，甜橙可稍高为 90%～95%，宽皮柑橘类为 80%～85%。另外，确定湿度时还应考虑环境温度，温度高时湿度可低些，而温度低时湿度则可相应提高。如采用高温高湿，则柑橘腐烂病害和枯水并发生严重。

【任务实践操作】

1 确定贮藏方式

柑橘贮藏可根据当地的实际情况、贮藏期的长短、市场的需求等，采用常温贮藏、冷藏、留树贮藏等方式。

1.1 常温贮藏

常温贮藏是我国目前柑橘贮藏较为普遍的方式。包括通风库贮藏、窖藏等，形成了具有中国特色的柑橘常温贮藏，如能做好保鲜的各个技术环节，贮藏期可长达 3～5 个月。

(1)通风库贮藏　通风库是利用仓库的库顶、库底温度的差别和昼夜气温的变化，靠冷热空气的对流作用来保持室内较低和较为稳定的温度。通风库能有效地利用冬季自然低温及昼夜温差的变化，操作方便，只要具备隔热保温和通风换气两个条件，就可以用来贮藏柑橘。

(2)窖藏　窖藏柑橘的历史较长，四川省南充地区普遍采用地窖贮藏甜橙。该方法成本低，建窖方便，适用于农户分散贮藏。地窖一般相对湿度大(95%～98%)、温度稳定(12～18 ℃)、CO_2 含量稳定(2%～4%)、O_2 含量降到(17%～19%)，形成一个比较适宜甜橙贮藏的环境。窖藏期间甜橙新鲜饱满，自然失重少，生理性褐斑病发生程度轻。

1.2 低温贮藏

具有良好隔热性能的冷藏库可以通过人为调节，对库内的温度、湿度以及通风换气进行严格的控制，可显著延长柑橘的贮藏期和保持果实新鲜。低温贮藏关键是控制适宜的低温和湿度，并且要注意通风换气。柑橘在适宜的温度和湿度下贮藏 4 个月，风味正常，可溶性固形物、酸和维生素 C 含量无明显变化。一般橙类果实冷藏条件为：温度 1～3 ℃、相对湿度 90%～95%；蕉柑：温度 7～9 ℃、相对湿度 80%～90%；椪柑：温度 10～12 ℃、相对湿度 80%～90%。低温贮藏要注意做好防腐工作，因为被病原菌侵染的柑橘果实在较低的温度下，病害只是延缓发生，低温不能杀灭病原菌而达到防治病害的目的。特别是柑橘的青霉病，低温下仍然可以严重发生。

1.3 留树贮藏

柑橘的留树挂果贮藏就是通过喷洒适当浓度的植物生长调节剂，延缓柑橘的成熟期，抑制果蒂离层的形成，使柑橘留着在果树上，达到保鲜的目的。留树贮藏的具体做法是在采收前

20 d 左右(果实变淡绿色时)，喷洒 20 mg/kg 的 2,4-D 或者 20 mg/kg 的赤霉素，同时增加施用磷肥、钾肥，保证果园灌溉，甜橙可以留树至翌年 3 月，宽皮柑橘可留至翌年 1 月。注意 2,4-D 浓度过大，会造成严重药害；赤霉素浓度过大，施用过早，会使果皮粗厚，影响果实品质。

2　贮藏技术要点

2.1　采收

柑橘类果实除了柠檬外都必须适时采收，通常在果实着色面积达到 3/4，糖酸比达到应有的标准时采收，成熟度过低的果实不耐贮藏。注意采收时间，应避免大雨过后雾、露水未干或者中午光照强烈的时候采收。对于生长势衰弱、病虫害多的果园或者幼年树的果实，以及粗皮大果的品种不宜长期贮藏。同时要加强田间病虫害的防治，减少病原菌采前潜伏侵染，注意有机肥或磷钾肥的施用，切忌偏施氮肥和采收前 2～3 周灌水。

采收中、采后处理及贮运的全过程均应做到轻拿轻放，严防机械损伤。采摘者最好戴手套，以免指甲刺伤果皮。采收要用专门的采果剪，采果剪必须是圆头且刀口锋利、合缝，以利剪断果柄，又不刺伤果皮。通常采用两剪法剪果，第一剪剪下果实，第二剪齐果蒂剪平，以免果蒂刺伤其他果实。

2.2　及时防腐处理

柑橘贮藏通常在相对湿度 95%左右的高湿环境中，这样的条件病原菌容易生长繁殖，降低果实的贮藏性。所以，采收后应马上进行药剂防腐处理，要求在采收当天浸药处理完毕。浸药处理越迟，防腐效果越差。目前，防腐处理常用 2 mg/kg 2,4-D 混合各类杀菌剂。常用杀菌剂有：苯并咪唑类，如特克多、苯来特、多菌灵、托布津等，参考用药量为 500～1 000 mg/kg；抑霉唑 500～1 000 mg/kg；施保功 250～500 mg/kg(要做实验确定)。

2.3　选果、分级

剔除机械损伤、病虫害、脱蒂、干蒂等果实后，按分级标准或不同销售对象进行分级，分级主要依据果实的重量、颜色、大小进行。目前一般按果实横径或重量分为若干等级，分级方法有利用分级板人工分级、利用按直径分级的分级机或按果实重量分级的分级机进行分级。现在有柑橘采后处理生产线，可以进行清洗、杀菌、打蜡、分选、标贴等机械化处理。一般柑橘的果型中等、果皮光滑、果身紧实的果实较耐贮藏，厚皮果、大果、脱蒂果和软身果不耐贮藏。

2.4　打蜡

打蜡处理在柑橘类果实上应用较普遍。果实表面涂一层涂料，可起到增加果皮光泽、提高商品价值、减少水分蒸腾、抑制柑橘的呼吸和减少损耗等作用。打蜡处理后的果实不宜长期贮藏，以防产生异味。涂料的种类很多，主要有果蜡虫胶涂料、蔗糖酯、可食性魔芋葡甘聚糖等。

2.5　包装

良好的包装不但可起到保护、减少水分蒸发、抑制呼吸等保鲜作用，而且还可提高果实的商品档次、商品宣传和增强柑橘在国内外市场的竞争能力。柑橘果实的内包装主要有薄膜袋单果包装，薄膜厚度 0.015 mm，用这种薄膜袋包装甜橙，有防止果实水分蒸腾和自发性气调贮藏的作用，薄膜袋内的 O_2 为 19%～20%、CO_2 为 0.2%～0.8%；外包装形式主要有瓦楞纸箱，以薄膜单果包装结合纸箱外包装的商品档次较高。

2.6 贮藏管理

不论采用哪种贮藏方式,都应根据果实种类和品种的贮藏特性,尽可能控制适宜的温度条件,并注意对库房进行适当的通风换气。另外,应定期抽样检查果实的贮藏状况,对检查结果进行认真分析,提出产品的处理意见。

3 任务实践操作建议

操作实施二:柑橘贮藏技术

(1)资讯　学生分成3～5人一组,各组根据汇总的相关资料,师生共同讨论、分析,用集体智慧完成柑橘贮藏技术方案初稿。

(2)决策计划　师生共同讨论、制作汇报提纲,各小组选派1名同学进行学习汇报交流,并根据反馈情况,用集体智慧修改并确定柑橘贮藏技术方案。

(3)实施　学生按照确定的香蕉贮藏技术方案,独立完成工作任务,并填写工作任务记录单(表2-11),教师在工作任务实施过程中巡回指导。

表2-11　工作任务记录单

<table>
<tr><td colspan="6">操作实施二:柑橘贮藏技术</td></tr>
<tr><td colspan="3">仪器(设备等):</td><td colspan="3">操作人员:</td></tr>
<tr><td>工作项目</td><td colspan="4">操作内容</td><td>完成情况</td></tr>
<tr><td></td><td colspan="4"></td><td></td></tr>
<tr><td></td><td colspan="4"></td><td></td></tr>
<tr><td></td><td colspan="4"></td><td></td></tr>
<tr><td>改进措施</td><td colspan="5"></td></tr>
<tr><td rowspan="3">工作任务
完成记录
评价</td><td>班级</td><td></td><td>第　　组</td><td>组长签字</td><td></td></tr>
<tr><td>教师
签字</td><td colspan="2"></td><td>日期</td><td></td></tr>
<tr><td colspan="5">评语:</td></tr>
</table>

(4)检查评估及反馈　学生对完成工作任务的表现进行自评和互评,各小组进行总结、考核、评估及反馈,教师做出最后评价,填写工作任务评价及反馈单。

子任务三　荔枝贮藏技术

【任务引入】

荔枝原产于我国,是我国南方的一种名特优果品,主产于广东、广西、福建、台湾、海南等地。果实成熟于高温的夏季,采后生理代谢旺盛,果实极不耐贮运,刚采收的荔枝果实有“一日变色,二日变香,三日变味,四、五日色、香、味尽去矣”之说,荔枝保鲜难度较大。

【子任务要求】

通过操作实施，学生掌握荔枝贮藏技术的内容、要点和方法，编制荔枝贮藏技术方案，并能解决荔枝贮藏中出现的问题。

【贮藏特性】

1　品种特性

荔枝属非呼吸跃变型果实，成熟期间果实不表现明显的跃变期。采收后的荔枝初期呼吸作用较强，随后逐渐降低，最后又会上升。贮藏后期呼吸的上升与采后病原菌的侵染和果实腐烂有关。有研究表明，适宜的低温可以有效地降低荔枝的呼吸速率，延长其贮藏期，在 1～5 ℃下，荔枝可贮藏 1 个月，色、香、味基本不变。温度过低易发生冷害，过高则腐烂增加，贮藏期缩短。湿度过低易导致失水引起果皮褐变，由于荔枝的果皮薄、有龟裂片，果皮与果肉之间连接疏松，致使其果肉中的水分易于散失；加之其果皮富含单宁物质（约 7%），因此，果皮极易发生褐变，导致果实抗病力迅速下降，色、香、味衰败，进而被病原菌侵染而腐烂。抑制失水和褐变便可有效地保鲜荔枝，抑制其衰败腐烂。

2　贮藏条件

低温是降低荔枝呼吸率，延长其贮藏期的重要条件。在 1～5 ℃下，荔枝可贮藏 1 个月，色、香、味基本不变。荔枝的贮藏条件因品种不同有一定差异，但一般低温贮藏适温为 2～4 ℃，相对湿度 90%～95%。温度过低易发生冷害，过高则腐烂加重。湿度过低易导致失水褐变。

气调贮藏可保持湿度，抑制多酚氧化酶活性，因而对保持色、香、味具有显著效果。但在气调贮藏下，其适温比普通低温贮藏略高 1～2 ℃。荔枝对气体条件的适应范围较广，只要 CO_2 浓度不超过 10%，即不致发生生理伤害。适宜的气调条件为：温度 4 ℃，CO_2 3%～5%，O_2 3%～5%。在此条件下可贮藏 40 d 左右。

【任务实践操作】

1　确定贮藏方式

荔枝是一种常温下很难保藏的南方水果，具体保鲜期的长短或因品种、产地及贮藏温度的变化而不同。总结下来有以下几种保鲜方法。

1.1　冷链保鲜

冷链保鲜是目前生产上最常用和最有效的保鲜技术，一般可保鲜果实 30～45 d，因品种和采后作业水平而异。冷链保鲜贮运的技术关键是采后快速预冷、防腐保鲜剂处理、保持稳定低温及较高湿度，防止冷害发生。

其技术流程为：采收→初步分选并装进塑料周转箱→果园用 1～4 ℃的冰水药液浸果 5～10 min→用冷藏车或加冰保温车运至冷库→在 1～3 ℃冷库中进一步预冷的同时，去除果梗或扎果束，分选包装→1～3 ℃贮藏→在冷库批发→在冷柜零售→消费者在家中冰箱存放。

1.2　速冻贮藏保鲜

荔枝用速冻法处理，保藏期可达 1 年以上。但由于冻结造成细胞组织的破坏，解冻后易褐变流汁。虽然降低冻结温度可延缓果皮的褐变，但随之裂果率也将增加。为了降低裂果率，可在冻结前把果实预冷到近 0 ℃再冻结。对于果皮褐变，一般用沸水漂烫，结合用柠檬酸和食盐混合液护色控制。具体做法是：用 100 ℃沸水漂烫 7 min，置于 3～5 ℃冷水中 2～3 min，再浸入 5%柠檬酸和 2%食盐混合液中 2 min，然后在－23 ℃冻结，包装后于－18 ℃贮藏，解冻后果皮可保持红色 5～10 h。

1.3 气调贮藏

气调贮藏是目前荔枝贮藏形式的最佳选择，可以使荔枝长时间保持鲜度与硬度，荔枝贮藏的条件为：温度 2～4 ℃，相对湿度 85%～90%以上，O_2 和 CO_2 的浓度均以 3%～5%为宜。

1.3.1 自发性气调贮藏

把荔枝置于密封的薄膜袋内，造成自发气调贮藏所需的低 O_2 和高 CO_2 环境，降低其呼吸作用，从而达到保鲜目的。将荔枝果实放入 PE 袋内，然后进行快速降氧，在 2～4 ℃下贮藏，袋内 CO_2 达 4%～5%，不用防腐剂，荔枝贮藏 40 d 好果率达 97%，自发气调贮藏具有成本低、操作简单、保鲜效果好等特点，是一种较实用的荔枝贮藏方式。

1.3.2 气调贮藏

将糯米糍荔枝贮藏在 1～3 ℃条件下，以 O_2 和 CO_2 各 5%为宜，30 d 好果率达 91%；而怀枝荔枝的最佳气体组合为 10% CO_2 和 3% O_2。通过对 PE 袋包装荔枝进行抽气、充 N_2，在 3 ℃下观察其贮藏效果，结果表明，O_2 为 6%，CO_2 为 3%，N_2 为 91%时，贮藏效果最好，60 d 后仍可保持良好的外观和内在品质。气调贮藏荔枝虽有较好的保鲜效果，但在大规模的气调贮藏后，为了防止荔枝在常温下外表结露变褐，出库时必须马上进行充 N_2 包装，然后在冷藏链中完成短期贮藏和销售。荔枝气调贮藏因其投资大、运行费用高，所以尚未能在商业上推广。

1.4 化学保鲜

由于荔枝果实生理的特殊性，低温贮藏似乎是成功保鲜的必要条件。但由于其成本高且出库后货架期短，极易褐变，这就要求寻求更简便易行的常温贮藏方法。研究发现，采用气调保鲜结合化学药剂处理，可以有效地抑制多酚氧化酶(PPO)的活性，延缓果皮褐变。比如将采后荔枝用 0.5%卵磷脂和 2.5%碳酸钠乳浊液浸果 2 min，装入 0.04 mm 厚塑料袋内，放在 33～35 ℃温度下，8 d 后失重率为 0.89%，好果率为 95%，果实鲜红，糖、维生素 C 几乎无变化。由于常温贮运稍有不慎，即造成巨大损失，故迄今为止也未能提出适于大规模生产的常温贮运技术。

2 贮藏技术要点

2.1 采收

适宜的采收成熟度是荔枝贮藏的关键技术之一，用于贮藏的荔枝采收时一般以八成熟为宜，不同的贮藏方法所要求的最适采收成熟度不同。一般低温贮藏，应在荔枝充分成熟时采收，果皮越红越鲜艳其保鲜效果越好。若采用低温下的自发气调贮藏(如用薄膜包装、成膜物质处理等)，则以果面 2/3 着色，约 8 成熟采收为好。此时果实内含物已基本接近最高值，糖酸比为 70∶1 左右，荔枝果皮基本转红，龟裂纹带嫩绿色或黄绿色，内果皮仍为白色，但怀枝品种可在近蒂处的内果皮有转红迹象时采收。

采收时间应选在晴天早晨或阴天采收为宜，采前 10 d 禁止灌溉，雨天、雨后 1～2 d 或烈日暴晒时均不宜采收。采收时遵循正确的采收方法，在结果母枝与果穗之间的“龙头丫”处，用修枝剪剪下果枝，然后在果柄处逐个将果实摘下进行贮藏。采摘时要轻折轻拿轻放，装果容器应挂在树上，不能把果穗丢在地面，尽量避免机械损伤，保证质量。

2.2 选择适宜品种

虽然荔枝果实耐贮性较差，但品种间仍有一定差异，所以选择中、晚熟品种中耐贮性较好的怀枝、桂味、白蜡子、尚书怀、乌叶荔枝、元红、下番枝进行贮藏为宜。

2.3 贮藏场所的消毒

贮藏场所在使用前应进行消毒处理，以减少病原菌的数量。生产上简单易行的方法是用1%～2%福尔马林或漂白粉液喷洒消毒，或用硫黄（5～10 g/m^3 库容）密闭熏蒸 24～48 h，然后通风排尽残留药味即可。筐、篓、箱等包装容器，也在使用前用漂白粉液或2%～5%硫酸铜溶液浸渍，晒干备用。

2.4 采后预冷

预冷是延长荔枝贮藏寿命的关键措施之一。荔枝采收于高温季节，果实本身温度就高，而荔枝的呼吸作用又特别旺盛，呼吸热很大，采后应尽快使果实降温，排除田间热和呼吸热，降低果实的生理活动和抑制病原菌活动，可极显著地延长荔枝保鲜期。

预冷方法多样，利用浸药时以冰水配药，集防腐与预冷于一体，既迅速又省力。冰水药液控制在 1～4 ℃，浸果 5～10 min，一般果温会降到 10 ℃以下。处理过程中要补加碎冰和药剂，以保持低温和药剂浓度。浸果完待药液晾干后，马上包装贮运。也可在防腐处理后进入预冷间进行选果和包装，充分利用工作时间进行预冷。也可在荔枝预处理、包装后迅速入库，先分开放置以散热降温，到接近贮温时才堆码。

降温条件。荔枝可喷淋 10～15 ℃的冷水进行预冷，再分别装果和充气，并用无毒薄膜袋装些冰块（要捆紧袋口，防止冰水流出），放入果袋内，然后将果袋装入泡沫箱。这样处理荔枝，可保鲜贮藏 6～7 d。如果装入冷藏车运输，运输时间可达 10 d。

2.5 及时保鲜处理

荔枝采收、清洗、预冷、包装、入贮越及时，保鲜效果越好，从采收到入贮，一般在 12～24 h 内完成为佳。常用的处理方法还有如下几种。

2.5.1 SO_2 处理

SO_2 是一种极为有效的食品保鲜剂，它能快速、有效地抑制果蔬食品中酶促褐变现象。目前全球一些主要荔枝生产国如南非、澳大利亚等均采用熏硫技术对荔枝进行采后处理。国内的研究表明，以 100 g/m^3 燃烧硫黄产生的烟气熏荔枝 30 s，再浸盐酸 15 s，晾干后包装，保鲜期可达 10～15 d。但该技术仍存在 SO_2 残留量超标，常温下货架寿命短等问题。

2.5.2 可食性被膜处理

可食性被膜处理是通过浸涂等方式在食品表面形成一种选择性的屏障，此屏障可有效阻止水汽、气体和溶剂的迁移，同时还可以作抗菌剂和抗氧化剂的载体。目前，国内有研究用 Pro-Long 涂膜处理荔枝果实，观察在 4 ℃下果实的贮藏效果，结果表明，Pro-Long 涂膜有效地降低了多酚氧化酶和过氧化物的活性，延迟了果皮褐变的发生。也有采用小麦面筋蛋白涂膜处理荔枝，常温贮藏 7 d 后，不仅保持了果实的外观特征和风味，果肉营养物质的损耗也有所减少。由此可见，可食性膜对荔枝有较好的保鲜作用，作为一种无污染的保鲜方法，具有良好的应用前景。

2.5.3 辐照处理

用电子束或放射源对荔枝进行低剂量的辐照处理，可对霉菌生长、果实呼吸作用及酶活性产生明显抑制作用。研究表明，用 0.2、0.3 kGy ^{60}Co γ 射线辐照荔枝，然后分别置于室温(32 ℃)和低温(5 ℃)下贮藏，既可减少果实的烂果率和褐变率，又不影响果实的品质。但是，辐照保鲜荔枝的技术仍然没大规模应用于商业。

2.6 包装

实践证明，贮运荔枝采用小包装(0.25～0.5 kg/包)比大包装(15～25 kg/包)效果好。因为荔枝果实呼吸旺盛，呼吸热多，果皮极易失水褐变，宜选用小包装或通气的中型包装(以0.5～1.0 kg 为宜)。内包装可采用 0.02～0.04 mm 的聚乙烯薄膜袋(薄膜袋要求机械强度大、透明、密封性好，既可保湿又可自发气调)，以 0.5～1.0 kg 为宜；外包装可采用打孔的纸箱、木箱或塑料筐，装载量以 10～20 kg 即可，以利于通风散热。短期常温运销的包装，可采用塑料筐、木箱、竹箩等，上下衬垫草、树叶等，四周衬聚乙烯薄膜。装载量不可过大，以免包装中心部位温度太高而引起腐烂和褐变。

2.7 保持稳定的贮运条件

荔枝在贮运过程中尽量保持稳定的低温(1～3 ℃)，运输最好用可控温冷藏集装箱或机械冷藏车。如果贮运期较短，也可用泡沫箱包装中加冰的方法，用一般隔热汽车运输或客运火车托运。在销售过程中，不宜打开小包装，以延长荔枝的货架寿命。

2.8 销售

荔枝的销售季节温度很高，常温下货架寿命很短，不超过 2 d。冷藏的荔枝转移到常温后打开包装，果皮在 1 d 内全部褐变。所以，荔枝的包装袋在销售时不宜打开，应保持原包装在常温下，果皮红色可保持 12～36 h 而不褐变。最好能设置销售冷柜，对荔枝货架寿命的延长更有保证。

3 任务实践操作建议

具体内容可参考子任务一香蕉贮藏技术与子任务二柑橘贮藏技术的任务实践操作建议。

子任务四 龙眼贮藏技术

【任务引入】

龙眼是我国亚热带著名的特产水果，属核果状浆果，果皮薄，果肉多汁含糖量高，含酸量低，其果实俗称桂圆。在我国龙眼的成熟期在 7—9 月份的高温多湿季节，果实含水量、含糖量高，因此易受病原菌的入侵和生长繁殖，再加上龙眼采后生理代谢旺盛，鲜果易变色变质，极不耐贮运，常温下 1 周左右即完全腐烂变质，失去商品价值，是较难贮藏保鲜的果品之一。

【子任务要求】

通过操作实施，学生掌握龙眼贮藏技术的内容、要点和方法，编制龙眼贮藏技术方案，并能解决龙眼贮藏中出现的问题。

【贮藏特性】

1 品种特性

(1)呼吸强度大 龙眼属于非呼吸跃变型的水果,在常温下(25 ℃),龙眼鲜果的呼吸强度接近直线上升,而总糖和可溶性固形物含量呈下降趋势。同时果肉中的有机酸作为呼吸底物逐渐被消耗,pH 不断上升,随着酸度的降低和呼吸过程中 O_2 的不断摄入,加快了维生素 C 的损失,故从营养角度看,龙眼不适宜长期贮藏。有研究表明,在 1~3 ℃条件下,龙眼鲜果的呼吸强度将大大降低,而且随着贮藏时间的延长呈逐步下降趋势。可见低温明显抑制呼吸强度,有效减缓衰老。因此,可以通过采后及时预冷来降低龙眼的呼吸作用,从而防止营养成分的过度消耗而引起的品质、风味的变化。

(2)蒸腾失水快 龙眼外果皮表面蜡质少,有的地方无蜡质,未形成连续的蜡质带,不能起到保护层的作用;而且果皮表面具疵状突,凹凸不平,使表面积增大,且角质层薄,皮孔通道与石细胞间隙相通,石细胞多、间隙大,导致龙眼果皮保水性差,龙眼采后不久,便容易失水褐变,所以通常要求龙眼在 90%~95%相对湿度下进行保鲜。

(3)乙烯催熟效应 乙烯是促进果实衰老的物质,虽然龙眼没有呼吸高峰,采后乙烯释放量不多,但是少量乙烯在室温下也易引起龙眼果实的褐变和腐烂,使龙眼提前进入衰弱期,从而大大缩短其贮藏期和货架寿命。当贮藏环境中 O_2 低于 8%时可降低乙烯的产生,而 CO_2 大于 5%,则可延缓或阻止龙眼果实或组织对乙烯的许多反应,从而延长龙眼的贮藏期。

2 贮藏条件

采后的温度高低是影响龙眼贮藏寿命的一个关键要素,龙眼对贮藏温度反应敏感,较适合低温贮藏,其贮藏适温为 2~4 ℃。同时对环境的相对湿度要求为 85%~95%,最适气体浓度配比为 $O_2$6%~8%,$CO_2$4%~6%。

【任务实践操作】

1 确定贮藏方法

1.1 常温贮藏

龙眼在常温下一般只能短期贮藏,在 25 ℃时经 5~6 d 果壳即已变褐,果肉完全腐烂变质。所以,常温贮藏常需要与其他保鲜措施(硫处理、防腐、涂膜、气调等)结合,对龙眼保鲜才能有一定的效果。

其技术流程为:采果→选果→装进周转箱→其他保鲜处理(熏硫、涂膜、防腐等)→风干→包装→贮运→销售。此保鲜方法便于果农和水果经营者操作,贮藏保鲜成本低。但在目前的技术水平下,由于有效保鲜期短(一般在 1 周以内),因此还不能适应长距离运输销售的需要。

1.2 冷链运输(低温短期贮藏保鲜)

低温贮藏是目前国内外应用最为广泛的龙眼果实保鲜形式。龙眼果实的贮藏适温一般为 2~4 ℃,可保鲜 30~45 d,若与涂膜等保鲜辅助技术结合使用,贮藏时间可达 60 d,但品种不同,对温度的要求会有所差异。

其技术流程为：采果→初步选果→装进周转箱→冰水药物防腐处理→吹干→辅助保新鲜处理（熏硫、涂膜等）→再选果、包装、冷藏→冷链流通→销售。注意低温虽然有利于延长龙眼果实的贮藏寿命，但不适宜的低温反而会使果实发生冷害，导致生理代谢失调，有毒物质积累，细胞结构受损，抗病力下降，果实发病率和烂果率比适温条件下增高。

此法要求设备条件好，贮藏保鲜成本较高，尽管如此，低温贮藏保鲜龙眼仍是今后的主要手段。

1.3 气调保鲜

龙眼采收后经过预冷，并用药剂防腐杀菌，然后进行装袋、抽气、充氮处理，在低温条件下贮藏。贮藏期间注意调节贮藏环境中 O_2 与 CO_2 的比例（注意 CO_2 浓度过高易产生中毒）。贮藏 30～40 d 后仍能保持较新鲜状态。

适当的低温能降低果实的呼吸强度，有效地抑制多酚氧化酶的活性和病原菌微生物的活动。龙眼采收后经过预冷处理，用塑料薄膜包装或薄膜大帐贮藏，并结合药物防腐和低温保藏，这是龙眼贮藏的有效方法，该方法可发挥自发气调作用，改变 CO_2 与 O_2 含量，从而抑制病原菌的侵染，降低腐烂损失。在低温下采用薄膜大帐结合 0.1%仲丁胺熏果，在(4±1)℃温度下经过 40 d 保鲜，好果率达 96%，果实外观和果肉品质都较好。这种保鲜技术简单易行，效果显著。

1.4 速冻贮藏保鲜

速冻贮藏的龙眼果实保鲜期长，一般可贮藏一年或更长时间。挑选新鲜果实，经防腐保鲜剂浸泡，进行防裂处理后，把果实的中心温度降至－30 ℃（一般不超过 1 h），然后长期贮藏于－18 ℃的冷库中。速冻龙眼从－18 ℃低温取出后，用 0.5%柠檬酸加 0.03%维生素 C 溶液或 1%柠檬酸溶液处理，可保持 48 h 果皮不变色。但采用速冻贮藏的缺点是龙眼取出后于常温下裂果较严重。

由于龙眼速冻过程中的裂果率和品种有关，故不是所有的龙眼都适合速冻保鲜。乌龙岭、公马车这种皮厚、肉薄的龙眼品种裂果率低，较适合速冻贮藏；而福眼等皮薄、肉厚、含水分多的品种裂果率高，不适合速冻贮藏。

2 贮藏技术要点

2.1 采收

作为长期贮藏的龙眼宜在八成熟时采收，这时果皮由青色转褐色，由厚、粗糙转为薄、平滑；果肉由坚硬转为柔软，富有弹性；果肉生青味消失，呈现浓甜味；果核变为黑色；此时果肉中的可溶性固形物、糖分、维生素 C 不再增加，有机酸保持一定水平，这时候采收的果实较耐贮藏。如果是近地销售的龙眼，则成熟度 9 成左右时采收比较好。

不同品种的龙眼耐藏性也不同。一般来说，厚壳、高糖的品种较耐贮藏，薄皮、低糖的品种较不耐贮藏。

采果应在早晨或在傍晚采收为宜。在果穗基部 3～6 cm 处折断，折断处的伤口要保持整齐，采八成熟的果实；采收时应轻拿轻放，尽量避免机械损伤，不可放于日光下曝晒；雨天和台风天不宜采果，雨后也不宜立即采收。

2.2　选果

龙眼在包装前需选果，剔除已破裂、机械损伤和有病虫的坏果，选取成熟度较一致的果实，并摘掉果穗上的叶子及过长的穗梗，使果粒整齐。采后应当天处理。

2.3　预冷

预冷主要目的是除去田间热，预冷对龙眼贮藏保鲜特别重要，尤其是冷藏的龙眼必须经过预冷处理，以保持其耐藏性和果实品质。预冷方式有多种，如在药液防腐处理时以冰水配药，使预冷和防腐处理同时进行，或者药液防腐处理后进行强制冷风冷却，然后再包装。

2.4　保鲜处理

2.4.1　熏硫

由于 SO_2 对人体有害，在硫处理过程中，关键是控制好硫制剂种类、用量及处理时同。SO_2 浓度不足，达不到防腐的目的；浓度太高则残留量大，易使果实组织结构受到破坏，降低食用品质。在残留量符合标准和保证贮藏效果的前提下应尽量减少用量及处理时间。

如果是低温长期贮藏，应采取用量较少，处理时间较短的处理方式。如果是常温短期贮藏，则可适当增加用量或延长处理时间。另外，不同品种的龙眼果实对 SO_2 吸收率存在差异。一般每吨龙眼果实用硫黄 260～380 g，熏硫时间为 20 min，贮藏 35 d，好果率 96%。缺点是如果硫黄的量控制不好，果实有硫黄味，影响品质。

2.4.2　热烫处理

此处理是借鉴民间传统的热烫方法。其原理是利用开水烫果起到消毒杀菌的作用，同时果穗挂在空气流通场所风干或吹干后不易长霉，故可收到保鲜效果。热烫是指将整穗的果实浸于沸腾的开水中 30～40 s，以不烫伤果肉为度。

其技术流程为：采收→选果→整穗果实浸于沸水中 5～15 s→取出风干→包装→运输→销售。试验表明，此法处理后的果壳逐渐干硬，但果肉仍保持新鲜状态。虽然果肉蒸发掉一部分水分，但并不影响其色、香、味，相反地果肉还更甜，这样贮藏 15～20 d，好果率为 100%。

2.4.3　可食性被膜处理

用可食性魔芋甘露聚糖对龙眼进行涂膜保鲜，常温（29～31 ℃）下贮藏龙眼 10 d 左右，好果率为 82.86%；低温（3 ℃）下贮藏龙眼约 60 d，好果率为 88.89%。这是利用形成透明膜，能封闭果实气孔，降低呼吸强度，延缓果实衰老，又能起到防腐杀菌作用的原理。可食性被膜处理不仅成本低、易操作，而且保鲜效果好，能够有效地延长龙眼贮藏期和货架寿命。

2.4.4　防腐保鲜剂处理

此技术以低温自发气调结合防腐保鲜剂处理为基础，其技术流程为：采前处理→适时采收→选果→防腐保鲜剂浸果（1 min）→晾干→预冷→薄膜包装→冷藏→运输→销售。

常用的防腐保鲜剂有：特克多用 12 ℃以下的水稀释 300～400 倍药液，浸果 1 min；扑海因是新一代触杀型杀菌剂，稀释 250 倍后为乳白色悬浮液，其悬浮液黏着性及展着性较好，用其浸果可按 1 min；特克多和扑海因混合剂用 0.1%的浓度，（也可再加入 0.02%GA3）混合液、浸果 1 min 后捞起。

2.5　包装

龙眼含水量高（约 77%），果皮易被挤裂，易脱粒，易受机械损伤，因此包装容器对果实保鲜影响很大。生产实践表明，内包装采用薄膜小袋，外包装采用塑料周转箱或者纸箱效果较好。

2.6 运输

龙眼出库后还应进行合理运输，保持低温，切忌运输过程中温度变幅过大，以冷藏车运输为好。

2.7 销售

批发市场应有临时冷藏箱或冷藏设施，批发应在每日的清晨进行。在龙眼销售期间勿拆开内包装，这样货架寿命可保持 3 d，即使在常温下也可维持 1 d。

3 任务实践操作建议

具体内容可参考子任务一香蕉贮藏技术与子任务二柑橘贮藏技术的任务实践操作建议。

任务三 主要蔬菜贮藏技术

我国幅员辽阔，蔬菜种类和品种繁多，蔬菜的食用部分差别很大。不同种类、不同品种的蔬菜有不同的生理特性，这些特性大多与贮藏有密切关系。要做好蔬菜贮藏，需根据蔬菜的生理特性及贮藏要求选择适宜品种，采用优良的管理栽培技术，适时采收，从而获得优质产品，并创造适宜的贮藏环境，保持果蔬的品质，增加其耐贮性，进而达到贮藏保鲜的目的。

子任务一 蒜薹贮藏技术

【任务引入】

蒜薹，又称蒜毫，是大蒜的花茎。蒜薹是抽薹大蒜经春化后在鳞茎中央形成的花薹和花序，长 60～70 cm。蒜薹味道鲜美，质地脆嫩，蒜薹含丰富的营养物质，含粗蛋白约 10%，糖约 6%。每 100 g 鲜重含维生素 C 20～30 mg，钙 22 mg，磷 53 mg，铁 1.2 mg。蒜薹还含有大量具有特殊生理作用的物质，如具有氧化和杀菌作用的蒜氨酸(即大蒜素)，具有抗癌作用的脂溶性挥发物，抗衰老的超氧化物歧化酶(SOD)等。蒜薹是我国目前果蔬贮藏保鲜业中贮量最大、贮藏供应期最长、经济效益颇佳的一种蔬菜，极受消费者的欢迎。我国山东、安徽、江苏、四川、河北、陕西、甘肃等地均盛产蒜薹。目前，随着贮藏技术的发展，蒜薹已可以做到季产年销。

【子任务要求】

通过操作实施，学生掌握蒜薹贮藏技术的内容、要点和方法，编制蒜薹贮藏技术方案，并能解决蒜薹贮藏中出现的问题。

【贮藏特性】

1 品种特性

蒜薹采后新陈代谢旺盛，表面缺少保护层，加之采收期一般为 4—7 月份的高温季节，所以在常温下极易失水、老化和腐烂，薹苞会明显增大，总苞也会开裂变黄、形成小蒜，薹梗自下而上脱绿、变黄、发糠，蒜味消失，失去商品价值和食用价值。

蒜薹的呼吸强度随温度升高而增加，故降低贮藏温度是控制呼吸强度升高的最有效的方法。蒜薹对低氧有很强的耐受能力，尤其当 CO_2 浓度很低时，蒜薹长期处于低氧环境下，仍能保持正常。但蒜薹对高 CO_2 的忍受能力较差，当 CO_2 浓度高于 10%，贮藏期超过 3～4 个月时，就会发生高 CO_2 伤害。此外，保持库温稳定也可避免因温度变化刺激呼吸强度的升高，从而减少物质消耗，延长贮藏期，保持其固有品质。

2 贮藏条件

适宜蒜薹贮藏的温度以(0±0.5)℃比较适宜。贮藏前期可适当偏高，后期则适当偏低为宜。蒜薹若长期处于－1.5 ℃或以下的低温，会发生冻结，而长期的冻结，会使原生质受到不可逆转的损伤。如果冻结后又解冻，解冻后又冻结，反复多次，更会加速营养物质的分解消耗，使蒜薹品质下降。贮藏温度要保持稳定，避免温度波动过大，否则会造成结露现象，严重影响贮藏效果。

蒜薹保鲜需要较高的湿度，一般以空气相对湿度 85%～95%比较适宜。采用气调贮藏一般不易发生失水萎蔫，但应注意温度不能变化过大，否则会产生较多的结露水，容易引起腐烂。

蒜薹贮藏对 O_2 和 CO_2 的要求，因品种、产地、气候、栽培措施等因素的不同而有明显的差异。各产地和科研单位以及国家标准提出的蒜薹气调贮藏指标均有不同之处(表 2-12)。

表 2-12 蒜薹气调贮藏指标对比

指标来源	贮藏方式	贮藏量/kg	贮藏温度/℃	贮藏相对湿度/%	贮藏气体指标/%	
					O_2	CO_2
GB/T 8867	帐藏	3 000～4 000	0±0.5	85～95	2～5	0～5
GB/T 8867	PE 袋贮藏	18～20	0±0.5	85～95	1～3	10～14
济南果品所	PVC 硅橡胶窗袋	15～20	－0.5～0	90～95	2～3	8～10
北京	PE 硅橡胶窗袋	20～25	0±0.5	90～95	2～5	5～10
山东	PE 袋贮藏	20	0±0.5	90～95	1～5	8～14
沈阳	PE 袋贮藏	25	0±0.5	90～95	1～2	6～8
中科院兰化所	PE 硅橡胶窗袋	15～25	－0.5～0	90～95	2～5	3～8

【任务实践操作】

1 确定贮藏方法

蒜薹是我国北方冬季人们所喜爱的细菜。我国华北、东北利用冰窖贮藏蒜薹已有数百年历史，效果较好，近年来由于机械冷库的发展，在沈阳、北京、哈尔滨等地，均在机械冷藏库内采用塑料薄膜帐或袋进行气调贮藏蒜薹，并取得良好的效果。

1.1 冷藏法

蒜薹在 0～1 ℃下可以贮藏 3～4 个月，方法是把整理好的蒜薹放入用 0.07 mm 厚的薄膜做成的塑料袋里，每袋装 15～25 kg，再把塑料袋放入筐中。将筐码成不超过 5 个筐高的通风垛。贮存期间筐内控制在(0±0.5) ℃，最好保持恒定温度。要经常查各层筐内的温度和蒜薹在贮藏期间的变化。若温度偏高或偏低，要及时予以调节。如发现霉烂变质的蒜薹，要及时取出以免传染。采用这种方法，贮藏时间较长，但容易脱水及失绿老化。

1.2 小包装气调贮藏法

在 100 cm×75 cm 聚乙烯薄膜袋(厚 0.06～0.08 mm)内装入蒜薹 15～20 kg,薹苞在外端,装袋时应理顺一致,尽量装满,袋口应留出空隙以便扎袋和防止袋、薹接触,扎口勿紧贴薹梢。库温(－0.5±0.5) ℃,当袋内 O_2 降至 1%或 CO_2 达 12%～15%时,应松开袋口放风,当 O_2 为 18%以上,CO_2 为 2%左右时,重新封袋。贮藏前期每 10～15 d 为放风周期,贮藏后期则 7～10 d 为一放风周期,发现袋内积水时应在放风时用干净毛巾擦干。此法贮藏效果良好,可贮 10～12 个月。

1.3 塑料大帐气调贮藏法

先将捆成小捆的蒜薹薹苞朝外均匀码在架上预冷,每层厚度为 30～35 cm,待蒜薹温度降至 0 ℃时,即可罩帐密封贮藏。具体做法是:先在地面上铺 5～6 m 长、1.5～2.0 m 宽、厚 0.23 mm 的聚乙烯薄膜。将处理好的蒜薹放在箱中或架上,箱或架并列两排放置。在帐底放入消石灰,每 10 kg 蒜薹放约 0.5 kg 的消石灰。每帐可贮藏 2 500～4 000 kg 蒜薹,大帐比贮藏架高 40 cm,帐身与帐底卷合密封。另外,在大帐两面设取气孔,两端设循环孔,以便抽气检测 O_2 和 CO_2 的浓度,帐身和帐底薄膜四边互相重叠卷起,再用沙子埋紧密封。大帐密封后,可利用蒜薹自身呼吸使帐内 O_2 含量降低;或快速充 N_2 降 O_2,先将帐内空气抽出一部分,再充入 N_2,反复几次,使帐内的 O_2 下降至 4%左右。降氧后,由于蒜薹的呼吸作用,帐内的 O_2 进一步下降,当降至 2%左右时,再通入空气,使氧回升至 4%左右。如此反复,使帐内的 O_2 含量控制在 2%～4%,CO_2 于帐内逐步积累,当二氧化碳浓度高于 8%时可用气调机脱除。此法贮藏时间长达 8～9 个月,质量良好,好菜率可达 90%,且薹苞不膨大、薹梗不老化。缺点是帐内的相对湿度较高,包装材料易感染病菌而引起蒜薹腐烂,所以应注意控制霉菌。

1.4 硅橡胶窗袋封法

可用硅窗保鲜袋、硅窗保鲜帐、活动硅窗大帐等多种方法。硅窗袋厚度为 0.23 mm。应用硅窗袋贮藏可自由调节袋内气体成分于理想水平,如当库温为(0.5±0.5) ℃时,将 O_2 浓度调至 2%～5%,CO_2 浓度控制在 3%～8%,可使蒜薹贮藏期达 8 个月,好苗率在 96%以上。

1.5 气调库贮藏法

气调库贮藏蒜薹,不仅可以控制温度,还可以精准控制 O_2、CO_2 及乙烯的含量,管理方便,但是成本较高。

2 贮藏技术要点

2.1 采收

贮藏用蒜薹的适时采收是确保贮藏质量的重要环节。蒜薹的采收季节由南到北依次为 4—7 月份,往往每一个产区采收期只有 3～5 d,在一个产区适合采收的 3 d 内采收的蒜薹质量好,稍晚 1～2 d 采收,薹苞便会偏大,薹基部发白,质地偏老,入贮后效果不佳。一般来说,生长健壮、无病害、皮厚、干物质含量高,表面蜡质较厚,基部黄白色短的蒜薹较耐贮藏。蒜薹的收获期可以以总苞下部变白、蒜薹顶部开始弯曲为标志。收获期应选在晴天早晨露水干后为宜,雨后、浇水后不能采。采收的方法有两种:一种是用长约 20 cm 的钩刀,在离地面 10～13 cm 处剖开假茎,抽出蒜薹,此法产量高,但划薹形成的机械伤容易引起微生物侵染,不耐贮藏；另一种方法是待蒜薹抽出叶鞘 3～6 cm 时，直接抽枝。此法造成的机械伤少，但产量低。无论采用哪一种方法都必须缩短采摘、运输时间，才能取得较好的效果。

蒜薹运至贮藏地，应立即放在已降温的库房内或在阴棚下尽快整理、挑选、修剪。整理时要求剔除病虫、机械伤、老化、褪色、开苞等不适合贮藏的蒜薹，理顺薹条，对齐薹苞，除去残余的叶鞘。薹条基部伤口大、老化变色、干缩的均应剪掉，剪口要整齐，不要剪成斜面。若断口平整、已愈合成一圈干膜的可不剪，整理好后即入库上架。

2.2　预冷

蒜薹入贮前要进行预冷，预冷的目的是尽快散除田间热，抑制蒜薹呼吸，减少呼吸热，降低消耗，保持鲜度。目前预冷的最佳方式是将经过挑选处理的蒜薹上架摊开、均匀摆放，在 24 h 内将温度降到 0 ℃，堆内温度与设定温度相差 0.5～1 ℃后才能装袋。

3　任务实践操作建议

操作实施一：蒜薹贮藏技术

(1)资讯　学生分成 3～5 人一组，各组根据汇总的相关资料，师生共同讨论、分析，用集体智慧完成蒜薹贮藏技术方案初稿。

(2)决策计划　师生共同讨论、制作汇报提纲，各小组选派 1 名同学进行学习汇报交流，并根据反馈情况，用集体智慧修改并确定蒜薹贮藏技术方案。

(3)实施　学生按照确定的蒜薹贮藏技术方案，独立完成工作任务，并填写工作任务记录单(表 2-13)，教师在工作任务实施过程中巡回指导。

表 2-13　工作任务记录单

<table>
<tr><td colspan="6">操作实施一：蒜薹贮藏技术</td></tr>
<tr><td colspan="3">仪器(设备等)：</td><td colspan="3">操作人员：</td></tr>
<tr><td>工作项目</td><td colspan="4">操作内容</td><td>完成情况</td></tr>
<tr><td></td><td colspan="4"></td><td></td></tr>
<tr><td></td><td colspan="4"></td><td></td></tr>
<tr><td></td><td colspan="4"></td><td></td></tr>
<tr><td>改进措施</td><td colspan="5"></td></tr>
<tr><td rowspan="3">工作任务
完成记录
评价</td><td>班级</td><td></td><td>第　组</td><td>组长签字</td><td></td></tr>
<tr><td>教师
签字</td><td colspan="2"></td><td>日期</td><td></td></tr>
<tr><td colspan="5">评语：</td></tr>
</table>

(4)检查评估及反馈　学生对完成工作任务的表现进行自评和互评，各小组进行总结、考核、评估及反馈，教师做出最后评价，填写工作任务评价及反馈单。

子任务二　番茄贮藏技术

【任务引入】

番茄又称西红柿、洋柿子，属茄科蔬菜，食用器官为浆果。栽培种包括普通番茄、大叶番茄、直立番茄、梨形番茄和樱桃番茄5个变种，后两种果形较小，产量较低，近年来樱桃番茄的种植也日渐增多。番茄的营养丰富，经济价值较高，是人们喜爱的水果兼蔬菜品种。露地大面积栽培的番茄采收集中，上市正值夏季高温季节，容易造成较大的采后损耗，但高峰期过后，番茄产量又锐减，所以番茄贮藏主要是将夏季生产的番茄贮藏起来，到淡季时陆续供应市场。番茄果实皮薄多汁，不易贮藏。

【子任务要求】

通过操作实施，学生掌握番茄贮藏技术的内容、要点和方法，编制番茄贮藏技术方案，并能解决番茄贮藏控制中出现的问题。

【贮藏特性】

1　品种特性

用于贮藏的番茄首先要选择耐贮藏品种，不同的品种耐藏性差异较大。贮藏时应选择种子腔小、皮厚、子室小、种子数量少、果皮和肉质紧密、干物质和糖分含量高、含酸量高的耐贮藏品种。一般来说，黄色品种最耐藏，红色品种次之，粉红色品种最不耐藏。此外，早熟的番茄不耐贮藏，中晚熟的番茄较耐贮藏。通过试验发现，适宜贮藏的番茄品种有满丝、橘黄佳辰、农大23、红杂25、大黄一号、厚皮小红、日本大粉等。加工品种中较耐贮藏的有扬州24、罗城1号、渝红2号、罗城3号、满天星等。

(1)呼吸跃变　番茄是呼吸跃变型果实，成熟时有明显的呼吸高峰及乙烯高峰，同时对外源乙烯反应也很敏感，而且含水量高，抗病能力差，后熟衰老迅速，不耐贮藏。

(2)冻害　番茄性喜温暖，低于8 ℃时易受冻害，发生冻害后的果实呈水浸状软烂或开裂，不能正常后熟，极易染病腐烂。

(3)采收期　果实的采收期及采收质量也影响番茄的耐贮性。番茄的成熟过程一般分4个时期，即绿熟期、转色期、成熟期、完熟期。绿熟期果实耐藏性较好，这时果实已充分长大，并积累了充足的营养物质，生理上正处于呼吸跃变预备期，在外部特征上果皮仍为绿色，果脐部位已经泛白，采收后在贮藏过程中完成后熟。

2　贮藏条件

用于长期贮藏的番茄，一般选用绿熟果，适宜的贮藏温度为10～13 ℃，贮藏期为30～50 d，温度过低，则易发生冷害；用于鲜销和短期贮藏的红熟果，其适宜的贮藏温度为0～2 ℃，贮藏期10～15 d。

番茄贮藏适宜的相对湿度为85%～95%，湿度过高，病菌易侵染造成腐烂；湿度过低，水分易蒸发，同时还会加重低温伤害。

O_2浓度2%～5%、CO_2浓度2%～5%的条件下，绿熟果可贮藏60～80 d，顶红果可贮藏40～60 d。番茄成熟过程中会产生乙烯，及时脱出贮藏环境中的乙烯可以延缓番茄的转红和衰老，从而延长贮藏期。

【任务实践操作】

1　确定贮藏方法

1.1　简易贮藏

夏秋季节利用通风库、地下室等阴凉场所贮藏，采用筐或箱存放时，应内衬干净纸垫，上用0.5%漂白粉消毒的蒲包，防止果实硌伤。将选好的番茄装入容器中，一般只装4～5层。包装箱码成四层高，箱底垫枕木，箱间留有通风道。也可将果实直接堆放在架上或地面，码放3～5层果实为宜，架宽和堆宽不应超过0.8～1 m，以利于通风散热并防止压伤，层间垫消毒蒲包或牛皮纸，最上层可稍加覆盖（纸或薄膜）。贮藏后，加强夜间通风换气，降低库温。贮藏期间每8～10 d检查一次，剔除有病和腐烂果实，红熟果实及时挑出销售或转入0～2 ℃库中继续贮藏。该法一般贮藏20～30 d果实全部转红。秋季如果能将温度控制在10～13 ℃，番茄可以贮藏一个月。

1.2　冷藏

根据番茄冷藏的国家标准，冷藏时应注意以下事项：选择无严重病害的菜田，在晴天露水干后、凉爽干燥的天气下采收，选择耐藏的品种，要求果实饱满、无病害、无机械损伤的绿熟果、顶红果及红熟果，剔除畸形果、腐烂果、未熟果、过熟果。

（1）贮前准备　番茄贮藏1周前，贮藏库可用硫黄熏蒸（10 g/m^3）或用1%～2%的甲醛（福尔马林）喷洒，熏蒸时密闭24～48 h，再通风排尽残药。所有的包装和货架等用0.5%的漂白粉或2%～5%硫酸铜液浸渍，晒干备用。同等级、同批次、同一成熟度的果实须放在一起预冷，一般在预冷间与挑选同时进行。将番茄挑选后放入适宜的容器内预冷，待温度与库温相同时进行贮藏。

（2）贮藏条件　最适贮藏温度取决于番茄的成熟度及预计的贮藏天数。一般来讲，成熟果实能承受较低的贮藏温度，因此可根据番茄果实的成熟度来确定贮藏温度。绿熟期或转色期的番茄的贮藏温度为12～13 ℃，红熟期的番茄贮藏温度为0～2 ℃。空气相对湿度保持在85%～95%。为了保持稳定的贮藏温度和相对湿度，须安装通风装置，使贮藏库内的空气流通，适时更换新鲜空气。在贮藏期间必须进行定期检查，出库之前应根据其成熟度和商品类型进行分类和划分等级。

1.3　气调贮藏

当气温较高或需长期贮藏时，宜采用气调贮藏。

（1）塑料薄膜帐气调贮藏法　是用0.1～0.2 mm厚的聚乙烯或聚氯乙烯塑料膜做成密闭塑料帐，塑料帐内气调容量为1 000～2 000 kg。由于番茄自然完熟速度快，因此采后应迅速预冷、挑选、装箱、封垛。一般采用自然降氧法，用消石灰（用量为果重的1%～2%）吸收多的二氧化碳。氧不足时从袖口充入新鲜空气。塑料薄膜封闭贮藏番茄时，垛内湿度较高易感病，要设法降低湿度，并保持库温稳定，以减少帐内凝水。可用防腐剂抑制病菌活动，通常使用氯气，每次用量为垛内空气体积的0.2%，每2～3 d施用一次，防腐效果明显。也可用漂白粉代替氯气，一般用量为果重的0.05%，有效期为10 d。帐内加入浸透饱和高锰酸钾砖块，吸收乙烯，效果更好。

(2)塑料薄膜袋小包装贮藏　将番茄放入 0.06 mm 厚的聚乙烯薄膜袋中，扎紧袋口，放入冷库，每隔两三天，开袋放风，果实转红后，袋口不必扎紧，每袋 5 kg 左右，防腐措施同上。

1.4　减压贮藏法

将贮藏番茄密封在容器中，不断抽出容器中的空气，使容器内的气压低于大气压，因此，容器内除 O_2 浓度降低而抑制呼吸外，容器中的乙烯也因负压外溢而大大延缓果实的后熟衰老，其效果较气调还要优越，有人试验，将绿熟番茄在 13.75 kPa 压力下贮藏 100 d，然后转到 85.9 kPa 汞柱压力下，在 13 ℃和相对湿度 90%～95%环境下贮藏一周后正常成熟，果实光泽、味道和自然成熟的果实相似。此法贮藏效果好，但减压设备投资大目前应用较少。

2　贮藏技术要点

2.1　适时采收

番茄采收的成熟度与耐藏性密切相关，采收的果实过青，累积的营养不足，贮后品质不良；果实过熟，则很快变软，而且容易腐烂，不能久藏。番茄果实生长至成熟时会发生一系列变化，叶绿素逐渐降解，类胡萝卜素逐渐形成，呼吸强度增加，乙烯产生，果实软化，种子成熟。根据果实色泽的变化，番茄的成熟度可分为绿熟期、发白期、转色期、粉红期、红熟期 5 个时期。

(1)绿熟期　全果浅绿或深绿，已达到生理成熟。

(2)发白期　果实表面开始微显红色，显色小于 10%。

(3)转色期　果实浅红色，显色小于 80%。

(4)粉红期　果实近红色，硬度大，显色率近 100%。

(5)红熟期　又叫软熟期，果实全部变红而且硬度下降。

采收番茄时，应根据采后不同的用途选择不同的成熟度，用于鲜食的番茄应在转色期至粉红期采收，但这种果实正开始进入或已处于生理衰老阶段，即使在 10 ℃条件下也难以长期贮藏；用于长期贮藏或长距离运输的番茄应在绿熟期至转色期采收，此时果实的耐贮性较强，在贮藏中完成完熟过程，可以获得接近植株上充分成熟的品质。

番茄果皮较薄，采收时应十分小心。番茄的成熟为分批成熟，所以一般采用人工采摘。番茄成熟时产生离层，采摘时用手托住果实底部，轻轻扭转即可摘下。人工采摘的番茄适宜贮运鲜销。发达国家用于加工的番茄多用机械采收，但果实受伤严重，不适宜长期贮藏。

2.2　脱除乙烯

番茄成熟是由它本身产生乙烯引起的。脱除贮藏环境中的乙烯可以抑制绿熟果的后熟。脱除乙烯最简单的办法是进行适当的通风换气，也可用高锰酸钾吸收剂。方法是用饱和的高锰酸钾(5%～7%)溶液浸泡约 10 min，捞出后晾干，放入贮藏环境中，有一定的脱除乙烯作用。有条件的可以使用乙烯脱除器或焦炭分子筛气调机进行空气循环脱除乙烯。

2.3　人工催熟

贮藏一段时间的番茄，需要上市时，没有自然达到红熟，可将番茄放入 25 ℃左右的温度下催熟。放入前若在 1 000～2 000 mg/L 的乙烯利溶液中浸约 15 min，会更好。

3　任务实践操作建议

操作实施二：番茄贮藏技术

（1）资讯　学生分成3～5人一组，各组根据汇总的相关资料，师生共同讨论、分析，用集体智慧完成番茄贮藏技术方案初稿。

（2）决策计划　师生共同讨论、制作汇报提纲，各小组选派1名同学进行学习汇报交流，并根据反馈情况，用集体智慧修改并确定番茄贮藏技术方案。

（3）实施　学生按照确定的番茄贮藏技术方案，独立完成工作任务，并填写工作任务记录单（表2-14），教师在工作任务实施过程中巡回指导。

表2-14　工作任务记录单

<table>
<tr><td colspan="7">操作实施二：番茄贮藏技术</td></tr>
<tr><td colspan="3">仪器（设备等）：</td><td colspan="4">操作人员：</td></tr>
<tr><td>工作项目</td><td colspan="5">操作内容</td><td>完成情况</td></tr>
<tr><td></td><td colspan="5"></td><td></td></tr>
<tr><td></td><td colspan="5"></td><td></td></tr>
<tr><td></td><td colspan="5"></td><td></td></tr>
<tr><td>改进措施</td><td colspan="6"></td></tr>
<tr><td rowspan="3">工作任务
完成记录
评价</td><td>班级</td><td colspan="2"></td><td>第　　组</td><td>组长签字</td><td></td></tr>
<tr><td>教师
签字</td><td colspan="3"></td><td>日期</td><td></td></tr>
<tr><td colspan="6">评语：</td></tr>
</table>

（4）检查评估及反馈　学生对完成工作任务的表现进行自评和互评，各小组进行总结、考核、评估及反馈，教师做出最后评价，填写工作任务评价及反馈单。

子任务三　洋葱贮藏技术

【任务引入】

洋葱又称葱头、圆葱，属百合科植物，食用部分为其鳞茎。洋葱可分为普通洋葱、分蘖洋葱和顶生洋葱3种类型，我国主要以栽培普通洋葱为主。普通洋葱按其鳞茎颜色，可分为红皮种、黄皮种和白皮种。其中黄皮种属中熟或晚熟品种，品质佳、耐贮藏；红皮种属晚熟种，产量高、耐贮藏；白皮种为早熟品种，肉质柔嫩，但产量低、不耐贮。

【子任务要求】

通过操作实施，学生掌握洋葱贮藏技术的内容、要点和方法，编制洋葱贮藏技术方案，并能解决洋葱贮藏中出现的问题。

【贮藏特性】

1 品种特性

洋葱具有明显的休眠期,休眠期长短因品种而异,一般为1.5～2.5个月。食用部分为其肥大的鳞茎。收获后处于休眠期的洋葱,外层鳞片干缩成膜质,能阻止水分的减少和内部水分的蒸发,呼吸强度降低,具有耐热和抗干燥的特性,即使外界条件适宜,鳞茎也不萌芽。通过休眠期的洋葱遇到合适的外界环境条件便能出芽生长,贮藏的大量养分被利用,呼吸作用旺盛,有机物大量被消耗,鳞茎部分逐渐干瘪、萎缩而失去原有的食用价值。所以,如果能够有效延长洋葱的休眠期,就能有效延长洋葱的贮藏期。

2 贮藏条件

洋葱刚采收时,需要高温低湿处理,使得洋葱组织内水分蒸散,使鳞茎干燥,避免温湿度过高造成病变和腐烂。洋葱的贮藏适温为0～1 ℃,这样可延长其休眠期,降低呼吸作用,抑制发芽和病菌的发生。但如温度低于−3 ℃时,会产生冻害。

洋葱适应冷凉干燥的环境,相对湿度过高会造成大量腐烂,一般要求相对湿度以65%～75%为宜。

适当的低氧和高二氧化碳环境,可延长洋葱的休眠期及抑制发芽。据报道,采用氧气浓度3%～6%、二氧化碳浓度8%～12%的贮藏环境,对抑芽有明显的效果。

【任务实践操作】

1 确定贮藏方法

1.1 简易贮藏

洋葱简易贮藏方法有多种,如吊藏、挂藏、垛藏、窖藏等。吊藏是将经过挑选晾晒的洋葱装入吊筐内,吊在室内或仓库的通风阴凉之处贮藏。此法虽然贮藏量小,但简便易行,适合于家庭贮藏。挂藏是在通风干燥的房中或阴棚内,将洋葱辫子挂在事先搭好的木架上,葱辫下端距地面30 cm左右,如挂在阴棚内则需用席子等物围好,以防雨淋。贮到12月底移至室内,一般可再贮到来年的春季。

1.2 冷库贮藏

在洋葱脱离休眠、发芽前半个月,将葱头装筐码垛,贮于0 ℃、相对湿度低于80%的冷库内。根据试验认为:洋葱在0 ℃冷库内可以长期贮藏,有些鳞茎虽有芽露出,但一般都很短,基本上无损于品质。一般情况下冷库湿度较高,鳞茎常会长出不定根,并有一定的腐烂率。所以库内可适当使用吸湿剂如无水氯化钙、生石灰等吸湿。为防止洋葱长霉腐烂,也可在入库时用0.01 mL/L的克霉灵熏蒸。

1.3 气调贮藏

洋葱的贮藏方法很多,可采用简易自发气调贮藏,也可采用气调冷藏。如采用塑料薄膜大帐贮藏时,将晾干的葱头装筐,用塑料帐封闭,每垛贮藏5 000～10 000 kg,塑料帐一般在洋葱脱离休眠之前封闭,利用洋葱自身的呼吸作用,降低贮藏环境中的氧气浓度,提高二氧化碳浓度,一般维持氧气浓度3%～6%、二氧化碳浓度8%～12%。堆垛时若垛内湿度较高,特别是在秋季时昼夜温差大，密封帐内易凝结大量水珠，对贮藏非常不利。所以，一方面要保证贮藏环境中的温度稳定，并配合使用吸湿剂；另一方面可以配合药物消毒，如采用氯气消毒，效果较为理想。试验表明，采用此法贮藏到10月底，发芽率可控制在5%～10%，即使气体管理较为粗放，但仍明显地优于不封闭处理。

1.4　化学贮藏

洋葱收获前10～15 d，用0.25%的青鲜素进行田间喷洒，每公顷喷液750 kg，喷药前3～5 d，田间最好不要灌水，以免影响药物的作用。经青鲜素处理的洋葱能够较好地抑制发芽，但在贮藏后期鳞茎易腐烂。

2　贮藏技术要点

用于贮藏的洋葱，应充分成熟，组织紧密。一般在第一、第二片叶枯黄，第三、第四片叶变黄，地上部分开始倒伏，外部鳞片变干时收获。收获过早的洋葱，产量低且组织松软，含水量高，贮藏期间容易腐烂萌芽；采收过迟，地上假茎易脱落，还易裂球，不利于编挂贮藏。

采收后的洋葱，经过严格挑选，去除掉头、抽薹、过大过小以及受机械损伤和雨淋的洋葱。挑选出用于贮藏的洋葱，首先要摊放晾晒，一般选择干燥不易积水和向阳的地方，将洋葱摊开晾晒，每隔2～3 d翻动一次，一般晾晒6～7 d，当叶子发黄变软、能编辫子的方可停止晾晒。然后，编辫晾晒，用晒软了的茎叶编成长辫子，每挂约有葱头60个，晾晒5～6 d，直晒至葱叶全部褪绿，鳞茎表皮充分干燥为止。晾晒过程中，要防止雨淋，否则，易造成腐烂。

3　任务实践操作建议

具体内容可参考子任务一蒜薹贮藏技术与子任务二番茄贮藏技术的任务实践操作建议中任务的实践操作时间、分组安排、内容及步骤在具体教学中有计划、有步骤地实施。

子任务四　大蒜贮藏技术

【任务引入】

大蒜原产中亚细亚，如今已成为一种世界性蔬菜。蒜头在国际市场相当畅销，欧美各国每年消费蒜头5万～7万 t，东南亚超过10万 t，香港和澳门所用的蒜头大部分由内地供应。

【子任务要求】

通过操作实施，学生掌握大蒜贮藏技术的内容、要点和方法，编制大蒜贮藏技术方案，并能解决大蒜贮藏中出现的问题。

【贮藏特性】

1　品种特性

大蒜的食用部分是肥大的鳞片，成熟时外部鳞片逐渐干枯成膜，能防止内部水分蒸发，隔绝外部水分进入，有利于休眠。大蒜还富含蒜素，具有很强的杀菌力，加之其组织内干物质含量高，故耐贮性较强。大蒜在收获后有2～3个月的休眠期。低温与干燥是保持休眠的有利条件。

适期收获是贮好大蒜的重要条件，采收过早，叶中养分尚未完全转移到鳞茎，鳞茎不充实，含水量高，不耐贮藏。采收过晚，干枯的叶稍不易编辫，若遇雨或高湿环境，蒜皮易发黑，蒜头开裂，对贮藏不利。适宜采收期应在蒜薹采收 20 d 前后，叶片已有 1/3～1/2 变黄，鳞茎已充分肥大时进行。收获后需要给予高温干燥的条件，创造 30 ℃以上的高温，50%左右的空气相对湿度，以加速蒜头干燥。

2 贮藏条件

大蒜贮藏的适宜温度是－3～－1 ℃，相对湿度不超过 85%。休眠期过后，控制零下低温及干燥的贮藏条件可抑制萌芽和生根。北方大蒜可忍受－7 ℃低温，温度过低容易使大蒜受冻；温度高于 5 ℃易萌芽，高于 10 ℃易腐烂。因此，在我国北方冬季大蒜不宜在露天自然贮藏。留种大蒜的贮藏条件与食用大蒜不同，可以采用高温贮藏，以 15 ℃左右的室温、相对湿度 70%的干燥条件为宜，有利于提高大蒜的种性。如果冬季确保稳定的低温－3～1 ℃，当播前 40 d 左右再给予高温(18～20 ℃)处理，也能收到同样的效果。

【任务实践操作】

1 确定贮藏方法

1.1 挂藏

准备挂藏的蒜头在采收时应将大蒜连根拔起。经严格挑选，剔除掉辫、过大或过小以及茎叶已腐烂、受机械伤和雨淋受潮的蒜头。然后用锋利的菜刀沿鳞茎底盘部，将根须和一部分茎盘削光、削平，只留下 10～15 cm 的假茎(叶鞘)，其余部分削掉。这样处理后，大大加速了水分蒸发，降低了蒜株的含水量，减轻了由于天气影响而造成的霉烂与散瓣，便于蒜头的贮藏。将经过处理后的蒜头编辫，悬挂在房屋前后的屋檐下，或者先将大蒜每 8～10 只扎成一小把，再一排排整齐地串挂在屋檐下的铁丝或尼龙绳上面，使蒜头自然风干。采用这种方法，鳞茎不宜腐烂，质量好，而且简单易行。待气温下降后，移至室内继续贮藏。

1.2 冷藏

大蒜收获后，去除须根和假茎，当外部鳞片干缩成膜质后，剔除有病虫害和机械伤的蒜头，装入编织袋或竹筐，直接入冷库贮藏。贮藏期间，保持库温－3～－1 ℃，相对湿度 75%～80%，可进行长期贮藏。

1.3 辐射处理

有试验表明，7 月份，用 84～168Gy 剂量的 ^{60}Co γ 射线照射的蒜头，到 12 月初检查，经照射的蒜头不分瓣、不出芽，色泽风味正常，而未照射的已有 1/3 出芽；翌年 5 月初再检查时，照射过的蒜头仍未出芽，好蒜率达 70%～80%，而未照射的早已全部成为空皮，失去商品价值和食用价值。

2 技术要点

2.1 药物处理

用 1%青鲜素(MH)水溶液在收获蒜头前 1 周喷洒茎、叶，可贮至翌年 4 月份仍不发芽、不腐烂。这是因为青鲜素可以通过新鲜的叶片，向下运转到鳞茎包裹的芽组织中，破坏生长点的组织，所以不能发芽。

2.2　采收

适时采收是贮藏好大蒜的重要条件，其适宜的采收时机应在蒜薹收获后 20 d 前后，叶片枯萎，假茎根软时。收获过晚，大蒜的鳞片易开裂，并促使小鳞芽萌动生长，对贮藏不利；收获过早，成熟度不够，产量低，贮藏损耗大。

2.3　晾晒

蒜收获后要尽快晾晒，使外部鳞片干燥，最好在高温（30 ℃以上）和干燥（相对湿度 50%左右）的条件下使蒜头进入休眠。收获后在假茎松软未干枯时及时编辫，晾晒过程中要防止淋雨，受雨后的蒜皮容易变黑，蒜头开裂。

3　任务实践操作建议

具体内容可参考子任务一蒜薹贮藏技术与子任务二番茄贮藏技术的任务实践操作建议中任务的实践操作时间、分组安排、内容及步骤在具体教学中有计划、有步骤地实施。

知识拓展

果蔬的保鲜剂贮藏

练习及作业

1. 补充下表，填上合适的贮藏的方法及贮藏保鲜条件。

果蔬产品种类	适宜的贮藏保鲜方法	适宜的贮藏保鲜条件
桃、李、杏 萝卜、胡萝卜		
大白菜		
萝卜、胡萝卜		
黄瓜		
西瓜		

2. 哪些环境因素对果蔬产品贮藏有重要影响？
3. 采收成熟度对果蔬贮藏有何影响？
4. 简述果蔬机械冷库管理的综合技术。
5. 简述做好苹果贮藏保鲜的综合措施。
6. 简述呼吸作用与果蔬贮运的关系。

项目三　果蔬贮藏病害

学习目标

①能准确陈述果蔬贮藏生理性病害、侵染性病害的基本概念；②能说明生理性病害和侵染性病害的发病规律和发病原因；③能准确陈述果蔬贮藏中常见病害的症状、发病原因及防治措施；④能编制果蔬贮藏病害预防工作方案；⑤树立绿色环保病害防治理念，筑牢食品安全质量意识。

工作任务

①对贮藏果蔬采取病害防治预处理措施；②根据病害症状准确判断果蔬贮藏中常见的生理性病害和侵染性病害；③对果蔬贮藏中常见的病害采取正确的防治措施；④定期检查贮藏果蔬的质量，发现问题及时处理。

一般在贮运过程中发病、传播、蔓延的病害，包括田间已被侵染，但尚无明显症状，在贮运期间发病或继续危害的病害，我们称作果蔬贮运病害。

果蔬贮运病害的发生，是影响果蔬贮运质量，缩短贮藏期和货架期，造成大量腐烂和损失的主要原因之一。

> **思考**：果蔬贮藏病害的防治要坚持“预防为主”，在我们日常生活中，面对各类不安全因素，均应将“预防”放在首位。

我国是农业大国，每年果蔬产量很大，但是由于储运和保鲜技术的不成熟，水果和蔬菜在运输和储藏过程中损耗相当严重。国家农副产品保鲜工程技术研究中心研究发现，我国每年生产的果蔬损失率高达15%～20%，价值近千亿元人民币。而发达国家果蔬损失率普遍控制在5%以下，美国则仅为1%～2%。

知识点1　生理性病害

生理性病害是指果蔬在没有受到外部病菌侵染的情况下，由于缺少某种元素、缺少水分、土壤盐分过高或者温度过高（过低）等自然条件的影响，导致自身生理功能紊乱而表现出的病症。

1.1　生理性病害分类

1.1.1　营养失调

营养失调包括果蔬缺乏某种元素或各种营养元素间的比例失调或营养过量，这些因素可诱使果蔬表现出各种病状，过去一般称为缺素症或多素症，常见的有缺氮、缺磷、缺钾、缺铁、缺镁、缺硼、缺锌、缺钙、缺锰、缺硫等。

1.1.2 水分失调

植物在长期水分供应不足的情况下，生长受到抑制，各种器官的体积和质量减少，导致植株矮小、细弱。缺水严重时，可引起植株干旱萎蔫、叶缘枯焦等症状，造成落叶、落花和落果，甚至整株凋萎枯死。土壤水分过多会影响土壤温度的升高和土壤的通气性，使植物根系活力减弱，甚至受到毒害，引起水淹（沤根）、烂根，植株生长缓慢，下部叶片变黄、下垂，落花落果，严重时导致植株枯死。水分供应不均或变化剧烈时，可引起根菜类、甘蓝及番茄果实开裂，或使黄瓜形成畸形瓜，番茄发生脐腐病等。

1.1.3 温、光不适

高温可使光合作用迅速减弱，呼吸作用增强，糖类积累减少，生长减慢，有时使植物矮化和提早成熟。果蔬在生长期间被强烈的阳光辐射，会在表面形成日灼、日烧和裂口。特别是亚热带的果蔬，如柑橘的日灼斑、无花果的棕黑色污点、石榴的褐斑、辣椒表面的水渍状和褐色斑以及豆荚表面的红褐色条纹等都是高温伤害的表现。

低温对植物危害也很大。0 ℃以上低温所致病害称为冷害。一些喜温植物以及热带、亚热带和保护地栽培的植物较易受冷害，当气温低于 10 ℃时就会出现变色、坏死和表面斑点等常见冷害症状。如香蕉、柑橘、杧果、柠檬、番茄、黄瓜、辣椒等，由于组织发育长期处于高温多湿环境中，形成对低温特别敏感的特性，即贮运中易遭受冷害。0 ℃以下不适宜的温度引起果蔬组织结冰所受到的低温伤害称为冻害。

表 3-1 为部分果蔬发生冷害的临界温度及症状。

表 3-1 部分果蔬发生冷害的临界温度及症状

种类	温度/℃	症状
香蕉	11～13	表皮出现褐色条纹或全部变黑，中心胎座变硬，成熟延迟
柠檬	10～12	油胞层产生干痕，脱绿缓慢，囊间膜或心皮壁褐变
甜椒	7.2	表皮水浸状凹陷，种子、萼部褐变
黄瓜	7.2	表皮凹陷，水浸状斑点，果肉褐变，腐烂变质
茄子	7	表皮大面积下陷，黄色，腐烂增加
苹果	－1.5～2.2	象皮病、果肉（心）褐变
梨（部分品种）	5～8	果肉（心）褐变
厚皮甜瓜	3～5	表面水浸状或棕色斑，下陷或不下陷
南瓜	10～13	表面水浸状斑点
西瓜	4.4	凹陷、异味

注：引自《果蔬贮藏技术》，王育红，2016。

1.1.4 有害物质

农药、激素使用不当。各种化学农药、化学肥料、除草剂和植物生长调节剂若选用种类不当，或施用方法不合理，或使用时期不适宜，或施用浓度过高等，均可对植物造成急性药害、慢性药害或残留药害。高温环境下容易发生药害。

思考：筑牢绿色发展理念，牢记“绿水清山就是金山银山”，增强环境保护意识。

环境污染主要是指空气污染、水源污染、土壤污染和酸雨（SO_2+H_2O）污染等，这些污染物对不同植物的危害程度不同，引起的症状各异，大气污染对植物的危害有：臭氧(O_3)、二氧化硫(SO_2)、氢氟酸(HF)、过氧乙酰硝酸酯(PAN)、氧化物(NO_2、NO)、氯化物(Cl_2、HCl)、乙烯(CH_2CH_2)等。

1.2 生理性病害的防治措施

1.2.1 科学合理施肥

全面、科学、合理施用肥料。全面施肥就是既要有底肥，又要有追肥；既要以农家有机肥为主，又要以无机化肥为辅，还要实行 N、P、K 三要素合理配比。追肥可用尿素、二铵、钾肥和微量元素肥料，N 肥一定不要施得过多，在苗期和生长前期以 N 肥为主，结果期应以 P、K 肥为主。避免施 N 过多，引起植株徒长，导致发生坐果不齐、畸形果等生理病害。

1.2.2 适宜的温湿度

温湿度不适宜是设施果蔬生理性病害发生的主要因素。维持较高的土壤温度，创造适宜根系生长发育的疏松透气的土壤环境条件，提高作物的耐低温性能和抗冻性能，促进根系发育，提高根系活性，是防治各种生理性病害最为重要的技术措施。湿度控制主要依靠科学的放风管理，及时排出棚内湿气，保持适宜温度。

1.2.3 适度土壤水分

土壤水分要适宜，既不能过干，又不能过涝，还不能时好时坏，防止蔬菜生理性病害发生，如黄瓜弯曲瓜、细条瓜、大肚子瓜、苦味瓜和番茄生理性卷叶等。苗期不旱不浇水，苗床土变干或叶片萎蔫时可用喷壶洒温水，严防蹲苗、徒长和沤根。还可采取滴灌或渗灌方式补水，减少高温病害发生。土壤缺水还会抑制植株对钙的吸收，造成缺钙。

1.2.4 科学使用激素及生长调节剂

化学调控已成为果蔬栽培的一项重要技术，但在使用过程中一定要注意选择生长调节剂的种类、注意使用浓度和次数。应科学使用激素，浓度既不能过高，也不能过低，否则不但会产生药害，而且易导致畸形果发生。

知识点 2 侵染性病害

侵染性病害是指细菌、真菌、病毒等微生物从外部侵入果蔬体内导致果蔬发病。所有果蔬均可发生不同程度的腐烂，严重者几乎全军覆没，而被病原物侵染的产品被定义为寄主，主要包括各类水果和蔬菜。只有病原物、寄主和适宜环境共同存在情况下侵染性病害才会发生。

2.1 侵染性病害侵染途径

2.1.1 采前侵染

田间的环境条件比较复杂，病原微生物的种类较多，基数比较大，传染途径也比较多，果品在田间容易带上病菌的孢子体或菌体。果品采后的侵染性病害大部分都是在采前田间感染病原物引起的，只是在采后条件适宜时才发病而已。

由于采前的环境条件或果品自身的条件还不适宜发病，所以当时没有症状出现。当果品入库贮藏后，环境发生了很大的变化，尤其是湿度比较大，有利于病原物的繁殖和侵染，这种现象称为采前侵染或潜伏侵染。同时随着贮藏时间的延长，果品本身的抗病性也会降低，病菌就会乘虚而入，引发病害。如板栗的黑霉病菌就是在树上或落地后侵入果实，贮藏前期不表现任何症状，贮藏后1～2个月后才发病，引起果实变黑腐烂；洋葱的灰霉病菌也是在田间入侵洋葱叶内，随着采收自上而下进入鳞茎，贮藏期间大量发病。对于这类病害的防治主要是应加强采前的田间管理，清除病原，减少侵染。

2.1.2　采后侵染

很多果蔬发生采后病害是因为在田间就已受到病原菌侵染，只是收获时产品尚未现出病痕，或仅有轻微的症状。直到采后贮、运、销过程中才逐渐现出病痕或进一步扩展。另外也有在采后才受到侵染的，这种病害通常在田间很少见到或根本不发生，病原菌多数是半知菌、真菌中的弱寄生菌和腐生菌，如青霉属、曲霉属、根霉属、葡萄孢霉属、链格孢霉属（或称交链孢霉属）、镰刀菌属等属中的某些种。这些真菌主要的繁殖器都是分生孢子，只要环境适宜，随时都可产生大量分生孢子，并反复侵染产品。如葡萄、草莓的灰霉病菌，柑橘、苹果的青霉菌，以及桃的褐腐病菌等采后均可通过伤口或皮孔直接侵入果实。因此，采后处理（药剂、辐射、热水浸泡等）是防治这类病害的主要措施。

2.1.3　伤口侵染

果蔬表面的各种创伤都可能成为病原菌入侵的途径，如采收时造成的伤口，采后处理、加工包装以至贮运装卸过程中的擦伤、碰伤、压伤、刺伤等机械伤，脱蒂、裂果、虫口等，这是果蔬采后病害的重要侵入方式。青霉病、绿霉病、酸腐病、黑腐病真菌以及许多细菌性软腐病细菌是从伤口侵入的。

2.1.4　直接侵染

病原菌直接穿透果蔬器官的角质层或细胞壁的侵入方式称直接侵入。病原真菌中有一部分能够直接侵入。真菌孢子萌发以后，可借助芽管的机械压力或酶的分解能力，直接穿透表皮层和角质层而侵入植物体内。大多数锈菌的担孢子都能钻透角质层而侵入。苗木立枯病菌可以从未木质化的表皮组织穿透侵入。寄生性种子植物以胚根直接穿透枝干皮层，少数植物线虫从表皮直接侵入。

2.2　侵染性病害的侵染过程

一般分为4个阶段：接触期、侵入期、潜育期和发病期。

（1）接触期　从病原菌与寄主接触到病原菌向侵入部位生长或活动，到形成侵入前的某种侵入结构为止。

（2）侵入期　从病原菌开始侵入起，到病原菌与寄主建立寄生关系为止。

（3）潜育期　从病原菌侵入与寄主建立寄生关系开始，直到表现明显的症状为止。

（4）发病期　从寄主表现症状到发病增长停滞的时期，称为发病期。在发病期，真菌病害在病部产生营养体或繁殖体；细菌病害在湿度大的条件下常产生菌脓。

2.3　侵染性病害的发病条件

果蔬贮藏病害的发生和发展与其他植物病害一样，都是果蔬与病原菌在一定的环境条件下相互作用，最后以果蔬不能抵抗病原菌侵袭而发生病害的过程。病害的发生不能由果蔬体单独进行，而是受3个因素的影响和制约，即病原物、寄主（果蔬）的抗性和环境条件。

2.3.1　病原物

病菌是引起果蔬病害的病源，由于病菌具有各自的生活周期，许多贮藏病害都源于田间侵染。因此，可通过加强田间的栽培管理，清除病枝病叶，减少侵染源，同时配合采后药剂处理来达到控制病害发生的目的。

2.3.2 寄主(果蔬)的抗性

果蔬的抗性又称抗病性，是指果蔬抵御病原侵染的能力。影响果蔬抗性的因素主要有成熟度、伤口和生理病害。一般来说，未成熟的果蔬有较强的抗病性，如未成熟的苹果不会感染焦腐病和疫病，但随着果蔬成熟度增加，感病性也增强。伤口是病菌入侵果实的主要通道，有伤的果实极易感病。果蔬产生生理病害(冷害、冻害、低氧气浓度或高二氧化碳浓度伤害)后对病原的抵抗力降低，也易感病，发生腐烂。

2.3.3 环境条件

有利于病害流行的环境条件主要是温度、湿度和气体成分。

(1)温度　病菌孢子的萌发力和致病力与温度关系极为密切。各种真菌孢子都具有最高、最适及最低的萌发温度。在最高和最低温度之间的范围内，离最适温度越远，孢子萌发所需的时间越长。超出这个范围，孢子便不能萌发。

(2)湿度　湿度也是影响发病的重要环境因素，如果温度适宜，较高的湿度将有利于病菌孢子的萌发和侵染。尽管在贮藏库里的相对湿度达不到饱和，但贮藏的果蔬表面上常有结露，这是因为当果蔬的表面温度降低到库内露点温度以下时，果蔬表面就形成了自由水。在这种高湿度的情况下，许多病菌的孢子就能快速萌发，直接侵入果蔬引起病害。要减少果蔬产品表面结露，应对产品进行充分预冷。

(3)气体成分　低氧气浓度和高二氧化碳浓度对病菌的生长有明显的抑制作用。果蔬和病菌的正常呼吸都需要氧气，当空气中的氧浓度降到5%或以下时，对抑制果蔬呼吸、保持果蔬品质和抗性非常有用。空气中氧浓度控制在2%时，对灰霉病、褐腐病和青霉病等的病菌生长有明显抑制作用。高二氧化碳浓度(10%～20%)对许多采后病菌的抑制作用也非常明显，当二氧化碳浓度大于25%时，病菌的生长几乎完全停止。由于果蔬产品在高二氧化碳浓度下存放时间过长会产生毒害，因此，一般采用高二氧化碳浓度短期处理以减少病害发生。另外，果蔬呼吸代谢产生的挥发性物质(乙醛等)对病菌的生长也有一定的抑制作用。

2.4 侵染性病害的防治措施

2.4.1 农业防治和商业防治

(1)控制采前侵染　①通过栽培技术提高产品抗病性。②保持产品生长环境清洁卫生。③采前定期喷洒杀菌剂，如克菌丹、多菌灵。

(2)控制采后侵染　①适期无伤采收，严格选果入库，去除不合格的果蔬产品。合理包装，避免机械损伤和生理伤害。②贮运器具及贮藏环境消毒，常用的消毒方法有二氧化硫和臭氧熏蒸、甲醛和漂白粉溶液清洗。③控制适宜的温度与湿度，从而降低相关微生物的生理活性。

2.4.2 物理防治方法

(1)低温贮藏　采后低温贮藏，可以直接控制病菌危害，还可以通过保持果蔬新鲜状态而延迟衰老，因而具有较强的抗病力，间接地减少损失。同时必须注意，果蔬由于种类、品种不同，对低温的敏感性也不同，如果用不适当的低温贮藏，果蔬将遭受冷害而降低对微生物的抗病力，那么，低温不但起不到积极作用，反而适得其反，有可能造成更严重的损失。因此，果蔬采后贮藏温度的确定以该产品不产生冷害的最低温度为宜。

(2)气调处理　低氧气浓度和高二氧化碳浓度的贮藏环境对许多果蔬采后病害都有明显的抑制作用,特别是高二氧化碳处理对防止某些贮藏病害十分有效,如用 30%的二氧化碳处理柿子 24 h 可以控制黑斑病的发生。

(3)辐射处理　^{60}Co 或 ^{137}Cs 产生的 γ 射线以及紫外灯(256～264 nm)照射直接作用于生物体大分子,产生电离、激发、化学键断裂,使某些酶活性降低或失活,膜系统结构破坏,引起辐射效应,从而抑制或杀死病原菌。如用 400 Gy/min 的 γ 射线处理柑橘,当照射总剂量达到 1 250 Gy 时,可有效地防止贮藏期间的腐烂;用 250 Gy/min 的 γ 射线处理桃,当照射总剂量达到 1 250～1 370 Gy 时,能防止褐腐病的发生。

(4)热处理　热处理指用热蒸汽或热水对果蔬进行处理,目的在于杀死或抑制果蔬表面微生物以及潜伏在表皮下的病原菌。如桃的褐腐病和软腐病可在 49 ℃热水中浸泡 3.5 min 或 54 ℃热水中浸泡 1.5 min 而得以控制;采后用 52～55 ℃热水处理对杧果炭疽病的发生有一定的抑制作用。

2.4.3　化学防治方法

化学防治是一般植物病害防治的重要方法,也是果蔬采后病害防治的有效方法。物理防治只能抑制病菌的活动和病害的扩展,而化学防治对病菌有毒杀作用,因此防治效果更为显著。目前,生产常用的主要杀菌药剂见表 3-2。

表 3-2　果蔬采后常用的化学杀菌药剂

名称	使用浓度/(mg/kg)	使用方法	应用范围
联苯	100	浸纸或纸垫、熏蒸	柑橘青霉、绿霉等病
仲丁胺	200	洗、浸、喷及熏蒸	柑橘青霉、绿霉等病
联苯酚钠	0.2%～2%	浸纸垫、浸果	柑橘青霉、绿霉、苹果青霉病
多菌灵	1 000	浸果	柑橘青霉、绿霉病
甲基托布津	1 000	浸果	柑橘青霉、绿霉病
抑霉唑	500～1 000	浸果	青霉、绿霉等病
噻苯唑	1 000～2 000	浸渍、喷洒	灰霉、褐霉、青霉、绿霉、蒂腐、焦腐等病
乙膦铝(疫霉灵)	500～1 000	浸渍、喷洒	霜霉、疫霉等病
瑞毒霉(甲霜霉)	600～1 000	浸渍、喷洒	对疫霉引起的柑橘褐腐病有特效
扑海因	500～1 000	浸渍、喷洒	根霉、链格孢、灰霉、葡萄孢等病
氯硝铵	1 000	浸渍、喷洒	甜樱桃和桃黑根霉等病
二氧化硫	1%～2%	熏蒸、浸纸或纸垫	灰霉、霜霉等病

注:引自《果蔬贮藏技术》,王育红,2016。

采收后尽快进行药物交替使用,避免病原菌产生抗药性。如防霉灵熏蒸剂(含 50%仲丁胺)、SB(仲丁胺衍生物)、CHC(次氯酸钙制剂)对粘附于水果蔬菜表面的病菌如炭疽病、灰霉病、果腐病等有良好的抑制作用。

用 0.1%～2%的硅酸钠(钾)浸泡或喷施。对果蔬采后病害如青霉病、绵霉病、褐腐病、黑腐病、灰霉病具有明显防治效果。

2.4.4　生物防治方法

生物防治主要是指借助微生物及其代谢物对病害进行防治,是近年来研究较多的防病新方法。

(1)使用拮抗菌　如利用枯草杆菌的悬浮液处理桃,防治果生链核盘菌引起的褐腐病效果极佳。

(2)诱导抗性　果实采收前对植株喷特定的化学物质,如 BTH(苯并噻重氮)。

果蔬产品采后病害的有效防治是靠综合技术措施的应用,它包括了采前的田间管理和采后的系列配套处理技术。采前田间管理包括合理的施肥、灌溉、喷药、果树的修剪、疏花疏果、套袋栽培等技术措施。适时采收,对于减少病原菌的潜伏侵染、提高果蔬的耐贮性十分有效。采后处理则包括及时预冷,病、虫、伤果的清除,愈伤、洗涤、干燥及防腐药剂的应用,包装材料的选择,低温运输,选定适合于不同果蔬产品生理特性的贮藏温度、湿度、气体成分,以及确立适宜的贮藏时期等,它们对延缓衰老、减少病害、保持果蔬风味品质都非常重要。

任务一　果蔬贮藏中常见生理性病害

子任务一　北方水果贮藏生理性病害的现场诊断与防治

【子任务要求】

通过现场诊断等操作实施,学生认知典型北方水果苹果的贮藏生理性病害,并根据病害症状准确判断生理性病害,能采取病害防治预处理措施。

【苹果贮藏生理性病害】

1　苦痘病

苦痘病又名苦陷病,是苹果贮藏前期发生的一种生理病害。青香蕉、富士苹果等品种在树上接近成熟时也发病,发病重的年份和品种,病果率可达 80%,造成很大损失。

1.1　发病症状

果实表面呈现深绿等颜色的略凹陷斑块,皮层及皮层下浅病部果肉呈棉絮状褐色,坏死的组织呈软木状,有苦味。大小不一,直径 1～4 mm,有时可达 1 cm,形状各异,主要发生于果萼至胴部。

1.2　病因

缺乏中量元素——钙。

> **思考:**果蔬贮藏病害的防治,要始终坚持绿色环保防治理念,筑牢食品安全质量意识。

2　虎皮病

苹果贮藏后期发生的一种生理病害,其症状是果皮表面产生褐色不规则病斑形如烫伤,故又称褐烫病。

2.1　发病症状

发病初期病斑较小,随着贮藏时间的延长病斑面积扩大,严重时病斑连成大片,甚至遍及整个果面。虎皮病虽然对果实风味无明显影响,但严重影响果实的外观和商品价值,常造成重大经济损失。

2.2　病因

果实采收过早，贮藏库内的温度和湿度管理不合理。

3　衰老褐变

由于苹果的后熟失常所引起的果肉变褐。

3.1　发病症状

由症状看，一种是果肉粉绵、变软，内部变成干而易碎的粉质状，后期变成褐色，果皮及外部果肉破裂。另一种是果肉褐变，果肉变为浅褐色，受病部分界限不明显，果肉不变粉，绵且果皮不破裂。

3.2　病因

衰老褐变病是苹果过熟老化的一个象征，凡是促进苹果成熟的因素均可加速此病的发生。

【任务实践操作】

1　现场诊断

根据病害症状，准确判断苹果的生理侵染性病害。

2　科学确定具体病害防治措施

2.1　苹果苦痘病的防治技术

栽培管理：采取适当的栽培管理措施，促进钙的吸收和有效分配是防止缺钙症发生的关键环节。增施有机肥、种植绿肥、果园铺草等措施，可以改良土壤理化性质，促进根系发育，有利于钙的吸收利用，提倡配方施肥，不偏施氮肥，尤其是铵态氮肥，避免有害元素与钙离子拮抗，也有利于钙的吸收利用。合理修剪、加强夏剪，控制枝叶过旺，有利于钙元素向果实转移。

叶面喷钙：在历年发病较重的果园，必须通过生长期喷施钙肥，及时补充钙素营养，增加果实钙含量，才能控制该病的为害。硝酸钙是水溶性较为理想的钙肥，但有延缓着色的负作用，应当在花期使用；氯化钙也易溶于水，可以叶面喷施，但果树属于忌氯植物，不宜长期使用。

2.2　苹果虎皮病防治技术

施肥时注意增施有机肥和合理使用化肥。只有在适宜的营养条件下生长的苹果才有优良的品质和较高的贮藏性。一般根据果实发育天数、果实淀粉染色指数、果实硬度或离层发育情况来确定果实采收期。

1-甲基环丙烯处理不仅对苹果采后贮藏品质的保持有着显著的效果而且对果实贮藏期间和货架期间虎皮病的发生有明显的抑制作用，是目前控制苹果虎皮病的最佳候选保鲜剂。一般利用 0.5～1.0 μL/L 在 0 ℃下处理 24 h。

利用含有 1 500～2 000 μg/L 的二苯胺药液或 2 mg 乙氧基喹的包装纸包果可以减少虎皮病的发生。

适当降低氧气浓度、提高二氧化碳浓度可降低苹果虎皮病的发生。由于各品种苹果贮藏的适宜氧气和二氧化碳浓度不同，所以应掌握各品种的最适气调指标以免气体浓度不当而造成经济损失。

近年由于冷库湿度管理的要求，贮藏包装内使用打孔的塑料薄膜袋，所以要特别注意内衬薄膜袋的厚度以及打孔面积，保证通风换气和内外热的传递。

2.3 苹果衰老褐变防治技术

通过控制贮藏温湿度，采后用 2%～4%的氯化钙溶液浸泡果实 10 min 均可起到良好的防病作用。

3 任务实践操作建议

操作实施一：苹果贮藏生理性病害的现场诊断及防治

(1)资讯　学生分成 3～5 人一组，各组根据汇总的相关资料，师生共同讨论、分析，用集体智慧完成苹果贮藏生理性病害的现场诊断及防治方案初稿。

(2)决策计划　师生共同讨论、制作汇报提纲，各小组选派 1 名同学进行学习汇报交流，并根据反馈情况，用集体智慧修改并确定苹果贮藏生理性病害的现场诊断及防治方案。

(3)实施　学生按照确定的苹果贮藏生理性病害的现场诊断及防治方案，独立完成现场诊断及确定具体病害防治技术，并填写工作任务记录单(表 3-3)，教师在工作任务实施过程中巡回指导。

表 3-3　工作任务记录单

<table>
<tr><td colspan="7">操作实施一：苹果贮藏生理性病害的现场诊断及防治</td></tr>
<tr><td colspan="3">仪器、标本及采集工具准备：</td><td colspan="4">操作人员：</td></tr>
<tr><td>病害名称</td><td colspan="2">病害症状</td><td colspan="3">病害部位(病原物种类)</td><td>病害种类</td></tr>
<tr><td></td><td colspan="2"></td><td colspan="3"></td><td></td></tr>
<tr><td></td><td colspan="2"></td><td colspan="3"></td><td></td></tr>
<tr><td></td><td colspan="2"></td><td colspan="3"></td><td></td></tr>
<tr><td>拟采取的
技术措施</td><td colspan="6"></td></tr>
<tr><td rowspan="3">工作任务
完成记录
评价</td><td>班级</td><td colspan="2"></td><td>第　　组</td><td>组长签字</td><td></td></tr>
<tr><td>教师
签字</td><td colspan="3"></td><td>日期</td><td></td></tr>
<tr><td colspan="6">评语：</td></tr>
</table>

(4)检查评估及反馈　学生对完成工作任务的表现进行自评和互评，各小组进行总结、考核、评估及反馈，教师做出最后评价，填写工作任务评价及反馈单。

知识拓展

梨贮藏生理性病害

葡萄贮藏生理性病害

子任务二 南方水果贮藏生理性病害的现场诊断及防治

【子任务要求】

学生通过操作实施，认知典型南方水果柑橘的贮藏生理性病害，并根据病害症状准确判断生理性病害，能采取病害防治预处理措施。

【柑橘贮藏生理性病害】

1 柑橘水肿病

1.1 发病症状

宽皮柑橘要防水肿病，温州蜜柑、椪柑、南丰蜜橘、蕉柑、红橘等宽皮类柑橘，在贮藏期间易发生水肿病。发病初期外表病症不明显，果皮失去原有光泽，颜色变淡，手捏有松软感。随着病情的发展，果皮颜色由浅褐色转为深褐色，果皮水渍状浮肿，果皮光滑，易剥皮，白色层易断裂为网状，油胞层易撕下，食之有浓厚酒精味，最后被病菌侵染而腐烂。

1.2 病因

不适宜的低温、通风不良、二氧化碳积累过多等环境条件。

2 柑橘枯水病

2.1 发病症状

柑橘的枯水病主要表现为果皮发泡、皮肉分离、瓤瓣和汁胞失水干缩；甜橙类也发生，表现为中心柱空心大，瓤瓣间均易分离。枯水病共同的特点是随着病情加重，果实逐渐失去柑橘固有风味，严重枯水时果肉食之如絮，完全失去食用价值。

2.2 病因

引起柑橘枯水发生的因素有内因和外因两方面。内因为果皮组织结构的疏松程度，如柑橘种类、品种、采收期等；外因是影响果实在贮藏期间水分蒸发的因素，如采用薄膜单果包装的甜橙和温州蜜柑，贮藏后期枯水发病率有增高的趋势，而当枯水病初发时，如解除薄膜包装，对枯水过程有较明显的缓解效果。

3 柑橘干疤病

3.1 发病症状

此病又叫褐斑病，特别是对甜橙（如纽荷尔、朋娜等脐橙）危害严重。一般贮藏1个月左右开始出现。发生初期，仅在果皮油胞层，显褐色病斑后逐渐扩大并加深达白皮层，以致果肉发生异味。褐斑病是因为果皮失水皱缩、机械损伤及油胞凹陷所致，与果皮结构有很大的关系。

3.2 病因

贮藏温度偏低引起的冷害，贮藏环境相对湿度过低引起的果皮失水，是引起干疤病的主要原因。

【任务实践操作】

1 现场诊断

根据病害症状，准确判断柑橘的生理性病害。

2 科学确定具体病害防治措施

2.1 柑橘水肿病防治措施

在高湿的地下库贮藏期间控制好温度和湿度，加强通风透气是防治水肿病的根本方法。如甜橙控制温度为1 ℃以上、蕉柑为7 ℃以上、椪柑为10 ℃以上，贮藏环境中二氧化碳浓度低于1%，可减轻或防止水肿病的发生。采用塑料纸单个包装的要及时出库销售，不能贮藏过长时间。

2.2 柑橘枯水病防治措施

及时解除塑料薄膜包装；防止贮藏过久，尽早出库上市。

2.3 柑橘干疤病防治措施

在贮藏过程中应尽量避免机械损伤。适度提高温度和湿度是甜橙贮藏保鲜、减少褐斑病的有效措施，采用气调、单果包装、薄膜袋装，也可减少干疤病的发生。

3 任务实践操作建议

操作实施一：柑橘贮藏生理性病害的现场诊断及防治

（1）资讯　学生分成3～5人一组，各组根据汇总的相关资料，师生共同讨论、分析，用集体智慧完成柑橘贮藏生理性病害的现场诊断及防治方案初稿。

（2）决策计划　师生共同讨论、制作汇报提纲，各小组选派1名同学进行学习汇报交流，并根据反馈情况，用集体智慧修改并确定柑橘贮藏生理性病害的现场诊断及防治方案。

（3）实施　学生按照确定的柑橘贮藏生理性病害的诊断及防治方案，独立完成现场诊断及确定具体病害防治预处理措施，并填写工作任务记录单（表3-4），教师在工作任务实施过程中巡回指导。

表 3-4　工作任务记录单

<table>
<tr><td colspan="6">操作实施一：柑橘贮藏生理性病害的现场诊断及防治</td></tr>
<tr><td colspan="3">仪器标本及采集工具准备：</td><td colspan="3">操作人员：</td></tr>
<tr><td>病害名称</td><td colspan="2">病害症状</td><td colspan="2">病害部位(病原物种类)</td><td>病害种类</td></tr>
<tr><td></td><td colspan="2"></td><td colspan="2"></td><td></td></tr>
<tr><td></td><td colspan="2"></td><td colspan="2"></td><td></td></tr>
<tr><td></td><td colspan="2"></td><td colspan="2"></td><td></td></tr>
<tr><td>拟采取的
技术措施</td><td colspan="5"></td></tr>
<tr><td rowspan="3">工作任务
完成记录
评价</td><td>班级</td><td></td><td>第　　组</td><td>组长签字</td><td></td></tr>
<tr><td>教师
签字</td><td colspan="2"></td><td>日期</td><td></td></tr>
<tr><td colspan="5">评语：</td></tr>
</table>

(4)检查评估及反馈　学生对完成工作任务的表现进行自评和互评，各小组进行总结、考核、评估及反馈，教师做出最后评价，填写工作任务评价及反馈单。

知识拓展

香蕉贮藏生理性病害　　菠萝贮藏生理性病害　　杧果贮藏生理性病害

子任务三　蔬菜贮藏生理性病害的现场诊断及防治

【子任务要求】

学生通过操作实施，认知典型蔬菜的贮藏生理性病害，并根据病害症状准确判断生理性病害，能采取病害防治预处理措施。

【马铃薯贮藏生理性病害】

马铃薯贮藏生理性病害主要是指非病原微生物引起马铃薯成熟(衰老)的正常生理代谢紊乱，造成组织结构、色泽和风味发生不正常的变化，因而降低马铃薯产品的食用品质和经济价值。常见的症状有：褐变、黑心、干瘪、斑点、组织水浸状等。

1 黑心病

马铃薯黑心病是马铃薯贮藏期间的主要生物性病害之一，在田间生长过程中也有发生。

1.1 发病症状

马铃薯黑心病发生后，在薯块中心的髓部组织细胞死亡。当切开薯块后，薯块内部起初为红褐色，以后逐渐变为灰蓝色至蓝黑色的病斑，切开后发现病斑的形状呈不规则状，但边缘清晰，在黑心的区域马铃薯的块茎组织极其硬，严重的在中部呈现开裂的空洞，黑色组织并无特殊异味。薯块受害后，经历一段时间发病组织开始腐烂，在薯块外部难以发现，无任何异常的症状。薯块较大的发生频率较薯块较小的高，发病也较重。

1.2 病因

马铃薯贮藏期间，在贮温高于 35 ℃或低于 0 ℃时可导致马铃薯块茎急速缺氧，马铃薯块茎在急速缺氧的情况下，呼吸速率急速增加，随之需氧量也急剧增加，此时氧气供应严重不足，导致马铃薯块茎组织缺氧而死亡。当通风设备将太热的气体输送到薯块上时，靠近通风设备的马铃薯极易出现此类情况。秋季温高气燥，在马铃薯收获后，不采取任何覆盖遮阴等避光降温措施，将薯块直接曝露于阳光之下，贮藏库和长途运输车通风不畅，或者将马铃薯长期置于或贮于密闭的塑料袋内也会出现缺氧的情况。

2 冷害

在不适的低温环境中贮藏马铃薯会导致冷害的发生，冷害会使马铃薯贮藏品质发生变化并影响其食用性。

(1)发病症状　马铃薯在不适的低温环境下，其淀粉含量减少，还原糖含量升高，生理活性降低，组织发生褐变进而影响马铃薯的品质。

(2)病因　不适的低温环境会导致马铃薯呼吸速率增加，生理活动旺盛，进而加速营养物质的流失，在马铃薯表面形成水斑或者褐斑，并引起其他恶化，马铃薯失去固有的风味和食用价值。

【任务实践操作】

1 现场诊断

根据病害症状，准确判断生理性病害。

2 科学确定具体病害防治措施

2.1 黑心病防治措施

(1)科学预贮　马铃薯收获后，一般还未充分成熟，块茎呼吸强度还很旺盛，需氧量较大，会释放出大量的二氧化碳、热量，多余的水分还未散失，块茎湿度大、温度高，如果立即入窖，块茎散发的热量会使薯堆发热，极易造成黑心病的发生。

因此，在秋季刚刚采收的马铃薯必须置于通风避光的室内、棚内或窖内进行预贮，预贮堆不宜过大，一般宽度为 2 m，厚度为 0.8～1.0 m，上面用遮阳布(网)进行遮光，在薯堆中间还需设置通风管，预贮的温度宜在 10～18 ℃，空气相对湿度保持 80%～90%，预贮时间一般为

7 d左右。在预贮期间，应根据空气的干燥度适当缩短或延长预贮时间，并且要有专人不定期地检查或及时翻动薯块，以免薯块伤热，导致马铃薯黑心病的发生。

(2)适时预冷　预冷的目的是迅速除去马铃薯薯块存储的田间热量和呼吸产热，冷却到适宜贮藏的低温状态。有条件的可采取人工预冷法，无条件的可采取自然预冷法。自然预冷的方法是将马铃薯用网袋包装，利用夜间自然低温、冷风来除去马铃薯的田间余热。自然预冷的时间较长，且不易达到适宜的贮藏温度，所以有条件的地方建议实施快速人工预冷，人工预冷的常用方法为冷库预冷和强制冷风预冷。冷库预冷是利用冷库风机强制进行空气循环流通，带走薯块自身的热量，使之冷却。强制冷风遇冷又称为压差预冷，是将薯块装袋堆成两堵密闭的隔墙，中间留一段空间做降压区，密封除通气孔以外的一切气路，用风机向外抽风，造成内外压力差，强制冷空气流动达到预冷的效果。

(3)严格掌握贮藏环境　严格掌握马铃薯贮存环境条件是保证安全储藏的关键，首先要求贮藏窖的贮藏高度不要超过贮藏库高度的2/3，贮藏的块薯容积尽量不要超过库容积的75%。初期马铃薯贮存温度应控制在4 ℃左右，贮藏中期温度应控制在1～3 ℃，贮藏末期应特别注意通风，确保马铃薯在贮存期间通风良好，温度恢复到4 ℃左右，要调控好贮藏库的空气相对湿度，湿度保持在80%～90%。当贮藏库贮藏的马铃薯实施分级或者进行筛选时，要确保用来通风的空气温度不超过20 ℃，贮藏期的温度不要变化得太剧烈。

2.2　冻害防治措施

(1)不同温度的热处理对抑制马铃薯冷害发生的作用效果不同。其中35 ℃和45 ℃热水处理5 min均能有效减轻马铃薯冷害的发生。

(2)采用0 ℃对马铃薯进行不同时间冷激处理对抑制冷害效果具有显著作用。

(3)采用5 mmol/L、10 mmol/L草酸溶液浸泡10 min的处理方式可以延缓马铃薯冷害的发生，减少马铃薯褐变的发生。

3　任务实践操作建议

操作实施一：马铃薯贮藏生理性病害的诊断及防治

(1)资讯　学生分成3～5人一组，各组根据汇总的相关资料，师生共同讨论、分析，用集体智慧完成马铃薯贮藏生理性病害的现场诊断及防治方案初稿。

(2)决策计划　师生共同讨论、制作汇报提纲，各小组选派1名同学进行学习汇报交流，并根据反馈情况，用集体智慧修改并确定马铃薯贮藏生理性病害的现场诊断及防治方案。

(3)实施　学生按照确定的马铃薯贮藏生理性病害的现场诊断及防治方案，独立完成现场诊断及确定具体病害防治预处理措施，并填写工作任务记录单(表3-5)，教师在工作任务实施过程中巡回指导。

(4)检查评估及反馈　学生对完成工作任务的表现进行自评和互评，各小组进行总结、考核、评估及反馈，教师做出最后评价，填写工作任务评价及反馈单。

表 3-5　工作任务记录单

<table>
<tr><td colspan="7">操作实施一：马铃薯贮藏生理性病害的现场诊断及防治</td></tr>
<tr><td colspan="3">仪器标本及采集工具准备：</td><td colspan="4">操作人员：</td></tr>
<tr><td>病害名称</td><td colspan="2">病害症状</td><td colspan="3">病害部位(病原物种类)</td><td>病害种类</td></tr>
<tr><td></td><td colspan="2"></td><td colspan="3"></td><td></td></tr>
<tr><td></td><td colspan="2"></td><td colspan="3"></td><td></td></tr>
<tr><td></td><td colspan="2"></td><td colspan="3"></td><td></td></tr>
<tr><td>拟采取的
技术措施</td><td colspan="6"></td></tr>
<tr><td rowspan="3">工作任务
完成记录
评价</td><td>班级</td><td colspan="2"></td><td>第　　组</td><td>组长签字</td><td></td></tr>
<tr><td>教师
签字</td><td colspan="3"></td><td>日期</td><td></td></tr>
<tr><td colspan="6">评语：</td></tr>
</table>

知识拓展

番茄贮藏生理性病害　　辣椒贮藏生理性病害　　茄子贮藏生理性病害

任务二　果蔬贮藏中常见侵染性病害

子任务一　北方水果贮藏侵染性病害的现场诊断与防治

【子任务要求】

学生通过现场诊断等操作实施，认知典型北方水果梨贮藏侵染性病害，并根据病害症状准确判断侵染性病害，能采取病害防治预处理措施。

【梨贮藏侵染性病害】

1　褐腐病

梨褐腐病是梨树生长期间出现的一种病害，主要发生在梨果近成熟期和贮藏期。

1.1　发病症状

受害果实初期为浅褐色软腐斑点，以后迅速扩大，几天可使全果腐烂。病果褐色，失水后，软而有韧性。后期围绕病斑中心逐渐形成同心轮纹状排列的灰白色到灰褐色、2～3 mm 大小的绒状菌丝团，这是褐腐病的特征。病果有一种特殊香味，多数脱落，少数也可挂在树上干缩成黑色僵果，贮藏期中病果呈现特殊的蓝黑色斑块。

1.2　病原菌

子囊菌亚门盘菌纲柔膜菌目果生链核盘菌。

2　黑斑病

2.1　发病症状

梨黑斑病主要危害果实、叶片及新梢。幼果受害，起初在果面产生一至数个黑色圆形针头大的斑点，逐渐扩大呈近圆形或椭圆形，病斑略凹陷，表面遍生黑霉。果实长大时，果面会发生龟裂，裂隙可深达果心，在裂缝内也会产生很多黑霉，病果往往早落。成果受害时，其前期症状与幼果相似，但病斑较大，黑褐色，后期果实软化，腐败脱落。有时表面微显同心轮纹。在贮运期果实易遭受腐生菌二次侵染，使果实腐烂更严重。

2.2　病原菌

半知菌亚门真菌。

【任务实践操作】

1　现场诊断

根据梨的病害症状及病原菌，准确判断具体侵染性病害。

2　科学确定梨的具体病害防治预处理措施

2.1　褐腐病

该病的防治应在栽种抗病品种的基础上，搞好越冬期防治，尽可能减少初侵染菌源。

(1)适时采收，减少伤口，防止贮藏期发病　贮藏前严格挑选，去掉各种病果、伤果，分级包装。运输时减少碰伤，贮藏期注意控制湿度，窑温保持在 1～2 ℃，相对湿度 90 %。定期检查，发现病果及时处理，减少损失。

(2)药剂防治　贮藏果库及果筐、果箱等贮果用具要提前喷药消毒，然后用二氧化硫熏蒸，每立方米空间用 20～25 g 硫黄密闭熏蒸 48 h；也可用 1 %～2 %福尔马林或 4 %漂白粉水溶液喷后熏蒸 2～7 d。果实贮藏前用 50 %甲基硫菌灵可湿性粉剂 700 倍液或 45 %特克多悬浮剂 4 000～5 000 倍液浸果 10 min，晾干后贮藏。

2.2　黑斑病

在梨树萌发前做好清园工作，加强栽培管理，进行果实套袋。在梨树发芽前，喷 1 次 5°Bé 石硫合剂，杀死枝干上的越冬病菌。在生长期喷药次数要多一些，药间隔约 10 d，共喷 7～8 次。采收后的果实，可用杀菌剂浸果处理，例如用 50% 异菌脲(扑海因)1 500 倍液浸果 10 min，可有效防止黑斑病的发生。

3　任务实践操作建议

操作实施一：梨贮藏侵染性病害的现场诊断及防治

(1)资讯　学生分成 3～5 人一组，各组根据汇总的相关资料，师生共同讨论、分析，用集体智慧完成梨贮藏侵染性病害的现场诊断及防治方案初稿。

(2)决策计划　师生共同讨论、制作汇报提纲，各小组选派 1 名同学进行学习汇报交流，并根据反馈情况，用集体智慧修改并确定梨贮藏侵染性病害的现场诊断及防治方案。

(3)实施　学生按照确定的梨贮藏侵染性病害的现场诊断及防治方案，独立完成现场诊断及确定具体病害防治预处理措施，并填写工作任务记录单(表 3-6)，教师在工作任务实施过程中巡回指导。

表 3-6　工作任务记录单

<table>
<tr><td colspan="7">操作实施一：梨贮藏侵染性病害的现场诊断及防治</td></tr>
<tr><td colspan="3">仪器标本及采集工具准备：</td><td colspan="4">操作人员：</td></tr>
<tr><td>病害名称</td><td colspan="2">病害症状</td><td colspan="3">病害部位(病原物种类)</td><td>病害种类</td></tr>
<tr><td></td><td colspan="2"></td><td colspan="3"></td><td></td></tr>
<tr><td></td><td colspan="2"></td><td colspan="3"></td><td></td></tr>
<tr><td></td><td colspan="2"></td><td colspan="3"></td><td></td></tr>
<tr><td>拟采取的技术措施</td><td colspan="6"></td></tr>
<tr><td rowspan="3">工作任务完成记录评价</td><td>班级</td><td colspan="2"></td><td>第　　组</td><td>组长签字</td><td></td></tr>
<tr><td>教师签字</td><td colspan="3"></td><td>日期</td><td></td></tr>
<tr><td colspan="6">评语：</td></tr>
</table>

(4)检查评估及反馈　学生对完成工作任务的表现进行自评和互评，各小组进行总结、考核、评估及反馈，教师做出最后评价，填写工作任务评价及反馈单。

知识拓展

苹果贮藏侵染性病害

葡萄贮藏侵染性病害

子任务二　南方水果贮藏侵染性病害的现场诊断与防治

【子任务要求】

学生通过现场诊断等操作实施，认知典型南方水果香蕉的贮藏侵染性病害，并根据病害症状准确判断侵染性病害，能采取病害防治预处理措施。

【香蕉贮藏侵染性病害】

1　炭疽病

香蕉炭疽病是香蕉产区的常发病，以贮运期危害最重，一旦出现炭疽病斑，腐烂迅速，往往造成很大损失，故为香蕉贮运过程中的首要病害。

(1)发病症状　该病初期在香蕉表面形成近圆形的暗褐色斑点，后迅速发展为全部暗色、褐黑色下陷的斑块。天气潮湿时，生出许多橙红色的黏质粒，即病原菌的分生孢子盘和分生孢子。有些品种只发生油浸状斑点，有的品种病斑初期细小，但数量较多，甚至布满果面，呈梅花点状；有的品种病斑呈梭形，中央开裂。

(2)病原菌　香蕉盘长孢。

2　冠腐病

香蕉冠腐病是仅次于炭疽病的主要病害，发病严重时果腐率达 18.3%，轴腐率高达 70%～100%。由香蕉镰刀菌引起的香蕉冠腐病主要是采后发生，以薄膜袋包装的发病最为严重。香蕉北运也常发生，俗称“白霉病”。

(1)发病症状　采后的香蕉密封包装，在 25～30 ℃条件下贮藏 7～10 d，蕉梳切口处出现白色棉絮状菌丝体，含大量大、小型分生孢子，造成轴腐，进而向果柄扩展，病部暗褐色，边缘水渍状；20～25 d 后果身发病，果皮爆裂，覆盖许多白色菌丝体及分生孢子，果肉僵死，不易催熟转黄。

青果外软而中央胎座硬，食之有淀粉味感，一旦发病，扩展极为迅速。

(2)病原菌　半裸镰刀病菌。

【任务实践操作】

1　现场诊断

根据香蕉的病害症状及病原菌，准确判断具体侵染性病害。

2　科学确定具体病害防治预处理措施

2.1　炭疽病

首先要控制田间侵染。采后以噻菌灵或抑霉唑 1 000 mL/L 溶液浸果，效果较好。适时采收，采收时应选择晴天，果实成熟度达 70%～80%较宜，过青果实尚未饱满，过熟容易损伤并感病。采收时小心避免擦伤，装入薄膜袋内，减少装运期间的损伤。

2.2　冠腐病

改变传统采收、包装、运输和销售等环节，逐步用纸箱代替竹箩装蕉。轻割轻放，减少贮运过程中的机械损伤。由于蕉梳切口最易受病菌侵染，而切口又是采收不可避免的，当前，药剂防腐是必需的一项措施。用 0.1%异菌脲与 0.1%噻菌灵的混合液采后浸果，防治薄膜袋包装的香蕉冠腐病，效果颇佳。

3 任务实践操作建议

操作实施一：香蕉贮藏侵染性病害的现场诊断及防治

（1）资讯　学生分成 3～5 人一组，各组根据汇总的相关资料，师生共同讨论、分析，用集体智慧完成香蕉贮藏侵染性病害的现场诊断及防治方案初稿。

（2）决策计划　师生共同讨论、制作汇报提纲，各小组选派 1 名同学进行学习汇报交流，并根据反馈情况，用集体智慧修改并确定香蕉贮藏侵染性病害的现场诊断及防治方案。

（3）实施　学生按照确定的香蕉贮藏侵染性病害的现场诊断及防治方案，独立完成现场诊断及确定具体病害防治预处理措施，并填写工作任务记录单（表 3-7），教师在工作任务实施过程中巡回指导。

表 3-7　工作任务记录单

<table>
<tr><td colspan="7">操作实施一：香蕉贮藏侵染性病害的现场诊断及防治</td></tr>
<tr><td colspan="3">仪器标本及采集工具准备：</td><td colspan="4">操作人员：</td></tr>
<tr><td>病害名称</td><td colspan="2">病害症状</td><td colspan="3">病害部位（病原物种类）</td><td>病害种类</td></tr>
<tr><td></td><td colspan="2"></td><td colspan="3"></td><td></td></tr>
<tr><td></td><td colspan="2"></td><td colspan="3"></td><td></td></tr>
<tr><td></td><td colspan="2"></td><td colspan="3"></td><td></td></tr>
<tr><td>拟采取的
技术措施</td><td colspan="6"></td></tr>
<tr><td rowspan="3">工作任务
完成记录
评价</td><td>班级</td><td colspan="2"></td><td>第　　组</td><td>组长签字</td><td></td></tr>
<tr><td>教师
签字</td><td colspan="3"></td><td>日期</td><td></td></tr>
<tr><td colspan="6">评语：</td></tr>
</table>

（4）检查评估及反馈　学生对完成工作任务的表现进行自评和互评，各小组进行总结、考核、评估及反馈，教师做出最后评价，填写工作任务评价及反馈单。

知识拓展

菠萝贮藏侵染性病害

杧果贮藏侵染性病害

柑橘贮藏侵染性病害

子任务三　蔬菜贮藏侵染性病害的现场诊断与防治

【子任务要求】

学生通过现场诊断等操作实施，认知番茄贮藏侵染性病害，并根据病害症状准确判断侵染性病害，能采取病害防治预处理措施。

【番茄贮藏侵染性病害】

1　酸腐病

番茄酸腐病又称水腐病、水烂病，常引起番茄果实腐烂，不堪食用，毫无商品价值，给发病田块带来较大的经济损失，在番茄生长季节、储运中都可发生。因此，必须加强对该病的预防措施。

1.1　发病症状

番茄酸腐病只危害迟收过熟果实，尤其是有伤口果实易染病。初病果局部或全果软化，表皮逐渐变成褐色，出现湿腐状，表皮稍微皱缩有裂纹。湿度大的条件下，病部表面或裂缝中长出稀疏白霉，即病原菌菌丝或分生孢子梗。最后病果腐败流水，病部易开裂，散发出酸臭味。

1.2　病原菌

寄生酸腐节卵孢，属半知菌亚门真菌。菌丝匍匐状，分隔，与分生孢子梗近似；分生孢子梗短，不分枝，无色或近无色；分生孢子串生在梗顶端；分生孢子椭圆形或卵圆形，无色无隔膜，两端平切，大小(8.4～16.8) μm×(4.9～6.3) μm。

2　链格孢菌病

番茄果实上由链格孢菌病引起的病害有3种：早疫病、钉斑病、假黑斑病。

2.1　发病症状

(1)早疫病　又称轮纹病，病斑多发生在近蒂处或果面裂缝部位，圆形至不规则形，稍凹陷，呈褐色或黑色，上面长有绒状的黑色菌丝体和分生孢子，略具同心轮纹，但通常不造成严重腐烂。

(2)钉斑病　在未熟果和成熟果上均可发生，在成熟果上病斑坏死部分可深及种子，而在未熟果上，坏死部分较浅，病斑暗褐色，近圆形，边缘清晰。

(3)假黑斑病　多是番茄受炭疽病、脐腐病、日灼或生理裂果后第二次寄生，使病部变褐，并扩大、凹陷，加快腐烂，在各类病斑上继而生产大量黑色霉状物(病原菌)。

2.2　病原菌

此病由真菌半知菌亚门番茄链格孢侵染引起。病菌以菌丝体或分生孢子丛和分生孢子随病残体遗落土中越冬，翌年春天以分生孢子借气流传播蔓延，进行初侵染和再侵染。该菌寄生性较弱，寄主范围广，通常植株生长衰弱或果实有伤口才受本菌侵害。

病菌喜高温、高湿环境，发病最适宜的气候条件为温度 25～30 ℃，相对湿度 85%以上。因此浙江及长江中下游地区番茄黑斑病的发病盛期为 5—6 月。番茄黑斑病的感病生育期在果实成熟期。

【任务实践操作】

1 现场诊断

根据病害症状及病原菌，准确判断具体侵染性病害。

2 科学确定具体病害防治预处理措施

2.1 酸腐病防治措施

提倡高畦栽培，注意通风降湿，雨后及时排水，降低棚室湿度。适时精细采收，避免造成伤口，棉铃虫为害严重地区，要及时防虫，减少虫伤。收获装筐时注意剔出病烂果，贮存时注意通风。发病初期喷洒 30%绿得保悬浮剂 400～500 倍液或 50%琥胶肥酸铜可湿性粉剂 500 倍液、14%络氨铜水剂 400 倍液、77%可杀得可湿性微粒粉剂 500 倍液、70%代森锰锌可湿性粉剂 500 倍液，隔 10 d 左右 1 次，防治 1 次或 2 次。采收前 3 d 停止用药。

2.2 链格孢菌病防治措施

在一定的温度下催熟，可防治贮运中早疫病，并减少钉斑病发生；防止冷害和延迟成熟；采收时防止伤果，发现灼烧、脐腐和裂果在包装时剔除。

3 任务实践操作建议

操作实施一：番茄贮藏侵染性病害的现场诊断及防治

(1)资讯　学生分成 3～5 人一组，各组根据汇总的相关资料，师生共同讨论、分析，用集体智慧完成番茄贮藏侵染性病害的现场诊断及防治方案初稿。

(2)决策计划　师生共同讨论、制作汇报提纲，各小组选派 1 名同学进行学习汇报交流，并根据反馈情况，用集体智慧修改并确定番茄贮藏侵染性病害的现场诊断及防治方案。

(3)实施　学生按照确定的番茄贮藏侵染性病害的现场诊断及防治方案，独立完成现场诊断及确定具体病害防治预处理措施，并填写工作任务记录单(表 3-8)，教师在工作任务实施过程中巡回指导。

(4)检查评估及反馈　学生对完成工作任务的表现进行自评和互评，各小组进行总结、考核、评估及反馈，教师做出最后评价，填写工作任务评价及反馈单。

表 3-8　工作任务记录单

<table>
<tr><td colspan="7">操作实施一：番茄贮藏侵染性病害的现场诊断及防治</td></tr>
<tr><td colspan="3">仪器、标本及采集工作准备：</td><td colspan="4">操作人员：</td></tr>
<tr><td>病害名称</td><td colspan="2">病害症状</td><td colspan="3">病害部位(病原物种类)</td><td>病害种类</td></tr>
<tr><td></td><td colspan="2"></td><td colspan="3"></td><td></td></tr>
<tr><td></td><td colspan="2"></td><td colspan="3"></td><td></td></tr>
<tr><td></td><td colspan="2"></td><td colspan="3"></td><td></td></tr>
<tr><td>拟采取的
技术措施</td><td colspan="6"></td></tr>
<tr><td rowspan="3">工作任务
完成记录
评价</td><td>班级</td><td colspan="2"></td><td>第　　组</td><td>组长签字</td><td></td></tr>
<tr><td>教师
签字</td><td colspan="3"></td><td>日期</td><td></td></tr>
<tr><td colspan="6">评语：</td></tr>
</table>

知识拓展

马铃薯贮藏侵染性病害

果蔬虫害防治

练习及作业

1. 什么是果蔬的生理性病害和侵染性病害？并各举三例。
2. 侵染性病害如何分类？
3. 果蔬采后侵染性病害的发病条件有哪些？
4. 果蔬生理性病害的综合防治措施有哪些？
5. 果蔬侵染性病害的综合防治措施有哪些？
6. 何为果蔬的冷害和冻害？如何防治？
7. 水果炭疽病害的共同特点有哪些？

项目四　果蔬加工技术

学习目标

①能正确解释各类果蔬产品加工的基本原理；②能准确陈述果蔬产品加工的基本技术（工艺）；③能阅读并编制各种果蔬加工技术方案；④能利用实训基地或实训室进行果蔬产品的加工生产；⑤能准确判断加工制品中常见的质量问题，并采取有效措施解决或预防；⑥会对产品进行一般质量鉴定；⑦能操作加工中的主要设备；⑧引导学生增强科技创新及科技自立自强意识，培养学生的职业使命感及爱岗敬业、精益求精的工匠精神。

工作任务

①根据生产任务，制定果蔬产品生产计划；②按生产质量标准和生产计划组织生产；③正确选择加工原料，并对原料进行质量检验；④按工艺要求对加工原料进行去皮、烫漂、护色等预处理；⑤按工艺要求操作加工主要设备；⑥监控各工艺环节技术参数，并进行记录；⑦对生产设备进行清洗并消毒；⑧按产品质量标准对成品进行质量检验。

任务一　果蔬干制品加工

果蔬干制又称果蔬脱水，是利用自然或人工的方法，脱出果蔬中一定量的水分，将可溶性物质的浓度提高到微生物难以利用的程度的一种果蔬加工方法。果品干制后得到的产品叫作果干，蔬菜干制后得到的产品叫作脱水菜或干菜。我国劳动人民在果蔬干制方面积累了丰富的经验，有许多传统的果蔬干制品，如红枣、柿饼、荔枝干、桂圆、金针菜、蘑菇、木耳、辣椒干等。

知识点 1　果蔬中的水分状态

新鲜果蔬含水量很高，水果含水量为 70%～90%，蔬菜为 85%～95%。果蔬中的水分按其存在状态可分为游离水、胶体结合水和化合水 3 类。游离水又称自由水和机械结合水，在果蔬干燥过程中很易被脱除；胶体结合水也称束缚水或物理化学结合水，在加工中不易损失，只有在游离水完全被蒸发后，在高温条件下才可蒸发一部分；化合水也称化学结合水，它是与果蔬组织中某些化学物质呈化学状态结合的水，性质极稳定，不会因干燥作用而变化。

在干制过程中被除去的水分被称为自由水分，自由水分大部分是游离水和一小部分胶体结合水。

知识点 2　水分的扩散作用

果蔬干制过程中的水分蒸发主要依赖两种作用，即水分的外扩散作用和内扩散作用。在干制初期，首先是原料表面的水分吸热变为蒸汽而大量蒸发，在干制技术上称为水分的外扩散。它取决于果蔬原料的表面积、空气流速、空气的温度和相对湿度。表面积越大，空气流速越快，空气温度越高以及相对湿度越小，则水分的外扩散速度越快。当表面水分低于内部水分时，造成原料表面水分与内部水分之间出现水蒸气分压差，水分由内部向表面转移，称为水分的内扩散。水分的内扩散作用是借助于内外层的湿度梯度，使水分由含水分高的部位向含水分低的部位转移。湿度梯度越大，水分内扩散的速度就越快。

影响水分内扩散速度的因素还有温度梯度。果蔬在干制过程中，有时采取升温、降温、再升温的方式，使原料内部的温度高于表面的温度，形成温度梯度，这时水分会借助温度梯度沿热流方向移动也称之为水分的热扩散。

为了使原料中的水分顺利地扩散蒸发，就必须使水分的内扩散与外扩散相互协调。如果外扩散的速度远远大于内扩散时，就会使果蔬表层水分蒸发太快，原料表面就会因过度干燥而形成硬壳，这种现象称为“结壳”现象。它的形成，隔断了水分内扩散的通道，阻碍了水分的继续蒸发。若这时原料内部水分含量高，蒸汽压力大，原料较软的组织往往会被挤破，并使结壳的原料发生开裂，汁液流失。结壳的形成，既影响干燥速度，又影响干制品的质量。

知识点 3　影响果蔬干制速度的主要因素

3.1　干燥介质的温度

果蔬干制时的干燥介质有空气、过热蒸汽、惰性气体等。在生产中最常用的是空气，当热空气与湿的物料接触时，就要将所带热量传递给被干燥物料，物料吸收这部分热量会使其所含的一部分水分汽化，干燥介质的温度就会下降，这时的干燥介质就变成空气与水蒸气的混合物。要使果蔬干燥就需不断地提高空气和水蒸气的温度。温度升高，空气所能够容纳的水蒸气就会增多，空气的湿含量就增大，水分就容易蒸发，干燥速度就会加快。反之，温度低，空气的湿含量小，干燥速度就慢。

> **思考：**请同学们通过网络了解水分扩散的发现过程，科学家们精于发现、勤于研究，使科学大步向前。那么我们如何做到“精细入微”“平凡处见真知”？

果蔬干制时，尤其是干制初期，一般不宜采用过高的温度。若温度过高易产生以下不良现象：第一，果蔬含水量很高，骤然与高温的干燥介质相遇，组织中汁液迅速膨胀，易使细胞破裂，内容物流失；第二，原料所含糖分和其他有机物因高温易分解或焦化，有损成品的风味与外观；第三，初期高温低湿易造成“结壳”现象，影响水分扩散蒸发。

但是干燥过程中温度也不能过低。过低时，一方面会使干燥时间延长，另一方面也易使原料生霉、变色，引起腐败变质。

3.2　干燥介质的湿度

一般来说空气的相对湿度越小，水分蒸发的速度就越快。相对湿度又受温度的影响，空气温度升高，相对湿度就会减小；反之，温度降低，相对湿度就会增大。

在干制过程中，可以升高温度和降低相对湿度来提高果蔬的干燥速度。干燥介质的相对湿度不仅与干燥速度有关，而且也决定干制品的终点含水量。相对湿度越低，干制品的含水量也越低。例如，红枣在干制后期，分别在两个 60 ℃的烤房中干制，一个烤房相对湿度为 65%，红枣干制后的水分含量为 47.2%，另一个烤房相对湿度为 56%，则干制后的红枣含水量为 34.1%。甘蓝干燥后期如相对湿度为 30%，干制品含水量为 8.0%；相对湿度为 8%～10%，干制品含水量则可达 1.6%。

3.3 空气流动的速度

干燥空气的流动速度越快，果蔬的干燥速度也就越快。因为，加大空气流速，可以将表面蒸发出的、聚集在果蔬周围的水蒸气迅速带走，及时补充未饱和的空气，使果蔬表面与其周围干燥介质始终保持较大的湿度差，从而促使水分不断地蒸发。同时还促使干燥介质所携带的热量迅速传递给果蔬原料，以维持水分蒸发所需的温度。但空气流速不能过快，过快会造成热能与动力的浪费，前期风速过快还易出现表面“结壳”现象。据测定，风速在 3 m/s 以下时，水分的蒸发速度与风速大体成正比例增加。

3.4 果蔬的种类和状态

果蔬的种类不同，所含化学成分与组织结构也不相同，即使在相同的干燥条件下其干燥速度也不相同。对于含水量相同的原料，含糖量高的要比含糖量低的干燥速度慢，物料组织结构紧密、表面蜡质层厚的要比组织结构较为疏松、表面蜡质少、皮孔气孔多的物料干燥速度慢。

物料是否经过预处理也影响干燥速度。如物料经过去皮、热烫、熏硫等处理都可以加快干燥速度。另外物料切分的大小与干燥速度直接有关，切分越小，其蒸发面积（即表面积与体积的比值）越大，干燥速度也越快。

3.5 物料的装载

物料的装载量和装载厚薄，对于果蔬的干燥速度影响也很大。载料盘上物料装载过多、厚度大时，不利于空气流通，影响水分的蒸发。因此，装载量的多少与厚薄要以不妨碍空气流通为原则，以便于热量的传递和水蒸气的外逸。但在干燥过程中可以随着物料体积的变化调整其厚薄，干燥初期宜薄些，干燥后期可适当厚些。

此外，干制设备的类型及干制工艺也是影响干燥速度的主要因素。应该根据原料的特性，选择理想的干制设备，控制合理的工艺参数，提高干制效率，保证干制品质量。

知识点 4　果蔬干制的主要方法

干制的方法较多，可分为自然干制和人工干制两大类。

4.1 自然干制

自然干制是指在自然条件下，利用太阳辐射能、热风等使果蔬干燥的方法。目前广大农村和山区普遍采用自然干制方法生产葡萄、柿饼、红枣、笋干、金针菜、香菇等。

自然干制方法可分为两种，一是原料直接接受阳光暴晒的，称为晒干或日光干制；另一种是原料在通风良好的室内、棚下以热风吹干的，称为阴干或晾干。

晒干是利用太阳辐射作为热源，使物料中的水分向周围的空间蒸发的干制方法。晒干的方法是选择空旷通风、地面平坦之处，将果蔬直接铺于地上、苇席或晒盘上直接暴晒。夜间或下雨时，堆集一处，并盖上苇席，次日再晒，直到晒干为止。

阴干或晾干主要采用干燥空气使果蔬产品脱水。我国有少数地区具有特定的地理位置和气候条件，则形成了一种十分适宜阴干的条件，如我国西北，特别是新疆吐鲁番一带干制葡萄常采用此法。在葡萄收获季节，这一带气候炎热干燥，将葡萄整串挂在用土坯筑成的多孔干燥室内，借助于热风的作用即可将葡萄吹干。

思考：中国制造显示了中国科技的强大，食品干制机械的发展更需要工匠精神和科技研发干劲。那么我们还能为中国制造做点什么？

综上，自然干制的常规流程是将原料选择分级、洗涤、切分等预处理后，直接铺在晒场，或挂在屋檐下阴干。

自然干制的特点是不需要复杂的设备，技术简单，易于操作，生产成本低。但干燥条件难以控制，干燥时间长，产品质量欠佳，同时还受到天气条件的限制，使部分地区或季节不能采用此法。如潮湿多雨的地区，采用此法时干制过程缓慢、干制时间长、腐烂损失大、产品质量差。

4.2　人工干制

人工干制是在人工控制的条件下利用各种能源向物料提供热能，并造成气流流动环境，促使物料水分蒸发排离。其优点是不受气候限制，干燥速度快，产品质量高；缺点是设备投资大，消耗能源，成本高。人工干制根据干燥介质的种类分为以下 5 种：①干制机干燥、真空（减压）干燥、真空冷冻干燥；②远红外干燥；③微波干燥；④超声波干燥；⑤膨化干燥等。

4.2.1　干制机干燥

即利用燃料加热，以达到干燥的目的，是我国使用最多的一种干燥方法，普通干燥所用的设备，比较简单的有烘灶和烘房，规模较大的用干制机。干制机的种类较多，分别为箱式干燥机、隧道式干燥机、带式干燥机、流化床干燥机、滚筒式干燥机和喷雾干燥设备。

(1)箱式干燥机　箱式干燥法(图 4-1、图 4-2)是以热空气作为干燥介质，通过对流方式与食品进行热量与水分的交换而使食品干燥，是最简单的对流干燥法，干燥机以间歇式运行，即在常压或真空下间歇操作热风通过湿物料表面，达到干燥的目的。其工艺条件可严格控制，适于小批量生产。

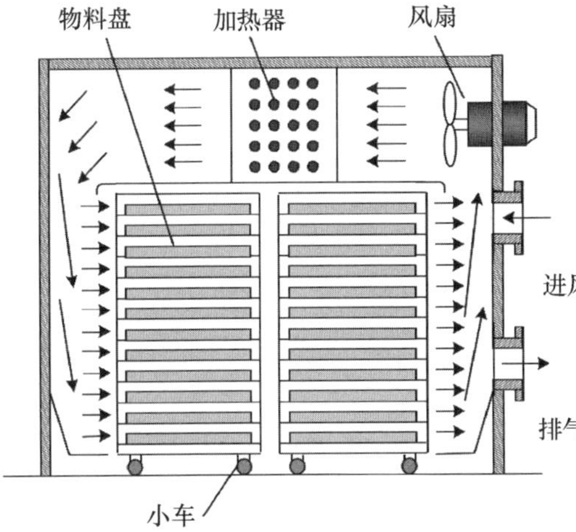

图 4-1　穿流式(箱式)干燥机结构图

图 4-2　箱式干燥机实物图

箱式干燥机的优点为对物料适应性强，适用于小规模、多品种、干燥条件变动大的场合；缺点为热效率较低，产品质量不易均匀。

(2)隧道式干燥机　隧道式干燥(洞道式干燥)是以热空气作为干燥介质，通过对流方式与食品进行热量与水分的交换而使食品干燥。其干燥设备结构简单、生产能力强、干燥速度快，以半连续式运行，适于各种大小及形状的固态食品的干燥。根据热空气流动的方向与载车前进的方向不同，可分为顺流干制、逆流干制和混合式干制。

①顺流干制　顺流干制是指料车的前进方向与热空气的流动方向相同。如图 4-3 所示，干燥开始时料车从高温低湿一端进入，水分蒸发很快，料车越向前进，温度越低，湿度越高，干燥速度逐渐减缓，有时甚至不能将干制品的水分减至最低的标准含量，应注意避免。这种干燥机的初温为 80～85 ℃，最终温度为 55～60 ℃，适宜于干制含水量高的蔬菜。

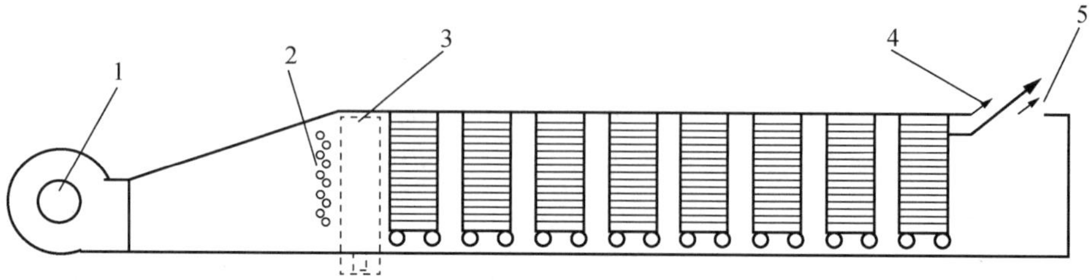

图 4-3　顺流式隧道干燥机结构图

1. 鼓风机　2. 加热器　3. 湿物料侧边入口　4. 排气口　5. 干物料出口

顺流式干燥的特点是前期干燥强烈，后期干燥缓慢，且干制品最终的水分含量较高，一般不低于 10%。

②逆流干制　逆流式干制是指料车前进的方向与空气流动的方向相反。如图 4-4 所示，干燥开始时料车由低温高湿一端进入，最后处在高温低湿环境完成干燥。待干燥食品干燥初期遇到的是低温高湿的空气，食品虽含水量高，尚能以一定速度蒸发水分，但水分蒸发相对较缓慢；干燥后期，食品遇到高温低湿的空气，但食品本身已接近干燥，水分蒸发已缓慢。一般入口温度为 40～50 ℃，最终为 65～85 ℃。此法对于蔬菜干制特别有利，也适用于含糖量高、汁液黏厚的果实。

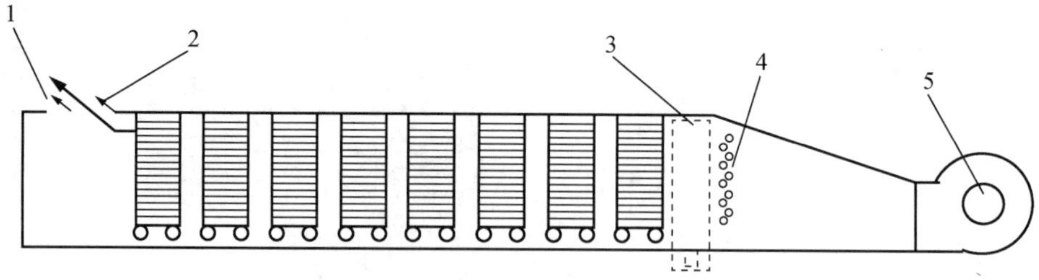

图 4-4　逆流式隧道干燥机结构图

1. 湿物料入口　2. 排气口　3. 干物料侧边出口　4. 加热器　5. 鼓风机

逆流式干燥的特点是前期干燥缓慢，后期干燥强烈，制品最终含水量也较低，可达 5%以下。

③混合式干制　混合式干制过程分两个阶段，一个是顺流阶段，另一个是逆流阶段。即热风由隧道两端吹向中间，而排气口设在中央。干燥时，料车首先进入顺流阶段，温度高、风速较大的热风吹向食品，加速水分蒸发，随着料车前进，温度渐低、湿度渐大，水分蒸发速度渐慢。

待原料排除大部分水分后，进入逆流阶段，料车前行，温度渐高、湿度渐低，原料干燥比较彻底。

混合式干燥的特点是同时具备顺流式前期水分蒸发率高与逆流式后期易于干燥的特点，还具有能连续化生产，温、湿度易控制，生产效率高，产品质量好的优点，制品的最终含水量可达 6%以下。如图 4-5 所示。

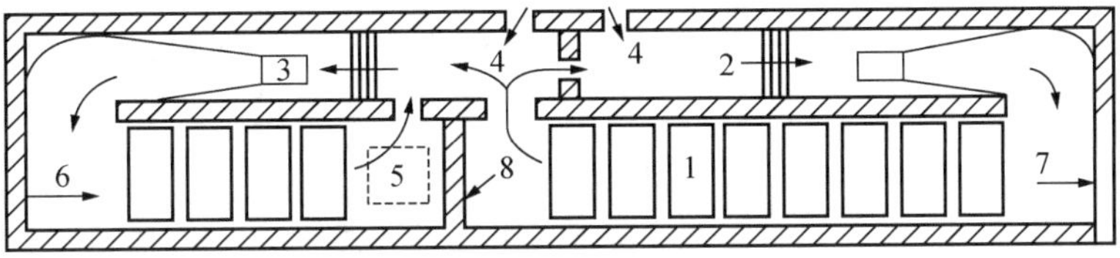

图 4-5　混合式干燥机结构图

1. 运输车　2. 加热器　3. 电扇　4. 空气入口　5. 空气出口　6. 原料入口　7. 干燥品出口　8. 活动隔门

(3)带式干燥机　带式干燥是将待干制食品放在输送带上，借机械力而向前转动，热空气吹过食品，进行湿热交换而获得干燥效果。带式干燥机是使用环带作为输送原料装置的干燥机。输送带可以是一根环带，也可布置成上下多层，带的类型有帆布带、橡胶带、涂胶布带、钢带和钢丝网带等。单一输送带可以采用顺流式、逆流式或穿流式干燥；多层输送带上下串联时新鲜空气由下层进入。带式干燥法劳动强度低，可连续化、自动化生产，干燥时由于干燥表面积大，蒸发距离短，干燥速率高，特别适合于单一品种的集中大量生产。图 4-6 为四层传送带式干燥机。

带式干燥机也可以是一层的，如图 4-7 所示。

4.2.2　真空干燥

真空干燥是利用低压下水的沸点降低，从而可以在较低的温度下干燥食品的原理，真空干燥的气压一般控制在 332～665 Pa，温度在 37～82 ℃。适于干燥含热敏性物质的食品。

制品特点为：制品结构疏松，容易复水，能基本保持食品原有的结构、质地、外观和风味，并可制成轻微膨化制品。

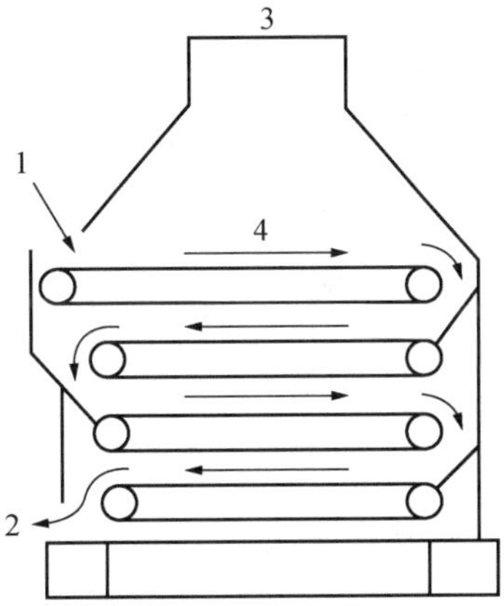

图 4-6　带式干燥机结构图

1. 物料入口　2. 干制品出口　3. 排气口　4. 物料运动方向

4.2.3　微波干燥

微波干燥就是利用微波为热辐射源，加热果蔬原料使之脱水干燥的一种方法。微波是波长在 1 mm～1 m，频率在 300～300 000 MHz 的具有穿透性的一种电磁波。微波(高频)是一种能量(而不是热量)形式，但在电介质(食品)中可以转化为热量。微波加热实际是由水分子等偶极子随电场方向变化而产生转动得到的分子内部摩擦热而产生的。食品中的水分、蛋白质、脂肪、碳水化合物等都属于电介质，微波对它们的加热称作介电感应加热。

4.2.4　膨化干燥

膨化干燥首先使果蔬含水率降至 20%～30%，然后放入密闭容器内加热一定时间，再突然将容器的阀门打开，使果蔬内的水分骤然排出，形成膨化多孔组织；膨化后可进一步进行干燥处理，使成品的含水率降至 4%～5%。膨化产品特点：复水性和口感好，但体积大。膨化果

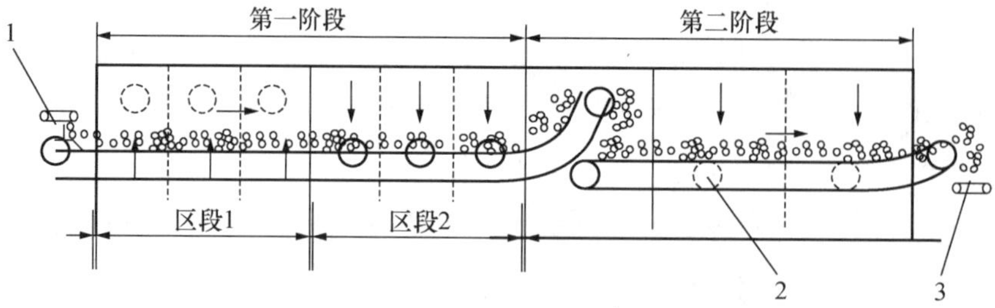

图 4-7　卧式输送带式干燥机结构示意图

1. 进料装置　2. 鼓风机　3. 出料装置

蔬具有产品营养素损失少，消化吸收率高，食用快速方便、用途广、卫生水平高、贮存性能好等优点。

知识点 5　干制生产工作程序

5.1　原料处理

选择适合于干制的原料，能保证干制品质量、提高出品率，降低生产成本。干制时对果品原料的要求是：干物质含量高，风味色泽好，肉质致密，果心小，果皮薄，肉质厚，粗纤维少，成熟度适宜。对蔬菜原料的要求是：干物质含量高，风味好，菜心及粗叶等废弃部分少，皮薄肉厚，组织致密，粗纤维少。原料预处理主要经过清洗去皮、热烫、硫处理等几道工序。

(1)清洗去皮　干制前原料要进行洗涤，以除去表面的污物和泥沙，保持制品清洁，改善制品外观。洗涤后还应根据原料的品质、大小、成熟度进行选择分级，剔除不合格的部分，以获得质量一致的干制品。对于外皮比较粗糙的果蔬，如苹果、梨、柿、马铃薯、毛笋等在干制前还需进行去皮处理，以提高制品品质，同时也利于水分蒸发。去皮时，只需去掉不合要求的部分，不能去得过多。去皮方法有手工去皮、机械去皮、热力去皮和化学去皮。此外，除枣、柿、葡萄、龙眼、樱桃、杏、荔枝等果实外，很多果蔬干制前还要进行去核和切分处理。桃、杏一般沿缝合线对切成两瓣；苹果、梨等切成环形或瓣状；蔬菜如马铃薯、萝卜等可切成圆片、细条或丁。切分多采用机械进行。

(2)热烫处理　热烫处理是用一定温度或煮沸的清水，也可用饱和蒸汽对原料进行短时间的热处理并迅速冷却的过程。热烫是果蔬干制时的一个重要工序。主要用于钝化原料中的氧化酶活力，减少氧化变色和营养物质的损失、排除内部空气使干制品呈半透明状，提高外观品质；其次使细胞透性增强，有利于水分蒸发，缩短干制时间，经过热烫的杏、桃、梨等果品，干制时间可以较原来缩短 1/3。

热烫常用的方法是热水热烫法和蒸汽热烫法。热烫的温度和时间应根据原料种类、品种、成熟度及切分大小不同而异，一般情况下热烫水温为 80～100 ℃，时间为 2～8 min，热烫过程中要保持水温稳定，热烫后应迅速冷却，以防原料组织软烂，减少热力对原料的持续作用。

一般可用愈创木酚或联基苯胺检查热烫是否达到要求，其方法是将以上化学药品的任何一种用酒精溶解，配成 0.1%的溶液，取已烫过的原料横切，随即浸入药液中，然后取出。在横切面上滴 0.3%双氧水(H_2O_2)，数分钟后，如果愈创木酚变成褐色或联基苯胺变成蓝色，说明酶未被破坏，热烫未达到要求，如果不变色，则表示热烫完全。

绿色蔬菜要保持其绿色，可在热水中加入0.5%的碳酸氢钠使水呈中性或微碱性。因为叶绿素在碱性介质中会生成叶绿酸、甲醇和叶醇。叶绿酸仍为绿色；如进一步与碱反应形成钠盐则绿色更稳定。

(3)硫处理　硫处理是许多果蔬干制中一种必要的预处理方法，一般果干多以硫处理护色，而脱水蔬菜以烫漂处理护色，有些原料还在烫漂或者干燥后再用硫处理护色。如苹果、梨、杏、黄花菜、竹笋、甘蓝、马铃薯、番薯等，经过切片热烫后，都要进行硫处理。但有些果蔬，如青豌豆、葱蒜类，干制时则不做硫处理。

硫处理可以有效防止酶促褐变和非酶褐变。其主要目的是使多酚氧化酶钝化，减少酚类物质氧化变色；延缓棕色色素的生成，防止变色；抑制杂菌生长或杀死杂菌。

硫处理常用的方法是熏硫法和浸硫法，熏硫法是在密闭室中燃烧硫黄粉熏蒸原料；浸硫法是用一定浓度的亚硫酸或亚硫酸盐溶液浸泡原料。

①熏硫法　熏硫处理时，可将装果蔬的果盘送入熏硫室中，燃烧硫黄粉进行熏蒸。二氧化硫的浓度一般为1.5%～2.0%，有时可达到3%。一般1 t切分的原料，需硫黄粉2～4 kg，要求硫黄粉纯净、品质优良、易于燃烧，砷含量≤0.015%，含油质的硫黄粉不能使用，因其影响干制品的风味，硫黄燃烧要完全，残余量≤2%。如果硫黄不易点燃时，可加入相当于硫黄质量5%的硝酸钠或硝酸钾。

②浸硫法　常用1.5%～2.5%亚硫酸或亚硫酸盐溶液浸泡。时间约为15 min，溶液可以连续使用几次(时间酌情增加1～2 min或者适量补加亚硫酸盐)，并将溶液pH调到酸性范围，但处理时间不能过长，以防残留超标。

(4)浸碱脱蜡　有些果实如李、葡萄等，在干制前要进行浸碱处理，其作用是除去果皮上附着的蜡质，果面上出现细微裂纹，有利于水分蒸发，促进干燥，同时易使果实吸收二氧化硫。

碱可用氢氧化钠、碳酸钠或碳酸氢钠。碱液处理的时间和浓度依果实附着蜡质的厚度而异，葡萄一般用1.5%～4.0%的氢氧化钠处理1～5 s，李子用0.25%～1.50%的氢氧化钠处理5～30 s。

碱液处理时，应保持沸腾状态，每次处理果实不宜太多，浸碱后应立即用清水冲洗，以除去残留的碱液，或用0.25%～0.5%的柠檬酸或盐酸浸几分钟以中和残碱，再用水漂洗。

5.2　干制

5.2.1　干制方法

上文中已经阐述了果蔬干制的各类方法，我们可以根据物料的性质、企业的条件、消费者的需求和销售的地域方向选择合适的方法进行干制。

5.2.2　干制过程管理

(1)原料装载量　单位面积料盘上(如烘房、干制机械)原料装载量越多，则厚度越大，不利于热风流通，原料水分不易蒸发。反之，料盘上原料过少，又会引起热空气短路，导致效率下降。一般装载厚度以不阻碍空气流动为原则。

(2)温度管理　果蔬干燥时是把预热的空气作为干燥介质，在一定湿度条件下空气温度越高干制速度越快，但不同物料，必须控制适宜温度。通常采用以下3种方法。

①低温—较高温—低温的控制方法　在干制期间，干燥初期为低温，55～60 ℃；中期为高

温，68～70 ℃，不超过 75 ℃；后期采用较低温度，50～55 ℃，直至干燥结束。

此法适宜可溶性固形物含量高的果蔬，或不切分整果干制的红枣、柿饼。操作较易掌握，能量耗费少，生产成本较低，干制质量较好。如红枣采用这种升温方式干燥时，要求在 6～8 h 内温度平稳上升至 55～60 ℃，持续 8～10 h，然后温度升至 68～70 ℃，持续 6 h 左右，之后温度再逐步降至 50 ℃，干燥大约需要 24 h。

②高温—较高温—低温的控制方法　在干制初期急剧升高温度，最高可达 95～10 ℃，当物料进入干燥室后吸收大量的热能，温度可降低 25～30 ℃，此时应继续加热使干燥室内温度升到 70 ℃左右，维持一段时间后，视产品干燥状态，逐步降温至干燥结束。

此法适宜于可溶性固形物含量较低的果蔬，或切成薄片、细丝的果蔬，如苹果、杏、黄花菜、辣椒、萝卜丝等。这种控温方法，干燥时间短，产品质量好，但技术较难掌握，能量耗费多，生产成本较大。

如采用这种升温方式干制黄花菜，先将干燥室升温至 90～95 ℃，送入黄花菜，温度会降至 50～60 ℃，然后加热使温度升至 70～75 ℃，维持 14～15 h，然后逐步降温至干燥结束，干制时间需 16～20 h。

③恒定较低温度的控制方法　即在整个过程中，温度始终维持在 55～60 ℃的恒定状态，直至干燥临近结束时再逐步降温。

这种控温方法适用于大多数果蔬的干制。其操作技术易于掌握，成品质量好，但耗能量较高。因为在干燥过程中长时间维持较均衡的温度，耗能比第一种高，生产成本也相应高一些。那些封闭不太严密、升温设备差、升温较困难的烘房可采用此法。

(3)湿度管理(通风排湿)　果蔬含水量较高，在干制中由于水分的大量蒸发，使得干燥室内的相对湿度急剧升高，甚至会达到饱和程度，一般当干燥室内相对湿度达 70%以上时，应进行通风排湿操作。通风排湿的方法和时间要根据加工设备的性能，室内相对湿度的大小以及室外空气流动的强弱来定。一般情况下，通风排湿 10～15 min，然后继续干燥。整个干制过程通风排气的次数在 3～6 次。

在进行通风排湿时，一般还应掌握干制的前期相对湿度应适当高些，这一方面有利于传热，另一方面可以避免物料因水分蒸发过快出现"结壳"现象。在干制的后期相对湿度应低些，可促使水分蒸发，使干制品的含水量符合质量要求。

(4)倒换烘盘及翻动原料　利用烤架、烤盘的干燥设备，由于烤盘位于干燥室上下不同的位置，往往会使物料受热程度不同，干燥不均匀。因此，为了避免物料干湿不均匀，需进行倒盘，在倒盘的同时翻动盘内的物料，促使物料受热均匀，干燥程度一致。

倒换烘盘的操作技术是：将烘房内烘架最下部的第二层烘盘(连同其中的原料)与烘架中部的第 2～6 层烘盘互换位置。在倒换烘盘的同时抖动烘盘，使原料(例如红枣、柿饼、辣椒等)在盘内翻滚，或者用手翻动产品。

思考：果蔬干制中的温度、湿度等调控需要精准，这些需要爱岗敬业和精益求精的"工匠精神"，您具备这种精神吗？

(5)掌握干制时间　何时结束干制工作，取决于不同果蔬所要求的干制程度。一般要烘至产品达到它所要求的标准含水量(或者略低于标准含水量，以便通过回软，水分达到平衡，最后符合标准含水量)，才能结束干制工作，进入产品的回软、分级、包装及贮藏工作。菜干含水量标准见表 4-1。

表 4-1　几种菜干的水分含量

菜干名称	含水量/%	菜干名称	含水量/%
辣椒干	14～15	大蒜片	6～7
金针菜	15	木耳	10～11
玉兰片	18	胡萝卜片	7～8
蘑菇	11.5	藕粉	15
芥菜干	14.5		

5.3　后处理

果蔬原料完成干燥后，有些可以在冷却后直接包装，有些则需经过回软、挑选和压块等处理后才能包装。

5.3.1　回软

也称均湿、发汗或平衡水分，促使干制品内部与外部水分的转移，使各部分含水量均衡，呈适宜的柔软状态，便于产品处理和包装运输。由于干燥过程中热风分布不均匀或原料切分、铺料不均匀，往往使产品的含水量略有差异。

回软处理的方法是：待产品稍稍冷却之后，剔除过湿、过大、过小、结块及细屑，立即将干制品在密闭的室内或容器内（有盖密闭的马口铁桶或套有塑料袋的箱中）短期堆放，在此期间，干制品外部及干制品之间的水分进行扩散和重新分布，主要是过干的产品吸收尚未干透制品的水分，使所有干制品的含水量均匀一致，同时产品的质地也稍显皮软。

一般蔬菜类需要 1～3 d 回软，果品类需要 2～5 d。

5.3.2　筛选分级

为了使成品的质量合乎规格标准，便于包装，对干制后（在回软后或回软前）的产品要求进行筛选分级。

筛选分级工作应在固定的分级台或附有振动筛等分级设备上进行。根据品质和大小分为不同等级，剔除块、片和颗粒大小不符合标准的产品以提高其质量。筛下物另作他用，碎屑物视作损耗。大小合格的产品还要进行进一步的筛选，剔除变色、残缺或不良成品及杂质，并经磁铁吸出金属杂质。

挑选操作要迅速，以防产品吸潮和水分回升。挑选后的成品还需进行品质和水分检验，不合格者需进行复烘。

5.3.3　压块

大多数果蔬干制后，质量减轻，体积缩小，但是有些制品很蓬松，这些干制品往往由于体积大，不利于包装运输。因此，在包装前需要压块处理。脱水蔬菜的体积一般缩小 3～7 倍。

压块与温度、湿度和压力的关系密切。一般温度为 60～65 ℃，适当控制湿度，压力采用 0.2～0.8 MPa。压块可采用螺旋压榨机，机内另附特制的压块模型，也可用专门的水压机或油压机。压块压力一般为 70 kg/cm^2，维持 1～3 min；含水量低时，压力要加大，见表 4-2。

表 4-2 几种果蔬干制品压块处理时的工艺条件及效果

干制品	形状	水分/%	温度/℃	压力/kPa	加压时间/s	密度/(kg/m³)		体积缩减率/%
						压块前	压块后	
甘蓝	片	3.5	65.6	1 550	3.0	168	961	83
胡萝卜	丁	4.5	65.6	2 756	3.0	300	1041	77
马铃薯	丁	14.0	65.6	547	3.0	368	801	54
甘薯	丁	6.1	65.6	2 412	10.0	433	1041	58
杏	半块	13.2	24.0	203	15.0	516	1201	53
桃	半块	10.7	24.0	203	30	577	1169	48

果蔬干制品压块时要注意破碎问题。蔬菜干制品水分含量低，脱水蔬菜冷却后，质地变脆易碎。因此，蔬菜干制品常在脱水的最后阶段，干制品温度为 60～65 ℃时，趁热压块，或者在压块之前喷热蒸汽以减少破碎率。但是，喷过蒸汽的干制品压块后，水分可能超标，影响耐贮性。所以，在压块后还需干燥处理，生产中常将压块后的干制品与干燥剂一起贮放在常温下，利用干燥剂吸收水分。一般用生石灰作为干燥剂，经过 2～7 d，水分可降低至 5%以下。

5.3.4 干制品的防虫

果蔬干制品中常混有虫卵，在干制品贮存期间，一旦条件适宜(温、湿适宜时)，干制品中的虫卵就会发育，危害干制品，造成损失。因此，干制品防虫是不容忽视的重要问题。防治害虫的方法有物理防治和化学防治。

(1)物理防治　物理防治就是利用自然或人为的物理因子变化，扰乱害虫正常的生理代谢，从而达到抑制或杀死害虫的方法。常见的物理防治方法有：热力杀虫、低温杀虫、气调杀虫或者辐射杀虫等几种。

①热力杀虫　热力杀虫就是利用自然的或人为的高温，作用于害虫个体，使其躯体结构、生理机能受到严重干扰破坏而引起死亡的杀虫方法。这种方法一直被广泛地采用，具有良好的防虫、杀虫效果。

在不损害干制品质量的适宜高温下，蒸汽处理 2～4 min，即可杀死其中隐藏的害虫。另外，日光曝晒也可杀虫。

②低温杀虫　低温杀虫是利用冷空气对害虫的生理代谢、体内组织产生干扰破坏作用，促进害虫迅速死亡。

一般食品害虫在－15～－8 ℃时是生命活动的最低限。干制品最有效的杀虫温度为－15 ℃，但设备条件要求相对较高，费用昂贵。生产中一般用－8 ℃冷冻 7～8 h，可杀死 60%的害虫。

③气调防虫　人为改变干制贮藏环境的气体成分含量，造成不良的生态环境来防治害虫。降低环境的 O_2 含量，提高 CO_2 含量可直接影响害虫的生理代谢和生命。一般 O_2 含量为 5%～7%，1～2 周内可杀死害虫。2%以下的 O_2 浓度，杀虫效果最为理想。CO_2 杀虫所需的浓度一般比较高，多为 60%～80%，O_2 浓度越低、杀虫时间就越短；CO_2 浓度越高，杀虫效果也越好，因此，延长低 O_2 和高 CO_2 的处理时间，能提高杀虫效果。气调杀虫无毒害残留，且便于操作，是一种新的杀虫技术，具有广阔的发展前景。

④电离辐射杀虫　电离辐射可以引起生物有机体组织及生理过程发生各种变化，使新陈

代谢和生命活动受到严重影响，从而导致害虫机体死亡或停止生长发育。一般采用χ射线、γ射线和阴极射线对果蔬材料进行辐射处理。其中γ射线杀虫效果最好，使用较多。

(2)化学防治　化学防治方法是利用有毒的化学物质直接杀灭害虫的方法。具有快速彻底、效率高的特点。既能在短时间内消灭大量害虫，又可预防害虫再次侵害，是目前应用最广泛的一种防治方法。但所用化学物质对人体毒性大，易造成污染，影响食品安全，应用时要谨慎。

常用的是熏蒸药剂有氧化乙烯、氧化丙稀、甲基溴等，甲基溴是最为有效的熏蒸剂，甲基溴相对密度较空气大，因此使用时应从熏蒸室的顶部送入，一般用量为每立方米 16～24 g，处理时间 24 h 以上。要求甲基溴的残留量在葡萄干、无花果干中为 150 mg/kg，苹果干、杏干、桃干、梨干中为 30 mg/kg，李干中为 20 mg/kg。

5.4　干制品的包装

(1)干制品包装要求　包装对干制品的贮存效果影响很大，因此，要求包装材料应达到以下几点要求：防潮防湿，以免干燥制品吸湿回潮引起发霉、结块。要求包装材料在 90%的相对湿度中，每袋干制品水分增加量≤2%；不透光；能密封，防止外界虫、鼠、微生物及灰尘等侵入；符合食品卫生管理要求；包装大小、形状和外观有利于商品的推销，包装费用合理。

(2)干制品包装容器　生产中常用的包装材料有：纸筒、纸盒、金属罐、木箱、纸箱及软包装复合材料。近年来，聚乙烯、聚丙烯等薄膜袋已广泛用于果蔬干制品的包装，这些物质的密闭性能好，透氧性差，又轻便美观，但降解性差，易造成环境污染。

(3)干制品的包装方法　干制品的包装方法主要有普通包装、不透气包装、充气包装和真空包装。

①普通包装法　普通包装法是指在普通大气压下，将经过处理和分级的干制品按一定量装入容器中，对密封性能差的容器，如纸盒和木箱，装前应先在里面垫一层或二层蜡纸。蜡纸必须足够大，能将所装的干制品全部包被，勿留缝隙。有条件的可在容器内壁涂防水材料，多用于自然干制和热风干制的包装。

②不透气包装　采用不透气的铝箔复合薄膜袋包装，其内采用葡萄糖氧化酶除氧小袋进行包装。即将酶和葡萄糖以及缓冲剂装在隔湿透氧的小袋中，将这种小袋与干燥产品一起密封在容器中，小袋中的内容物很快吸收容器内的氧，从而防止对氧化作用敏感的制品的败坏。应用这种方法贮藏核桃仁，于 35 ℃条件下保存 1 个月，不发生变质。适用于真空干制、真空油炸干燥、喷雾干燥制品的包装。

③真空包装和充气包装　真空包装和充气(氮、二氧化碳)包装是将产品先进行抽真空或充惰性气体(氮、二氧化碳)，然后进行包装的方法。这种方法降低了贮藏环境的氧气含量(一般降至 2%)，有利于防止维生素的氧化破坏，增强制品的保藏性。抽真空包装和充气包装可分别在真空包装机或充气包装机上完成。真空包装多用于含水量较高的干制品的包装，充气包装适用于真空干燥、真空油炸以及真空冻结干燥制品的包装。

子任务一　柿饼加工

【子任务要求】

学生通过操作实施，掌握柿饼加工的内容、要点和方法，编制柿饼加工方案，并能解决柿饼加工中出现的问题。

【任务实践操作】

柿果除部分鲜食外大多加工成柿饼。柿饼是用鲜柿经护色处理，然后烘干而成的干制品。

柿饼营养丰富，饼肉柔软，味甘甜，含糖量高达 60%，并含有多种维生素和矿物质，耐贮藏，可治便血，解酒毒，对降低血压也有一定的作用，柿霜还可治喉痛、咽干及口疮等。其在市场上深受消费者欢迎。现将其加工技术要点介绍如下。

1 准备主要材料

新鲜柿子、硫黄、谷壳、乙烯利。

2 工艺流程

选择果实→采收→分级→果实清洗→脱涩→削皮→熏硫→干制(包括捏果)→整形→上霜(包括堆捂、回软)→取霜→消毒→包装。

3 操作步骤

(1)选择果实 加工柿饼的果实一般选个头中等、立桩或扁圆形、沟纹少、质地坚硬、致密、含糖量高、种子少(最好没有籽)的品种(水柿或者月柿)，通常选择果皮色泽黄红、光泽好、果肉丰满、呈淡橙色比较扁的水柿，宜选用 50 g 左右的柿果。

> 思考：柿饼是我国传统特色干制品，通过学习柿饼加工技术，感受中华民族的智慧和悠久传统历史文化，增强民族自豪感和爱国情怀。

(2)采收 用于加工的柿果要充分成熟，其萼片转黄，果色变黄或淡红，果肉还坚硬时采收为宜。一般在霜降节气过后采摘，过早采摘，成熟度低，糖分少，加工出来的柿饼浆少，出品率低，上不满霜；采摘过晚，成熟度高，体软，皮厚，损耗大。采时将果柄剪短，留 T 形果柄。采摘时要轻剪轻放。剔除软烂果、病虫果、破裂果等。

(3)分级 采收回来的柿子，先去掉向上翘起的萼片，并把过长的果柄剪去，留下萼盘，再按柿果大小分为三级。分级标准：果重 250 g 以上为一级果；150～250 g 为二级果；150 g 以下为三级果。

(4)果实清洗 柿子加工前，要用清水进行果实清洗，以除去果面灰尘和杂质，确保果实干净卫生。清洁后的柿子，要随清洗随加工削皮。

(5)脱涩 在清洁的大陶缸或者白瓷砖建造的水泥池中，用乙烯利配制成浓度为 400～500 mg/kg 的水溶液，另加 0.2%洗衣粉作展布剂。在室温 19～23 ℃条件下，将晾干的柿子在配制的乙烯利水溶液中浸泡 10 min，捞取后堆放在塑料薄膜上(禁用铁钢质容器)，脱涩 48～60 h，室温高时脱涩时间短，温度低时则长。经过脱涩处理的柿子，用水清洗后转入下道工序。

(6)去皮摆放 趁鲜刮皮，可采用手工刮皮，也可用旋床刮开削去柿皮。刮皮要薄，不漏刮，蒂盘周围的皮留得越少越好，基部周围留皮宽不得超过 1 cm。然后将刮了皮的柿子置于清洁的烘烤筛上。果顶向上，果与果之间的空隙，以柿子不相连为原则。

(7)熏硫 柿子熏硫有漂白、防腐作用，熏硫应适度，熏硫不足达不到效果，熏硫过量，不仅制成的产品风味不足，而且还有残毒，对人体有害。正确的操作是将柿子连同烘烤筛一同置于熏硫室，逐层架好后，点燃硫黄并置于底层，关好门和排气孔，熏蒸时间为 10～15 min，硫黄用量随柿子品种和大小不同而异，通常 250 kg 鲜柿用硫黄 10～20 g。

(8)干制(包括捏果)　将经过熏硫的柿果萼盘朝下均匀摆放在柿筛上准备干制。干制的方法有两种。

①日晒法　晾晒前，在空气流通、阳光充足的地方，支起 80～90 cm 高的架子，放上竹帘或苇席即可晒柿。晾晒时勤翻动，使柿果上下干度一致。夜晚用草苫盖上，防雨防风。晾晒 3～4 d 后，待果面发白、结皮、果肉发软时，进行第一次捏饼，捏时两手握柿，纵横捏之，随捏随转，直到内部变软柿核歪斜为止。通过揉捏把果肉揉碎揉软，并向外围挤，是使柿饼成形、肉质柔软的重要工序。捏后再晒 5～6 d，当果面干燥出现皱纹时，将柿子堆起，用麻袋盖上，回软 2 d，做第二次捏饼，以后每天上午捏柿一次，使柿果饼坯扁圆。捏果要捏得均匀，不应留有硬块，捏时用食指和中指按果顶，拇指按果蒂，旋转果实稍加压力，果形便逐渐捏成中间低四周高的蝶形。每次捏的时间最好在晴天，有微风的早晨，午后和夜间不宜捏果。因白天晒后果皮干燥，捏之易破，经过夜间露水滋润和果实水分外溢，果面返潮有韧性，因此早晨捏果不易破。每次捏果后都要把果实上下面轮换，使果实受光均匀，干湿一致。一般捏果整形 4～6 次即成。

②烘干法　烘烤房中温度通常保持在 50 ℃左右，最高不得高于 55 ℃，操作人员应根据柿子干燥程度随时将装有柿子的烘烤筛调换位置。在柿子进入烘房干燥 10～16 h 后，柿子失去应失水分的 50%～60%以后，表面开始结皮，颜色由橙黄变得发白，果肉由硬变得微微发软，可进行第一次捏饼，将柿子内部的果肉组织捏破成碎块状。捏饼时千万不要用力过猛，以避免柿子表皮破损，影响柿饼外观及耐贮性。第一次捏饼后，柿子返回烘房继续干燥，干燥 19～25 h 后，柿子表皮出现皱纹，可进行第二次捏饼，将内部硬块全部挤碎，使其成为一包浆质。有核时将核推倒，将柿子上下握成圆饼形。此次捏饼对提高柿饼质量至关重要，否则产品干燥不均匀，脱涩不完全，透明度不好，品质不佳。第二次捏饼后，柿子再次置于烘房中进一步干燥。总干燥时长达 30～36 h 后，柿子表面出现粗大皱纹，进行第三次捏饼，将柿饼进一步捏成圆形。第三次捏饼后，将柿饼返回烘房再烘烤 10 h 左右。当含水量为 36%～38%时，柿饼里外软硬一致、富有弹性，即可出烘房，整形、冷却后转入堆捂。

(9)整形　果形不正的要理正。理正方法是将柿饼放在木板上用长约 30 cm，宽约 10 cm 的木板在柿蒂上面旋转压平，蒂歪的要移正，然后将柿饼翻转压平，使之端正美观，呈饼状。这些经整形的柿饼，放于竹筛内晒一天。然后全部柿饼装入竹箩中起霜。

(10)上霜(包括堆捂、回软)　柿霜是柿饼中的糖随水分渗出果面凝结成的白色结晶。其主要成分是甘露糖醇、葡萄糖和果糖。柿饼出烘房时含水量适中，柿霜出得快而厚；出房时含水量过低，柿饼不易回软，出霜慢而薄，呈粉末状，甚至不出霜；含水量过高，水分大量外渗，也不容易出霜，即使出霜也呈污黄色，影响柿饼质量。因此，严格控制柿饼出烘房时的含水量是提高柿饼质量的重要措施。出霜是烘干后的柿饼反复多次堆捂和摊晾而形成的。

首先，将出烘房的柿饼冷却后装入陶缸、箱或者堆放在平板上，高度为 30～40 cm，用清洁的塑料布盖好，经 2～5 d 堆捂，柿饼回软，糖分随水分渗透到柿饼表面。然后，将表面渗出糖和水分的柿饼摊在阴凉通风的干燥环境中，有条件的可用风机对摊开的柿饼吹风。经过多次反复堆捂、摊晾的出霜过程后，当柿饼的含水＜27%时，可进行分级包装。

(11)取霜　取霜方法是将柿饼放入特制的竹笼中上下抖动。使柿霜粉脱落，每 50 kg 饼可取 0.5～1 kg，一般可取霜 3 次。取霜后将柿饼和几次取的霜粉在阳光下晒 1～2 h，然后一起装缸待售。

(12)包装　柿饼包装的主要目的是防潮和防虫蛀。一般用既能防虫蛀又对水分有较好隔绝性能的聚乙烯塑料薄膜封装，或者选用具印刷光泽的透明复合膜包装，也可选用能充气或抽真空的高性能复合膜包装。

4 产品质量标准

柿饼大而均匀，边缘厚而完整，不破裂，萼盖居中，修剪平整，贴肉而不翘；柿霜以厚而白为好；肉质以用手捏之软糯潮润，柿霜不脱、少核的为好；口感软糯而甜，无粉涩味，嚼之无渣或少渣。

5 任务实践操作建议

操作实施一：柿饼加工

（1）资讯 学生分成 3～5 人一组，各组根据汇总的相关资料，师生共同讨论、分析，用集体智慧完成柿饼加工方案初稿。

（2）决策计划 师生共同讨论、制作汇报提纲，各小组选派 1 名同学进行学习汇报交流，并根据反馈情况，用集体智慧修改并确定柿饼加工方案。

（3）实施 学生按照确定的柿饼加工方案，独立完成工作任务，并填写工作任务记录单（表 4-3），教师在工作任务实施过程中巡回指导。

表 4-3 工作任务记录单

<table>
<tr><td colspan="6">操作实施一：柿饼加工</td></tr>
<tr><td colspan="3">仪器（设备等）：</td><td colspan="3">操作人员：</td></tr>
<tr><td>工作项目</td><td colspan="4">操作内容</td><td>完成情况</td></tr>
<tr><td></td><td colspan="4"></td><td></td></tr>
<tr><td></td><td colspan="4"></td><td></td></tr>
<tr><td></td><td colspan="4"></td><td></td></tr>
<tr><td>改进措施</td><td colspan="5"></td></tr>
<tr><td rowspan="3">工作任务完成记录评价</td><td>班级</td><td></td><td>第 组</td><td>组长签字</td><td></td></tr>
<tr><td>教师签字</td><td colspan="2"></td><td>日期</td><td></td></tr>
<tr><td colspan="5">评语：</td></tr>
</table>

（4）检查评估及反馈 学生对完成工作任务的表现进行自评和互评，各小组进行总结、考核、评估及反馈，教师做出最后评价，填写工作任务评价及反馈单。

子任务二 洋葱干制品加工

【子任务要求】

学生通过操作实施，掌握洋葱干制品加工的内容、要点和方法，编制洋葱干制品加工方案，并能解决洋葱干制品加工中出现的问题。

【任务实践操作】

洋葱中含有微量元素硒。硒是一种抗氧化剂，它的特殊作用是能使人体产生大量谷胱甘肽，谷胱甘肽的生理作用是输送氧气供细胞呼吸，人体内硒含量增加，癌症发生率就会大大下降。所以，洋葱又是一种保健食品。洋葱还具有降血糖作用，因洋葱中含有与降血糖药甲磺丁脲相似的有机物，并在人体内能生成具有强力利尿作用的皮苦素。糖尿病患者每餐食洋葱 1 g 能起到较好的降低血糖和利尿的作用。洋葱中的植物杀菌素除具有刺激食欲、帮助消化作用外，还由于它经由呼吸道、泌尿道、汗腺排出时，能刺激管道壁分泌，所以又有祛痰、利尿、发汗、预防感冒以及抑菌防腐的作用。洋葱不仅是最常见，最普通的蔬菜，而且具有诸多保健功效。

1 准备主要材料

新鲜洋葱。

2 工艺流程

原料挑选→切削挖根→清洗→切片→脱臭→漂洗→沥水→摊筛→烘干→精选→检验→包装。

3 操作步骤

(1)洋葱挑选　原料要选用充分成熟的洋葱，其茎叶已开始变干，鳞茎外层已经老熟，水分低，干物质含量高，葱头大小横径在 6.0 cm 以上，以大、中个体为佳。葱肉呈白色或淡黄白色；红洋葱为红白色，肉汁辛辣。无霉烂、抽芽、虫蛀和严重损伤，均可作为加工原料。

(2)切梢挖根　用小刀切除葱梢，挖掉根蒂，剥去葱衣、老皮、鳞片，直至白洋葱露出鲜黄白色或淡黄白色，红洋葱露出红白色的内层为止，同时削除有损伤的部分并将葱头按大小分开，在清水中冲洗一次，以洗去外表的泥沙、衣膜等杂质。

(3)切片　将洗净的洋葱，采用切片机按洋葱大小横切成不同直径的环状片，葱片条宽度为 4.0～4.5 mm，刚收获的洋葱片条可切宽些，贮藏时间较长的洋葱，片条可切窄些。为便于切片，大个洋葱可先切开两半后，再上机进行切片。片条大小要均匀，切面要平滑整齐。片形过宽，干燥速度慢，干品外观色泽差；片形窄小，容易干燥，干品色泽佳，但碎片率高，片形不挺。在切片过程中，边切边加水冲洗，同时把重叠的圆片抖散开。

(4)脱臭　将洋葱片放入脱臭液中浸泡 0.2～1 h 后捞出，再用清水进行漂洗。脱臭液配方为：0.5%的柠檬酸和 0.3%的氯化钠的水溶液。

(5)漂洗　洋葱切片后，流出的胶质物和糖液黏附在洋葱片表面上，在烘干时其葱片内部水分不易蒸发出来，影响干燥速度，其所附糖液也极易焦糖化造成褐变，使干葱片色泽不均匀产生差异。故切片后洋葱片必须进行漂洗，有利于缩短干燥时间，提高干品外观色泽。

漂洗用水水质必须符合生活饮用水标准。漂洗时将葱片放入竹筐或有孔塑料筐中，每筐装半筐葱片，置于流动清水池中，用漏勺将葱片上下翻动进行漂洗，通常经过三池清水漂洗，以洗净葱片表面可溶性物质。在漂洗过程中，要经常更换新水，以保持水质清洁卫生。漂洗要适度，过分漂洗会使葱片营养成分流失过大，风味降低。为保持葱片外观色泽良好，可将葱片浸入 0.2%柠檬酸中 2 min 进行护色。

(6)沥水　原料经过漂洗后，葱片所带水分较多，必须放入离心甩干机把葱面所带水分甩干。首先在离心机槽内铺上一层清洁纱布，然后装入葱片，装量不宜过多，每次 15～20 kg。开动机器时间控制在 30 s 左右，把原料表面水分基本甩干为止。随后将纱布连同葱片一齐取出，摊铺于烘筛上。甩水时间要严格掌握，转速不宜太快，通常控制在 1 300 r/min，否则干品的条形不挺直，碎片率增多，影响成品质量。

(7)烘干

①原料摊筛　洋葱经过预处理，沥尽水分后，随即摊铺于烘筛上。烘筛为近方形，其规格为 100 cm×93 cm。采用尼龙线编织的网筛用竹木条做边框；采用不锈钢丝编织的网筛用铝合金做边框。网筛孔眼一般为 3 mm×3 mm 或 5 mm×5 mm 为宜。葱片摊筛时，操作要快速，铺放要均匀，要严格控制好烘量，若铺放过多，会延长干燥时间；铺量过少会降低干燥机生产能力，干品色泽变劣。摊铺时，最好用专门的计量斗或配量器，按一定量铺放于烘筛上，按上述规格每只烘筛可铺放鲜葱片 3.5～4.0 kg。

②装车　当每只烘筛铺料完毕，随即装在烘车层架上。烘车为角铁和钢筋焊制成层架式小车，车长 190 cm、宽 100 cm、高 190 cm，每架烘车 15 层，每层相距 10 cm，装有 4 个旋转脚轮，安置在地面轨道上。烘车每层可放置 2 只烘筛，一架烘车可放置 36 只烘筛。

③入烘　干燥机在未进料前，先行预热升温达 60 ℃左右，连续先进入 3 架载料烘车，随即关闭进料门，接着每铺满一架烘车，进入一架，直至一条烘道装满 8 架烘车时，关闭进料门，继续升温。烘干温度控制在 58～60 ℃，持续时间 6～7 h，经过一定时间，当葱片含水分降至 5.0%以下时，即可从干燥机出口处卸出一架干品烘车，从进料口进入一架鲜葱烘车，这样卸出干品、进入原料连续不断地进行干燥作业。

(8)精选与铁质夹杂物的清除　精选是保证成品质量的最后的关键工序。精选车间光线要充足，房间要干净，卫生条件好，同时还要密闭门窗，做好防鼠、防蝇、防虫、防雀“四防”措施，要严格工人卫生检查，防止带菌、带病进入精选车间，杜绝传播病菌或昆虫污染产品。在气温高的季节里车间必须具有空调或通风设施，以降低车间温度，这对保证质量非常重要。

精选工序分三道进行，先将烘干洋葱片半成品移入分选机，筛除碎屑杂质，然后在传送带上，初步拣除不合格的黄青皮片、焦褐片、异色片、花斑片和杂质。为检查清除葱片中偶然混入的金属夹杂物，在第一道分选机出料口传送带上安装一台金属检测仪，如有金属反应则停机拣除，同时在传送带出料口安装磁吸设备，以彻底清除干品中混入的铁质夹杂物。

干葱片经一、二道处理后，还必须将干品倒在不锈钢台板或无毒白色塑料板上，进行最后一道仔细拣选，拣净不合格低劣片，同时按成品质量标准要求分等级。拣选时操作要迅速，防止干品停留在拣选台上时间过久，葱片含糖分高容易吸湿，水分升高造成干品不合格，因此，拣选完毕后立即检验、包装。

4　产品质量标准

(1)脱水洋葱片感官指标见表 4-4。

(2)脱水洋葱片理化指标见表 4-5。

表 4-4　脱水洋葱片感官指标

项目	等级								
	优级品			一级品			二级品		
	黄洋葱	白洋葱	红洋葱	黄洋葱	白洋葱	红洋葱	黄洋葱	白洋葱	红洋葱
色泽	乳白	白	淡粉红	淡黄	乳白	淡红	黄	乳黄	淡红稍深
形态	呈月牙形，平伏，大小均匀			稍有皱褶，大小较均匀			大小基本均匀		
气味	具有洋葱特有香味，无异味						允许有轻微焦味		
杂质	不得检出						≤0.1 g/kg		

表 4-5　脱水洋葱片理化指标

项目	等级		
	优级品	一级品	二级品
水分最大含量/%(质量分数)	8.0	8.0	8.0
总灰分/%(质量分数)	5.5	5.8	6.0
不溶于酸的灰分/%(质量分数)	0.5	0.8	1.0

5　任务实践操作建议

操作实施二:洋葱干制品加工

(1)资讯　学生分成 3～5 人一组，各组根据汇总的相关资料，师生共同讨论、分析，用集体智慧完成洋葱加工方案初稿。

(2)决策计划　师生共同讨论、制作汇报提纲，各小组选派 1 名同学进行学习汇报交流，并根据反馈情况，用集体智慧修改并确定洋葱干制品加工方案。

(3)实施　学生按照确定的洋葱干制品加工方案，独立完成工作任务，并填写工作任务记录单(表 4-6)，教师在工作任务实施过程中巡回指导。

表 4-6　工作任务记录单

<table>
<tr><td colspan="6">操作实施二:洋葱干制品加工</td></tr>
<tr><td colspan="4">仪器(设备等):</td><td colspan="2">操作人员:</td></tr>
<tr><td>工作项目</td><td colspan="4">操作内容</td><td>完成情况</td></tr>
<tr><td></td><td colspan="4"></td><td></td></tr>
<tr><td></td><td colspan="4"></td><td></td></tr>
<tr><td></td><td colspan="4"></td><td></td></tr>
<tr><td>改进措施</td><td colspan="5"></td></tr>
<tr><td rowspan="3">工作任务
完成记录
评价</td><td>班级</td><td></td><td>第　　组</td><td>组长签字</td><td></td></tr>
<tr><td>教师
签字</td><td colspan="2"></td><td>日期</td><td></td></tr>
<tr><td colspan="5">评语:</td></tr>
</table>

(4)检查评估及反馈　学生对完成工作任务的表现进行自评和互评，各小组进行总结、考核、评估及反馈，教师做出最后评价，填写工作任务评价及反馈单。

子任务三　脱水蒜片加工

【子任务要求】

通过操作实施，学生掌握脱水蒜片加工的内容、要点和方法，编制脱水蒜片加工技术方案，并能解决脱水蒜片加工中出现的问题。

【任务实践操作】

把大蒜加工成脱水蒜片，不仅保持了大蒜特殊风味，而且贮运、食用方便。

1　准备主要材料

新鲜大蒜。

2　工艺流程

挑选→清理→切片→漂洗→脱水(烘干)→平衡水分→分选→包装→成品。

3　操作步骤

(1)选料　选无腐烂、无病虫害、无严重损伤及疤痕的白皮瓣、无干瘪的大蒜头。

(2)清理　先用清水清除蒜头附着的泥沙、杂质等。然后用不锈钢刀切除蒜蒂，剥出蒜瓣，去净蒜衣膜，剔除瘪瓣及病虫蛀瓣。经清理后的蒜瓣立即装入竹筐中，在流动清水槽中反复漂洗或用高压水冲洗几遍。注意裸蒜瓣必须在 24 h 之内加工完毕，否则将影响干制品的色泽。

(3)切片、漂洗　一般采用机械切片。切片时，要求刀片锋利，刀盘平稳，速度适中，以保证蒜面平滑、片条厚薄均匀。蒜片厚度以 1.5 mm 为宜。片条过于宽厚，则干燥脱水慢，色泽差；片条过于薄窄，色泽虽好，但碎片率高，片形不挺。切片时须不断加水冲洗，以洗去蒜瓣流出的胶质汁液及杂质。切出的蒜片立即装入竹筐内，用流动水清洗。清洗时可用手或竹、木耙将蒜片自筐底上下翻动，直至将胶汁漂洗净为止。

(4)脱水(烘干)　将洗净的蒜片装入纱网袋内，采用甩干机甩净附着水，将甩净水的蒜片摊在晾筛上，放入烤炉或烤房内，于 55 ℃下持续 6～7 h。烘干过程中，注意保持干燥，室内温度、热风量、排湿气量稳定，并严格控制烘干时间及烘干水分。若烘干时间过长、温度过高，会使干制品变劣，影响其商品价值。一般将出的烘干品水分含量控制在 4%～4.5%即可。

(5)平衡水分　由于蒜片大小不匀，含水量略有差异，所以烘干后的蒜片，待稍冷却后，应立即装入套有塑料袋的箱内，保持 1～2 d，使干品内水分相互转移，达到均衡。

(6)分选、包装　将烘干后的大蒜片过筛，筛去碎粒、碎片，根据蒜片完整程度划分等级，采用无毒塑料袋真空密封，然后用纸箱或其他包装材料避光包装待售、贮运。

另外，筛下的碎片、碎粒可另行包装销售，也可再添加糊精、盐、糖等置粉碎机粉碎为大蒜粉。

(7)注意事项

①整个加工过程中，切忌使用铁器、铜容器，但可用不锈钢器具。

②脱水蒜片成品为白色略淡黄，无深色。蒜片成品的水分不得超过6%。

③贮藏成品蒜片必须在干燥、凉爽的库房内。在贮运过程中不得与有毒有害物质接触。

4　产品质量标准

（1）脱水蒜片感官指标见表4-7。

表4-7　脱水蒜片感官指标

项目	等级		
	优级品	一级品	二级品
色泽	乳白	乳黄	蛋黄
形态	片形完整，大小均匀，无碎片	片形完整，大小较均匀，无碎片	片形大小基本均匀
气味	具有蒜特有辛味，无异味		允许有轻微焦味
杂质	不得检出		≤0.1 g/kg

（2）脱水蒜片理化指标见表4-8。

表4-8　脱水蒜片理化指标

项目	等级		
	优级品	一级品	二级品
水分最大含量/%（质量分数）	8.0	8.0	8.0
总灰分/%（质量分数）	5.5	5.8	6.0
不溶于酸的灰分/%（质量分数）	0.5	0.8	1.0

5　任务实践操作建议

具体内容可参考子任务一柿饼加工与子任务二洋葱干制品加工的任务实践操作建议中任务的实践操作时间、分组安排、内容及步骤，在具体教学中有计划、有步骤地实施。

知识拓展

果蔬干制时容易出现的问题及预防措施

练习及作业

1. 果蔬中的水分存在的状态有哪些？各有何特点？
2. 果蔬干制品有哪些？
3. 常见的干制方法有哪些？
4. 果蔬干制的工艺及其关键点是什么？

5. 影响果蔬干制的因素有哪些？
6. 果蔬干制过程中产生褐变的原因有哪些？如何防止？
7. 冬天生产的干枣，用密封袋包装后，放到夏天发现霉变了，是什么原因？
8. 果蔬干制品表面硬化是怎么形成的？如何防止？

任务二　果蔬罐头制品加工

知识点 1　罐头食品与微生物的关系

在罐藏制品加工过程中凡能导致罐头食品腐败变质的各种微生物都称为腐败菌。随着罐头食品种类(水果、蔬菜)、性质(pH 的不同)、加工方法和贮藏条件(外界气温、罐内的真空情况)的不同，罐内腐败菌可以是细菌、酵母或霉菌，也可以是混合而成的某些菌类。通常按照果蔬罐头的酸性不同大致可以分成低酸性、酸性和高酸性三种类型。不同酸性的果蔬罐头其常见的腐败菌也有所不同(表 4-9)。在实际的生产过程中，应根据不同的果蔬罐头产品特点选择不同的杀菌要求。

表 4-9　按 pH 分类在食品中常见的腐败菌

<table>
<tr><th>食品 pH</th><th>腐败菌温度习性</th><th>腐败菌类型</th><th>罐头食品腐败类型</th><th>腐败特征</th><th>耐热性能</th><th>腐败对象</th></tr>
<tr><td rowspan="5">pH 4.5 以上低酸和中性食品</td><td rowspan="3">嗜热性腐败菌</td><td>嗜热脂肪芽孢杆菌</td><td>平盖酸败</td><td>产酸(乳酸、甲酸、醋酸)，不产气，不胀罐，食品有酸味</td><td>$D_{121℃}=$ 4.0～5.0 min</td><td>青豆、青刀豆、芦笋、蘑菇</td></tr>
<tr><td>嗜热解糖梭状芽孢杆菌</td><td>高温缺氧发酵</td><td>产气(氧气、氢气)，不产硫化氢，产酸(酪酸)，胀罐，食品有酪酸味</td><td>$D_{121℃}=$ 3.0～4.0 min，偶尔有到达 50 min</td><td>芦笋、蘑菇</td></tr>
<tr><td>致黑梭状芽孢杆菌</td><td>致黑(或硫臭)腐败</td><td>产硫化氢，平盖或胀罐(轻胀)，有硫臭味，食品和罐壁变黑</td><td>$D_{121℃}=$ 2.0～3.0 min</td><td>青豆、玉米</td></tr>
<tr><td rowspan="2">嗜温性腐败菌</td><td>肉毒梭状芽孢杆菌 A 型和 B 型</td><td rowspan="2">缺氧腐败</td><td>产毒素，产酸(酪酸)，产气，产硫化氢，胀罐，食品有酪酸味</td><td>$D_{121℃}=$ 0.1～0.2 min</td><td>青刀豆、芦笋、青豆、蘑菇</td></tr>
<tr><td>生孢梭状芽孢杆菌 P. A. 3679</td><td>不产毒素，产酸，产气，产硫化氢，明显胀罐，有臭味</td><td>$D_{121℃}=$ 0.1～1.5 min</td><td>肉类、鱼类，果蔬中不常见</td></tr>
</table>

续表 4-9

食品 pH	腐败菌温度习性	腐败菌类型	罐头食品腐败类型	腐败特征	耐热性能	腐败对象
酸性（pH 3.5～4.5）	嗜热性腐败菌	凝结芽孢杆菌（或耐酸热芽孢杆菌）	平盖酸败	产酸（乳酸），不产气；不胀罐变味	$D_{121℃}=$ 0.01～0.07 min	番茄和番茄制品（番茄汁）
	嗜温性腐败菌	巴氏固氮梭菌	缺氧发酵	产酸（酪酸），产气（氧气、氢气），胀罐，有酪酸味	$D_{100℃}=$ 0.1～0.5 min	菠萝、番茄
		酪酸梭菌				整番茄
		多黏芽孢杆菌	发酵变质	产气，产酸，也产丙酮和乙醇，胀罐		水果及水果制品（桃、番茄）
		软化芽孢杆菌				
高酸性（pH 3.7）以下	嗜温性非芽孢菌	乳杆菌明串珠菌	发酵变质	产酸（乳酸），产气（二氧化碳），胀罐	$D_{65.6℃}=$ 0.5～1.0 min	梨、番茄制品、果汁（黏质）
		酵母		产乙醇，产气（二氧化碳），有膜状酵母在食品表面上产膜状物		果汁、酸渍食品
		霉菌		食品表面长霉	$D_{40℃}=$ 1.0～2.0 min	果酱、糖浆水果
		纯黄丝衣霉、雪白丝衣霉		分解果胶，引起果实裂解，发酵产气（二氧化碳），胀罐		水果

引自：漳州中罐协科技中心，2015.

知识点 2　罐头食品与酶的关系

果蔬原料中含有各种酶，它们参与果蔬的生长、成熟与分解等一系列生理过程，并影响着果蔬中有机物质的变化，而这些变化有些可能导致营养成分的损失乃至品质的裂变。因此在罐藏制品加工过程中需要对酶加以抑制，钝化其活性。酶的活性通常与温度有着密切的关系。大多数酶适宜的活动温度为 30～40 ℃，当温度提高到 80 ℃后，只需热处理几分钟，就能够让几乎所有的酶遭到不可逆性的破坏。

值得指出的是，在过去有些观点认为罐头食品杀菌时不仅腐败菌被杀死，而且酶也遭到钝化，不会出现类似干藏和冷藏食品中才会出现的因为酶而导致变质的问题。然而随着超高温短时杀菌产品的出现，人们发现尽管超高温杀死了有害微生物，但是过短的热力杀菌时间还是无法完全钝化酶的活性。如过氧化物酶在121～150 ℃瞬时处理后仍然能再度活化。因此加工处理中，要完全破坏酶活性，防止或减少由酶引起的败坏，还应综合考虑采取不同的措施。

特别是作为高酸性食品类的果蔬装罐后的热处理温度一般都比较低，它们内部的温度常达不到足以使组织内部的酶钝化的要求。所以酶钝化程度有时也被用作测定食品杀菌效果的指标，如实际生产过程中常用水果中的过氧化酶评定酸性食品罐头热处理效果。除非酶全部遭到破坏，否则它们在容器内仍继续活动而导致食品变质。

知识点3 排气、密封对罐头食品的影响

罐头产品排气不当，容易造成罐内出现残留气体，这部分气体会使杀菌过程中出现罐内传热不均匀的现象，从而导致杀菌不彻底的风险。由于气体中常夹杂着氧气，容易腐蚀罐内壁，并对食品的色、香、味及营养物质的保存产生影响，同时也会氧化食品成分，造成罐头产品在保藏期间发生腐败变质、品质下降等不良现象。如维生素在100 ℃以上并有氧存在时加热，就会缓慢地分解，而无氧存在时就比较稳定；蘑菇及马铃薯等果蔬的果肉组织与氧气接触在酶还未完全钝化之前特别容易产生酶促变色；另外氧气的存在也容易使一些需氧菌（尤其是其芽孢）生长发育，从而使罐内食品腐败变质而不能较长时间贮藏。值得指出的是，罐内气体过多也使得罐内真空度不够，容易与一些品质问题导致的胀罐混淆，因此在罐头生产过程中尤其要注意排气处理，这对罐制品的质量好坏有着重要影响。

密封是罐头产品长期保存的最重要保障。密封操作可以使罐内食品与罐外环境完全隔绝，让其在商业无菌后便不再受到外界空气及微生物污染，从而避免了在保存期内出现腐败变质的风险。不论何种包装容器，如果未能获得严格的密封，都不可能达到长期保存的目的。因此，罐头制品生产过程中需严格做好密封操作，从而保证罐头产品的质量。

知识点4 罐头食品杀菌及影响杀菌的主要因素

4.1 罐头食品杀菌

微生物的生长繁殖是导致食品败坏的主要原因之一，罐头食品如杀菌强度不够，残存在罐头内的微生物或其芽孢在适宜的条件下都能够再次快速繁殖起来，罐外的微生物会在密封不严的时候渗入并造成罐内污染，造成罐头食品的败坏。

4.1.1 杀菌对象菌

食品中常见的微生物主要有霉菌、酵母和细菌。霉菌和酵母广泛分布于大自然中，耐低温的能力强而不耐高温，通常在加热杀菌后的罐头食品中均不能生存，加之霉菌又不耐密封条件，因此，这两种菌在罐头食品生产中是比较容易控制和杀死的。导致罐头食品败坏的微生物主要是细菌，由于罐内的细菌种类很多，所以生产中常以难以杀灭的菌种作为杀菌对象菌。如致病菌中的肉毒梭状芽孢杆菌，耐热性很强，其芽孢在100 ℃经6 min或120 ℃经4 min的加热条件下才能被杀死，并且这种菌在食品中出现的概率较高，所以常以肉毒梭状芽孢杆菌的芽孢作为pH大于4.6的低酸性食品杀菌的对象菌。又如嗜热脂肪芽孢杆菌常出现在蘑菇、青豆和红烧肉等pH高于4.6的罐头食品中；凝结芽孢杆菌常出现在番茄及番茄制品等pH低

于4.6的食品中，导致罐头食品的平盖酸败。

4.1.2 罐头食品杀菌工艺条件的确定依据

合理的杀菌工艺条件是确保罐头食品质量的关键，而杀菌工艺条件主要是确定杀菌的温度和时间，其制定的原则是在保证罐藏食品安全性的基础上，尽可能地缩短杀菌时间，以减少热力对食品品质的影响。而杀菌温度的确定以对象菌为依据，一般以对象菌的热力致死温度作为杀菌温度。杀菌时间的确定则受多种因素的影响，在综合考虑的基础上，通过计算确定。

下边需要引入几个有关细菌耐热性的特性值概念。

D 值：某对象菌在某一个恒定的加热温度条件下，每杀死该菌90%的数量所需要的时间(图4-8)。如图中的例子，P. A. 3679菌种致死率曲线的半对数坐标，穿越一个对数周期的时间大约为4.9 min，即 $D=4.9$ min。*D* 值越大，细菌死亡速度越慢，即该菌的耐热性越强，反之越弱。*D* 值大小与细菌耐热性的强度成正比。

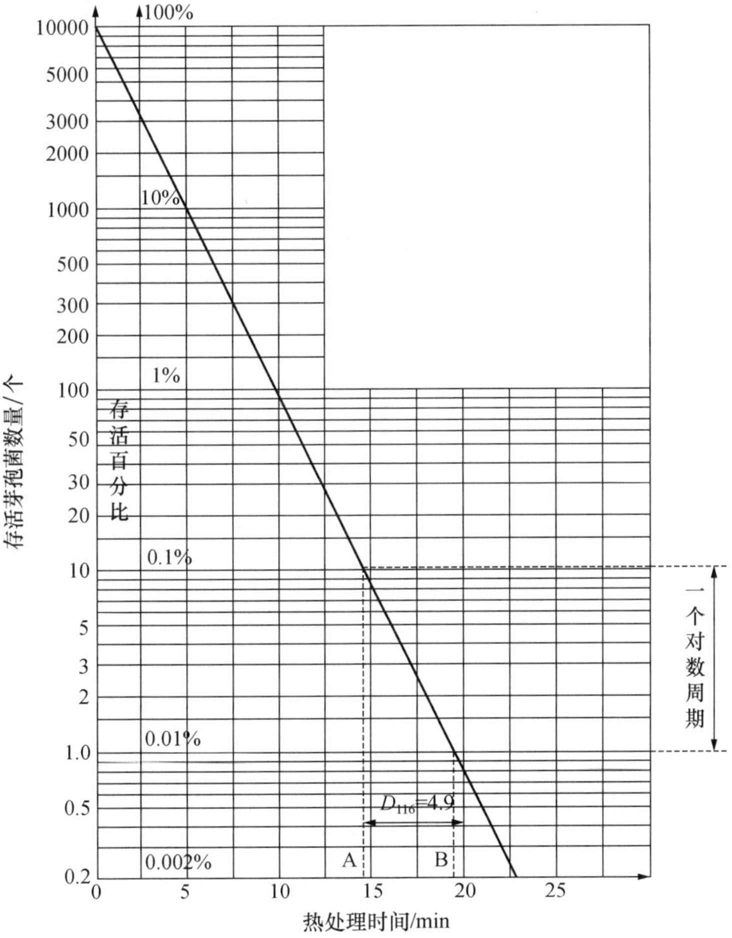

图4-8　某微生物致死曲线

(漳州中罐协科技中心，2015)

Z 值：*Z* 值表示使 *D* 值变化10倍所需的温度，也可以理解为微生物加热致死时间变化10倍所需要升高的温度。如图4-9所示，该微生物在108 ℃时，它的 D_{T_1}(即 D_{108})为20 min，而

在 118 ℃时，它的 D_{T_2}（即 D_{118}）为 2 min，那么由 D_{T_1} 变化到 D_{T_2} 刚好 10 倍（跨越一个对数周期），而它们对应的温度差 118－108＝10 ℃即为 Z 值。表示为 $Z=10$ ℃。因此，可以看出 Z 值越大，因温度上升而取得的杀菌效果就越小。在实践过程中低酸性食品常参照肉毒杆菌，Z 值为 10 ℃，而对酸化或酸性食品的 Z 值一般选为 8.33～8.89 ℃。

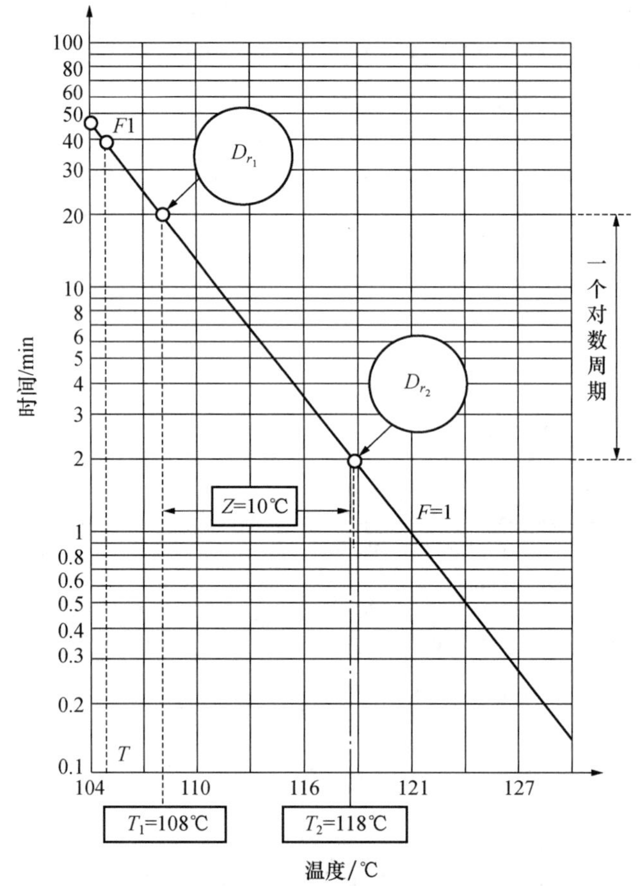

图 4-9　某微生物致死率时间曲线

（漳州中罐协科技中心，2015）

F 值：在一定的致死温度下杀死一定浓度的细菌所需要的加热时间。又称杀菌效率值、杀菌致死值或杀菌强度。

$F_{121}^{10}=F=F_0$ 表示当杀菌以 121 ℃为标温可直接用 F 或 F_0 表示。F_{110}^{8} 则表示致死温度为 110 ℃时杀死 Z 值为 8 ℃的一定数量细菌所需的热处理时间（min）。

杀菌操作过程中罐头食品的杀菌工艺条件主要由温度、时间、反压三个主要因素组合而成。在工厂中常用杀菌式来表达对杀菌操作的工艺要求。

$$\frac{t_1-t_2-t_3(P)}{t}$$

式中：t——杀菌锅的杀菌温度；

t_1——杀菌锅加热升温升压时间（min）；

t_2——杀菌锅内杀菌温度保持稳定不变的时间（min）；

t_3——杀菌锅内降压降温时间(min)；

P——杀菌加热或冷却时杀菌锅内使用反压的压力 Pa。

杀菌式表明罐头食品杀菌操作过程用符号“—”划分为升温、恒温和降温三个阶段。升温阶段就是将杀菌锅温度提高到杀菌式规定的杀菌温度，这一过程中需要确保将杀菌锅内空气充分排除，保证恒温杀菌时蒸汽压和温度充分一致。恒温阶段就是保持杀菌锅温度稳定不变的阶段，此时要注意的是杀菌锅温度升高到杀菌温度时并不意味着罐内食品温度也达到了杀菌温度的要求，实际上罐头内食品尚处于加热升温阶段。一般对流传热型食品的温度在此阶段内能迅速上升，并到达杀菌温度。如汤汁类的蘑菇罐头、芦笋罐头等；而导热型食品升温较为缓慢，有些甚至在恒温杀菌停止并开始冷却时都未能上升到杀菌温度。如浓稠度很高的果酱类罐头。降温阶段就是停止蒸汽加热杀菌并用冷却介质冷却，同时也是杀菌锅放气降压阶段。就冷却速度来说，冷却越迅速越好，但是也要防止罐头爆裂或变形。由于罐内温度下降较罐外慢，内压较高，外压突然降低常会出现爆罐现象，因此生产过程中在冷却过程常需加压(即反压)，如不加反压则排气速度就要减慢，务使杀菌锅和罐内相互间压力差不致过大。为此，冷却就需要一段时间，视情况而异。下面举一个实际的杀菌式例子。

如 15′—30′—10′/121 ℃表示用 15 min 将杀菌锅的温度从始温升高至 121 ℃，然后在 121 ℃下恒温保持 30 min，最后在 10 min 内进行降压降温。

思考：杀菌是罐藏理论的核心，杀菌不彻底将导致细菌的大量繁殖，产生严重的食品安全问题。通过学习罐藏理论，筑牢食品安全意识。

4.2　影响杀菌的主要因素

影响杀菌的主要因素大体可以归纳成物理因素、化学因素以及微生物因素。物理因素有杀菌方式、罐头容器、内容物的黏稠程度、罐头初温、装罐方式、装罐量、杀菌锅内的排气情况及压力等；化学因素包括食品的性质和化学成分；微生物因素有微生物的种类和数量以及原料的微生物侵染程度等。

4.2.1　物理因素

(1)罐内食品的物理性质　与传热有关的食品物理特性主要是形状、大小、浓度、黏度、密度等，食品的这些性质不同，传热的方式就不同，传热速度自然也不同。

热的传递方式有传导、对流和辐射 3 种，罐头加热时的传热方式主要有传导传热和对流传热两种。传热的方式不同，罐内热交换速度最慢一点的位置(常称其为冷点)就不同，传导传热的罐头的冷点在罐头的几何中心，对流传热的罐头的冷点在罐头中心轴上，距罐底 20～40 mm 处。对流传热的速度比传导传热快，冷点温度的变化也较快，因此加热杀菌需要的时间较短，传导传热速度较慢，冷点温度的变化也慢，故需要较长的热杀菌时间。

(2)罐藏容器的物理性质　容器材料的物理性质和厚度影响传热速度，罐壁厚度的增加和热导率的减小都将使热阻增大，传热速度减慢。容器的大小对传热速度和加热时间也有影响，罐型大，升温就慢；同时，大型罐的罐表面至罐中心的距离远，热由罐壁传递至罐中心所需的时间就要长，小罐型则相反。

(3)罐内食品的初温　罐内食品的初温是指杀菌开始时，也即杀菌釜开始加热升温时罐内食品的温度。一般说，初温越高，初温与杀菌温度之间的温差越小，罐中心加热到杀菌温度所需要的时间越短，这对于传导传热型的罐头来说更为显著，而对于对流传热型的罐头影响小。

(4)杀菌釜的形式和罐头在杀菌釜中的位置　目前,我国罐头工厂多采用静止式杀菌釜,即罐头在杀菌时静止置于釜内。静止式杀菌釜又分为立式和卧式两类。传热介质在釜内的流动情况不同,立式杀菌釜传热介质流动较卧式杀菌釜相对均匀。杀菌釜内各部位的罐头由于传热介质的流动情况不同而传热效果相差较大。尤其是远离蒸汽进口的罐头,传热较慢。

(5)罐头的杀菌温度　杀菌温度是指杀菌时规定杀菌釜应达到并保持的温度。杀菌温度越高,杀菌温度与罐内食品温度之差越小,热的穿透作用越强,食品温度上升越快。

4.2.2　化学因素

微生物的耐热性,在一定程度上与加热时的环境条件有关,食品的性质和化学成分是杀菌时微生物存在的环境条件,因此食品的酸、糖、蛋白质、脂肪、酶、盐类等都能影响微生物的耐热性。

①食品的化学成分。罐头内容物中的酸、糖、蛋白质、脂肪、酶、盐类及植物杀菌素对微生物的耐热性有不同程度的影响,有些是对微生物起保护或破坏作用,有些在客观上影响了罐内的传热过程。如糖,一般随着罐头食品中糖浓度升高,杀菌的效果也随之减弱,这需要增加实际的杀菌时间,但在低浓度时则不需要;如食盐,在低浓度(低于4%)时对微生物有保护作用,高浓度(高于10%)的食盐则会增加微生物的致死率;此外,一些食品中含有天然的植物杀菌素或人为添加的一些化学防腐抑菌剂,这类化学成分也会对微生物产生一定的抑制或杀灭的作用,从而增强杀菌的效果。

②食品的酸度。食品的酸度对杀菌效果影响很大,它直接影响到微生物及其芽孢的耐热性。大多数微生物都有其适宜的pH范围。绝大多数微生物均比较耐受pH中性的范围,高的pH或低的pH都会抑制或降低微生物及其芽孢的生长。此外,酸的种类也会影响微生物的耐热性,有资料表明乳酸对微生物的抑制作用最强,苹果酸次之,柠檬酸稍弱。

因此在罐头生产过程中,应非常注重食品的酸度。对于高酸度的食品,通常可以采用低一点杀菌强度,如根据食品的特性,适当降低一点温度或缩短杀菌时间。总体上看可以根据酸性强度及腐败菌的种类,将杀菌的强度分成常压杀菌(杀菌温度≤100 ℃)和高压杀菌(杀菌温度>100 ℃)两种类型。

4.2.3　微生物因素

罐头食品污染的微生物种类很多,微生物种类不同,耐热性明显不同,同一种细菌,菌株不同,耐热性也不同;罐头食品在杀菌前所污染的菌数越多,耐热性越强,在相同温度下所需的致死时间越长。

知识点5　罐头生产工作程序

5.1　空罐准备

5.1.1　罐藏容器的要求

罐藏容器首先是要对人体没有毒害,不污染食品,保证食品符合卫生要求;具有良好的密封性能,保证食品经消毒杀菌之后与外界空气隔绝,防止微生物污染,使食品能长期贮存而不致变质;同时应具有良好的耐腐蚀性;适合工业化生产,能承受各种机械加工。能适应工厂机械化和自动化生产的要求,容器规格一致,生产率高,质量稳定,成本低;容器应易于开启,取食方便,体积小,重量轻,便于携带,利于消费。

5.1.2 常用的罐藏容器

常用罐头容器的特性见表4-10。罐头食品生产时，根据原料特点、罐头容器特性以及加工工艺选择不同的罐头容器。

表4-10 罐头容器特性表

项目	容器种类			
	马口铁罐	铝罐	玻璃罐	软包装
材料	镀锡(铬)薄钢板	铝或铝合金	玻璃	复合铝箔
罐形或结构	两片罐、三片罐，罐内壁有涂料	两片罐，罐内壁有涂料	螺旋式、卷封式、旋转式、爪式	外层：聚酯膜；中层：铝箔；内层：聚烯烃膜
特性	质轻、传热快，避光、抗机械损伤	质轻、传热快、避光、易成形，易变形，不适于焊接，抗大气腐蚀；成本高，寿命短	透光、可见内容物，易破损，耐腐蚀，成本高，可重复利用、传热慢	质软而轻，传热快，避光、阻气，密封性能好，包装、携带、使用方便

5.1.3 选罐

根据食品的种类、特性、产品的规格要求及有关规定选容器，铁罐要求罐型整齐、焊缝完整、补涂均匀、罐盖和罐身翻边处无缺口变形，罐壁无锈斑和脱锡现象；玻璃瓶要求瓶口平整光滑，瓶身无气泡、裂纹等；软包装要看是否破损，拉力、热黏力是否符合要求。选定容器后再进行清洗、消毒、罐盖打印等处理。

5.1.4 清洗与消毒

经清洗消毒后，容器的微生物的残留量每只应从几千万个降低到几百个(200～300)。

金属罐的清洗采用洗罐机，洗罐机有链带式、滑动式、旋转式、滚动式等；玻璃瓶中的新瓶采用刷洗、清水冲净、用蒸汽或热水(95～100 ℃)消毒；旧瓶用40～40 ℃浓度为2%～3%的NaOH溶液浸泡5～10 min，瓶盖先用温水冲洗，烘干后用75%的酒精消毒。

5.2 原料处理

果蔬原料装罐前的处理包括原料的分选、洗涤、去皮、修整、热烫等，其中分选、洗涤是所有原料均必需的，其他处理则视原料品种及成品的种类等具体情况而定。

5.2.1 原料的分选与洗涤

原料的分选包括选择和分级。原料在投产前须先进行选择，剔除不合格的和虫害、腐烂、霉变的原料，再按原料的大小、色泽和成熟度进行分级。这样既便于后续工序去皮、热烫等加工操作，又能提高劳动生产率，降低原料消耗，更重要的是可以保证和提高产品的质量。

原料的大小分级多采用分级机，常用的有振动式分级机和滚筒式分级机两种。振动式分级机适合于体积较小、质量较轻的果蔬的分级。滚筒式分级机有单级式和多级式两种，所谓单级式就是只分大小两级，而多级式的则可分若干等级。滚筒式分级机适合于体积较小的圆形果蔬的分级，如蘑菇、青豆等。色泽和成熟度的分级国内目前主要用人工来进行。

果蔬原料在加工前必须经过洗涤，以除去其表面附着的尘土、泥沙、部分微生物及可能残留的农药等。洗涤果蔬可采用漂洗法，一般在水槽或水池中用流动水漂洗或喷洗，也可用滚筒式洗涤机清洗，具体的方法视原料的种类、性质等而定。对于杨梅、草莓等浆果类原料应小批淘洗或在水槽中通入压缩空气翻洗，防止机械损伤及在水中浸泡过久而影响色泽和风味。采收前喷洒过农药的果蔬，应先用0.5%～1.0%的稀盐酸泡后再用流动水洗涤。

5.2.2 原料的去皮与修整

凡果蔬表皮粗厚、坚硬、具有不良风味或在加工中容易引起不良后果的果蔬外皮，都需要去皮。如苹果、梨、桃、李、杏等外皮富含纤维素、原果胶及角质；柑橘类果实的外果皮富含香精油、果胶、纤维素及味苦的糖苷。去皮的方法主要有以下4种：

(1)手工去皮　该法是通过特别的刀、刨等工具人工削皮，应用较广。其优点是去皮干净、损失率少，并兼具修整的作用，同时也可以将去心、去核、切分等工序同时进行。手工去皮法在果蔬原料质量较不一致的条件下能显示出其优点。但其费工、费时、生产效率低，在大批量生产时困难较大。

(2)机械去皮　一般针对不同的原料开发专门的机械，机械去皮比手工去皮的效率高，质量好，但通常要求去皮前原料有较严格的分级。另外，用于果品去皮的机械，特别是与果实接触的部分应采用不锈钢制造，否则会与果肉中的成分作用产生各种色变，且由于器具容易被酸腐蚀而增加制品内的重金属含量。

(3)热力去皮　原料损失少，色泽好，风味好。但只用于皮易剥离的原料，并要求充分成熟(如成熟度高的桃、枇杷等)，成熟度低的原料不适用。它是利用短时高温处理，使果实表皮升温而松软，果皮膨胀破裂，与内部果肉组织分离，然后迅速冷却而去皮。热源主要有蒸汽与热水。蒸汽去皮一般采用近100 ℃蒸汽，具体的热烫时间可根据原料种类和成熟度而定。热水去皮法，少量生产时可用锅内加热的方法；大量生产时通常采用带有传送装置的蒸汽加热沸水槽进行。如桃可在100 ℃的蒸汽下处理8～10 min，淋水后在毛刷辊或橡皮辊下刷洗；枇杷经95 ℃以上的热水烫2～5 min即可剥皮。

(4)碱液去皮　其原理是利用碱液的腐蚀性来使果实表皮内的中胶层溶解，从而使果皮分离。碱液去皮适应性广，几乎所有的果实均可应用，且对表面不规则、大小不一的原料能达到良好的去皮效果；如果掌握适当，损失率较低，原料利用率较高；同时可节省人工、设备等。碱液去皮时碱液的浓度、处理时间和碱液温度为3个重要参数。如温州蜜柑囊瓣去囊衣时，用酸处理后，需再用0.3%左右的氢氧化钠溶液在常温下处理12 min左右；而在35～40 ℃只需用氢氧化钠处理7～9 min。在45 ℃时，仅需用氢氧化钠处理1～2 min即可。故生产中必须视具体情况灵活掌握，只要处理后轻度摩擦或搅动能脱落果皮，且果肉表面光滑即为适度的标志。经碱液处理后的果实必须充分漂洗，为了降低制品的pH，可用0.1%～0.2%盐酸中和剩余的碱液并防止变色。

5.2.3 原料的热烫

热烫也叫预煮，就是将果蔬原料用热水或蒸汽进行短时间加热处理。其目的主要有：破坏原料组织中所含酶的活性，稳定色泽，改善风味和组织；软化组织，便于后续的加工和装罐；脱除部分水分，保证开罐时固形物的含量；排除原料组织内部的部分空气，减少氧化作用，减轻金属罐内壁的腐蚀作用；杀灭部分附着于原料的微生物，提高罐头的杀菌效果；改进原料的品质，某些原料带有特殊气味，经过热烫后可除掉这些不良气味。

原料热烫的方法有热水处理和蒸汽处理两种。热水热烫具有设备简单、操作方便而且物料受热均匀的特点，可在夹层锅或热水池中进行，也可采用专用的预煮机在常压下操作。但热水热烫存在原料中可溶性物质流失的最大缺点。蒸汽热烫通常是在密闭的情况下，借蒸汽喷射来进行，必须有专门的设备。采用蒸汽热烫，原料的可溶性物质的流失量较热水热烫要少，但也不可避免。

果蔬在热烫后应急速冷却，以停止热作用，从而保持果蔬的鲜嫩度。一般采用流动的水进行冷却和漂洗。热烫、冷却和漂洗用水必须符合罐头生产用水要求，尤其是水的硬度要严格检测，确保合格。硬度过大的水会使果蔬组织坚硬粗糙，某些果蔬如青豆、笋等热烫后需要进行漂洗，以清除一些对成品质量有影响的成分，如淀粉、酪氨酸等。对于一些果蔬来说，用热水热烫和流动水漂洗冷却，会造成可溶性营养物质流失太多，制成品的品质下降。有些果蔬可以考虑采用热风热烫，冷风冷却，并在热风中喷入少量蒸汽，冷风中喷入少量水雾的方法。

5.3 填充液配制

果蔬类罐头加工过程中一般都需要进行填充液的配制。水果罐头需要添加合适的糖酸液来满足开罐时成品可溶性固形物含量和酸度的要求，蔬菜类罐头则添加盐溶液以制成清渍类罐头或添加其他调味液以制成调味类罐头。

填充液配制过程中主要依靠质量守恒原理进行推导，计算所需配制的填充液浓度，如水果类罐头的填充液调配是根据所加原果汁的可溶性固形物含量、原果汁加入比例，结合成品的固酸比（可溶性固形物含量与其可滴定酸含量之比）进行计算。因此调配过程主要包括以下几个步骤。

5.3.1 原果肉糖及酸浓度的测定

测定糖浓度的仪器，一般采用折光计（手提折光计或阿贝折射仪），必须注意糖液温度的校正；测定酸浓度采用酸碱滴定法。

5.3.2 填充液调配计算

根据各类水果罐头产品标准中的开罐糖液浓度和酸浓度的要求，结合装罐前水果本身可溶性固形物及酸含量，每罐装入果肉量及每罐实际注入糖液量，以罐为基本单位按下式计算：

$$Y(Y_1\text{ 或 }Y_2)=\frac{W_3Z(Z_1\text{ 或 }Z_2)-W_1X(X_1\text{ 或 }X_2)}{W_2}$$

式中：W_1——每罐装入果肉量；

W_2——每罐加入糖液量；

W_3——每罐净重；

$X(X_1$ 或 $X_2)$——装罐前果肉可溶性固形物含量或酸度；

$Y(Y_1$ 或 $Y_2)$——糖液中可溶性固形物含量或酸度；

$Z(Z_1$ 或 $Z_2)$——要求开罐时糖液可溶性固形物含量或酸度。

> **思考：**杀菌是罐藏理论的核心，杀菌不彻底将导致细菌的大量繁殖，产生严重的食品安全问题。通过学习罐藏理论，筑牢食品安全意识。

5.3.3 配制糖液

（1）直接法　根据装罐时灌注液所需的糖液浓度，直接称取白砂糖（以选用碳酸法生产的蔗糖为宜）和水，在溶解锅内加热搅拌溶解，煮沸、过滤，除去杂质，排除部分空气和 SO_2，校正浓度后备用，对于需要加酸的灌注液通常采用直接法加入，做到随用随加，必须防止积压，以免蔗糖转化为转化糖，促进果肉色泽变红。如荔枝用的糖液，加热煮沸后，迅速冷却到 40 ℃再加酸，对防止果肉变红，有明显效果。

(2)间接法　先配制高浓度的浓糖浆，装罐时根据装罐要求的浓度加水稀释。加水量按下式推导：(浓糖浆质量＋加水量)×要求的糖液浓度＝浓糖浆质量×浓糖浆浓度

即加水量(kg)＝(浓糖浆浓度－要求的糖液浓度)×浓糖浆质量(kg)/要求的糖液浓度

5.3.4　蔬菜类填充液调配

清渍类蔬菜罐头填充液一般要求成品盐水浓度控制在0.8%～1.5%，所以多数蔬菜罐头(以固重占净重60%计)填充液中的盐水浓度为2%～3%。因浓度较低，盐水的配制多采用直接配制法，配制时将食盐加水煮沸，除去泡沫，经过滤、静置，达到所需浓度即可。为了提高杀菌效果，有的在填充液中加入0.05%～0.10%柠檬酸。

调味类蔬菜罐头为适应不同消费者的口味和要求，有些产品在罐头杀菌前加入适量的具有杀菌效果的调料，如胡椒、丁香、茴香和花椒等。采用的调味液种类很多，但配制的方法主要有两种：一是将香辛料先经一定的熬煮制成香料水，然后将香料水再与其他调味料按比例制成调味液；二是将各种调味料、香辛料(可用布袋包裹，配成后连袋去除)一起一次性配成调味液。

5.4　装罐

5.4.1　装罐方法

根据产品的性质、形状和要求，装罐的方法可分为人工装罐和机械装罐两种。

(1)人工装罐　有些果蔬由于形态、大小、色泽、成熟度等不同，排列方式不一样，通常采用人工装罐。人工装罐多在装罐台上操作，在不锈钢板台上盛放有处理后的原料半成品以及清洗后的容器，随后装罐工人采用手工将产品装入罐内，排列好内容物。软罐头一般采用先定量后装罐的方式，装好物料后送至注液机注加汁液，接着进行排气密封、杀菌。

(2)机械装罐　一般酱类、黏稠食品、液体流汁、颗粒状食品等都能采用此方法。利用机械装罐，速度快，装填较均匀，管理方便，能保证食品卫生，生产效率高。

5.4.2　注意及要求

每一罐中的食品的大小、色泽、形态等基本一致，满足产品净含量、固形物要求(一般每罐净含量允许公差为±3%，出口产品有的要求允许公差为±1%，但整批不得有负公差)。原料准备好后应尽快装罐，保障产品质量及后期杀菌效果。装罐时必须留有适度的顶隙，若顶隙过小，容易造成杀菌后罐头凸起，或装罐量过多，可能引起杀菌不足；顶隙过大，会引起装罐量的不足易瘪罐，空气过多，氧化内壁及食品，一般装罐时的顶隙在6～8 mm，封盖后为3.2～4.7 mm。

5.5　排气密封

5.5.1　排气

排气的主要目的是防止需氧菌和霉菌的生长繁殖；有利于食品色、香、味的保存；同时减少维生素和其他营养素的破坏；防止或减轻罐头在贮藏过程中罐内壁的腐蚀。

常见的排气方法有3种：①热力排气法。它是根据气体受热膨胀的原理，将罐内空气予以排除的一种方法。这种方法适合非热敏性的且组织内空气多的食品。但也存在自身的一些不足，比如从加工便捷性上看，一般会要求加热后需立即密封，但由于不同罐的温度有差异，这造成每罐的真空度会有所差异。②真空密封排气法。这种方法是借助于真空封罐机将罐头置于真空封罐机的真空环境中完成排气和封罐操作，并将顶隙和食品中部分空气抽出以获得一定真空度。它的特点是操作时间短，减少了受热环节，但只能排除罐头顶隙部分的空气，对于罐

头食品内溶解的气体难以排除。③蒸汽喷射排气法。它是在封罐的同时向罐头顶隙内喷射具有一定压力的高压蒸汽，通过蒸汽驱赶，置换顶隙内的空气，密封冷却后顶隙内的蒸汽冷凝而形成一定的真空度。该方法排气速度快，对罐内顶隙大小有要求，与真空密封排气法相同，难以将食品内部的空气及罐内食品间隙中的空气排除掉。对于有上述要求的产品，需考虑结合抽空处理将食品内部空气排除，方可获得满意的真空度。

5.5.2 密封

罐头食品的密封是借助于封罐机将罐身和罐盖紧密封合，使罐内长期保持高度的密封状态，使罐内食品与外界完全隔绝而不再受外界环境和微生物的感染，是罐头食品能长期保存而不变质的原因之一，也是罐头食品生产加工的一道重要工序。根据罐头食品密封容器的不同，密封的要求和方法也不同。

(1)金属罐的密封　金属罐的密封是指罐身的翻边和罐盖的圆边在封口机中进行卷封，使罐身和罐盖相互卷合、压紧而形成紧密重叠的卷边的过程。金属罐密封形成的卷边多为二重卷边，部分金属罐头密封形成三重卷边。金属罐的密封设备有半自动封罐机、全自动封罐机和手扳式封罐机。手扳式封罐机不配备抽空装置，加热排气后便进行密封。

(2)玻璃罐的密封　玻璃罐罐身是玻璃，罐盖是镀锡薄钢板，玻璃罐的密封靠镀锡薄钢板和密封圈紧压在玻璃瓶口而形成密封。玻璃罐瓶口边缘的造型多种多样，镀锡薄钢板罐盖与玻璃罐瓶口的紧压方式与密封的方法随之而不同，通常根据不同的紧压方式和密封方法对玻璃罐进行分类，有采用卷边密封法进行密封的卷封式玻璃罐，有采用旋转式密封法进行密封的旋转式玻璃罐和采用揿压式密封法进行密封的揿压式玻璃罐。玻璃罐瓶口边缘造型的多样性，玻璃罐的密封设备也相应的有卷封式玻璃罐封罐机、旋转式玻璃罐封罐机和揿压式玻璃罐封罐机。

(3)蒸煮袋的密封　蒸煮袋即软罐头，一般采用真空包装机进行热熔密封。依靠内层的聚丙烯材料在加热时合成一体而达到密封的目的。封口效果取决于蒸煮袋的材料性能，热熔合时的温度、时间、压力和封边处是否有附着物等因素。

5.6 杀菌

5.6.1 初温控制

初温是在罐头杀菌前测定的，传统的方法是取本锅第一篮第一罐(也即从封罐机封出来的第一个罐头)，将温度计插入罐内测定其冷点温度。测定初温是控制杀菌过程的第一个关键环节，工艺上要求每个杀菌锅每次杀菌都要开启初温最低的一罐进行测定，并作好记录。初温高低与杀菌效果有密切关系。如同罐型的玉米罐头，初温为 71.1 ℃中心温度，杀菌达到 115 ℃时需要 40 min，而初温为 21.1 ℃的罐头，杀菌要达到 115 ℃则需要 80 min。所以，一个杀菌式的应用是与杀菌前罐头的最低温度有关的，不同的罐头初温，要选用不同的杀菌式，即当初温低于某一下限时，就要根据不同的罐型、品种，在原有杀菌式的基础上适当延长升温时间。如蘑菇罐头，当初温在 30 ℃以下，7114＃以下罐型杀菌升温时间要延长 1 min、9124＃罐型延长 2 min、15178＃罐型则要延长 3 min。这样才能使杀菌效果保持一致或提高。

5.6.2 不同原料的杀菌方式

(1)水果类　水果罐头属于酸性食品，其 pH 一般在 4.5 以下，故都采用沸水或沸点以下的温度杀菌。杀菌条件因产品种类、加工工艺过程的卫生条件、罐型大小等不同而异(真空密封比加热排气密封杀菌升温时间要延长 3～5 min)。杀菌方法有水浴加热和蒸汽加热。一般水浴加热较蒸汽加热传热均匀而迅速。水果罐头杀菌以达到杀死罐内有害微生物，防止罐头败坏，并使果肉适当煮熟，改善组织和风味即可。过度的加热，易使果肉软烂，汁水混浊，色泽风味恶化。酸度较低的龙眼等水果罐头，生产时可加入适量柠檬酸降低内容物的 pH，以确保沸点以下温度的杀菌强度。

(2)蔬菜类　蔬菜类罐头(包括菇类)，除番茄、醋渍、酱(盐)渍等类产品外，均属低酸性或接近中性的食品。由于原料在土壤中污染耐热性芽孢菌机会多，故大部分产品必须采用高温杀菌，才能达到长期保存的目的。

但蔬菜类由于组织娇嫩、色泽和风味对热较敏感，稍高的温度，或较长的时间，极易引起组织软烂和风味色泽的恶化，严重损害制品的质量。

注意 1:杀菌条件必须根据蔬菜原料的品种、老嫩、内容物的 pH、罐内热的传导方式和快慢、微生物污染程度、罐头杀菌前的初温、杀菌设备的种类等条件而定。

注意 2:在不影响产品的风味和色泽的前提下，适当降低 pH(使内容物偏酸性)，可缩短杀菌时间。

注意 3:严格执行杀菌工序的操作规程。杀菌过程必须严格保持温度的准确性，特别是高温短时间杀菌，温度稍有误差，则对杀菌强度影响很大。保证升温、降温和主杀菌时间的准确。如采用反压降温冷却，则应考虑适当增加主杀菌时间。抽气密封的产品，一般延长升温时间 2 min 即可。

5.6.3　不同包装材料罐头杀菌操作注意事项

(1)金属罐　金属罐的杀菌多采用蒸汽作为加热介质，杀菌设备采用间歇的卧式杀菌锅或立式杀菌锅。杀菌过程应注意的几个方面如下。

注意 1:杀菌篮应由多孔金属板制成，底部和中间有一定孔径的孔眼，杀菌篮中分隔板也须有一定大小的孔眼，使蒸汽得以充分循环回流。根据热分布试验，使用分隔板的杀菌锅其排气时间较之无分隔板的长，因此必须增加分隔板的开孔，改善热分布状态，减缩排气时间。可见温度迟滞不仅是由排气后锅内残留空气所致，还与罐头之间蒸汽流通不良有关。

注意 2:杀菌时升温很重要，升温时间是指蒸汽引入锅内开始至达到杀菌温度的过程。在升温期间蒸汽流经杀菌锅排放出口，驱使锅内余留空气排出，并使锅内温度上升，使杀菌锅内温度在一定时间内达到工艺所指定的要求。整个杀菌过程中必须正确使用杀菌锅上的排气阀以及排水阀等，务必使排气彻底，否则将会造成空气包(气袋)，影响传热和杀菌效果。

注意 3:杀菌恒温结束，进入冷却阶段，由于锅内蒸汽迅速冷凝，会造成锅内压力迅速下降，因此，必须及时地补充压缩空气，以维持稳定的锅内反压力。同时通过调节进出水阀，在杀菌锅内灌满冷却水，并在稳定的规定反压力下，维持所需要的冷却时间。

(2)玻璃瓶　在杀菌过程中，玻璃瓶罐的跳盖现象是这类产品生产中常见问题。

原因是玻璃瓶罐的膨胀系数几乎为零，当罐头在杀菌锅内经蒸汽加热后，压力开始上升，在没有外界压力加以平衡的情况下，增加到内压力大于外压力时就会造成跳盖。

为避免玻璃瓶罐跳盖现象的发生，必须在杀菌时另外加上反压力来保证杀菌过程的安全性。所需补充的反压力大小，在理论上应等于或大于罐内外压力差与允许压力差之差。玻璃瓶罐允许压力差应等于零，即罐内压力和杀菌锅内压力应相等，但在等温情况下，罐内压力总是大于杀菌锅内压力，因为它比杀菌锅内压力增加一个空气压力部分。所以，玻璃瓶罐在高压杀菌过程中要同时采用压缩空气或高压水在杀菌锅内形成补充压力。

(3)蒸煮袋　软罐头(薄膜袋)和马口铁罐、玻璃瓶等一样经封口同样要杀菌,软罐头食品如果在 100 ℃以上加热杀菌,由于袋内残存空气、水蒸汽和食品的膨胀,产生内压力,当内压过高就会造成软罐头破裂。为防止薄膜袋破裂,首先封袋时袋内残留空气尽可能少,同时在杀菌过程中与玻璃瓶罐相同,要采用加压杀菌、加压冷却。

软罐头内残留空气还会影响热传导,残留空气量越多,传热越差,当残留空气超过软罐头内容物 10%时,就会有杀菌不足的危险,这个指标可通过前道工序封口真空度来控制,通常控制在 0.05～0.07 MPa 范围内,要注意考虑不同的真空封口机以及不同内容物封口时的效果差异。但实际生产中,并非真空度越高越好,真空度太高,容易将软罐头薄膜袋抽出褶皱,影响美观,同时出现硬褶,对保存也不利,所以软罐头内残留气体量要根据实际情况确定。

5.7　冷却

各类果蔬罐头杀菌后必须快速冷却,防止继续受热而影响内容物的色、形、味,造成组织恶化及铁罐内壁腐蚀等质量问题,并严防嗜热性芽孢菌的发育生长。罐内温度以摇匀后达 40 ℃左右为宜,防止冷却过低或罐头在冷却中浸泡时间过长,引起罐外生锈。罐头冷却后,应及时擦干或烘干。

常压杀菌后的马口铁罐头直接投入冷水中,待罐温冷却到 40 ℃左右时取出,利用罐内的余热使罐外附着的水分蒸发,如果冷却过度,则罐外附着的水分不易蒸发掉,特别是罐缝水分蒸发困难,易引起铁皮锈蚀或微生物的再次污染。

玻璃瓶罐由于导热能力较差,杀菌后不能直接投入冷水中冷却,否则易引起破裂,应进行分段冷却。

非常压杀菌后的罐头,由于杀菌时罐内食品因高温而膨胀,罐内压力显著增加,如果杀菌完毕后迅速恢复常压,就会使内压过大而造成罐的变形或破裂,影响罐头密封性能。因此,对这类罐头要采用加压冷却,即反压冷却,使杀菌锅内的压力稍大于罐内压力,等到罐头内容物充分冷却,内压缓和时,就不致发生膨胀或破裂。加压冷却可利用蒸汽加压冷却,或利用空气加压冷却,或及时将冷水打入杀菌锅内冷却。热力杀菌后,仍会受悬浮于罐头冷却水中或输送带上及搬运设备不洁表面的微生物的再次污染。

冷却用水应符合国家饮用水卫生标准,当水质达不到要求时,最经济而有效的办法是加氯处理,其中常用的为加入次氯酸钠(漂白粉)控制水中有效氯含量为 3～5 mg/kg。

子任务一　糖水梨罐头加工

【子任务要求】

学生通过操作实施,掌握糖水梨罐头加工的内容、要点和方法,编制糖水梨罐头加工方案,并能解决糖水梨罐头加工中出现的问题。

【任务实践操作】

1　准备主要材料

梨、白砂糖、柠檬酸、食盐、焦亚硫酸钠等。

2 工艺流程

原料选择→分级→清洗→去皮→去柄→去果心→修整→护色→抽空处理→热烫→调酸→装罐→注糖水→排气→封罐→杀菌→冷却→检验→包装→成品。

3 操作步骤

(1)原料选择 原料的好坏直接影响罐头的质量。感官标准:新鲜饱满、成熟度七至八成、肉质细腻、石细胞少、香味清爽、无霉烂、无冻伤、无病虫害和机械伤的果实。大小标准:莱阳梨和雪花梨一般在65～90 mm,鸭梨和长把梨等大于60 mm。

(2)去皮、去柄、去果心 产量大以机械去皮为主,产量少的多用手工去皮。去皮后的梨切半,挖去籽巢和蒂把,要使巢窝光滑而又去尽籽巢。

(3)护色 梨块不能直接暴露在空气中,应浸入护色液(1%～2%盐水)中。

(4)抽空 梨一般采用湿抽法。应根据原料梨的性质和加工要求确定选用哪一种抽空液。莱阳梨等单宁含量低,加工过程中不易变色的梨可以用盐水抽空,操作简单,抽空速度快;加工过程中容易变色的梨,如长把梨则以药液作为抽空液为好,药液的配比为:盐2%,柠檬酸0.2%,焦亚硫酸钠0.02%～0.06%。药液的温度以20～30 ℃为宜,若温度过高会加速酶的生化作用,促使水果变色,同时也会使药液分解产生SO_2而腐蚀抽空设备。巴梨可以不经抽空和热烫,直接装罐即可。

(5)热烫 凡用盐水或药液抽空的果肉,抽空后必须经清水热烫,热烫时应沸水下锅,迅速升温。热烫时视果肉块的大小及果实的成熟度而定。含酸量低的如莱阳梨可在热烫水中添加适量的柠檬酸(0.15%)。热烫后急速冷却。

(6)调酸 糖水梨罐头的酸度一般要求在0.1%以上,如果低于这个标准会引起罐头的败坏和风味的不足。一般当原料梨酸度在0.3%～0.4%范围内时,不必再外加酸,但要调节糖酸比,以增进成品风味。

(7)装罐、注糖水 使用玻璃瓶按大小、成熟度分开装罐,使每一罐中的果块大小、色泽、形态大致均匀,块数符合要求。每罐装入的水果块重量一般要求果块重量不低于净重的55%(生装梨为53%,碎块梨为65%),依据合适糖酸比配制糖水液后,按照标准的容量加入罐中。

(8)排气、封罐 装罐后即送入排气箱加热排气,罐中心温度80 ℃以上,立即封罐。真空封罐时,真空度控制在53.3～66.7 kPa。

(9)杀菌和冷却 可选择低温连续转动杀菌,在82 ℃度下杀菌12 min,使产品中心温度达到76 ℃以上,并冷却到表面温度38～40 ℃即得成品。也可采用沸水杀菌法,将罐头在沸水中煮15～20 min,具体时间根据罐头大小及装罐量适当调整。杀菌时间过长和不迅速彻底冷却,会使果肉软烂,汁液浑浊,色泽、风味恶化。

4 产品质量标准

参照中华人民共和国轻工行业标准QB/T 1379—2014梨罐头。

5 任务实践操作建议

操作实施一：糖水梨罐头加工

(1)资讯 学生分成 3～5 人一组，各组根据汇总的相关资料，师生共同讨论、分析，用集体智慧完成糖水梨罐头加工方案初稿。

(2)决策计划 师生共同讨论、制作汇报提纲，各小组选派 1 名同学进行学习汇报交流，并根据反馈情况，用集体智慧修改并确定糖水梨罐头加工技术。

(3)实施 学生按照确定的糖水梨罐头加工技术方案，独立完成工作任务，并填写工作任务记录单(表 4-11)，教师在工作任务实施过程中巡回指导。

表 4-11 工作任务记录单

<table>
<tr><td colspan="6">操作实施一：糖水梨罐头加工</td></tr>
<tr><td colspan="4">仪器(设备等)：</td><td colspan="2">操作人员：</td></tr>
<tr><td>工作项目</td><td colspan="4">操作内容</td><td>完成情况</td></tr>
<tr><td></td><td colspan="4"></td><td></td></tr>
<tr><td></td><td colspan="4"></td><td></td></tr>
<tr><td></td><td colspan="4"></td><td></td></tr>
<tr><td>改进措施</td><td colspan="5"></td></tr>
<tr><td rowspan="3">工作任务
完成记录
评价</td><td>班级</td><td></td><td>第 组</td><td>组长签字</td><td></td></tr>
<tr><td>教师
签字</td><td colspan="2"></td><td>日期</td><td></td></tr>
<tr><td colspan="5">评语：</td></tr>
</table>

(4)检查评估及反馈 学生对完成工作任务的表现进行自评和互评，各小组进行总结、考核、评估及反馈，教师做出最后评价，填写工作任务评价及反馈单。

子任务二 糖水橘子罐头加工

【子任务要求】

学生通过操作实施，掌握糖水橘子罐头加工的内容、要点和方法，编制糖水橘子罐头加工方案，并能解决糖水橘子罐头加工中出现的问题。

【任务实践操作】

1 准备主要材料

新鲜橘子、白砂糖、柠檬酸等。

2 工艺流程

原料选择→选果、清洗→热烫→去皮、去橘络、分瓣→酸、碱处理及漂洗→漂检→装罐→排气、密封→杀菌、冷却。

3 操作步骤

(1)原料选择 橘子罐头加工宜采用易剥皮，肉质好，硬度较高。囊瓣大小均一，囊衣薄，无核或少核的品种。果实宜在其组织紧密、细嫩、香味浓、风味较好时采收。一般可溶性固形物在10%左右，含酸量为0.8%～1%，糖酸比适度，约12∶1。

(2)选果、清洗 一般进厂后须在24 h内及时加工。加工前应首先除去畸形、干瘪、霉烂、重伤、裂口的橘子，再根据相应加工品种分成大中小三级。通常按照10 mm大小分一个等级。在分级后将果实进行清洗。

(3)热烫 通常将分级清洗后的果实分批投入热水中进行热烫。热烫的目的是为了便于后续果肉分离。热烫的时间和温度因品种、果实大小、果皮厚薄及果实的成熟度高低而有差异。一般选择在90～95 ℃的热水中漂烫40～60 s。总体要求是以皮烫而肉不烫，便于除去橘瓣上的橘络为度。热烫的果实后宜立即去皮、去络、分瓣，不得挤压或冷却后重新热烫。

(4)去皮、去橘络、分瓣 通常采用人工方式处理。一般从果蒂处一分为二，翻转去皮并顺便除去部分的脉络，然后分瓣，分瓣时手指不能用力过大，防止剥落果肉而流汁。同时剔除僵硬、畸形、破碎的橘片。

(5)酸、碱处理及漂洗 酸、碱处理的目的是去橘瓣囊衣，水解部分果胶物质及橙皮苷，减少苦味物质。它与产品汤汁的清晰程度、白色沉淀产生情况及橘瓣背部砂囊柄处白点形成直接相关。先用酸处理，再用碱处理。酸、碱处理要根据品种、成熟度和产品规格要求而定。酸处理时，一般将橘片投入浓度为0.16%～0.22%，温度为30～35 ℃的稀盐酸溶液中浸泡20～25 min。酸处理能使囊衣与汁胞之间的果胶物质溶解，使之膨胀分离，大约浸至囊衣起皱并与汁胞开始呈分离状态时即可结束，浸泡后用清水漂洗1～2次。接着将橘片进行碱处理。碱液可使囊衣溶解剥落，如果碱浓度过大或时间过长，亦能使汁胞壁溶解，会使汁液破裂和囊片破碎。浸碱之后立即用清水清洗干净，并用1%柠檬酸溶液中和，以去除碱液，改进风味。

(6)漂检 漂检过程视脱囊衣的程度而有所不同。全脱囊衣要求能观察到大部分囊衣脱落，不包角，橘瓣不起毛，砂囊不松散，软硬适度，半脱囊衣以背部外层囊衣基本除去，橘瓣软硬适度，不破裂，不粗糙为度。因此针对全脱囊衣橘瓣的漂检一般放在清水盆中用不锈钢镊子除去残余的囊衣、橘络、橘核等。半脱囊衣橘瓣的漂检是用弧形剪剪去果心、挑出橘核后，装入盘中再进行透视检查。

(7)装罐 漂检后的橘瓣一般按照企业的要求，依据橘瓣形状完整程度、色泽、大小等指标分别装罐，通常要求同一罐内的橘瓣大致相同。装罐量是按照产品质量标准进行计算。橘肉装入量不得低于净重的55%。橘瓣分选装罐后需加入预先配制的糖水。按照开罐浓度为16%，结合该批次的原料糖分含量，配制浓度。要求配糖溶液温度在80 ℃以上，并保留有6 mm左右的顶隙。

(8)排气、密封 一般用排气箱排气的，排气时间约10 min，使罐内中心温度达到75 ℃，然后立即趁热封口；若用真空封罐抽气密封，封口时真空度以达450 mmHg为宜。

(9)杀菌、冷却 采用杀菌式:5′—20′/100 ℃进行杀菌。然后冷却(亦可采用分段冷却)至40 ℃以下。冷却后的罐头应送入保温库中贮藏5～7 d,保温期定期进行观察检查,并抽样做细菌和理化指标的检验。

4 产品质量标准

参照中华人民共和国国家质量标准GB/T 13210—2014柑橘罐头。

5 任务实践操作建议

操作实施二:糖水橘子罐头加工

(1)资讯 学生分成3～5人一组,各组根据汇总的相关资料,师生共同讨论、分析,用集体智慧完成糖水橘子罐头加工方案初稿。

(2)决策计划 师生共同讨论、制作汇报提纲,各小组选派1名同学进行学习汇报交流,并根据反馈情况,用集体智慧修改并确定糖水橘子罐头加工技术。

(3)实施 学生按照确定的糖水橘子罐头加工技术方案,独立完成工作任务,并填写工作任务记录单(表4-12),教师在工作任务实施过程中巡回指导。

表4-12 工作任务记录单

<table>
<tr><td colspan="6">操作实施一:糖水橘子罐头加工</td></tr>
<tr><td colspan="3">仪器(设备等):</td><td colspan="3">操作人员:</td></tr>
<tr><td>工作项目</td><td colspan="4">操作内容</td><td>完成情况</td></tr>
<tr><td></td><td colspan="4"></td><td></td></tr>
<tr><td></td><td colspan="4"></td><td></td></tr>
<tr><td></td><td colspan="4"></td><td></td></tr>
<tr><td>改进措施</td><td colspan="5"></td></tr>
<tr><td rowspan="3">工作任务
完成记录
评价</td><td>班级</td><td></td><td>第 组</td><td>组长签字</td><td></td></tr>
<tr><td>教师
签字</td><td colspan="2"></td><td>日期</td><td></td></tr>
<tr><td colspan="5">评语:</td></tr>
</table>

(4)检查评估及反馈 学生对完成工作任务的表现进行自评和互评,各小组进行总结、考核、评估及反馈,教师做出最后评价,填写工作任务评价及反馈单。

子任务三 盐水蘑菇罐头加工

【子任务要求】

学生通过操作实施,掌握盐水蘑菇罐头加工的内容、要点和方法,编制盐水蘑菇罐头加工技术方案,并能解决盐水蘑菇罐头加工中出现的问题。

【任务实践操作】

1 准备原辅料

蘑菇、食盐、柠檬酸、水。

2 工艺流程

原料验收→护色、漂洗→预煮、冷却→大小分级→处理→装罐(←洗罐)→灌汤(←配汤)→排气密封→杀菌冷却→擦罐入库。

3 操作步骤

(1)原料验收　原料的好坏影响蘑菇罐头的质量和整菇比例,也直接影响生产企业的效益,因此把好原料收购质量关是个关键。一般从三方面进行验收,即质量验收(菇径规格、菇柄长度、色泽、气味、形态)、数量验收(采用全数或抽样称重取平均值)、测水分(要求干菇水分低于6%、湿菇水分低于13%,达不到要求的原料降级处理或退回)。

(2)护色　将刚采摘的蘑菇置于空气中,由于蘑菇所含的酚类物质在多酚氧化酶的催化下产生酶促褐变,在菇盖表面会出现褐色的采菇指印及机械伤痕,实验发现当气温高于15 ℃,蘑菇暴露在空气中6 h以上则整个蘑菇均变成红色,经预煮后变棕褐色,严重影响了产品的感观质量。为了减轻或阻止这种有害的变色作用,一般可以采用以下几种护色方法。

方法一:稀食盐溶液——将产地采摘的蘑菇浸入浓度0.6%~0.8%食盐溶液中,运入加工厂,采用这种方法对蘑菇的风味和品质不会有什么不良的影响,但对大批量生产的企业无法采纳。

方法二:亚硫酸盐溶液——常用的有亚硫酸钠、焦亚硫酸钠等。欧美等国在早期生产蘑菇罐头时,曾用它作为蘑菇护色的漂白剂,因它对多酚氧化酶有很强的抑制能力,当SO_2浓度达10 mg/kg时酶的活性几乎完全被抑制。近年来,随着食品工业的发展,食品卫生要求日益严格,关于亚硫酸盐在护色上的使用问题存在争议,目前在美国已完全禁用。

方法三:有资料表明采用抗坏血酸0.3%~0.5%,或柠檬酸亚锡二钠0.05%~0.2%,或柠檬酸0.3%~0.5%,或协同复配进行护色也有较好的效果。

(3)预煮　预煮的操作步骤依次为:①将预煮水加热至100 ℃后均匀下料;②调节预煮水柠檬酸含量在0.07%~0.10%。目的是为了减轻非酶促褐变,增加预煮液的还原性,改进菇色,因此预煮过程必须定时补加,以保证含量;③煮菇温度要求保持95~100 ℃,时间6~8 min,以煮熟为准;④预煮后必须迅速用流动水快速冷却至35 ℃,以免影响色泽、风味、组织。预煮设备多采用连续式、斗式或圆筒预煮机。

(4)分级　数量大的分级多采用转筒式分级机,分级机在设计时必须考虑转筒的转速、倾斜度、转筒直径及转筒上各节孔径的长度,这样才能保证无跳级现象。数量少的可按大小、好坏、色泽等指标采用手工分级。

(5)处理　分好级别的蘑菇,按级进行处理,通常各级均分为整菇、扣菇、片菇、碎菇四档,即各级菇剔除杂质、削除斑点、土根后分别挑出整菇料、扣菇料、片菇料，其余作为碎菇。这四档菇的规格标准可以根据产品的感官标准要求而定。

(6)装罐　每一种罐型根据内容物的不同各有其对应的净重、固重要求，按成品标准掌握。下面以马口铁罐为例(表 4-13)。

表 4-13　罐型与装罐净重

罐型	668＃	763＃	6100＃	7113＃	7116＃	9121＃	9124＃	15173＃	15178＃
净重/g	184	198	284	400	425	800	850	2 840	2 870、2 950、3 000

(7)灌汤　蘑菇装罐需进行灌汤，控制成品盐度在 0.8%～1.5%，不同罐型的填充液浓度如表 4-14 所示。

表 4-14　罐型与装罐填充液

罐型	盐度	柠檬酸	汤温
9124 以下	2.3～2.5%	0.05～0.07%	75 ℃以上
15173、15178	3.0～3.3%	0.10～0.13%	90 ℃以上

(8)排气、密封　如采用加热排气法，在 9124＃以下罐型的中心温度须加热到 75～80 ℃，15173＃、15178＃罐型的加热到 70～75 ℃；采用真空封口的方式排气的 9124＃以下罐型的需达到 0.047～0.05 MPa，15173＃、15178＃号罐型的需达到 0.047～0.053 MPa。密封后需检查封口三率(迭接率、紧密度和完整率)，方可进入杀菌。

(9)杀菌、冷却　蘑菇罐头中经常含有金黄色葡萄球菌，它是一种兼性厌氧菌，在缺氧条件下生长良好，也能在一般细菌不能生长的 10%～15%浓度食盐溶液中生长。此外葡萄球菌肠毒素是葡萄球菌毒素中的一组碱性蛋白质，在条件适宜时，12 h 即可产生。肠毒素比菌体细胞抗热力更强，100 ℃煮沸 30 min 不受破坏。蘑菇罐头需采用高温杀菌方式，杀菌式(间歇式高压杀菌锅)如表 4-15 所示。

表 4-15　罐型与杀菌方式

罐型	杀菌式 1	杀菌式 2
7116＃以下	15′—10′—反压/127 ℃	15′—21′—反压/121 ℃
9121＃、9124＃	15′—15′—反压/127 ℃	15′—28′—反压/121 ℃
15173＃、15178＃	15′—20′—反压/127 ℃	15′—40′—反压/121 ℃

127 ℃杀菌比 121 ℃对菇色、风味都有所改进，同时也减轻了罐内壁腐蚀。

4　产品质量标准

参照中华人民共和国国家标准 GB/T 14151—2012 食用菌罐头质量通则。

5　任务实践操作建议

具体内容可参考子任务一糖水梨罐头加工与子任务二糖水橘子罐头加工的任务实践操作建议中任务的实践操作时间、分组安排、内容及步骤在具体教学中有计划有步骤实施。

知识拓展

果品蔬菜罐头生产中常见质量问题及控制

练习及作业

1. 果蔬罐头杀菌主要是杀死哪些类型的细菌？影响细菌耐热性的因素有哪些？

2. 罐头杀菌式如何表示？罐头食品常用的杀菌方法有哪些？

3. 在生产中，果蔬原料的去皮常用哪些方法？其中碱液及热力去皮方法的原理和注意事项有哪些？

4. 烫漂处理的作用是什么？具体有哪些方法？注意事项有哪些？

5. 果蔬加工为什么多数要进行护色处理？常用的护色处理方法有哪些？

6. 罐头为何要排气？常见的排气方法有哪些？

7. 简述果蔬罐头加工的基本技术。

8. 假设预生产一批菠萝糖水罐头，产品要求可溶性固形物含量为14%，酸度为0.4%。成品要求开罐时可溶性固形物含量为14%～18%、酸度0.18%～0.22%，装罐量为净重的60%。计算出汤液配制中应控制糖的浓度和酸的浓度各为多少？

任务三　果蔬汁制品加工

知识点1　果蔬汁的分类

果蔬汁是指未添加任何外来物质，直接从新鲜水果或蔬菜中用压榨或其他方法取得的汁液。以果蔬汁为基料，加水、糖、酸或香料调配而成的汁称为果蔬汁饮料。果蔬汁的分类方法有很多，按照饮料工业GB/T 31121—2014《果蔬汁类及其饮料》，将果蔬汁分为以下几类。

1.1　果蔬汁(浆)

以水果或蔬菜为原料，采用物理方法(机械方法、水浸提等)制成的可发酵但未发酵的汁液、浆液制品；或在浓缩果汁(浆)中加入其加工过程中除去的等量水分复原而成的汁液、浆液制品。

(1)原榨果汁　以水果为原料，采用机械方法直接制成的可发酵但未发酵的、未经浓缩的汁液制品。采用非热处理方式加工或巴氏杀菌制成的原榨果汁(非复原果汁)可称为鲜榨果汁。

(2)复原果汁　在浓缩果汁中加入其加工过程中除去的等量水分复原而成的制品。

(3)蔬菜汁 以蔬菜为原料，采用物理方法制成的可发酵但未发酵的汁液制品，或在浓缩蔬菜汁中加入其加工过程中除去的等量水分复原而成的制品。

(4)果浆/蔬菜浆 以水果或蔬菜为原料，采用物理方法制成的可发酵但未发酵的浆液制品，或在浓缩果浆或浓缩蔬菜浆中加入其加工过程中除去的等量水分复原而成的制品。

(5)复合果蔬汁(浆) 含有不少于两种果汁(浆)或蔬菜汁(浆)，或果汁(浆)和蔬菜汁(浆)的制品。

1.2 浓缩果蔬汁(浆)

以水果或蔬菜为原料，从采用物理方法制取的果汁(浆)或蔬菜汁(浆)中除去一定量的水分制成的、加入其加工过程中除去的等量水分复原后具有果汁(浆)或蔬菜汁(浆)应有特征的制品。

1.3 果蔬汁(浆)类饮料

以果蔬汁(浆)、浓缩果蔬汁(浆)、水为原料，添加或不添加其他食品原辅料和(或)食品添加剂，经加工制成的制品。

(1)果蔬汁饮料 以果汁(浆)、浓缩果汁(浆)或蔬菜汁(浆)、浓缩蔬菜汁(浆)、水为原料，添加或不添加其他食品原辅料和(或)食品添加剂，经加工制成的制品。

(2)果肉(浆)饮料 以果浆、浓缩果浆、水为原料，添加或不添加果汁、浓缩果汁、其他食品原辅料和(或)食品添加剂，经加工制成的制品。

(3)复合果蔬汁饮料 以不少于两种果汁(浆)、浓缩果汁(浆)、蔬菜汁(浆)、浓缩蔬菜汁(浆)、水为原料，添加或不添加其他食品原辅料和(或)食品添加剂，经加工制成的制品。

(4)果蔬汁饮料浓浆 以果汁(浆)、蔬菜汁(浆)、浓缩果汁(浆)或浓缩蔬菜汁(浆)中的一种或几种、水为原料，添加或不添加其他食品原辅料和(或)食品添加剂，经加工制成的，按一定比例用水稀释后方可饮用的制品。

(5)发酵果蔬汁饮料 以水果或蔬菜、或果蔬汁(浆)、或浓缩果蔬汁(浆)经发酵后制成的汁液、水为原料，添加或不添加其他食品原辅料和(或)食品添加剂的制品，如苹果、橙、山楂、枣等经发酵后制成的饮料。

(6)水果饮料 以果汁(浆)、浓缩果汁(浆)、水为原料，添加或不添加其他食品原辅料和(或)食品添加剂，经加工制成的果汁含量较低的制品。

知识点2 果蔬汁生产工作程序

2.1 原料选择

用于加工果蔬汁的原料应当具有浓郁的风味和香味，无异味，色泽鲜亮且稳定，糖酸比合适，在加工过程中无明显的不良变化，同时要求原料的出汁率高，取汁容易。我国生产的果蔬汁多以柑橘类、苹果、梨、菠萝、葡萄、桃、猕猴桃、芹菜、山楂、胡萝卜和番茄等为原料。果蔬汁加工要求原料有适当的成熟度，一般在九成熟时进行采摘，但是对果形和果实大小并无严格要求。

2.2 原料预处理

> **思考：**通过网络学习了解民族品牌“汇源果汁”及我国果蔬汁加工产业发展历史，增强民族荣誉感，树立创新求变、科技报国情怀。

2.2.1 挑选与清洗

原料加工前须进行严格挑选，剔除霉变、腐烂、未成熟和受伤变质的果实。挑选对于降低农药残留，减少微生物和黄曲霉毒素侵染风险有非常重要的作用，同时也能保持果汁的正常风味。清洗水果原料的目的是去除水果原料表面的泥土、部分微生物以及可能残留的化学物质。若原料出现了腐败现象或者受到污染，就可能对果汁的色、香和味产生不利的影响，混在原料中的杂物也会使果汁出现异味。另外，通过清洗可以大大降低水果原料中的微生物数量，减少耐热菌对果汁的污染。

工业生产时果蔬经水流输送、强制清洗后，进入拣选台，由人工在传送带上进行拣选。可剔除霉烂的、带病虫害的、破损的和未成熟的果实以及混杂于其中的异物。果蔬汁加工中常用的输送(提升)设备有螺旋输送机和带式输送机。

果蔬原料的清洗可采用浸泡、鼓风、摩擦、搅动、喷淋、刷洗、振动等物理方法。同时，在清洗过程中，根据原料的卫生状况，对于农药残留较多的果实，可用一定浓度的稀盐酸溶液或用脂肪酸系洗涤剂进行处理，然后用清水冲洗。对于受微生物污染严重的果实，可用一定浓度的漂白粉或高锰酸钾溶液浸泡消毒，然后再用清水冲洗干净。这样可大大提高清洗效果，以保证果汁质量。果蔬原料的清洗工艺和设备选用应与自身特性相符，既能达到清洗果蔬原料表面的目的，又能避免受机械损伤。

有代表性的果蔬原料清洗设备有鼓风式清洗机、桨叶式清洗机、刷洗机和刷果机等。鼓风式清洗机又称为冲浪式清洗机，其清洗原理是用鼓风机把空气送进洗槽中，使洗槽中的水产生剧烈翻动，对果蔬原料进行清洗。由于利用空气进行搅拌，因而既可加速污物的洗除，又能在强烈的翻动下保护原料的完整性。鼓风式清洗机的结构如图 4-10 所示，主要由洗槽、输送机、喷水装置、空气输送装置、支架及电动机和传动系统等组成。

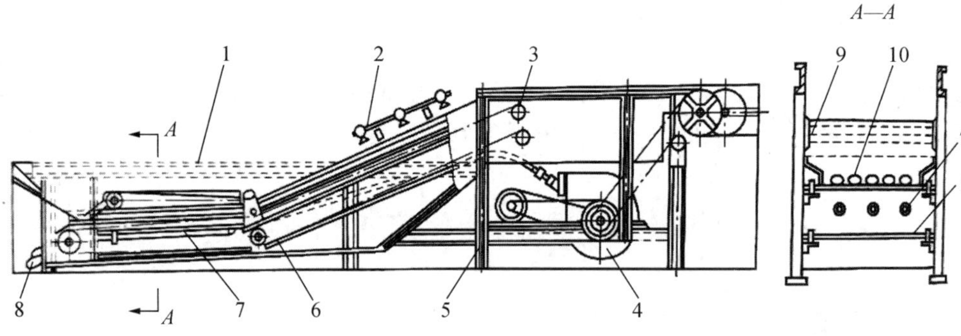

图 4-10 鼓风式清洗机

1. 洗槽 2. 喷水装置 3. 压轮 4. 鼓风机 5. 支架 6. 链条
7. 空气输送装置 8. 排水管 9. 斜槽 10. 原料 11. 输送机

洗槽底部设有送空气的吹泡管，由下向上将空气吹入洗槽中的清洗水中。原料进入洗槽后，放置在输送机上。输送机设计为两段水平输送，一段倾斜输送。第一段水平段处于洗槽的水面之下，用于浸洗原料，原料在此处被空气搅动，在水中上下翻滚，洗除泥垢；倾斜部分设置在中间，在此用清水喷洗原料；第二段水平段处于洗槽之上，用于检查和修整原料，由洗槽溢出的水顺着两条斜槽排出。

2.2.2 破碎

从果实中制取果汁，除渗出法取汁（如山楂）外，一般果实榨汁前都需进行破碎，适当的破碎有利于压榨过程中果浆内部形成果汁排出通道，提高果实的出汁率，尤其是对于皮、肉致密的果实如苹果、梨、胡萝卜等，更需要先行破碎。但破碎粒度要适当，粒度过小，易造成压榨时外层果汁很快榨出，形成一层厚皮，使内层果汁流出困难，造成出汁率下降；粒度过大，榨汁时压榨力不足以使果粒内部果汁流出，一般粒度根据水果成熟度确定，水果硬度比较高时，破碎粒度可以小一些。水果硬度降低，破碎力度要大一些，以便获得比较理想的榨汁效果。不同的原料，不同的榨汁方法，要求的破碎粒度是不同的，一般要求果浆的粒度在 3～9 mm，可通过调节破碎工作部件的间隙来控制。

苹果、梨用破碎机进行破碎时，破碎后果块以 3～4 mm 大小为宜，草莓、葡萄以 2～3 mm 为宜，樱桃为 5 mm，番茄可以使用打浆机来破碎取汁，但柑橘宜先去皮后打浆。对于浊汁，破碎时可加入适量的维生素 C 或柠檬酸等抗氧化剂，以改善果汁的色泽。

一般采用的破碎机有锤式破碎机、齿板式破碎机、离心式破碎机，可根据不同果蔬种类和不同榨汁方法选择适当的设备。

2.2.3 加热处理

原料经破碎成为果浆后，各种酶从破碎的细胞组织中逸出，活力大大增强，同时果品表面积急剧扩大，大量吸收氧，致使果浆发生酶促褐变反应。必要时可对果浆加热，钝化其自身含有的酶，抑制微生物繁殖，保证果汁的质量。加热的时间和条件应根据果蔬种类和果蔬汁的用途而异。一般热处理条件为 60～70 ℃、15～30 min。热处理的目的除了保证果蔬汁的品质外，还在于可以提高出汁率。

原因：第一，加热使细胞原生质中的蛋白质凝固，改变细胞的通透性，同时果肉软化，果胶部分水解，降低汁液黏度，提高出汁率；第二，抑制多酚氧化酶等的酶活性，不使产品发生变色等不良变化；第三，加热有助于色素溶解和风味物质的溶出；第四，可以杀死一些微生物。但是，加热会提高果浆中水溶性果胶的溶出，使果浆出汁率下降。因此，制造澄清果蔬汁或采用果胶含量丰富的果蔬原料时还要配合酶处理。

2.2.4 果胶酶处理

由于果实的出汁率受果实中果胶含量的影响很大，果胶含量少的果实出汁容易；而果胶含量高的果实由于汁液黏性较大，所以出汁较困难。因此在破碎后的果肉中加入适量的果胶酶，可以降低果汁黏度，从而使榨汁和过滤工艺得以顺利完成。酶制剂的品种和用量不合适也会降低果蔬汁的质量和产量。酶制剂的添加量依酶的活性而定，酶制剂与果肉应混合均匀，二者作用的时间和温度要严格掌握，一般在 37 ℃恒温下作用 2～4 h。

2.3 取汁技术

2.3.1 压榨取汁

果蔬原料种类繁多，制汁性能各异，应根据果蔬的结构、汁液存在的部位和组织形状制取。对于大多数果汁含量丰富的果蔬，取汁方式以压榨为主，榨汁方法依原料种类及生产规模而异。根据施加机械力的方式，将榨汁设备分成以下几类：螺旋榨汁机、带式榨汁机、辊式榨汁机、活塞式榨汁机（液压式和气囊式）以及利用离心力榨汁的离心榨汁机等。

螺旋压榨机是一种使用较广泛的连续压榨机，常用于水果榨汁。如图 4-11 所示螺旋压榨机，其主要由杆、顶锥、料斗、圆筒筛、离合器、传动装置、汁液收集斗及机架组成。工作时，物料经入口进入，螺旋的旋转使得物料向前移动，但沿物料流动方向上，螺旋轴与榨笼壁之间的间隙逐渐变窄，使榨膛工作空间也随之变小，压力随之增加，液体由压榨筒上的缝隙挤出从而达到挤压物料的目的，残渣经出料口排出。榨饼出口为压榨机的最后一部分，一般用一个可调锥或其他构件使其部分被挡，这样可以改变出料口的大小从而调节作用于物料上的出口压力，使榨膛内操作正常。操作时，启动机器，先将环形出渣口调至最大，以减小负荷。启动正常后加料，物料就在螺旋推力作用下沿轴向出料口移动，由于螺距渐小，螺旋内径渐大，所以对物料产生预压力。然后逐渐调整出渣口环形间隙，以达到榨汁工艺要求的压力。

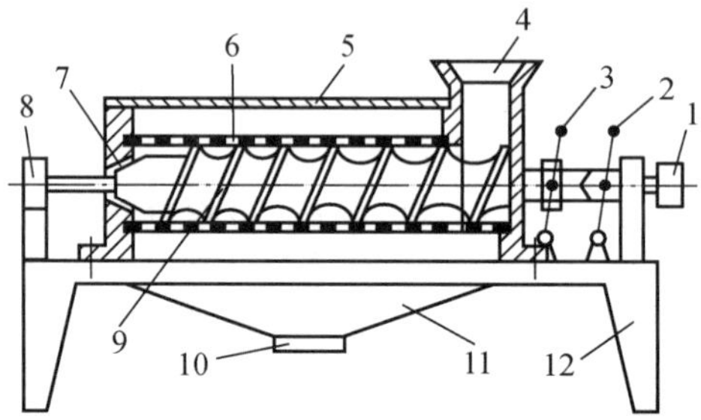

(a)结构示意图

(b)外形图

图 4-11　螺旋压榨机

1. 传动装置　2. 离合手柄　3. 压力调整手柄　4. 料斗　5. 机盖　6. 圆筒筛　7. 环形出渣口　8. 轴承盒　9. 压榨螺杆　10. 出汁口　11. 汁液收集斗　12. 机架

果实的出汁率取决于果实的种类和品种、质地、成熟度和新鲜度、加工季节、榨汁方法和榨汁效能。榨汁过程中的压力、温度、速率、时间等都影响出汁率，其中破碎和挤压层厚度对出汁率有重要影响。对浆料先进行薄层化处理可使果汁排放流畅，另外，进行预排汁能够显著提高榨汁机的出汁率和榨汁效率。

$$出汁率=\frac{榨出的汁液质量}{被加工的水果质量}\times 100\%$$

果蔬破碎后，应尽快进行榨汁。未经压榨而流出的果汁，称为自流汁；经过压榨而流出的果汁，称为压榨果汁。榨汁通常分为冷榨法和热榨法。冷榨法是在常温下对破碎的果肉进行压榨取汁。其工艺简单，但出汁率较低，且在果汁榨出后，为抑制酶的活性，须迅速进行热处理。热榨法是在果肉破碎后即刻对其进行热处理，并在加热条件下进行榨汁。

榨汁要求工艺过程短，出汁率高，最大程度地防止和减轻果蔬汁的色香味和营养成分的损失。现代榨汁工艺还要求灵活性和连续性，以适应原料状况的各种变化，提高榨汁设备的效能，缩短榨汁时间，减少设备内的滞留量，维持高而稳定的生产能力和始终如一的高品质产品。

2.3.2　浸提

对于汁液含量较低的果蔬原料，如山楂、梅、酸枣等，难以用压榨的方法取汁，可在原料破碎后采用加水浸提的方法。果蔬浸提汁不是果蔬原汁，是果蔬原汁和水的混合物，即加水的果蔬原汁，这是浸提与压榨取汁的根本区别。浸提时的加水量直接影响出汁量多少。浸提时要依据浸汁的用途，确定浸汁的可溶性固形物的含量。制作浓缩果汁时，浸汁的可溶性固形物含量要高，出汁率就不会太高；制造果肉型果蔬汁时，浸汁的可溶性固形物的含量也不能太低，因而要合理控制加水量。以山楂为例，浸提时的果水质量比一般为 1∶(2.0～2.5)。一次浸提后，浸汁的可溶性固形物的浓度为 4.5～6.0°Bx，出汁率为 180%～230%。

浸提温度、浸提时间和破碎程度除了影响出汁率外，还影响果汁的质量。浸提温度一般为 60～80 ℃，最佳温度为 70～75 ℃。一次浸提时间为 1.5～2.0 h，多次浸提累计时间为 6～8 h。浸提前应对果蔬进行适当破碎，以增加与水的接触机会，有利于可溶性固形物的渗出。

果蔬浸提取汁的方法主要有一次浸提法和多次浸提法等。可根据原料的具体条件选择适当的浸提工艺参数，如浸提的温度和时间。

2.3.3 粗滤

粗滤又称筛滤。在生产浑浊果汁时，粗滤只需除去分散在果汁中的粗大颗粒，而保存其色粒以获得良好的色泽、风味及香味。当生产透明果汁时，需粗滤后再精滤，或先行澄清处理后再行过滤，以除尽全部悬浮颗粒。粗滤通常装在压榨机汁液出口处，粗滤和压榨在同一机器上完成，如设有固态分离筛的榨汁机和离心分离式榨汁机等；也可在榨汁后用粗滤机单独完成粗滤操作，可采用各种型号的筛滤机，如水平筛、回转筛、圆筒筛、振动筛等，此类粗滤设备的滤孔大小为 0.5 mm 左右。

2.4 不同类型果汁的生产关键技术

2.4.1 果蔬汁澄清技术

用压榨工艺制取的原果汁中含有引起浑浊的物质，主要是细胞碎片和其他不溶性成分，另外还有一些在制汁后才出现于果汁中的固体颗粒，如果胶、蛋白质、多酚等成分相互作用形成的聚合物。因此，若产品为澄清果汁，它们会影响到产品的稳定性，必须采取措施排除果汁中的浑浊物质。常用的澄清方法有以下几种。

(1)酶法澄清　果胶物质是果蔬汁中主要的胶体物质，随果蔬种类的不同，其含量为 70～4 000 mg/L 不等，果汁中的果胶和淀粉物质是导致果汁后浑浊的主要原因，酶法澄清利用果胶酶、淀粉酶等酶制剂分解果汁中的果胶和淀粉物质等达到澄清目的。加入果胶酶，可以使果汁中的果胶物质降解，失去凝胶作用，浑浊物颗粒就会相互聚集，形成絮状沉淀。工业生产的果胶酶制剂是多种酶的复合体，果汁澄清用酶制剂主要含有多聚半乳糖醛酸酶和果胶酯酶。酶解温度通常控制为 50～55 ℃，反应的最佳 pH 因酶种类不同而异。一般在弱酸性条件下进行，pH 为 3.5～5.5，用量为果蔬汁的 0.2%～0.4%。

酶制剂可在鲜榨出的果蔬汁中加入，也可在果蔬汁加热杀菌后加入。鲜榨的果蔬汁中含有天然果胶酶，可起协同作用，使澄清速率加快。但是，有些果蔬中氧化酶活性较高，鲜果汁在空气中存放易氧化而产生褐变，需要将果蔬汁经 80～85 ℃短时加热灭酶，并冷却至 55 ℃以下再进行酶处理。

未成熟的仁果类水果原料含淀粉，常在榨汁时进入果汁中。果汁进入热交换器后，淀粉糊化并逐渐老化，以悬浮状态存在于果汁中而难以除去，灌装后以淀粉-单宁络合物形式出现而导致后混浊。对于这类果汁需要使用淀粉酶，反应条件为温度 30～35 ℃，pH 4.5～5.5，用量根据果汁性质和酶活力而定。完成酶解的果汁还需要澄清，然后进行过滤。

(2)单宁-明胶澄清法　此法适用于苹果、梨、葡萄、山楂等果汁，它们含有较多的单宁物质。明胶、鱼胶或干酪素等蛋白质，可与单宁酸盐形成络合物，而果汁中存在的悬浮颗粒可以被形成的络合物缠绕而沉降,从而达到澄清的目的。另外,果胶、纤维素、单宁等凝胶粒子带负电荷,明胶、蛋白质带正电荷,这样,正负电荷相互作用,促使胶体物质不稳定而沉降,果汁得以澄清。

明胶、单宁的用量主要取决于果汁的种类、品种、原料成熟度及明胶质量,应预先通过试验确定。单宁通常先于明胶加入果蔬原汁中,添加量在 50～150 mg/L,一般明胶用量为 100～300 mg/L,明胶和单宁都分别先行溶解,然后先加入单宁,后加入明胶,此法在酸性和温度较低的条件下易澄清,在 3～10 ℃的处理温度下 5～10 h 可以达到最佳澄清效果。

(3)加热凝聚澄清法　果汁中胶体物质受到热的作用会发生凝集从而形成沉淀,可过滤除去。通常将果汁在 80～90 s 内加热至 80～82 ℃,然后急速冷却至室温,此时果汁中蛋白质和其他胶质变性凝固析出,从而达到澄清的目的。为了避免加热损失部分芳香物质和减少有害的氧化反应,此操作通常在封闭系统中完成。

(4)冷冻澄清法　由于冷冻可以改变胶体的性质,而解冻破坏胶体,因此可将果汁急速冷冻,使一部分胶体溶液完全或部分被破坏而变成无定形的沉淀,在解冻后滤去,以达到澄清的目的。另一部分保持胶体性质的也可用其他方法过滤除去。此法适用于雾状浑浊的果蔬汁澄清,如苹果汁、葡萄汁、草莓汁和柑橘汁等。

在生产澄清果汁时,为了得到澄清透明且质量稳定的产品,澄清后必须再进行精滤,以除去细小的悬浮物质。果汁中的悬浮物可借助重力、加压或真空,使其通过各种滤材而过滤除去。常用的精滤设备主要有硅藻土压滤机、纤维压滤器、真空过滤器、膜分离超滤机及离心分离机等。

①硅藻土压滤机　硅藻土具有很大的表面积,既可作过滤介质,又可以把它预涂在带筛孔的空心滤框中,形成厚度约 1 mm 的过滤层,具有阻挡和吸附悬浮颗粒的作用。它来源广泛,价格低廉,过滤效果好,因而在小型果汁生产企业中广泛应用。

②真空过滤器　是加压过滤的相反例子,主要利用压力差来达到过滤。过滤前在真空过滤器的滤筛上涂一层厚 6.7 cm 的硅藻土,滤筛部分浸在果汁中,过滤器以一定速度转动,均一地把果汁带入整个过滤筛表面。过滤器内的真空使过滤器顶部和底部果汁有效地渗过助滤剂,损失很少。由一特殊阀门来保持过滤器内的真空和果汁的流出。过滤器内的真空度一般维持在 84.6 kPa。

③膜分离超滤机　我国在 20 世纪 90 年代逐步引进了大型微滤和超滤设备,应用的对象主要是苹果汁。如图 4-12 所示为超滤处理系统,由于新鲜的苹果汁含有固体悬浮物、无定形沉淀物、微生物代谢物、淀粉、蛋白质、单宁、果胶和多酚类等物质而呈现浑浊状。传统方法采用酶、皂土和明胶澄清,整个处理时间相对较长,而用超滤或微滤来澄清,只需先部分脱除果胶。这样既减少了酶的用量,又省去皂土和明胶,节约了原材料,整个处理时间不到传统方法的一半,同时果汁回收率提高到 98%～99%,而且果汁质量明显提高,克服了后浑浊问题。

2.4.2　果蔬汁的均质和脱气技术

均质和脱气是浑浊果蔬汁生产中的特有工序,可保证浑浊果蔬汁的稳定性,同时防止果汁营养损失、色泽劣变。

(1)均质　均质是将果蔬汁通过均质设备,使其细小颗粒进一步破碎,使颗粒大小均匀,使果胶物质和果蔬汁亲和,保持果蔬汁的均一浑浊状态,提高其稳定性,从而实现了不易分离和沉淀且口感细滑的目的。目前，生产上常用的均质机有高压均质机、胶体磨和超声波均质机等。

①高压均质机均质　高压均质机（图4-13）主要由柱塞泵、均质阀等部分组成。现代工业用均质机多采用双级均质阀。双级均质阀实际上是由两个单级均质阀串联而成。高压均质机的均质作用是由以下3个因素协同作用产生的：物料以高速通过均质头中阀心与阀座之间所形成的环形窄缝，从而产生强烈的剪切作用，并使物料中的微粒变形和粉碎；物料经高压柱塞泵加压后由排出管进入均质阀，物料在均质阀内发生由高压、低流速向低压、高流速的强烈能量转化，物料在间隙中加速的同时，静压能瞬间下降，产生了空穴作用，从而产生了非常强的爆破力，自环形缝隙中流出的高速物料猛烈冲击在均质环上，使得已经破碎的颗粒进一步得到分散。均质压力根据果蔬种类、要求的颗粒大小而异，一般在15～40 MPa。不能用高浓度、高黏度的料液来均质。禁止粗硬杂质进入泵体。

图4-12　超滤处理系统

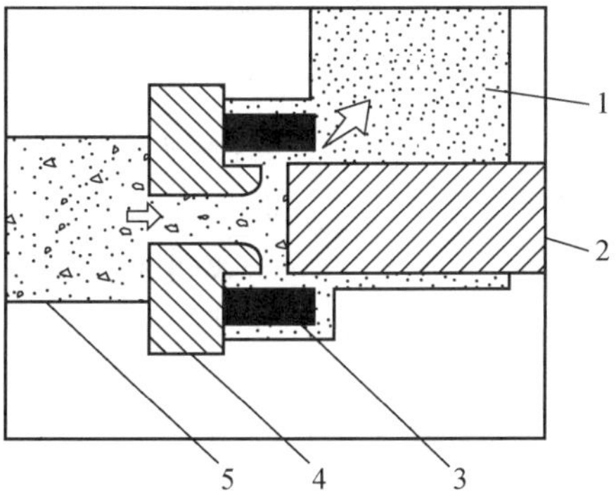

图4-13　高压均质机工作原理图

1. 均质后产品　2. 阀杆　3. 碰撞环
4. 阀座　5. 未均质原料

②胶体磨均质　胶体磨是一种依靠剪切力作用，使流体物料得到精细粉碎的微粒处理设备，如图4-14所示。主要利用快速转动和狭腔的摩擦作用进行均质，即当果蔬汁进入狭腔（间距可调）时，受到强大的离心力作用，颗粒在转齿和定齿之间的狭腔中摩擦、撞击而分散成细小的颗粒。胶体磨由一个可高速旋转的磨盘与一个固定的磨面所组成。两表面间有可调节的微

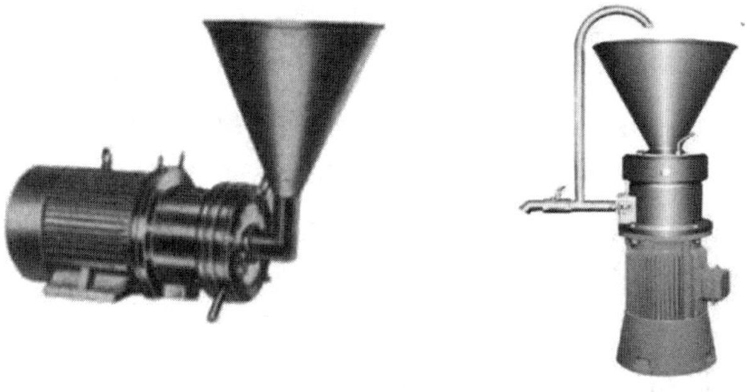

(a) 卧式胶体磨　　(b) 立式胶体磨

图4-14　胶体磨

小间隙，被加工物料通过本身的质量或外部压力加压产生向下的螺旋冲击力，透过定、转齿之间的间隙，使物料受到强烈的剪切摩擦和湍动影响，产生微粒化、分散化作用，从而使物料达到超细粉碎及乳化的效果。

胶体磨结构简单，设备保养、维护方便。与高压均质机不同，胶体磨适用于较高黏度以及较大颗粒的物料。

③超声波均质　超声波是指声波频率大于 20 kHz 的机械弹性波，波速一般为 1 500 m/s，波长一般为 0.01～10 cm。超声波是一种机械振动在媒质中的传播过程，具有聚束、定向、反射和透射等特性，它在介质中主要产生 2 种形式的振动，即横波和纵波，前者只能在固体中产生，而后者可在固、液、气体中产生。超声波与介质的相互作用机制分为 3 种：热机制、机械（力学）机制、空化作用。

超声波均质则是利用超声波在液体中的空化作用及其他物理作用来达到均质效果的。所以，当果蔬汁以较高的速度流向振动设备时，振动设备可产生高频率的振动，这样就产生极大的空穴作用力，对果肉颗粒产生良好的分散作用。通过仪器的调整，超声波均质机可产生 20 kHz 的频率，在这个范围内产生的空穴作用力可达到 50×10^4 MPa。

(2)脱气　果蔬细胞间隙存在着大量的氧、氮和呼吸作用产生的二氧化碳等气体，在加工过程中能进入果汁中，或者被吸附在果肉颗粒和胶体的表面。同时由于原料在破碎、取汁、均质和搅拌等工序中又会混入一定量的空气，所以得到的果汁中含有大量的气体。这些气体通常以溶剂形式在细微粒子表面吸附，也有一小部分以果汁的化学成分形式存在。这些气体必须加以去除，这一工艺即称脱气或去氧。

脱气的目的在于：脱除果蔬汁中的氧气，防止或减轻果蔬汁中的色素、维生素 C、芳香成分和其他营养物质的氧化损失；除去附着在果蔬汁悬浮颗粒表面的气体，防止装瓶后其上浮；减少装罐（瓶）和瞬时杀菌时的气泡；减少金属罐的内壁腐蚀。常用的脱气方法有以下几种。

①真空脱气法　真空脱气是将处理过的果汁用泵打到真空脱气罐内进行抽气。基本原理是气体在液体内的溶解度与该气体在液面上的分压成正比。随着液面上压力的降低，溶解在果蔬汁中的气体不断逸出，直至总压降到果蔬汁的蒸气压时，达平衡状态，此时所有气体即被排除。而此操作所需要的时间则取决于气体逸出的速度和气体排至大气的速度。真空脱气要求果蔬汁的表面积要大。为增加其表面积，可将果蔬汁引入真空室分散成薄膜状或雾状，而真空罐内真空度一般为 90.7～93.3 kPa，同时果汁温度应适当，以使果蔬汁中的气体迅速逸出。

图 4-15 为真空脱气机，由真空泵、浓浆泵及脱气罐等部分组成。工作时，先将果蔬汁引入真空室分散成薄膜状或雾状。以增加果蔬汁的表面积，在适当的温度和真空度条件下，使果蔬汁中的气体迅速逸出，一般可脱除 90% 的空气。脱气机的真空罐内为负压，果蔬汁经特制的喷射管喷射入真空罐，并被迅速雾化打散。根据亨利定律，当压力降低时，气体的溶解度会减小，致使果蔬汁中的游离气体和溶解气体释放出来。经真空脱气可减少果蔬汁中的氧气量，从而减少果汁色泽和风味的变化，同时除去附着在悬浮微粒上的气体，防止微粒上浮，提高制品稳定性，同时可减轻灌装及高温灭菌时产生的起泡现象，也可减少容器壁腐蚀，有利于提高制品的质量。

②置换法　由于惰性气体对果蔬汁的影响不大，因此可通过专门的设备将氮气、二氧化碳等惰性气体压入果蔬汁中，以形成强烈的泡沫流。在泡沫流的冲击下，氮气、二氧化碳等惰性气体将果蔬汁中的氧气置换出来，达到脱气的目的。这样既可减少果蔬汁中挥发性芳香物质

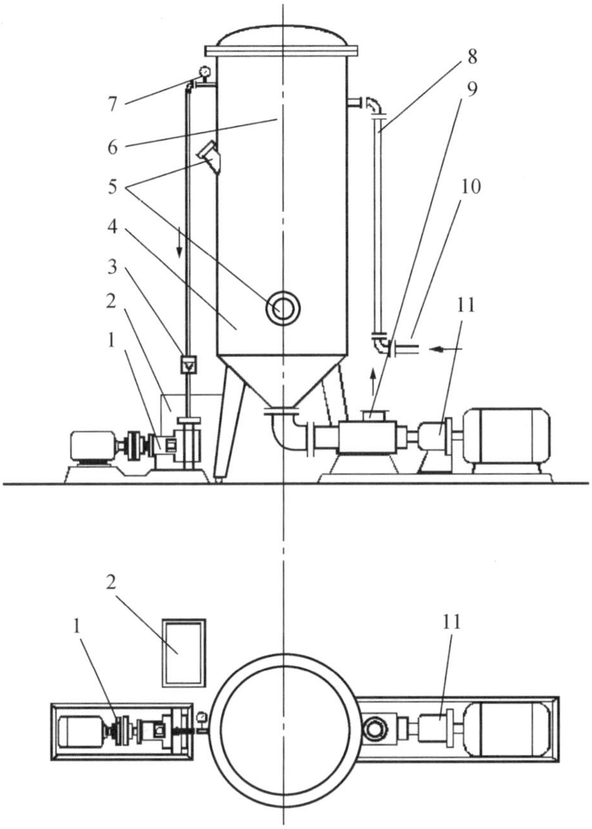

图 4-15 真空脱气机结构图 (左:结构图 右:实物图)

1. 真空泵 2. 水池塘 3. 单向阀 4. 罐体 5. 视镜 6. 脱气器
7. 真空表 8. 进物料管 9. 出料口 10. 进料口 11. 浓浆泵

的损失,也可防止果蔬汁的氧化变色。

③化学脱气法 可在果蔬汁中加入一些抗氧化剂或需氧的酶类作为脱氧剂,以消耗果蔬汁中的氧气,达到脱气的目的。常用的脱氧剂有抗坏血酸、葡萄糖氧化酶等。但在操作时应注意,为避免花青素分解,在含花青素丰富的果蔬汁中不适合应用抗坏血酸。

2.4.3 浓缩技术

原果汁的含水量很高,通常在 80%～85%。浓缩工序可以把原果汁中的固形物含量从 5%～20%提高到 60%～75%。这种浓缩汁有相当高的化学稳定性和微生物稳定性。浓缩度很高的浓缩汁,体积可缩小 6～7 倍。浓缩果蔬汁用途广泛,特别有利于贮藏和运输,可作为各种食品的原料。目前,常用的浓缩方法主要有真空浓缩法、冷冻浓缩法和反渗透浓缩法。

(1)真空浓缩法 真空浓缩是以蒸发的方式使果汁固形物浓度达到 70%～71%。由于绝大多数原果汁的品质容易受到高温损害,所以其浓缩过程通常在低于大气压的真空状态下进行,使果蔬汁的沸点下降,加热使果蔬汁在低温条件下沸腾,水分从原果蔬汁中分离出来。真空浓缩中由于蒸发过程是在较低温度条件下和较短的浓缩时间内进行,能较好地保持果蔬汁的色香味,不会产生影响产品成分和感官质量的反应。果蔬汁在浓缩前应进行适当的高温瞬时杀菌,避免由于真空浓缩的温度条件较适合微生物繁殖和酶的作用而导致果汁品质劣变。

目前，因设备不同，果汁蒸发浓缩的时间从几秒钟到几分钟不等，末效蒸发温度通常为 50～60 ℃。有些浓缩设备的末效蒸发温度可低到 40 ℃以下。

真空浓缩设备是果蔬汁浓缩最重要的和使用最广泛的设备，其型式很多，按照加热蒸汽被利用次数可以分为单效浓缩装置和多效浓缩装置；按照加热器结构型式可以分为中央循环管式蒸发器、盘管式蒸发器、升膜式蒸发器、降膜式蒸发器、片式(板式)蒸发器、刮板式蒸发器和离心式薄膜蒸发器。其中，膜式真空浓缩设备的特点是果蔬汁在蒸发中都呈薄膜状流动，果蔬汁由循环泵送入薄膜蒸发器的列管中，分散呈薄膜状，由于压力减小在低温条件下脱去水分。这种设备热交换效果好，能最大限度地保持果汁的色、香、味及营养成分，是目前广泛应用的浓缩设备。

如图 4-16 所示为长管式蒸发器，可分为升膜式和降膜式两种，它们都属于自然循环的液膜式蒸发器。料液进入加热器管中，与管外的加热蒸汽进行换热，沿管内部形成均匀有效的液膜，料液在管内沸腾产生大量二次蒸汽，而后二次蒸汽与浓缩液的混合物进入分离器进行分离，得到浓缩液后由出口排出。

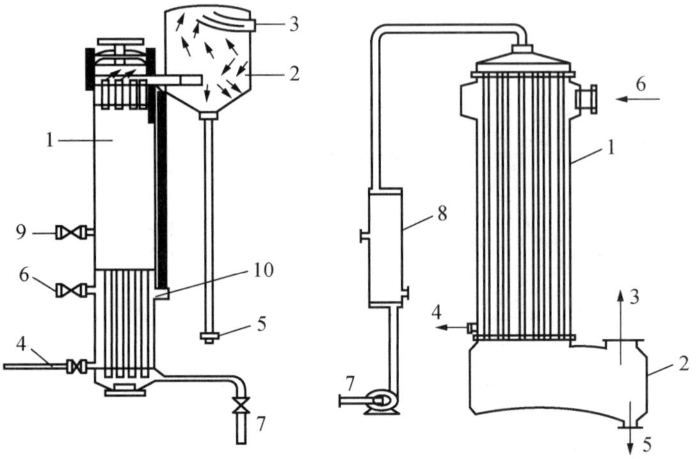

图 4-16 真空脱气机实物图

(2)冷冻浓缩法 冷冻浓缩是利用冰与水溶液之间的固、液相平衡原理，将水以固态方式从溶液中去除的一种浓缩方法。当水溶液中所含溶质浓度低于共熔浓度时，溶液被冷却后，部分水结成冰晶而析出，剩余溶液中的溶质浓度则由于冰晶数量的增加和冷冻次数的增加而提高。溶液的浓度逐渐增加，及至某一温度，被浓缩的溶液全部冻结，这一温度即为低共熔点或共晶点。

果蔬汁冷冻浓缩包括冰晶的形成、冰晶的成长、冰晶与液相分开 3 个步骤。冷冻浓缩的方法和装置很多，图 4-17 为荷兰 Grenco 冷冻浓缩系统，它是目前食品工业中应用较成功的一种装置。在此系统中，果蔬汁通过刮板式换热器形成冰晶，再进入结晶器，冰晶体积增大，最后，冰晶和浓缩物被泵至洗涤塔将冰晶分离出来，如此反复，直至达到浓缩要求。将冰晶分离后，冷冻浓缩汁内基本保留了原汁所含有的一切物质，但此种方法的缺点是分离冰晶时不可避免地损失了部分浓缩汁。由于在－7～－3 ℃下完成浓缩操作，原汁中的各种生物化学反应受到很大抑制，因此产品不会出现滋味和香味的变化，也不会产生非酶褐变反应和维生素损失等。

但是由于受到冰晶-浓缩汁混合物黏度的限制，冷冻浓缩汁的最大浓缩浓度只能达到 40%～50%。

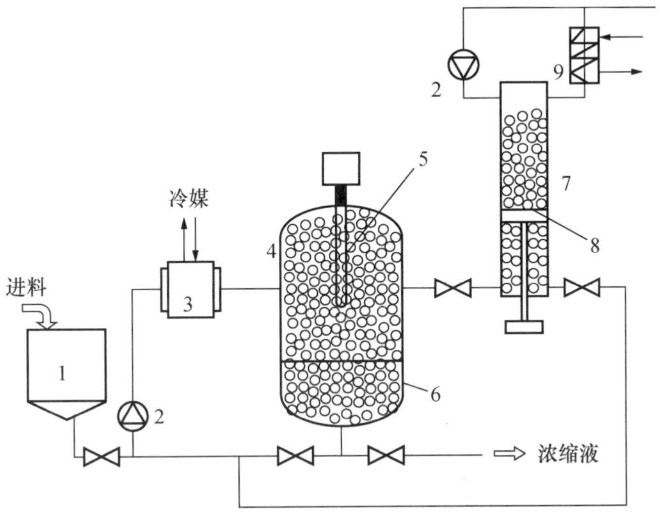

图 4-17　Grenco 冷冻浓缩系统图

1. 原料罐　2. 循环罐　3. 刮板式换热器　4. 再结晶罐
5. 搅拌器　6. 过滤器　7. 洗净塔　8. 活塞　9. 冰晶溶解用换热器

(3)反渗透浓缩法　反渗透浓缩是一种膜分离技术。反渗透浓缩的原理如图 4-18 所示，即用一张半透膜将果汁与纯水隔开，水会自动穿过半透膜向果汁一侧渗透，这种自动渗透的压力叫渗透压。反渗透是在果汁一侧施加压力，该压力大于果汁的渗透压，则果汁中的水能穿过膜反向渗入水中，直至两侧压力相等为止。

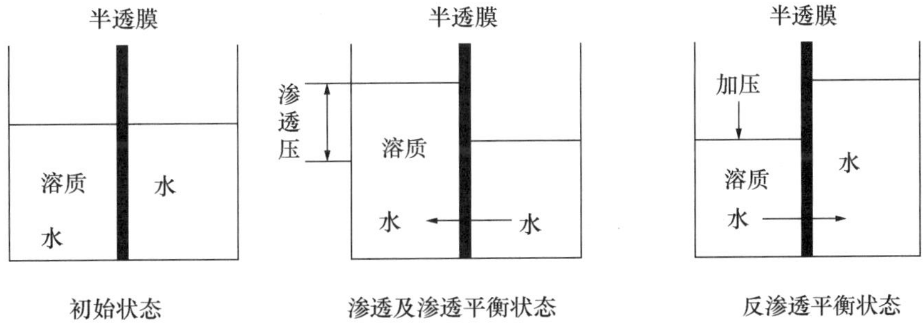

图 4-18　反渗透原理

反渗透浓缩与真空浓缩等加热蒸发方法相比，其优点是蒸发过程不需加热，可在常温条件下实现分离或浓缩，品质变化小。浓缩过程在密封中操作，不受氧气影响；在不发生相变下操作，挥发性成分的损失较少；节约能源，所需能量约为蒸发浓缩的 1/17，是冷冻浓缩的 1/2。

目前，反渗透浓缩常用膜为醋酸纤维素及其衍生物、聚丙烯腈系列膜等。反渗透浓缩依赖于膜的选择性筛分作用，以压力差为推动力，允许某些物质透过而不允许其他组分透过，以达到分离浓缩的目的。影响反渗透浓缩的主要因素有膜的特性及适用性、果蔬汁的种类、操作条件、浓差极化现象等。

思考：通过果蔬汁加工生产技术的学习，筑牢技术创新是发展的源动力理念，在任何时候我们都要具有勇于创新的精神。

2.5 杀菌

果蔬汁的杀菌工艺直接影响产品的质量。果蔬汁杀菌目的是杀死果蔬汁中的致病菌、产毒菌、腐败菌，并破坏果蔬汁中的酶，使果蔬汁在贮藏期内不变质，同时尽可能保存果蔬汁的品质和营养价值。果蔬汁杀菌的微生物对象为酵母菌和霉菌，酵母菌在 66 ℃下 1 min，霉菌在 80 ℃下 20 min 即可杀灭。所以，可以采用一般的巴氏杀菌法杀菌，即 80～85 ℃杀菌 20～30 min，然后放入冷水中冷却，从而达到杀菌的目的。但由于加热时间太长，果蔬汁的色泽和香味都有较多的损失，尤其是浑浊果汁，容易产生煮熟味。因此，常采用高温瞬时杀菌法，即采用(93±2)℃保持 15～30 s 杀菌，特殊情况下可采用 120 ℃保持 3～10 s 杀菌。常用的杀菌设备有板式热交换系统和管式换热器。

(1)板式换热器　是通过间接加热的方法来传递热量的。其结构如图 4-19 所示。首先，板式换热器广泛应用在高温短时和超高温瞬时杀菌装置中，其传热效率较高，热量利用率高，便于热量的回收，结构紧凑，占地面积小，这是板式换热器最突出的优点。其次，有较大的适应性，可通过增减换热片的片数，改变片的组合等方式适应不同的生产要求，同时，适宜于处理热敏感物料。最后，设备各部件拆卸安装简单，故便于拆开清洗和维修。但板式换热器最大的缺点就是橡胶垫圈易老化，尤其是工作温度高时，易出现垫圈变长，从换热片上脱落的现象。在正常生产情况下，一般 3 个月更换一次垫圈。

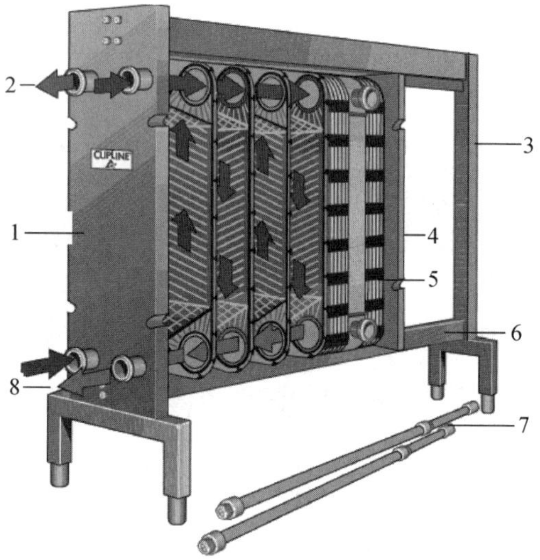

图 4-19　板式换热器结构示意图

1. 固定板　2. 流体 1　3. 支架　4. 压紧板　5. 换热板　6. 导杆　7. 压紧螺杆　8. 流体 2

(2)管式换热器　广泛应用于果蔬汁的巴氏杀菌和超高温杀菌中，管式换热器在产品通道上没有接触点，因此可用于处理含有一定颗粒的物料，物料颗粒的最大直径取决于管子的直径。但是从热传递的角度来看，管式换热器的传热面积小，传热效率没有板式换热器的传热效率高。在超高温瞬时杀菌处理中，管式换热器要比板式换热器运行时间长。工业化应用的管式杀菌器都设计为套管式，包括双套管式、多套管式和列管套管式换热器。

2.6 灌装

果汁的灌装方法有热灌装、冷灌装和无菌灌装等。

(1)热灌装　是将果汁加热杀菌后立即灌装到清洗过的容器内，封口后将瓶子倒置 10～30 min，对瓶盖进行杀菌，然后迅速冷却至室温。

(2)冷灌装　是先将果汁灌入瓶内并封口，再放杀菌釜内用 90 ℃的温度杀菌 10～15 min，以上两种方法是常用的方法。

(3)无菌灌装　可使产品达到商业无菌的目的。无菌灌装的条件是果汁和包装容器要彻底杀菌，灌装要在无菌的环境中进行，灌装后的容器应密封好，防止再次污染。无菌灌装的优点是分别连续加工出无菌果汁和对容器进行杀菌，从而得到高经济价值和高质量的产品。

食品无菌包装基本上由以下3部分构成：一是包装前食品物料的杀菌；二是包装材料的灭菌；三是充填密封环境的无菌，这是食品无菌灌装的三大要素。一条完整的无菌罐装生产线包括物料示菌系统、无菌灌装系统、包装材料的杀菌系统、自动清洗系统、无菌环境的保证系统、自动控制系统等。由于无菌灌装技术的关键是要保证无菌，所以其基本原理是以一定方式杀死微生物，并防止微生物再污染。

包装形式有大包装和小包装两种。按产品销售方式的不同，大包装用于贮藏或作为原料销售，一般用塑料桶或无菌大袋容器包装；小包装用于市场零售，一般用玻璃瓶、塑料瓶和铝箔复合材料容器包装等。

子任务一　苹果汁加工

【子任务要求】

学生通过操作实施，掌握苹果汁加工的内容、要点和方法，编制苹果汁加工技术方案，并能解决苹果汁加工中出现的问题。

【任务实践操作】

苹果汁是一种廉价的健康饮品，也是可溶和不可溶纤维素的来源。苹果汁是一种强大的清洁剂，对身体健康很重要。研究发现，苹果汁有预防心脏病、降低LDL值和胆固醇含量、降低患哮喘病概率的作用。

1　准备主要材料

新鲜苹果、柠檬酸、白砂糖、维生素C。

2　工艺流程

原料选择→清洗和分选→破碎→压榨→粗滤→澄清→精滤→糖酸调整→杀菌→包装。

3　操作步骤

(1)原料选择　苹果的成熟度对苹果汁加工非常重要。选择成熟度适中、新鲜完好的苹果。未成熟的苹果其淀粉和苹果酸的含量都高，涩味重，只能生产低质量的苹果汁。过熟的苹果风味差，压榨困难，出汁率低。

(2)清洗和分选　把挑选出来的果实放在流动水槽中冲洗。如表皮有残留农药，则用0.5%～1%的稀盐酸或0.1%～0.2%的洗涤剂浸洗，然后再用清水强力喷淋冲洗。清洗的同时进行分选和清除烂果。

(3)破碎　用苹果磨碎机和锤碎机将苹果粉碎，颗粒大小要一致，3～4 mm为宜。破碎使颗粒微细，可提高榨汁率。为防止果肉发生褐变，在果实破碎的同时添加一定的护色剂，如维生素C、柠檬酸等。

(4)压榨和粗滤　常用压榨法和离心分离法榨汁。用孔径为0.5 mm的筛网进行粗滤，使不溶性固形物含量下降到20%以下。

(5)澄清和精滤　用冷冻澄清法进行澄清，即将榨取的苹果汁加热至82～85 ℃，再迅速冷却，促使胶体凝聚，达到澄清的目的。也可以用明胶-单宁法进行处理，将单宁0.1 g/L、明胶0.2 g/L加入苹果汁后在 10～15 ℃下静置 6～12 h,取上清液和下部沉淀分别过滤。澄清处理后的苹果汁,采用需要添加助滤剂的过滤器进行精滤。用硅藻土作为滤层还可除去苹果中的土腥味。

(6)糖酸调整　天然苹果汁中的可溶性固形物含量为 12%～15%。可根据具体情况加糖、加酸,使果汁的糖酸比例维持在(18～20)∶1,成品的糖度为 12%,酸度为 0.4%。

(7)杀菌　采用列管式热交换机或板式热交换机将果汁迅速加热到 135 ℃以上,维持数秒至 6 min,以达到高温瞬时杀菌的目的。

(8)灌装　可采取热灌装的方法,即将经过杀菌的果汁迅速装入消毒过的玻璃瓶或马口铁罐内,趁热密封。密封后迅速冷却至 38 ℃,以免破坏果汁的营养成分。

4　产品质量标准

(1)感官指标　具有天然的苹果香味,汁液呈棕褐色,无异味、无杂质。

(2)理化指标　可溶性固形物(以 20 ℃折光计法)含量≥15%;总酸含量在 1.0%～4.5%;每 100 g 中维生素 C 含量≥100 mg。

(3)微生物指标　细菌总数<50 CFU/100 mL;大肠菌群、致病菌不得检出。

5　任务实践操作建议

操作实施一:苹果汁加工

(1)资讯　学生分成 3～5 人一组,各组根据汇总的相关资料,师生共同讨论、分析,用集体智慧完成苹果汁加工技术方案初稿。

(2)决策计划　师生共同讨论、制作汇报提纲,各小组选派 1 名同学进行学习汇报交流,并根据反馈情况,用集体智慧修改并确定苹果汁加工技术。

(3)实施　学生按照确定的苹果汁加工技术方案,独立完成工作任务,并填写工作任务记录单(表 4-16),教师在工作任务实施过程中巡回指导。

表 4-16　工作任务记录单

<table>
<tr><td colspan="6">操作实施一:苹果汁加工</td></tr>
<tr><td colspan="3">仪器(设备等):</td><td colspan="3">操作人员:</td></tr>
<tr><td>工作项目</td><td colspan="4">操作内容</td><td>完成情况</td></tr>
<tr><td></td><td colspan="4"></td><td></td></tr>
<tr><td></td><td colspan="4"></td><td></td></tr>
<tr><td></td><td colspan="4"></td><td></td></tr>
<tr><td>改进措施</td><td colspan="5"></td></tr>
<tr><td rowspan="3">工作任务完成记录评价</td><td>班级</td><td></td><td>第　组</td><td>组长签字</td><td></td></tr>
<tr><td>教师签字</td><td colspan="2"></td><td>日期</td><td></td></tr>
<tr><td colspan="5">评语:</td></tr>
</table>

(4)检查评估及反馈　学生对完成工作任务的表现进行自评和互评,各小组进行总结、考核、评估及反馈,教师做出最后评价,填写工作任务评价及反馈单。

子任务二　葡萄汁加工

【子任务要求】

学生通过操作实施,掌握葡萄汁加工的内容、要点和方法,编制葡萄汁加工技术方案,并能解决葡萄汁加工中出现的问题。

【任务实践操作】

葡萄是人们喜爱的水果之一。葡萄含糖量达8%~10%,此外它还含有多种无机盐、维生素以及多种具有生理功能的物质。各种挥发性有机化合物包括酯、醇、酸、醛、内酯和其他成分组成了葡萄的香味。葡萄汁被科学家们誉为"植物奶"。一份研究报告称,葡萄是肾炎、肝炎、关节炎和贫血病人最好的食品,同时还能抗癌和抵抗肺病。

1　准备主要材料

新鲜葡萄、蔗糖、果胶酶、高锰酸钾、抗坏血酸。

2　工艺流程

原料选择→清洗→压碎除梗→加热软化→榨汁→杀菌冷却→澄清过滤→除酒石→调整糖度→杀菌→灌装密封→冷却→检查→成品。

3　操作步骤

(1)原料选择　选新鲜良好、完全成熟、呈紫色或乌紫色、无腐烂及无病虫害的果实。未成熟果的色、香味差,酸味强;过于成熟果的机械损伤部位易引起酵母菌繁殖,风味不正。雨天裂果、长霉果以及发酵变质的原料也不适合加工果汁。

(2)清洗　为了洗去附着在原料果表面和梗部的农药、灰尘等,在水中浸泡一次后,再于0.03%的高锰酸钾溶液中浸泡消毒2~3 min,取出用水漂洗干净。

(3)压碎除梗　洗净葡萄后,将葡萄压碎,再由带桨叶的回转轴将果梗排出,通过滤网分离出葡萄,注意不要使果梗混入,否则在加热操作时,会溶解出大量单宁,色泽发黑。

(4)加热软化　为了使红葡萄色素溶出,一般要进行热压榨,这是决定红葡萄汁质量优劣的重要工艺,但不得损害原料葡萄的色、香、味等特性。必须避免过度加热,否则会促进种子和皮中单宁的溶出。加热条件为65~75 ℃。

(5)榨汁　将加热软化后的葡萄取出进行粗滤、取汁,对滤渣再进行榨汁,将两次所得葡萄汁混合后进行冷却。

(6)杀菌冷却　为了杀死果汁中的微生物,以防在果胶酶处理时以及其他工序中发酵,需加热至85 ℃维持15 s进行杀菌,然后迅速冷却至45 ℃。

(7)澄清过滤　生产透明果汁时必须进行澄清处理,以便使果汁澄清透明,然后再用200目的筛网进行过滤,分离得到汁液。

(8)除酒石　将果汁冷却至－2 ℃，促使酒石析出，然后放在贮汁罐里静置，就可使相当数量的酒石沉下来。将上层清汁过滤后，装入不锈钢桶中，放在－7～－5 ℃下冷藏，进行第二次、第三次除酒石的操作。

(9)调整糖度　将除酒石后的果汁进行最后一次过滤，并向果汁中兑入芳香成分回收液，把糖度调到55°Bx。

(10)杀菌、灌装、密封　葡萄汁可采用瞬间加热至93 ℃并保持30 s的杀菌方式，杀菌后迅速冷却至85 ℃，立即装罐密封。

(11)冷却　倒罐1～2 min后，迅速冷却至30 ℃以下。

(12)成品保存　将灭菌冷却后的瓶装饮料贴上标签，在室温下保存。

4　产品质量标准

(1)感官指标　具有浓郁的本品种葡萄香味，汁液清亮、透明，允许有微量沉淀，无异味、无杂质。

(2)理化指标　可溶性固形物(以20 ℃折光计法测定)含量≥12%；总酸含量≥0.3%；每100 g中维生素C含量≥100 mg。

(3)微生物指标　细菌总数<100 CFU/100 mL；大肠菌群<6 CFU/100 mL；致病菌不得检出。

5　任务实践操作建议

具体内容可参考子任务一苹果汁加工的任务实践操作建议中任务的实践操作作时间、分组安排、内容及步骤在具体教学中有计划有步骤地实施。

知识拓展

果蔬汁生产中常见的质量问题及其控制

练习及作业

1. 澄清果蔬汁的澄清方法有哪些？浓缩果蔬汁的浓缩方法有哪些？
2. 试述浑浊果蔬汁生产中均质、脱气的目的和方法。
3. 简述澄清果蔬汁和浑浊果蔬汁在制造工艺上的差异。
4. 果蔬汁常见的质量问题有哪些及如何控制？
5. 详细分析澄清苹果汁生产工艺及其操作要点。
6. 现拟开发生产澄清葡萄汁产品，请设计工艺方案，并写清工艺流程和操作要点。

任务四　果酒酿造

知识点1　果酒的分类

1.1　按制作方法分类

按制作方法，果酒分为发酵果酒、蒸馏果酒、配制果酒、加料果酒和起泡果酒等5种类型。

(1)发酵果酒　将果汁或果浆经乙醇发酵和陈酿而成。如葡萄酒、苹果酒等。根据发酵程度的不同，又分为全发酵果酒(糖分全部发酵，残糖在1%以下)和半发酵果酒(糖分部分发酵)。

(2)蒸馏果酒　果品经乙醇发酵后，再经蒸馏所得到的酒，又名白兰地。通常所指白兰地是以葡萄为原料制成，其他水果酿制的白兰地，应冠以原料名称，如苹果白兰地等。蒸馏果酒乙醇含量较高，多在40%以上。

(3)配制果酒　又称露酒，是将果实或果皮、鲜花等用乙醇或白酒浸泡提取或用果汁加乙醇、糖、香精、色素等食品添加剂调配而成。其名称与发酵果酒相同，制法不同。

(4)加料果酒　以发酵果酒为基础，加入植物性增香物质或药材而制成，如人参葡萄酒、鹿茸葡萄酒等。此类酒因加入香料或药材，往往有特殊浓郁的香气或滋补功效。

> **思考**：学习了解我国葡萄酒品牌“张裕葡萄酒”的发展历史，从中感受民族产业的振兴离不开一代代葡萄酒大师、工匠以及所有从业者的精益求精、专注创新和爱岗敬业的精神。

(5)起泡果酒　酒中含有二氧化碳的果酒，如香槟、小香槟、汽酒。香槟是以发酵葡萄酒为酒基，经密闭发酵产生大量的二氧化碳而制成，因初产于法国香槟省而得名；小香槟是以发酵果酒或露酒为酒基，经发酵产生或人工充入二氧化碳制成；汽酒是配制果酒中人工充入二氧化碳而制成的一类果酒。

1.2　按含糖量分类

按含糖的多少，将果酒分为干酒、半干酒、半甜酒和甜酒4类。

(1)干酒　含糖量(以葡萄糖计)在4.0 g/L以下的果酒。

(2)半干酒　含糖量在4.1～12.0 g/L的果酒。

(3)半甜酒　含糖量在12.1～50.0 g/L的果酒。

(4)甜酒　含糖量在50.1 g/L以上的果酒。

1.3　按乙醇含量分类

按含乙醇的多少，将果酒分为低度果酒和高度果酒两类。

(1)低度果酒　乙醇含量为17%以下的果酒，俗称17度。

(2)高度果酒　乙醇含量为18%以上的果酒，俗称18度。

1.4　按生产果酒的原料分类

按生产果酒的原料不同，果酒可划分为很多种类，如葡萄酒、猕猴桃酒、苹果酒等。在国外，只有葡萄浆(汁)经乙醇发酵后的制品称为果酒，其他果实发酵的酒则名称各异。

果酒具有低酒度、高营养、益脑健身等特点,可促进血液循环和机体的新陈代谢,控制体内胆固醇水平,改善心脑血管功能,同时具有利尿,激发肝功能和抗衰老的功效。果酒含有大量的多酚,能起到抑制脂肪在人体中堆积的作用。随着人们生活水平的提高以及对生活质量的更高要求,果酒的诸多优点和独特功效受到越来越多的重视。

知识点 2　果酒酿造微生物

果酒的酿造,主要依赖于微生物的活动,因此,果酒酿造的成败及品质与参与的微生物种类有直接关系。酵母菌是果酒酿造的主要微生物,但其种类很多,生理特性各异,必须选择优良菌种用于果酒酿造。

葡萄酒酵母是酿造葡萄酒的主要酵母菌,又称椭圆酵母。其细胞透明、形状从圆形到长柱形不等,25 ℃固体培养基上培养 3 d,菌落呈乳白色,边缘整齐,菌落隆起、湿润、光滑。其发酵的主要特点:一是发酵力强,即产乙醇的能力强,可使乙醇含量达到 12%～16%,最高达 17%;二是产酒率高,即可将果汁中的糖最大程度地转化为乙醇;三是抗逆性强,即能在二氧化硫含量高的果汁中代谢繁殖,而其他有害微生物则全部被杀死;四是生香性强,能产生典型的葡萄酒香型。

另外,巴氏酵母、尖端酵母也常参与乙醇发酵。巴氏酵母多作用于发酵后期;尖端酵母多在发酵初期进行发酵,一旦乙醇达到 5%,即停止发酵,让位于葡萄酒酵母。

除酵母菌类群外,乳酸菌也是果酒酿造的重要微生物,乳酸菌一方面能把苹果酸转化为乳酸,使新葡萄酒的酸涩、粗糙等缺点消失,同时变得醇厚饱满,柔和协调;另一方面当有糖存在时,乳酸菌易分解糖成乳酸、醋酸等,使酒风味变坏。

在果酒酿造中,要抑制霉菌、醋酸菌等有害微生物的代谢繁殖,防止果酒风味变劣。

知识点 3　果酒发酵过程及其产物

果酒酿造是利用酵母菌将果汁或果浆中可发酵性糖类经发酵作用形成乙醇,再在陈酿澄清过程中经酯化、氧化、沉淀等作用,制成酒液清晰、色泽鲜美、醇和芳香的果酒的过程。

酒精发酵是酵母菌在无氧状态下将葡萄糖分解成乙醇、二氧化碳和少量甘油、高级醛醇类物质,并同时产生乙醛、丙酮酸等中间产物的过程。在此过程中,形成了果酒的主要成分乙醇及一些芳香物质。

3.1　乙醇

乙醇是果酒的主要成分之一,为无色液体,具有芳香和带刺激性的甜味。其在果酒中的体积百分比即为酒度,含乙醇 1%,即为 1 度。

乙醇的高低对果酒风味影响很大。酒度太低,酒味淡寡,通常 11%以下的酒很难有酒香,而且乙醇必须与酸、单宁等成分相互配合才能产生柔和的酒味。乙醇含量的增加还可以抑制多数微生物的生长,这种抑菌作用能保证果酒在低酸、无氧条件下多年保存。

乙醇来源于酵母的酒精发酵,同时发酵过程中产生二氧化碳并释放能量,因此往往伴随有气泡的逸出与温度的上升,特别是发酵旺盛时期,要加强管理。

3.2　甘油

甘油是除水和乙醇外在干酒中含量最高的化合物。甘油味甜且稠厚，可赋予果酒以清甜味，增加果酒的稠度，使果酒口味清甜圆润。

甘油主要由磷酸二羟丙酮转化而来，少部分由酵母细胞所含卵磷脂分解产生。葡萄的含糖量高、酒石酸含量高，添加二氧化硫等能增加甘油含量。低温发酵不利于甘油的生成，贮存期间，甘油含量会有一定的升高。

3.3　乙醛

乙醛是酒精发酵的副产物，由丙酮酸脱羧产生，也可以由乙醇氧化而来。乙醛是葡萄酒的香味成分之一，但过多的游离乙醛会使葡萄酒有苦味和氧化味。通常，大部分乙醛与二氧化硫结合形成稳定的乙醛-亚硫酸化合物，这种物质不影响葡萄酒的质量，陈酿时乙醛含量会有所增加。

3.4　醋酸

醋酸又称乙酸，是葡萄酒中主要的挥发酸，由乙醛及乙醇氧化而来。在一定范围内，醋酸是葡萄酒良好的风味物质，赋予葡萄酒气味和滋味；但含量超过 1.5 g/L 时，会有明显的醋酸味。

3.5　琥珀酸

琥珀酸是酵母代谢副产物，其生成量约为乙醇的 1%，由乙醛生成或谷氨酸脱氨、脱羧并氧化而来。琥珀酸的存在可增加果酒的爽口感，琥珀酸乙酯是某些葡萄酒的重要芳香成分。

3.6　高级醇

高级醇又称杂醇油，指含 2 个以上碳的一元醇，主要有正丙醇、异丁醇、丁醇、活性戊醇等。高级醇是果酒香气的主要成分，一般含量很低，过高会使酒具有不愉快的粗糙感。主要来源于氨基酸还原脱氨及糖代谢。

知识点 4　影响发酵的主要因素

4.1　温度

温度是影响发酵的重要因素之一。液态酵母活动的最适温度为 20～30 ℃，20 ℃以上其繁殖速度随温度升高而加快，至 30 ℃达最大值，34～35 ℃时繁殖速度迅速下降，至 40 ℃停止活动。一般情况下，发酵危险温度区为 32～35 ℃，这一温度称发酵临界温度。

根据发酵温度的不同，可以将发酵分为高温发酵和低温发酵。30 ℃以上为高温发酵，其发酵时间短，但口味粗糙，杂醇、醋酸等含量高。20 ℃以下为低温发酵，其发酵时间长，但有利于酯类物质生成和保留，果酒风味好。一般认为，红葡萄酒发酵最佳温度为 26～30 ℃；白葡萄酒发酵最佳温度为 18～20 ℃。

4.2　酸度(pH)

酵母菌在 pH 2～7 范围内均可生长，pH 4～6 生长最好，发酵力最强。但在此 pH 范围内，一些细菌也生长良好，因此，生产中一般控制 pH 在 3.3～3.5，此时，细菌受到抑制，酵母菌活动良好。pH＜3.0 时发酵受到抑制。

4.3 氧气

酵母菌是兼性厌氧微生物，在氧气充足时，主要繁殖酵母细胞，只产少量乙醇。在缺氧时，繁殖缓慢，产生大量乙醇。因此，在果酒发酵初期，应适当供给氧气，以供酵母菌繁殖所需，之后，应密闭发酵。对发酵停滞的葡萄酒，经过通氧可恢复其发酵力；生产起泡葡萄酒时，二次发酵前轻微通氧，有利于发酵的进行。

4.4 糖分

糖浓度影响酵母的生长和发酵。糖浓度为1%～2%生长发酵速度最快；高于25%出现发酵延滞；60%以上发酵几乎停止。因此，生产高酒度果酒时，要采用分次加糖的方法，以保证发酵的顺利进行。

4.5 乙醇

乙醇是酵母菌的代谢产物，不同酵母菌对乙醇的耐力有很大的差异。多数酵母菌在乙醇浓度达到2%时，就开始抑制发酵，尖端酵母在乙醇浓度达到5%就不能生长，葡萄酒酵母可耐受13%～15%的乙醇，甚至16%～17%。所以，自然酿制不可能生产过高酒度的果酒，必须通过蒸馏或添加乙醇来生产高度果酒。

4.6 SO_2

酒精发酵中，添加SO_2主要是为了抑制有害菌的生长，因为酵母菌对其不敏感，所以SO_2是理想的抑菌剂。葡萄酒酵母可耐受1 g/L的SO_2。果汁含10 mg/L SO_2，对酵母菌无明显作用，但其他杂菌则被抑制；SO_2含量达到50 mg/L发酵仅延迟18～20 h，但其他微生物则完全被杀死。

知识点5 果酒生产工作程序

根据水果的种类及特性不同，果酒酿造方法也不同。每一种水果在其酿酒过程中都有自己的特点，但许多工艺操作所遵循的原则是相通的。

5.1 原料的选择及预处理

5.1.1 原料的选择

酿造果酒的水果一般要求含糖量高，含汁多，酸度适中、香味好。有些汁少的果品如山楂、枣等采用适当的工艺，也能制出好的果酒。为了保障果酒的质量，必须对其所用的果实进行选择，一般应选择完好无损的鲜果，其充分成熟、无腐烂、无病虫害、含糖量高、出汁率高。水少渣多的品种不适合酿酒。一般用于酿造的水果原料要求完全成熟，糖酸比适宜、果香浓郁。

对原料要进行基本的成分分析如总糖、还原糖、总酸、pH及其他的营养成分等。必要时进一步测定其有机酸的种类以确定其主体酸的种类和含量。基本成分分析目的是为以后糖度调整、酸度调整与果酒酵母营养成分调整做准备。

选择好水果后用清水将水果冲洗干净，沥干。

5.1.2 破碎

将挑选清洗后的水果用破碎机打成合适大小的均匀小块。将破碎的水果迅速泵入压榨机中进行压榨。果实破碎程度会影响出汁率，破碎后的颗粒太大出汁率低，破碎过度颗粒太小则会造成压榨时外层的果汁很快地被压榨出，形成一层厚皮，而内层果汁流出困难，反而降低了出汁率。

破碎程度视果实品种而定，破碎果块大小可以通过调节机器来控制，如用辊压机破碎，即可调节轴辊的轧距。苹果、梨等用破碎机破碎时，破碎后大小以 3～5 mm 为宜。容易氧化的水果原料，可以在破碎时添加 SO_2，以防止其褐变。SO_2 具体的添加量应根据果汁（浆）的 pH 来确定。不易氧化褐变的水果原料在破碎前后添加均可。因为果汁（浆）的 pH 会影响 SO_2 的存在形式。果汁（浆）中约含 1.5 mg/L 的分子 SO_2 时可抑制大多数野生酵母和细菌的生长。所以在果汁（浆）pH 3.8 时需要加入游离 $SO_2$150 mg/L；pH 3.3 时需加入游离 SO_2 50 mg/L。所以在添加 SO_2 之前应该测定果汁 pH，果实含酸低，pH 高，SO_2 用量就多。SO_2 添加量也受果汁其他成分的影响，如 SO_2 与果汁成分如糖、色素等物质结合生成结合态 SO_2，因此果汁含糖、色素多，SO_2 用量就多。气温高，果汁中微生物含量高，果汁被污染的潜在风险高，SO_2 用量也多。

5.1.3　静置澄清

用不锈钢饮料泵将果汁注满澄清罐后，计量。若果汁的 pH 高于 3.8，用其主体酸调整果汁的 pH 至 3.8 以下。添加 SO_2、果胶酶，必要时添加淀粉酶，抑制微生物生长，分解果汁中的果胶与淀粉。最好将果汁温度降至 10～15 ℃，以加速果汁澄清，防止微生物生长。果汁澄清后泵入发酵罐中发酵。果汁的澄清处理方法有静置澄清、酶法澄清、皂土澄清和机械分离等多种方法。检测果汁成分，包括糖、酸等，根据产品要求确定所加酸、白砂糖、浓缩汁或淀粉糖浆的量。

5.2　果汁成份调整

果汁入罐量不应超过罐有效容积的 85%，以免发酵液溢出罐顶，每罐尽量一次装足，不得半罐久放，以免杂菌污染。入罐后计量果汁的量，对果汁成分进行调整。将计算所得的糖在罐外完全溶解后，泵入果汁中，混匀后再加入酵母。也可先加入酵母，在水果汁发酵起来后再补加糖。果汁起发的标志是发酵液浑浊，液面升起泡沫。

5.2.1　调糖

如果原料含糖量达不到成品酒的酒度要求，需要对果汁（浆）的含糖量进行调整，一般使用白砂糖进行调整，白砂糖添加量的计算方法是根据 17 g/L 糖产生 1%的酒，如果成品果酒要求酒度 11%，果汁重 W(kg)，果汁的潜在酒度 A＝果汁糖度(g/L)/17；加糖量(kg)＝$(11-A)\times1.7\%\times W$。可以在接种酵母前加糖，最好在酵母刚开始发酵时加糖。因为这时醇母菌正处于旺盛繁殖阶段，能很快将糖转化为乙醇。如果加糖太晚，酵母菌发酵能力降低，常常会发酵不彻底。由于白砂糖的密度比果汁高，在加糖时，应先用果汁在发酵容器外充分溶解后，再添加到发酵容器中，否则未溶解的糖将沉淀在容器底部，乙醇发酵结束后糖也不能完全溶解，造成新酒的酒度偏低。

5.2.2　调酸

在酿造果酒时，果汁（浆）pH 宜在 3.0～3.8，pH 高于 3.8 对抑制杂菌生长和保障果酒的感官品质均不利，应该添加适量有机酸将果汁（浆）的 pH 调整到 3.8 以下，pH 低有利于抑制杂菌提高 SO_2 的活性，但过低会影响果酒酵母菌的生长与发酵。因此果汁酸度或 pH 不合适时就应对其进行适当调整。

5.3 发酵

果酒发酵应该根据水果和酒的特点选择适合酿造的酵母，既可以使用培养酵母，也可以使用活性干酵母。发酵时，将活化后或培养好的酵母加入发酵罐中，混合均匀。发酵期间每天都应该测定发酵温度，一般控制在 15～20 ℃，每种水果的最适发酵温度不同，具体应根据原料特征以及成品酒的要求来确定。发酵期间还需要每天测定发酵液糖度或相对密度，酿造干型果酒时，酒中残糖不再降低时即为发酵终点，绝大多数情况下残糖含量不超过 4 g/L，此时发酵液液面平静，有少量 CO_2 溢出，酒液有酵母香与 CO_2 味，品尝口味纯正，无甜味。发酵指标达到要求后，立即降温至 10 ℃以下，促使酵母尽快沉淀，酒液澄清。必要时该阶段可在罐顶充入 CO_2 或 N_2。将酒液与空气隔离，防止酒液气化。

根据发酵需求，发酵设备要求应能控温，易于洗涤、排污，通风换气良好。设备使用前应进行清洗，用 SO_2 或甲醛熏蒸消毒处理。发酵容器也可制成发酵贮酒两用，要求不渗漏，能密闭，不与酒液起化学作用。果酒发酵常用的设备有发酵桶、发酵池，也有专门发酵设备，如旋转发酵罐、自动连续循环发酵罐等。

(1)橡木桶　橡木桶是传统的酿酒容器。橡木桶在某些方面能够改善酒的质量，尤其是用于红葡萄酒的陈酿时表现得极为明显，是酿造高档葡萄酒的最理想设备。橡木桶容量小、价格高，其结构如图 4-20 所示，其实物如图 4-21 所示。

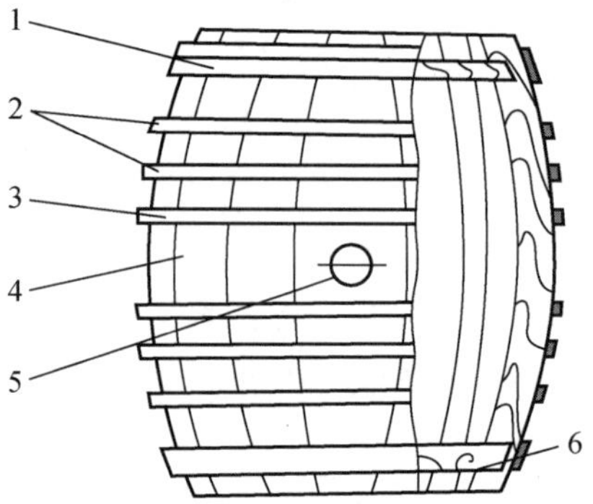

图 4-20　橡木桶结构图

1. 头箍　2. 颈箍　3. 腰箍　4. 桶帮　5. 桶口　6. 桶底

图 4-21　橡木桶实物图

(2)不锈钢发酵罐　不锈钢发酵罐通常用铬镍不锈钢钢板制造，具有以下特点：机械性能好，强度高；耐蚀能力强，不需设置涂层；表面光滑，卫生条件好；操作维护方便，设备使用寿命长。

(3)卧式旋转发酵罐　卧式旋转发酵罐。罐内沿全长焊有单头螺旋，接近罐前部为双头螺旋，以便于排渣。当罐体正反旋转时，螺旋对皮渣起输送和翻拌作用。罐体下半部装有过滤筛网，使自流酒与皮渣分离后经出酒口流出，皮渣在螺旋作用下经出流口排出。无级变速传动，通过链轮带动罐体转动，罐体转速在 2～3 r/min 内可调。

经除梗破碎的葡萄浆果由进料口入罐，同时按工艺要求加入 SO_2。当装至罐容积 80%左右时停止进料，进行发酵。

发酵顺利开始后，盖上进料口盖，继续发酵。每天使罐体正反相间旋转 2～3 次，每次约

2 min,使浮于表面的皮渣浸泡在果汁中以加强浸渍作用。应及时供冷,控制发酵温度。发酵结束后,可先打开进料口盖及出汁阀门,待酒汁排尽后再打开出渣口盖,旋转罐体,皮渣在螺旋板的推动下排往罐外。发酵结束后,应将罐内外清洗干净并且消毒,准备下一次使用。

5.4 陈酿

酒液澄清后立即倒酒,将澄清透明的酒液与酒脚分开。在倒酒过程中,补加 SO_2,使游离 SO_2 浓度为 30～40 mg/L,自此以后的操作都应将贮酒罐装满,液面用少量高度食用乙醇或蒸馏乙醇封口,尽量减少酒液与空气接触。贮酒容器可以使用不锈钢罐、橡木桶,或其他惰性材料制成的罐,如玻璃钢罐。大多数果酒中抗氧化物质含量低,酒液非常容易氧化,不适合长期陈酿,但发酵后陈酿时间不宜低于 3 个月,以促进酒液澄清,提高酒的非生物稳定性。一般要求 15 ℃以下陈酿,具体陈酿时间应该根据产品特点来确定,看陈酿期是否有利于果酒品质的改善,注意在陈酿前补充 SO_2。

5.5 澄清过滤

若在发酵前,果汁已经经过了净化剂的净化处理,发酵后的酒可省略该步骤。若发酵前果汁未进行净化处理,该步骤则不能省略。果酒最佳净化剂为皂土,进行果汁(酒)澄清之前,要通过小试验选择最佳的澄清剂以及最适的添加量。澄清方法:先将皂土用 60～70 ℃水浸泡 24 h,然后加入澄清的果酒配成 5%～10%的悬浮液,边搅拌边加到酒中。加完后搅拌 20 min,24 h 后再搅拌一次,静置澄清。检查酒液,澄清良好时用硅藻土过滤机过滤,也可以采用错流过滤。果酒也可采用单宁-明胶法进行澄清处理。

5.6 调配

根据成品酒要求与需要配制的成品酒的量,计算出需要的原酒、乙醇、糖、酸等的量,然后将各种组分在配酒罐中混匀,使果酒更加协调,更加典型。其中,原酒的选择是调配的第一步,主要根据香气与滋味的不同来进行选择,一般分为下列 4 种类型。①香气较浓而味淡的原果酒,即闻香很好,酒香和果香都较浓,但口感较差,味淡薄,余味短。这种类型的酒,多是干浸出物较低,贮存期限较短的原酒。②香气较少但滋味较好的原果酒,即闻起来香气并不显著,而喝起来口感好,余味长。这种类型的酒,多是干浸出物高,贮存时间较长。③酸度高低不同,色泽深浅不一的原酒。④高糖发酵,含浸出物和甘油量高,味道特别浓的原酒。将原酒经品尝后分成上述 4 类,再按产品要求进行相互调配,即可保证产品质量稳定。

(1)干酒的调配　所谓干酒,即为含糖量低于 4 g/L 的果酒。根据干酒的理化指标和口感要求,将选出的原酒进行选择与混合,调配到要求的质量。如果酸度不够,可加入柠檬酸或其他酸调整;如果酒度不够,高档酒可加入白兰地,一般酒加入脱臭除杂后的酒精进行调整。

(2)甜酒的调配　甜型酒的调配主要应用原酒、提泡除杂后的砂糖、精制酒精或白兰地以及少量柠檬酸。

5.7 冷热处理

对果酒进行冷热处理有利于酒的成熟和稳定性的提高,加速新酒的陈酿,加速蛋白质、死酵母、果胶等有机物沉淀,显著地改善果酒口味,提高果酒的稳定性。

(1)冷处理　冷处理有利于酒的成熟及稳定性的提高。具体好处为:可以使过量的酒石酸盐与不安全的色素析出沉淀,显著改善口味;可以使发酵后残留于酒中的蛋白质、死酵母、果胶等有机物加速沉淀;可以使果酒在低温下溶入较多大气氧,加速新酒的陈酿,使酒中某些低价铁盐氧化成高价铁盐，并降低其含量。

具体操作：迅速将果酒降温到需要冷处理的温度，一般是降温至酒液冰点以上 0.5～1 ℃。果酒冰点的简单计算方法为果酒冰点(℃)＝0.5×果酒酒度。冷处理时间应该通过果酒冷稳定性试验进行确定。一般在－7～－4 ℃下冷处理 5～7 d，由于冷处理时间长，形成的晶体大，容易过滤，因此，也可延长到 10～15 d。冷处理后需要在同温下过滤。

(2)热处理　果酒适当地进行热处理不仅可以有效改善果酒风味，使酒的口味变得柔和醇厚，具有老酒味，而且还能提高果酒的稳定性。试验表明，在一个密闭容器内，将果酒间接加热到 67 ℃持续 15 min 或 70 ℃持续 10 min 进行热处理，可很好地把果酒处理好，而且对果酒的色、香、味都有很大改善。

5.8　装瓶杀菌

果酒在发酵过程中可能由于各种原因造成微生物和细菌滋生，影响成品品质，因而需要在酿造完成后进行杀菌处理，以保障果酒的品质、色泽、口感和保质期。

果酒常用玻璃瓶包装。将调整好的果酒在装瓶前进行无菌过滤，过滤后的果酒应清亮透明，有光泽。装瓶时，空瓶用 2%～4%的碱液在 50 ℃以上温度浸泡后，清洗干净，沥干水后杀菌。

果酒杀菌分装瓶前杀菌和装瓶后杀菌。装瓶前杀菌是将果酒经巴氏杀菌后再进行热装瓶或冷装瓶；装瓶后杀菌，是先将果酒装瓶，密封后在 60～75 ℃下杀菌 10～15 min。酒精度在 16%(V/V)以上的果酒，可不用杀菌，装瓶密封即可。对于低度酒或甜型酒，可采用灌装后巴氏灭菌或热灌装。

装瓶杀菌后的果酒，再经过一次检检，合格品即可贴标、装箱、入库。

子任务一　红葡萄酒酿造

【子任务要求】

学生通过操作实施，掌握红葡萄酒酿造的内容、要点和方法，编制红葡萄酒酿造技术方案，并能解决红葡萄酒酿造中出现的问题。

【任务实践操作】

葡萄酒是用鲜葡萄酿制成的发酵酒，除含有一定量的酒精外，还含有其他糖类、酯类、矿物质、有机酸，20 多种氨基酸及多种维生素等。适量饮用葡萄酒，除了起到助兴作用以外，还能明显降低心脏病死亡率。葡萄酒种类众多。按含糖量的多少可分为干葡萄酒、半干葡萄酒、半甜葡萄酒和甜葡萄酒。按是否含有二氧化碳又可分为静酒和起泡酒。按酿造方法分类可以分为天然葡萄酒、加强葡萄酒、加香葡萄酒和葡萄蒸馏酒。按葡萄汁含量分为全汁葡萄酒和半汁葡萄酒；以葡萄来源分为家葡萄酒和山葡萄酒。按酒的颜色分类可分为白葡萄酒、红葡萄酒和桃红葡萄酒。其中红葡萄酒酿造要将红葡萄原料破碎后皮渣和葡萄汁混合发酵。

1　准备主要材料

红色品种葡萄、苹果、蔗糖、酒石酸、偏重亚硫酸钾、葡萄酒酵母(干酵母或试管菌种)、硅藻土、明胶、单宁等。

2　工艺流程

红葡萄→预处理→成分调整→SO_2 处理→主发酵→压榨→后发酵→陈酿→澄清、过滤→冷热处理→调配→装瓶杀菌→成品。

3　操作步骤

(1)原料选择、分选、清洗　原料要求色泽深、果粒小,风味浓郁,果香典型;原料糖分要求达 21%以上,最好达 23%~24%;原料要求在完全成熟,糖、色素含量高而酸度不太低时采收。常用的品种主要有赤霞珠、黑比诺、佳丽酿、蛇龙珠等。

原料要进行认真挑选,剔除霉变、未成熟颗粒,并进行彻底清洗。若受到微生物污染或有农药残留,可用浓度为 1%~2%的稀盐酸浸泡或加入 0.1%高锰酸钾,以增强洗涤效果。

(2)破碎与除梗　要求每颗果粒都破裂,但不能将种子和果梗破碎。破碎过程中,葡萄及汁不得与铁、铜等金属接触。破碎后的果浆应立即进行果梗分离,防止果梗中的青草味和苦味物质溶出,还可减少发酵醪体积,便于输送,防止果梗固定色素而造成色素的损失。破碎可采用人工或机械破碎。

(3)葡萄浆成分的调整　葡萄浆含糖量应在 18~20 g/100 mL(成品酒度 10%~12%)。加糖量计算公式如下:

$$m=\frac{V(1.7A-\rho)}{100-1.7A\times 0.625}$$

式中:m——应加固体砂糖量,kg;

ρ——果汁的原含糖量,g/100 mL;

V——果汁的总体积,L;

A——发酵要求达到的酒度;

0.625——每千克砂糖溶于水后增加 0.625 L 体积;

1.7——1.7 g 糖能生成 1%酒精。

> **思考:** 优质的葡萄酒离不开优质的原料,优质的酿酒葡萄对种植环境有着较高的要求,因此我们应筑牢可持续发展理念,关注生态文明,保护自然生态环境。

葡萄浆含酸量应在 0.8~1.2 g/100 mL。

测定葡萄含糖量、确定是否添加糖。若需添加糖,加糖前应量出较准确的葡萄汁体积,一般每 200 L 加一次糖。加糖时先将糖用少量果汁溶解,制成糖浆,再加入到大批果汁中,充分搅拌,使其完全溶解。加糖最好在乙醇发酵开始前进行。

测定葡萄含酸量,确定是否添加酸。若需添加酸,可采用酒石酸。加酸时先将酒石酸用水配制成 50%的溶液,然后再添加到葡萄浆中。

(4)SO_2 处理　在葡萄汁发酵前添加适量的 SO_2,具有杀菌、澄清、抗氧化、增酸等作用,促进色素和单宁溶出,使酒的风味变好。但用量过高,可使葡萄酒具有怪味,且对人体产生毒害。发酵醪中 SO_2 含量一般要求达到 30~100 mg/L,添加不能过量。具体添加量应根据原料情况而定,一般添加量如表 4-17 所示。

为了便于操作,一般添加固体亚硫酸盐。固体亚硫酸盐注意其有效 SO_2 含量,常用固体亚硫酸盐及有效 SO_2 如表 4-18 所示。

各加工步骤中使用的偏重亚硫酸钾添加量如表 4-19 所示。

表 4-17 SO_2 添加量

原料状况	SO_2 添加量/(mg/L)
健康葡萄，一般成熟，强酸度(pH 3.0)	30～50
健康葡萄，完全成熟，弱酸度(pH 3.5)	50～100
带生葡萄，破损，霉烂	100～150

表 4-18 硫化物中有效二氧化硫含量

试剂名称	纯试剂中含二氧化硫/%	实际使用时计算量/%
偏重亚硫酸钾($K_2S_2O_5$)	57.65	50
亚硫酸氢钾($KHSO_3$)	53.31	45
亚硫酸钾(K_2SO_3)	33.0	25
偏重亚硫酸钠($Na_2S_2O_5$)	67.43	64
亚硫酸氢钠($NaHSO_3$)	61.59	60
亚硫酸钠(Na_2SO_3)	50.84	50

表 4-19 各加工步骤偏重亚硫酸钾添加量

处理步骤	$K_2S_2O_5$ 使用量	备注
消毒软木塞	15～20 g/10 L 水	加 5 g 柠檬酸/10 L 水
在罐装前消毒瓶子	20～30 g/10 L 水	加 5 g 柠檬酸/10 L 水
消毒酿酒桶	10 g/10 L 水	加 5 g 柠檬酸/10 L 水
发酵前果酒发酵醪	1～1.5 g/10 L 果汁	—
果酒第一次倒酒时	1～1.5 g/10 L 果酒	—
第二次或第三次倒酒时	0.75～1 g/10 L 果酒	—
果酒罐装时	0.3～0.4 g/10 L 果酒	—
加糖果酒或含有残留糖的果酒罐装时	0.5 g/10 L 果酒	加工过程中的总添加量不超过 2 g/10 L

(5)主发酵　发酵罐或桶、泵、管道等辅助设备必须采用 SO_2 消毒处理；试管装葡萄酒酵母必须经过活化处理，活化后酒母添加量为 3%～10%；干酵母则可用温水活化后直接添加；发酵醪的装入量控制在发酵设备有效体积的 80%～85%；低温发酵温度 15～16 ℃，发酵时间 5～7 d；高温发酵温度 24～26 ℃，发酵时间 2～3 d；发酵最高温度不超过 30 ℃；发酵过程应定期检查糖度、密度、pH 等。当相对密度达到 1.01～1.02 时，结束主发酵。

①酒母的制备　酒母即扩大培养后加入发酵醪的酵母菌，试管装酵母菌种需经过三次扩大培养后才可加入，分别称一级培养、二级培养、三级培养，最后为酒母桶培养。具体方法为：一级培养于生产前 10～15 d 进行。选取完熟无变质的葡萄压榨取汁，装入洁净试管或三角瓶内。试管内装量为 1/4(10～20 mL)，三角瓶则为 1/3(50 mL)，在 58.8 kPa 的压力下灭菌 30 min。冷却至 28～30 ℃，在无菌操作下接入纯培养菌种，在 25～28 ℃恒温下培养 24～48 h，当发酵旺盛时可进入下一步培养。二级培养用洁净的 1 000 mL 三角瓶，加入新鲜葡萄汁 500～600 mL，如前法灭菌，冷却后接入培养旺盛的 2～3 支试管的酵母菌液或三角瓶酵母菌液一瓶，在 25～28 ℃下恒温培养 24 h，即可进行三级扩大培养。三级培养用洁净的 10 L 左右具有发酵栓的大玻璃瓶，在其中加葡萄汁至容积的 70%左右。葡萄汁须经加热或 SO_2 杀菌

(SO_2 杀菌浓度为 150 mg/L),经 SO_2 杀菌后需放置 1 d 后再使用。玻璃瓶口用 70%乙醇进行消毒,在无菌室接入二级菌种,接种量为 2%~5%,安装发酵栓。在 25~28 ℃下恒温培养 24~28 h,当酵母菌发酵旺盛时,可进一步扩大培养。酒母培养在酒母桶中进行。酒母桶一般用不锈钢罐,将酒母桶用蒸汽杀菌 15~30 min,也可用偏重亚硫酸盐溶液消毒,4 h 后装入经杀菌冷却的葡萄汁(葡萄汁杀菌:采用蒸汽加热至 85 ℃,保持 3~5 min,冷却至 30 ℃),装量为酒母桶容积的 80%,接入发酵旺盛的三级培养酵母菌,接种量为 5%~10%,在 28~30 ℃下培养 1~2 d 即可作为生产酒母。培养后的酒母可直接加入发酵液中,用量为 3%~10%。

②干酵母的活化　在 35~42 ℃的温水中加入 10%的活性干酵母,小心混匀,静置。经 20~30 min 后,酵母复水活化,可直接添加到经 SO_2 处理过的葡萄浆中,一般干酵母用量为 2 g/10 L 发酵液。有时为了减少商品活性干酵母的用量,也可在复水活化后再进行扩大培养,制成酒母使用。这样能使酵母菌在扩大培养中进一步适应环境条件,恢复全部的潜在性能。做法是将复水活化的酵母菌投入澄清的含 SO_2 的葡萄汁中培养,扩大比为 5~10 倍,当培养至酵母菌的对数生长期后,再次扩大 5~10 倍培养。培养条件与葡萄酒酒母相同。

(6)压榨分离新酒　主发酵结束后,要及时进行酒渣分离,分离温度控制在 30 ℃以下。先分离自流原酒,然后再进行压榨。

(7)后发酵　后发酵罐必须在 24 h 内装满新酒,装量为发酵罐有效容积的 95%左右,上部留出 5~15 cm 空间,补充添加 SO_2,添加量为 30~50 mg/L,发酵温度控制在 18~25 ℃,发酵时间 5~10 d。

相对密度下降至 0.993~0.998 时,发酵基本停止,糖分已全部转化,可结束后发酵。

(8)陈酿　贮酒室温度一般保持在 12~15 ℃;空气相对湿度保持在 85%~95%;室内有良好的通风设施,能定期进行通风换气。

将后发酵结束的原酒,用酒泵(或虹吸管)转入专用贮酒容器(罐、瓶)中,密封,送入贮酒室。抽取原酒时,注意除去酒脚(发酵罐底部沉淀物)。此为第一次倒酒。第一次倒酒后,一般冬季每周添酒 1 次,高温时每周添酒 2 次。第一次倒酒 2~3 个月后,进行第二次倒酒。第二次倒酒后每月添酒 1~2 次。以后可根据陈酿期,每隔 10~12 个月倒酒 1 次。优质红葡萄酒陈酿期一般为 2~4 年。

(9)澄清　选择合适的澄清剂,要求澄清剂不会对酒的品质产生任何影响(以明胶-单宁法为例)。常用澄清剂及其参考用量如表 4-20、表 4-21 所示。

表 4-20　澄清剂分类

类别	材料名称
有机物质(胶体)	明胶、鱼胶、蛋白质、牛奶、干酪、白朊、干酪素、纤维素、单宁等动物性物质
矿物质	亚铁氰化钾(黄血盐)、皂土、硅藻土、高岭土等
植物性物质	琼脂

澄清温度以 8~20 ℃最为理想,经过澄清的红葡萄酒呈现澄清透明状,在−7 ℃经 7 d 放置,检查不发生浑浊。

采用明胶-单宁法进行澄清小样试验,确定明胶、单宁用量,具体方法如下。

表 4-21 各种澄清剂参考用量表

澄清剂名称	红葡萄酒/(g/100 L)	白葡萄酒/(g/100 L)	说明
明胶	8～18	5～8	白葡萄酒应加适量单宁
鱼胶	5	1～3	单宁用量为明胶用量的 50%左右
蛋	2～4	1～1.5	蛋清应加食盐，若单宁含量低，可加单宁
干蛋粉	8～10	5～8	1 kg 蛋粉需 200～300 个鸡蛋
皂土	(干酒)20～40 (甜酒)50～70	(干酒)20～60 (甜酒)50～100	混合使用时，明胶用量为皂土的 10%
干酪素	—	10～100	—
牛血清粉	15～25	10～15	—

配制 1%的单宁和 1%明胶水溶液(明胶需提前 30 min 用水浸泡，加热溶解温度不宜超过 60 ℃)，取 40 支试管，编号，各加入 10 mL 准备澄清的原酒，按表 4-22 分别加入不同数量的 1%单宁和 1%明胶水溶液。先按顺序加单宁猛力摇动后，再加入明胶，强烈振荡后静置 6～12 h，观察，取透明度最好、明胶用量最少的试样作为最佳方案，确定生产中用量。

表 4-22 澄清试验方案表

试验方案	试管	1	2	3	4	5	6	7	8	9	10
1	1%单宁/mL	0	0	0	0	0	0	0	0	0	0
	1%明胶/mL	0.1	0.2	0.3	0.4	0.5	0.6	0.7	0.8	0.9	1.0
	评价										
2	1%单宁/mL	0.1	0.1	0.1	0.1	0.1	0.1	0.1	0.1	0.1	0.1
	1%明胶/mL	0.1	0.2	0.3	0.4	0.5	0.6	0.7	0.8	0.9	1.0
	评价										
3	1%单宁/mL	0.2	0.2	0.2	0.2	0.2	0.2	0.2	0.2	0.2	0.2
	1%明胶/mL	0.1	0.2	0.3	0.4	0.5	0.6	0.7	0.8	0.9	1.0
	评价										
4	1%单宁/mL	0.3	0.3	0.3	0.3	0.3	0.3	0.3	0.3	0.3	0.3
	1%明胶/mL	0.1	0.2	0.3	0.4	0.5	0.6	0.7	0.8	0.9	1.0
	评价										

根据上述试验结果，按澄清红葡萄酒量，准确计算所需单宁、明胶用量，称取单宁、明胶，分别用水溶解，缓慢、均匀地加入单宁后再加入明胶，及时充分搅匀，静置。

经 2～3 周澄清后，将上清液(酒)及时用酒泵抽出，迅速与酒脚分离。

(10)过滤 采用硅藻土过滤机进行过滤。每吨酒的硅藻土用量为 0.5～3.0 kg。

(11)冷热处理　冷处理温度应稍高于葡萄酒的冰点 0.5～1 ℃，一般在－7～－4 ℃，冷处理不能使酒出现冻结。冷处理时间为 5～7 d，热处理温度 67 ℃，热处理时间为 15 min。

冷处理采取间接冷冻法，即将贮酒罐放在冷库，靠库温进行降温处理。每天测定贮酒罐内温度，防止温度过低，出现冻结。冷处理完毕，应在低温下过滤，除去沉淀物。

将过滤后的酒放入一个密闭容器内，进行热处理。将酒间接加热（如水浴锅）到 67 ℃，保持 15 min。

(12)调配　以葡萄酒的分类为依据（GB/T 15037—2006），设计配酒方案。卫生指标符合《发酵酒及其配制酒》（GB 2758—2012）要求，感官、理化指标符合《葡萄酒》（GB/T 15037—2006）中的规定。

(13)装瓶、杀菌　空瓶必须进行彻底清洗，并用高压灭菌锅（121 ℃，15 min）进行灭菌。葡萄酒杀菌温度 65～68 ℃，杀菌时间 30 min。

将封盖的酒瓶放入水浴锅中，逐渐升温，使瓶子中心温度达到 65～68 ℃，保持 30 min 即可。以木塞封口，液面应在瓶口下 4.5 mm 左右，若采用皇冠盖，水面则可淹没瓶口。

杀菌后将商标粘贴在瓶子的适当位置，要求粘贴牢固、平整，装箱即为成品。

4　产品质量标准

葡萄酒感官指标要求如表 4-23 所示。

表 4-23　葡萄酒感官指标要求

项目			要求
外观	色泽	白葡萄酒	近似无色，微黄带绿、浅黄、禾杆黄、金黄色
		红葡萄酒	紫红色、深红色、宝石红色、红色中微带棕色、棕红色
		桃红葡萄酒	桃红色、淡玫瑰红色、浅红色
	澄清程度		澄清透明，有光泽，无明显悬浮物（用软木塞封口的酒允许有少量软木渣，装瓶超过 1 年的葡萄酒允许有少量沉淀）
	起泡程度		起泡葡萄酒注入杯中时，应有细微的串珠状气泡升起，并有一定持续性
香气与滋味	香气		具有纯正、优雅、怡悦、和谐的果香与酒香，陈酿型的葡萄酒还应具有陈酿香或橡木香
	滋味	干、半干葡萄酒	具有纯正、优雅、爽怡的口味和悦人的果香味，酒体完整
		甜、半甜葡萄酒	具有甘甜醇厚的口味和陈酿的酒香味，酸甜协调，酒体丰满
		起泡葡萄酒	具有优美醇正、和谐悦人的口味和发酵起泡酒的特有香味，有杀口力
典型性			具有标示的葡萄品种及产品类型应有的特征和风格

葡萄酒理化指标要求如表 4-24 所示。

表 4-24 葡萄酒的理化指标要求

项目			要求
酒精度(20 ℃)(体积分数)/%			≥7.0
总糖(以葡萄糖计)/(g/L)	平静葡萄酒	干型	≤4.0
		半干型	4.1～12.0
		半甜型	12.1～45.0
		甜型	>45.1
	高泡葡萄酒	天然型	≤12.0
		绝干型	12.1～17.0
		干型	17.1～32.0
		半干型	32.1～50.0
		甜型	≥50.1
干浸出物/(g/L)	白葡萄酒		≥16.0
	桃红葡萄酒		≥17.0
	红葡萄酒		≥18.0
挥发酸(以乙酸计)/(g/L)			≤1.2
柠檬酸/(g/L)	干、半干、半甜葡萄酒		≤1.0
	甜葡萄酒		≤2.0
CO_2(20 ℃)/MPa	低泡葡萄酒	<250 mL/瓶	0.05～0.29
		≥250 mL/瓶	0.05～0.34
	高泡葡萄酒	<250 mL/瓶	≥0.30
		≥250 mL/瓶	≥0.35
铁/(mg/L)			≤10.0
铜/(mg/L)			≤1.0
甲醇	白、桃红葡萄酒		≤250
	红葡萄酒		≤400
苯甲酸或苯甲酸钠(以苯甲酸)/(mg/L)			≤50
山梨酸或山梨酸钾(以山梨酸)/(mg/L)			≤200

注:总酸不作要求,以实测值表示(以酒石酸计,g/L)。

5 任务实践操作建议

操作实施一:红葡萄酒酿造

(1)资讯 学生分成 3～5 人一组,各组根据汇总的相关资料,师生共同讨论、分析,用集体智慧完成红葡萄酒酿造技术方案初稿。

(2)决策计划 师生共同讨论、制作汇报提纲,各小组选派 1 名同学进行学习汇报交流,并根据反馈情况,用集体智慧修改并确定红葡萄酒酿造技术。

(3)实施 学生按照确定的红葡萄酒酿造技术方案,独立完成工作任务,并填写工作任务记录单(表 4-25),教师在工作任务实施过程中巡回指导。

表 4-25　工作任务记录单

<table>
<tr><td colspan="6">操作实施一：红葡萄酒酿造</td></tr>
<tr><td colspan="3">仪器(设备等)：</td><td colspan="3">操作人员：</td></tr>
<tr><td>工作项目</td><td colspan="4">操作内容</td><td>完成情况</td></tr>
<tr><td></td><td colspan="4"></td><td></td></tr>
<tr><td></td><td colspan="4"></td><td></td></tr>
<tr><td></td><td colspan="4"></td><td></td></tr>
<tr><td>改进措施</td><td colspan="5"></td></tr>
<tr><td rowspan="3">工作任务
完成记录
评价</td><td>班级</td><td></td><td>第　　组</td><td>组长签字</td><td></td></tr>
<tr><td>教师
签字</td><td colspan="2"></td><td>日期</td><td></td></tr>
<tr><td colspan="5">评语：</td></tr>
</table>

(4)检查评估及反馈　学生对完成工作任务的表现进行自评和互评，各小组进行总结、考核、评估及反馈，教师做出最后评价，填写工作任务评价及反馈单。

子任务二　苹果酒酿造

【子任务要求】

学生通过操作实施，掌握苹果酒酿造的内容、要点和方法，编制苹果酒酿造技术方案，并能解决苹果酒酿造中出现的问题。

【任务实践操作】

1　准备主要材料

苹果、蔗糖、酒石酸、偏重亚硫酸钾、葡萄酒酵母(干酵母或试管菌种)、硅藻土、明胶、单宁等。

2　工艺流程

苹果→预处理→榨汁→成分调整→发酵→陈酿→澄清过滤→调配→装瓶杀菌→成品。

3　操作步骤

(1)原料选择、清洗、分选　原料充分成熟，含糖量 14%～15%，含酸量 0.4%左右，单宁含量 0.2%左右。果实应进行充分清洗，去除表面农药残留，降低表面微生物数量。必要时可采用 1%～2%稀盐酸或 0.1%高锰酸钾浸泡处理，以增强清洗效果。

(2)破碎　破碎的果块要大小适宜、均匀，一般果块直径为 3～4 mm。在破碎过程中添加护色剂如维生素 C、柠檬酸等，以防果肉氧化。种子不能破碎，以防产生苦味。

(3)榨汁 破碎完成后,应立即进行榨汁,出汁率保证在60%左右。榨汁完成后,彻底清洗榨汁机,并将果渣及时处理。

(4)果汁成分调整 要求果汁含糖量达到18%～20%,果汁含酸量达到3.0～6.0 g/L。果汁中SO_2含量要达到75～150 mg/L,具体添加量与果汁pH密切相关,如表4-26所示。

表4-26 苹果汁中二氧化硫添加量与pH的关系

苹果汁的pH	要求的二氧化硫浓度(以总二氧化硫计)
<3.0	酸度足以抑制微生物生长,无须添加二氧化硫
3.0～3.3	75 mg/L
3.3～3.5	100 mg/L
3.3～3.8	150 mg/L
>3.8	首先调整pH,在此条件下添加即使200 mg/L也无济于事

采用手持糖量计测定果汁含糖量,采用酸碱滴定法和酸度计分别测定果汁可滴定酸度和pH,并将数据按表4-27记录。

表4-27 苹果汁成分分析和调整数据记录表

1. 所用的苹果品种	
2. 出汁率	%
3. 原苹果汁的成分分析	
(1)相对密度	
(2)含糖量	g/L
(3)滴定酸度	g/L(以苹果酸计)
(4)pH	
4. 苹果汁经调整后欲达到的状态	
(1)成品酒的酒度(假设糖完全发酵)	%(体积分数)
(2)相对密度	
(3)含糖量	g/L
(4)滴定酸度	g/L(以苹果酸计)
(5)pH	
5. 需要添加物质的量	
(1)添加蔗糖的量	g/L
(2)添加苹果酸的量	g/L
6. 发酵前对果汁重新分析的结果	
(1)相对密度	
(2)含糖量	g/L
(3)滴定酸度	g/L(以苹果酸计)
(4)pH	
7. 二氧化硫的添加量:总二氧化硫量	mg/L
游离二氧化硫量	mg/L
8. 所用酵母品种	

按工艺要求调整糖、酸，并添加亚硫酸盐，使 SO_2 含量达到要求。

(5)发酵　发酵容器要刷洗干净，无异味，并用 SO_2 杀菌消毒。果汁装量占发酵罐容积的80%左右。采取密闭发酵，发酵温度为 15～18 ℃，发酵时间为 7～14 d。酒母添加量为 3%～10%（活性干酵母为 2 g/10 L）。残糖降至 5.0 g/L、相对密度≤1.000 时，结束主发酵。

(6)陈酿　要求贮酒室温度 10～15 ℃，空气相对湿度 85%～90%，室内应有通风设施，能定期更换空气，保持室内空气清洁、新鲜。倒酒时向苹果酒中重新加入 50 mg/L 的 SO_2。贮酒桶要用 SO_2 彻底消毒。陈酿期 4～16 个月。

(7)澄清　采用膨润土-明胶法。

对膨润土、明胶做如下处理：膨润土先用 40 ℃温水浸泡，同时添加 3 g/L 的苹果酸，然后将膨润土配制成 10%的悬浮液，将其混匀，静置 24 h，备用；明胶先用 40 ℃温水浸泡，然后配制 1%溶液，静置 4～6 h，备用。

小样试验方法：在 6 个 200 mL 的烧杯中装入苹果酒，按表 4-28 中的添加量，逐一加膨润土和明胶，摇匀，静置 4～8 h 后，观察澄清结果，澄清度达到最大而添加量最小的试样是最理想的试验方案。

表 4-28　膨润土和明胶澄清试验用量对照表

试验(200 mL 苹果酒)		试验结果观察
膨润土(10%悬浮液)/mL	明胶(1%溶液)/mL	
1	1	
1	2	
2	2	
2	4	
4	4	
4	8	

根据试验结果及要澄清苹果酒的量，确定膨润土和明胶用量。

先将膨润土与少量苹果酒混匀，一边搅拌，一边缓慢倒入待澄清的苹果酒中，然后加入1%的明胶溶液，搅拌均匀，静置 3～5 d，抽取上部澄清液。

(8)过滤　苹果酒的过滤方法同红葡萄酒。

(9)调配　苹果酒的调配方法同红葡萄酒。

(10)灌装、杀菌　苹果酒的灌装、杀菌方法同红葡萄酒。

4　产品质量标准

苹果酒的质量应符合表 4-29 标准。

表 4-29 苹果酒质量标准

指标	项目	干型	半干型
感官指标	色泽	呈金黄色或淡黄色	
	澄清度	外观澄清透明，无悬浮物	
	香味	具有清新、优雅、协调的苹果香与酒香	
	口味	清新爽口，酒体醇厚，余味悠长	
	典型性	具有苹果酒的典型风格	
理化指标	酒度/%(体积分数，20 ℃)	11.5±0.5	11.5±0.5
	总糖(以葡萄糖计)/(g/L)	4	4.1～12.0
	总酸(以苹果酸计)/(g/L)	4.5～4.7	4.5～7.5
	挥发酸(以乙酸计)/(g/L)	≤1.1	≤1.1
	游离 SO_2/(mg/L)	≤50	≤50
	总 SO_2/(mg/L)	≤250	≤250
	干浸出物/(g/L)	≥12	≥12
	铅/(mg/L)	≤0.5	≤0.5

5 任务实践操作建议

具体内容可参考子任务一红葡萄酒酿造的任务实践操作建议中任务的实践操作时间、分组安排、内容及步骤在具体教学中有计划、有步骤地实施。

知识拓展

果醋的加工技术

练习及作业

1. 根据加工工艺不同，果酒可分为哪几类？其加工工艺上的主要区别是什么？
2. 白葡萄酒、红葡萄酒加工的工艺流程及其操作有何异同？
3. 根据红葡萄酒、苹果酒的生产工艺，设计柿子酒加工生产技术方案。

任务五 果蔬糖制品加工

果蔬糖制是利用高浓度糖液的渗透脱水作用，将果蔬加工成糖制品的加工技术，是我国古老的食品加工方法之一。增加糖制品的含糖量，减少含水量，使制品形成比较高的渗透压，导致微生物脱水收缩，造成微生物生理死亡而无法生存，同时食糖还具有抗氧化作用，从而达到食品保藏的目的。

我国的糖制品在国内外享有很高声誉，是我国特色的传统食品之一。糖制品加工工艺简单，投资少，见效快，可产生良好的经济效益和社会效益，对广大果蔬产区和山区经济的发展具有重要的促进作用。

思考：糖制品是我国传统的食品加工保藏方法，通过学习，感受中华民族的悠久历史与智慧，增强民族自豪感和爱国主义情怀。

糖制品的营养主要在于产生热量，部分食品也是保健食品，如金橘能润喉，山楂能开胃、降血脂、软化血管等。近几年来，随着人们健康意识的提高，具有低甜度、低热量、营养价值高等特点的功能性果脯受到人们的青睐，如大蒜脯、南瓜脯、食用菌脯等具有良好的发展前景和广阔的市场。

知识点1 果蔬糖制品的分类

果蔬糖制品是将果蔬原料或半成品经预处理后，利用食糖的保藏作用，通过加糖浓缩，将固形物浓度提高到65%左右而得到的加工品。果蔬糖制品对原料的要求一般不高，可充分利用果蔬的皮、肉、汁、渣或残次果、落果，甚至不宜生食的橄榄和梅子也可制成美味的果脯、蜜饯、凉果和果酱。所以，果蔬糖制品加工也是果蔬原料综合利用的重要途径之一。按照加工方法和特点，可将果蔬糖制品分为以下几类。

1.1 果脯蜜饯类

甘蔗制糖技术出现以前，人们就用蜂蜜熬煮果品蔬菜制成各种加工品，“蜜饯”最早就来自于“蜜煎”。蔗糖出现以后人们改用蔗糖代替蜂蜜进行糖制。此类制品的特点是保持了果实或果块一定的形状，一般为高糖食品。成品含水量在20%以上的称蜜饯，成品含水量在20%以下的称果脯。我国的传统蜜饯种类繁多，风味独特，在国内外市场享誉较高，如北京的苹果果脯、苏州的金橘饼等。

(1)干态蜜饯　又称返砂蜜饯，糖制后晾干或烘干，不粘手，有些产品表面裹一层半透明糖衣或结晶糖粉。如橘饼、冬瓜条、蜜菠萝、糖藕片、蜜李子等。

(2)湿态蜜饯　果蔬原料糖制后，按罐藏原理保存于高浓度糖液中，果形完整，饱满，质地细软，味美，呈半透明。如蜜饯海棠、蜜饯樱桃、糖青梅、蜜金橘等。

(3)果脯　糖制后晾干或烘干，外干内湿，半透明，不粘手的制品。如杏脯、桃脯、苹果脯、枣脯等。

(4)凉果及甘草制品类　即制品不经过蒸煮等加热过程，直接以干鲜果品或果坯拌以辅料后晾晒而成。如话梅、加应子等。

1.2 果酱类

(1)果酱　果品原料经处理后，打碎或切成块状，是加糖浓缩而成的凝胶制品。制品呈黏糊状，带有细小果块，含糖量55%以上，含酸1%左右。倾倒在平面上要求“站得住，不流汁，展得开”，如苹果酱、桃酱、山楂酱、草莓酱等。

(2)果菜泥　原料经软化、打浆、筛滤后得到细腻的果肉浆液，加入适量砂糖(或不加糖)，经加热浓缩而成。制品呈酱糊状，糖酸含量稍低于果酱，口感细腻。如枣泥、什锦果泥、南瓜糊、胡萝卜泥等。如果制成有一定稠度、质地均匀的酱体时，常称之为“沙司”。

(3)果丹皮　在果泥中加糖搅拌、刮片、烘干、成卷或切片,用玻璃纸包装的制品,如苹果果丹皮、山楂果丹皮等。

(4)果冻　将果实软化、榨汁、过滤后,加糖、酸及适量果胶(酸或果胶含量高时可以不加),经加热浓缩而成,一般含糖 60%~65%,含酸 1%以上,含果胶 15%以上。倾倒在平面上能保持原来的形态,呈透明的胶冻状,不流汁,下刀切面光滑能成形,如山楂冻、苹果冻、柑橘冻、猕猴桃冻等。如果在制果冻的原料中再加入少量的橙皮条(或橘皮片)浓缩,冷却后这些条片较均匀地分散在果浆中,该制品通常称之为"马茉兰"。

(5)果糕　在果泥中加入预先搅拌成泡沫状的蛋白,注入容器成型,烘干,便得到多孔而柔软的果糕。或将果泥摊成薄层成型,再于 50~60 ℃下烘干至不粘手,切成小块,用玻璃纸包装。或在果肉浆液中加入糖、酸、果胶浓缩后浇盘、烘制、包装而成,如南酸枣糕、猕猴桃糕、胡萝卜糕、山楂糕、水晶山楂糕等。

知识点 2　食糖的保藏作用

加工糖制品所用的食糖种类多样,主要有砂糖、饴糖、淀粉糖浆、蜂蜜、果葡糖浆和葡萄糖等。饴糖的主要成分是麦芽糖,适用于低档产品;淀粉糖浆以葡萄糖为主,适用于低糖制品;蜂蜜主要是转化糖,用做保健制品;葡萄糖用于低甜度产品;果葡糖浆因其纯度高、风味好、甜度浓、色泽淡、工业化生产量大,适用于各种食品加工,而被国外广泛用以代替蔗糖。

食糖本身并无毒害作用,且是微生物的主要碳素营养,能促进微生物生长发育。糖制品要做到长期保藏,必须使制品的含糖量达到一定的浓度,才能对微生物有不同程度的抑制作用,其保藏作用主要有以下 4 个方面。

2.1　高渗透压作用

糖浓度提高到一定程度,才能抑制微生物的生长。1%蔗糖约产生 70.9 kPa 的渗透压。糖制品的糖浓度常在 50%以上,能使微生物细胞原生质脱水收缩,发生生理干燥而失去活力,从而能使制品得以较长时间的保藏。但是某些霉菌和酵母菌较耐高渗透压,有些耐渗透压强的微生物能在 70%左右的糖浓度中生存。因此糖制品需要有合适的糖浓度,避免低于此浓度制品出现长霉、高于此浓度制品发生糖的晶析而降低产品质量。为防止蔗糖结晶,一种方法是在糖液中用部分转化糖(如蜂蜜、淀粉糖浆)来提高糖的溶解度(如等量蔗糖和转化糖混合液的溶解度可达 75%);另一种方法是适当提高酸含量,同时加上熬煮,使部分蔗糖转化为转化糖。实践证明,制品总糖量在 68%~70%、含水量在 17%~19%,转化糖达总糖量 60%时,一般不发生返砂现象。对于长期保藏的果酱类,部分湿态蜜饯制品以及低糖制品,可结合巴氏杀菌或加酸、防腐剂以及真空密封等措施使其安全存放。

2.2　抗氧化作用

氧在糖液中的溶解度小于在水中的溶解度,糖浓度越高,氧的溶解度就越低。如 60%蔗糖溶液在 20 ℃时含氧量仅为纯水中的 1/6。由于糖液中含氧量低,有利于抑制好气性微生物的活动,也有利于糖制品色泽、风味保持和维生素 C 的保存。糖溶液的抗氧化也是糖制品得以保存的原因之一。

2.3　降低水分活度(Aw)

食品的水分活度值(Aw)是指食品中水的蒸气压与同温度下纯水的饱和蒸气压的比值，用于表示食品中游离水的数量。制品中含糖量越高，则其 Aw 越低，微生物就越难以生存。通常糖制品的 Aw 在 0.75 以下，而一般微生物生长的最低 Aw 值在 0.9 以上。

2.4　加速原料脱水吸糖

糖液的强大渗透压能加速原料的脱水及糖分渗入，缩短糖渍和糖煮时间，有利于改善制品的质量。但是，若扩散初期糖浓度过高，会使原料因脱水过多而收缩，降低成品率。因此糖煮初期的糖含量以不超过 30%～40%为宜。

知识点 3　食糖的性质

糖制品是利用高浓度糖的防腐保藏作用制得的产品。食糖的种类、性质、浓度等，对产品的质量和保藏性都有重大影响。因此，了解食糖的理化性质是获得优质耐藏品的重要基础。

食糖的特性有很多，与糖制品有关的性质主要有糖的甜度、糖的溶解度与晶析、糖的吸湿性、糖的沸点、糖的转化、糖液的黏性和糖液的发酵性等。

3.1　糖的甜度

果蔬糖制品之所以受到广大消费者的欢迎，最主要的原因就是其甘甜的风味。糖的甜度影响着制品的甜度和风味，甜度是主观的味觉判别。目前，多以相对甜度法来表示其甜度，即以蔗糖作为标准，其他糖在同浓度下与它比较而得出的甜度。如取蔗糖甜度为 100，果糖为 173，葡萄糖为 74，转化糖为 127。可见果糖最甜，其次是转化糖，葡萄糖甜度最低。

温度对甜度有一定的影响，当糖液浓度一定时，温度低于 50 ℃，果糖甜于蔗糖，温度高于 50 ℃，蔗糖甜于果糖。这是因为在不同温度下，果糖异构体间的相对比例不同，温度较低时，较甜的 β-异构体所占比例较大。

不同种类糖的甜味也有所不同。葡萄糖先甜后苦涩，带酸；麦芽糖，甜味差，带酸味。蔗糖风味纯正，味感反应迅速，甜味能迅速达到最大值，并可迅速消失；蔗糖与食盐共用时能降低甜味和咸味，产生新的独特的风味。

3.2　糖的溶解度和晶析

食糖的溶解度是指在一定的温度下，一定量的饱和糖液内溶解的糖的量。食糖的溶解度受温度的直接影响。一般的规律是随着温度的升高，其溶解度逐渐加大。但在不同温度下，食糖的溶解度会发生变化。各种糖的溶解度见表 4-30。

表 4-30　不同温度下糖的溶解度　　%

种类	温度/℃									
	0	10	20	30	40	50	60	70	80	90
蔗糖	64.2	65.5	67.1	68.7	70.4	72.2	74.2	76.2	78.4	80.6
葡萄糖	35	41.6	47.7	54.6	61.8	70.9	74.7	78	81.3	84.7
果糖		78.9	81.5	84.3	86.9					
转化糖	56.6	62.6	69.7	74.8	81.9					

食糖溶解度大小受糖的种类和温度的双重影响。当糖制品中液态部分的糖在某一温度下,其浓度达到过饱和时即可呈现结晶现象,称为晶析,又称"返砂"。糖制加工中,为防止蔗糖的晶析,常加部分淀粉糖浆、饴糖或蜂蜜,利用它们所含的糊精转化糖或麦芽糖来抑制结晶的形成和增大。部分动物胶、蛋清能增强糖液的黏度和饱和度,也能阻止蔗糖结晶。在蜜饯加工中,如糖霜制品等正是利用了晶析这一特点来维持制品的糖霜状态,提高制品的保藏性。

3.3 糖的吸湿性

糖具有吸收周围环境中水分的特性,这就是糖的吸湿性。糖制品长时间裸露在空气中会因为吸湿回潮而降低制品的糖浓度和渗透压,降低糖的保藏性,从而导致制品的败坏和变质。糖的吸湿性与糖的种类和环境湿度密切相关,一般糖的吸收量与环境的相对湿度呈正相关。环境湿度越大,吸湿量就越多。果糖的吸湿性最强,麦芽糖和葡萄糖次之,蔗糖最小。各种结晶糖吸水达15%以上便失去晶体状态,成为液态。高纯度的蔗糖结晶吸湿性很弱,在相对湿度为81.8%以下吸湿量仅为0.05%,吸湿后只表现出潮解和结块。果糖在同样条件下,吸湿量达18.58%,完全失去晶态而呈液态。

含有一定数量转化糖的糖制品,必须要有严密的包装,可用防潮纸或玻璃纸包裹,防止吸潮而变质。糖制品吸湿达到一定的程度会发生所谓的"流汤"而变质,因此对于散装制品及包装不太好的糖制品,尤其要控制好转化糖的含量。

在生产中常利用转化糖吸湿性强的特点,让糖制品含适量的转化糖,这样便于防止制品发生结晶(或返砂),但同时也要注意转化糖量,以免因转化糖过高,引起制品的流汤变质。

3.4 糖的沸点

蔗糖溶液的沸点受浓度和压力等因素的影响,糖液的沸点随糖浓度的增大而升高,随着压力的降低沸点降低。如表4-31所示:

表4-31 在1标准大气压下蔗糖溶液的沸点

含糖量/%	10	20	30	40	50	60	70	80	90
沸点温度/℃	100.4	100.6	101.0	101.5	102	103.6	105.6	112.0	113.8

在糖制过程中,根据沸点可测知在加工中糖液的浓度或可溶性固形物含量,从而可在糖煮进行中通过控制沸点来控制糖溶液浓度及测定糖液浓度变化的情况,以控制煮制时间,同时确定熬煮终点。如干态蜜饯出锅时糖液沸点达104~105 ℃,其可溶性固形物含量为65%~66%,糖含量约为60%。在糖制加工中,蔗糖部分转化,果蔬所含的可溶性固形物也较为复杂,其溶液的沸点并不能完全代表制品含糖量,需结合其他方法来确定煮制终点或再做好充足的实验。

3.5 糖的转化

蔗糖是非还原性双糖,经酸或者转化酶作用,在一定温度下水解生成等量的葡萄糖和果糖,该过程称为蔗糖的转化。在糖制品中,转化反应用于提高糖溶液的饱和度,防止制品"返砂",增大制品的渗透压,提高保藏性,并赋予制品紧密的质地,提高甜度。但若制品中蔗糖转化过度,则增强其吸湿性,制品吸湿回潮而变质。

蔗糖在较低的pH和高温下转化较快。糖制品中转换糖量达到30%~40%时,蔗糖就不会结晶。蔗糖转化的最适pH为2.5,一般水果都含有一定量的有机酸,糖煮时可转化30%~

35%的蔗糖，并在保藏期继续转化可达到50%左右。对于含酸量少的原料，可加入少量的柠檬酸或酒石酸，以使蔗糖发生转化。对于含酸偏高的原料则避免糖煮时间过长而产生过多的转化糖。

蔗糖长时间处在酸性介质和高温条件下，其水解产物会生成少量的羟甲基呋喃甲醛，这种物质有抑制细菌生长的作用，但它会使制品发生轻度褐变。在糖制过程中及贮藏期间，也存在转化糖与氨基酸发生的美拉德反应，这是引起非酶促褐变的主要原因。由于蔗糖不易参与美拉德反应，所以对于淡色制品，要注意避免蔗糖的过度转化。

3.6 糖液的黏性

糖的黏稠性对产品的质量有较大影响。糖的黏稠厚味，可体现出糖的可口性；糖的黏稠、黏结性质，可利于成品的成型；糖的黏稠润滑，可使制品光泽柔软。当产品产生“返砂”现象时，则会使黏稠性降低或丧失。因此，在蔗糖中加入适量还原糖，或使之与酸作用产生转化糖，可保持其黏稠性。

糖的黏稠性在带来产品性能的同时，也给生产带来不便，凡是与糖液接触的物品和器具均会黏附糖液，既浪费了原料，又不卫生。当糖液中混有还原糖时，吸湿性会增强，这样会降低产品的保藏性。因此，一般可通过干态蜜饯生产工艺降低产品表面的黏稠性，以便于包装和食用，同时通过洗掉产品表面的糖液可降低其黏性。

糖的黏稠性受糖的种类、糖浓度和温度的影响。在浓度相同时，温度越高，黏稠性越小；在温度相同时，浓度越高，黏稠性越大；在浓度和温度都相同时，蔗糖的黏稠性比葡萄糖大，比麦芽糖和淀粉糖浆小。

3.7 糖液的发酵性

发酵是微生物在糖液中生长繁殖的结果，细菌、霉菌、酵母菌均可在糖液中生长繁殖，所以，各种糖液均具有发酵性。几乎所有的酵母都能发酵葡萄糖和淀粉糖浆，大多数酵母可发酵麦芽糖，多数酵母能发酵蔗糖，酵母对蔗糖的发酵低于葡萄糖。而细菌和霉菌能发酵的糖类较少。酵母菌和霉菌都能产生蔗糖酶及转化酶，都能使蔗糖分解为果糖和葡萄糖；有些酵母还能产生麦芽糖酶，它们能把麦芽糖分解为葡萄糖。

糖液的发酵性对产品的质量有一定的影响。低浓度的糖液在常温下会很快发酵变质，浓度越低，发酵变质的速度越快。糖液在发酵时，会产生极为复杂的变化，稀糖液的表面会产生各种状态的被膜、黏液、气泡，产生各种气体，多数是难闻的气味，同时会产生复杂的有机物。霉菌作用于糖液时，其表面会产生各种形态及颜色的菌丝体及孢子，菌落表面多呈粉状。暴露在空气中的糖块会吸水变潮，长时间放置会首先发现霉菌的生长繁殖。糖液在受到微生物污染时，会有不同程度的变质，虽经糖煮，也不能再结晶返砂，这种糖液已经失去加工价值。针对该性质，对于保质期较长的产品，在加工中可通过添加防腐剂进行改善。

知识点4 果胶的凝胶作用

果胶物质以原果胶、果胶和果胶酸三种形态存在于果蔬中。原果胶在酸和酶的作用下分解为果胶。果胶具有胶凝特性，形成凝胶有两种形态：一种是高甲氧基果胶，其甲氧基含量在7%以上，为果胶-糖-酸型胶凝，又称为氢键结合型胶凝；另一种是低甲氧基果胶的羧基与钙、镁等离子的胶凝，又称为离子结合型胶凝。果品所含的果胶以及用果汁或果肉浆加糖浓缩的果冻、果糕等属于前一种凝胶；用低甲氧基果胶与钙盐相结合制成的果冻，属于离子结合型果胶。果品在糖制时，常利用果胶的胶凝作用和保脆作用来保证糖制品的质量。

4.1 胶凝作用

果胶分子是由D-吡喃半乳糖醛酸与2-1,4葡萄糖苷键结合的长链组成，其中部分羧基为甲醇所酯化，形成甲氧基。当果胶分子中含甲氧基量高于7%时，称这种果胶为高甲氧基果胶；当果胶分子中含甲氧基量低于7%时，称这种果胶为低甲氧基果胶。这两种果胶形成凝胶的条件及机理各不相同。

4.1.1 高甲氧基果胶形成凝胶的条件

高甲氧基果胶，简称果胶，凝胶的性质和原理与动物胶不同。含量为1%～2%的动物胶溶液，冷却后才能形成凝胶，液温超过胶凝点(30 ℃)就不能凝胶；含量为0.3%～0.4%的果胶溶液，虽冷却后也不能胶凝，但当溶液的pH调节到2.0～3.5，溶液中糖分达到60%～65%时，即使温度较高也能很快胶凝。这种凝胶的胶凝原理在于：高度水合的果胶束因脱水及电性中和而形成胶凝体。果胶胶束在一般溶液中带负电荷，当溶液pH低于3.5和脱水剂含量达50%以上时，果胶即脱水，并因电性中和而胶凝。在果胶胶凝过程中，糖起脱水剂和填充剂的作用，酸则起到消除果胶中负电荷的作用，使果胶分子因氢键吸附而形成网状结构，构成凝胶体的骨架。果胶胶凝过程主要与pH、糖浓度、果胶含量和温度等因素有关系。实践表明：在糖度65%～70%，pH 2.8～3.3、果酸和果胶1%以上、温度30 ℃以下时能形成很好的凝胶。此外，在制作此类果冻时，还应注意加温时间不宜过长，否则会使果胶水解，降低其胶凝能力。

果胶的胶凝能力是衡量粉状果胶质量的重要指标。所谓果胶的胶凝能力，系指一份果胶与若干份糖制成具有一定强度和质量的果冻的能力。例如，1 g果胶具有能与150 g糖制成果冻的能力，则这种果胶的胶凝能力为150度，也称150度果胶。所以，果胶胶凝能力实际上就是果胶的加糖率。

4.1.2 低甲氧基果胶形成凝胶的条件

低甲氧基果胶的凝胶原理是果胶分子链上的羧基与多价金属离子结合，由于低甲氧基果胶约有半数以上的羧基未被甲醇酯化，因此，对金属离子比较敏感，少量的金属离子即可使之胶凝，形成网状结构。低甲氧基果胶凝胶条件是：低甲氧基果胶1%、pH 2.5～6.5时，每1 g低甲氧基果胶加入钙离子25 mg(钙量占整个凝胶的0.01%～0.10%)，在0～30 ℃下即可形成正常的凝胶。食糖用量多少对凝胶的形成影响不大，利用这一特性，可制作低糖制品。其主要影响因素有钙离子用量、pH和温度。

通常从海藻类中提取的果胶属低甲氧基果胶，从苹果、枇杷、柑橘等果品的皮中提取的果胶为高甲氧基果胶。

4.2 保脆作用

果胶能与钙、铝等金属离子结合，生成不溶性的果胶酸盐，使果蔬细胞相互黏结、增硬，可防止糖煮过程中组织软烂，制品保持一定形状和脆度，并有利糖制品的返砂，提高糖制品的质量。果蔬糖制品中常用的保脆剂有石灰、氯化钙、明矾等，使用时应注意用量及作用的时间。

知识点5　糖制的原理

5.1　扩散作用

扩散是由于物质微粒(分子、原子等)的热运动而使固体、液体或气体浓度均匀化的过程。物质微粒扩散总是从高浓度向低浓度转移,直至体系内浓度均匀。

扩散物质的分子永远是从高浓度向低浓度的方向扩散,因而浓度差越大,扩散速度也随之增加。不过,糖浓度增加时,通常黏度也必然增加,而黏度的增加则会降低扩散速度。随着温度的升高,分子的运动速度加快,而溶液的黏度则减小,因而溶质分子就很容易扩散。这就是加热煮制比室温浸渍能提高糖制速率的原因所在。

扩散速度与溶质分子的大小有关,溶质分子越大,扩散速度越慢。在溶液中呈单分子的晶体,其扩散速度非常快,而且晶体的相对分子质量较小,则扩散速度越快。因此,葡萄糖扩散速度大于蔗糖,蔗糖又大于糊精。

5.2　渗透作用

渗透是溶剂从低浓度溶液经过半渗透膜向高浓度溶液扩散的过程。半渗透膜是只允许小分子物质通过,而不允许大分子通过的膜。果蔬组织膜是半渗透膜,糖制过程中,果蔬组织细胞在糖液中,细胞内呈胶状溶液的蛋白质和其他大分子不会溶出,但水分子和小分子物质可以渗出,小分子糖渗入。

渗透压的大小取决于溶液中溶质的浓度,还与温度呈正相关。果蔬渗糖速度取决于糖制温度和糖液浓度。为了加速渗糖过程,应尽可能在较高温度和较高浓度的条件下进行。

相同浓度的溶液,溶质的相对分子质量越大,渗透压越低,相对分子质量较小的葡萄糖和果糖溶液渗透压高于蔗糖溶液。能离解为离子的溶质比不能离解的溶质渗透压高,如相同渗透压的溶液,食盐比食糖的溶液浓度低很多。

总之,果蔬在糖制过程中,组织内外溶液浓度借助溶质的扩散和渗透逐渐趋向平衡。因此,糖渍过程实际上是扩散和渗透相结合的过程。

5.3　糖煮作用

糖煮是把果蔬原料放在糖液中加热煮制。糖煮时,果蔬组织在糖液中所受的热力由糖液传导,糖液的沸腾温度由糖液浓度所决定。在煮制过程中,果蔬的组织细胞受到高温的影响,其细胞膜的选择性透过功能被破坏,细胞内外的物质交换易于进行。加热使分子热运动加速,糖液黏度降低,扩散、渗透作用增强,从而大大加快糖制过程。

在加热过程中,当果蔬组织中的细胞液尚未沸腾时,糖分的渗透速度随着温度的上升而增大;当糖液温度达到101～102 ℃时,组织内细胞液沸腾,水蒸气压力急剧升高,从而阻碍糖分向组织内渗透,而果蔬组织中排出的水分又因细胞液的沸腾而增加。如果这时再加入糖类来提高糖度,则糖液沸点上升,煮沸温度上升,组织内细胞液形成更强大的蒸气压,进一步阻碍糖分向果蔬内渗透。因此,果蔬糖煮过程中糖分子的渗透速度并不是直线上升或匀速渗入的,糖煮初期糖的渗入速度应该是波浪式上升的。

加热使果蔬组织内的水分扩散激烈,脱水加快。果蔬组织极易因脱水而收缩,从而导致中心透糖不均匀,成品不饱满。严重者表层会形成硬壳,阻碍糖分渗入。因此,在糖煮时,一般应从低浓度糖液煮起，逐步提高糖液浓度才能使糖分均匀渗透进入果蔬组织中。

知识点6 果脯蜜饯加工工作程序

蜜饯类加工是不改变果蔬原有组织状态进行的加工。蜜饯类制品是将经过预处理的原料与糖液合煮（蜜）而成，要求形态完整饱满，糖分充分渗透到组织内部，透明或半透明，本色或染色，质地柔嫩无硬渣，含糖60%～70%，具有本品应有的风味的制品。

6.1 工艺流程

原料→预处理→糖渍→烘干→上糖衣→包装→干态蜜饯

原料→预处理→糖渍→装罐密封→杀菌→冷却→湿态蜜饯

原料→预处理→盐腌→干燥→盐坯保存→脱盐→烘干→浸渍→烘干→包装→凉果。

6.2 操作要点

6.2.1 原料选择

成品质量的优劣关键之一在于原料选择，主要在于品种和成熟度两个方面。蜜饯类因需要保持果实或果块形态，则要求原料肉质紧密，耐煮性强。原料的成熟度，一般以七八成熟的硬熟果为宜，但不同产品对成熟度要求不同。如制蜜枣宜选择果大核小、质地较疏松的品种，并于果实由绿转白时采收。

6.2.2 原料预处理

预处理主要包括原料挑选、分级、清洗、皮层处理、去核、切分等过程。

（1）选别分级　根据制品对原料的要求，及时剔除病果、烂果、成熟度过低或过高的不合格果。同时，按大小、成熟度对原料进行分级。

（2）皮层处理　根据果蔬种类及制品质量要求，皮层处理有针刺、擦皮、去皮等方法。去皮时，要求去净果皮，以不损及果肉为度，常用机械去皮和人工去皮的方法。

（3）切分、去心、去核　对于体积较大果蔬原料，在糖制时需要适当切分，常切成片状、块状、条状、丝状或划缝等形态。切分要大小均匀，充分利用原料。大型果宜适当切分成块、片、丝或条。枣、李和杏等小果常在果面划线或刺孔。

6.2.3 硬化与保脆

蜜饯类产品要求保持原料形态完整，饱满透明，但很多原料不耐煮或在煮制时易破碎，因此，往往在煮制前对其进行硬化和保脆处理，以增强其耐煮性和品质。硬化剂多为石灰、氯化钙、明矾、亚硫酸氢钠溶液。对质地较疏松、含水量较高的果蔬原料如冬瓜、柑橘等，在糖煮前将原料浸入溶有如石灰、明矾、亚硫酸氢钙、氯化钙等硬化剂的溶液中。一般含果酸物质较多的原料用0.1%～0.5%石灰溶液浸渍，含纤维素较多的原料用0.5%左右亚硫酸氢钙溶液浸渍。浸泡时间应视原料种类、切分程度而定。通常为10～16 h，以原料的中心部位浸透为止，浸泡后立即用清水漂净。

> **思考：**随着人们饮食习惯的改变，传统高糖食品已不适应人们的需求。想一想，如何通过科技创新，改造糖制工艺，降低含糖量，满足低糖要求？

6.2.4 腌制

腌制的目的是把原料中的部分水分脱除，改变果肉组织的渗透性，以利于糖分渗入。腌制后可避免原料腐烂变质，常作为半成品进行保藏。盐渍包括盐腌、曝晒、回软、复晒4个过程。盐腌有干腌法和湿腌法两种，干腌法适用于果汁较多或成熟度较高的原料，用盐量根据原料种类和储存期的长短而定。湿腌法（盐水法）适用于果汁稀少或未熟果或酸涩苦味浓的原料，用盐量为10%～24%，腌渍时间为7～20 d，腌好后，可经水坯保存，或经晒制成干坯长期保藏。腌制过程所发生的轻度乳酸发酵和酒精发酵，有利于糖分和果胶物质的水解，使原料组织易于渗透，也可促使苦涩物质的分解。

6.2.5 护色

为使制品色泽清淡、半透明，在糖制前需进行硫处理，硫处理既可抑制制品氧化变色，又能促进糖液渗透。有熏硫处理和浸硫处理。熏硫处理在熏硫室或熏硫箱中进行，按1 t原料需硫黄2.0～2.5 kg的用量熏蒸8～24 h。浸硫处理应先配制好0.1%～0.2%的亚硫酸或亚硫酸氢钠溶液，然后将原料置于该溶液中浸泡10～30 min。硫处理后的果实，在糖煮前应充分漂洗，去除残硫，按照食品添加剂使用标准GB 2760—2014之规定，二氧化硫残留量0.35 mg/kg以下。

果蔬原料所含有的天然色素在加工中容易被破坏。为恢复其色泽，可用人工染色法，目前所用的食用色素主要有天然色素和人工合成色素。可用在蜜饯类产品中的色素有柠檬黄、日落黄、天然苋菜红、胭脂红等，生产中要严格按照GB 2760—2014有关规定进行使用。染色时，原料先用1%～2%明矾溶液浸泡，然后再染色，也可把色素调进糖渍液中直接染色，或在制品后以淡色液在制品上染色。染色时务求淡、雅、鲜明、协调。

6.2.6 预煮

预煮的主要目的：杀死部分微生物；钝化酶的活性，防止制品氧化变色；排除原料组织中部分空气；软化组织，有利于糖分渗透；除去原料的苦涩味，改善风味。

预煮方法：水温不低于90 ℃，不断搅拌，时间8～15 min。然后立即放在冷水中冷却。

6.2.7 糖制

糖制蜜饯时主要采用糖煮和蜜制（糖渍）两种方法。这也是糖制工艺中的关键性操作。

（1）蜜制　蜜制是蜜饯加工的传统制糖方法，适用于果肉组织比较疏松而不耐煮的原料，如青梅、杨梅、樱桃、桂花等均采用此法。其特点是分次加糖，不加热。由于糖有一定的稠度，在常温下渗透速度慢，产品加工需要较长时间，但制品能保持原有的色香味和完整的外形及质地，营养损失少。

其方法是将预处理后的果蔬原料分次加入干燥白糖，不进行加热，在室温下进行一定时间的浸糖，除糖渍青梅外，糖渍还可结合日晒，也可采用浓糖趁热加在原料上，造成较大的温差，促进糖分的渗透。一般方法是首先用原料质量30%的干砂糖与原料搅拌均匀，经12～14 h后，再补20%的干砂糖翻拌均匀；放置24 h，再补充加10%的干砂糖腌渍。由于采用干砂糖腌渍，组织中水分大量渗出，使原料体积收缩到原来的一半左右，透糖速度降低。糖制时间一周左右，将原料捞出，沥干表面糖液或洗去表面糖液，即得成品。

（2）糖煮　糖煮法适用于果肉组织较致密、比较耐煮的原料。糖煮可分一次煮成法、多次煮成法、减压煮制法、扩散煮制法等。

①一次煮成法　适合于含水量较低、细胞间隙较大，组织结构疏松易渗糖的原料，如柚皮、划缝榨汁等处理后的橘饼坯和枣等。一次煮制法是把预处理好的原料置于糖液中一次性煮制成功，是糖制品加工的最基本的方法。先配好 40％的糖液入锅，倒入处理好的果实，加热使糖液沸腾，果实内水分外渗，糖液浓度渐稀，然后分次加糖，使糖浓度缓慢增高至 60％～65％。分次加糖的目的是保持果实内外糖液浓度差异不致过大，以使糖逐渐均匀地渗透到果肉中，使煮制出的果脯透明饱满。此法快速省工，但持续加热时间长，原料易烂，色香味差，维生素破坏严重，糖分难以达到内外平衡，致使原料失水过多而出现干缩现象。为缩短加热时间，可先浸渍，再煮制到应有的糖度为止。

②多次煮成法　将处理后的原料经过多次糖煮和浸渍，逐步提高糖浓度。此法适用于含水量较高、组织结构较致密不易渗糖的原料。糖煮可分 3～5 次进行。先将处理后的原料置于 30％～40％浓度的糖液中，煮沸 2～3 min，使果肉转软，然后连同糖液一起倒入缸内浸泡 8～24 h；以后每次煮制时均增加 10％糖度，煮沸 2～3 min，再连同糖浸渍 8～12 h，如此反复 4～5 次，最后一次是把糖液浓度提高到 70％，待含糖量达到成品要求时，便可沥干糖液，整形后即为成品。多次煮制法所需时间长，煮制过程不能连续化，费时费工。但由于煮制时间减少，原料形态、营养成分和色、香、味都保持较好。

③减压煮制法　又称真空煮制法，是利用真空负压作用对所加工产品进行糖液浸渍的一种工艺或技术。原料在真空和较低温度下煮沸，因组织中不存在大量空气，糖分能迅速渗入达到平衡。减压煮制法需要在真空设备中进行，先将处理后的原料投入 25％的糖液中，在真空度 83.5 kPa，60 ℃煮制 4～6 min，消压、浸渍一段时间，然后提高糖液浓度至 40％，再重复加热至 60 ℃，抽真空减压，煮制 4～6 min，再消压、浸渍，如此反复 3～4 次，每次提高糖浓度 10％～15％，最后使糖液浓度达到 60％～65％，全部时间需要 1 d 左右。真空渗糖机组的基本原理是利用真空压力的变化对产品进行糖液渗透，以果脯行业对瓜果产品真空渗糖为例，当外界空气压力较低时，果肉中的空气和多余水分会被压力挤出，外界恢复常压时，缺少空气的果肉组织能快速吸进高浓度糖液，从而达到产品快速渗糖的目的。真空浸糖工艺相比较传统的浸糖工艺，具有入味速度快、浸糖均匀、果实营养损失少、色泽鲜、口感好、安全卫生等优点。但由于食品种类繁多，特性不一，不是所有的果脯食品全都适合采用该项工艺技术，因此需要对产品进行工艺实验、参数摸索。

④扩散煮制法　扩散煮制法是在减压煮制法基础上发展起来的一种连续化煮制方法，其机械程度高，糖制效果好。用由淡到浓的几种糖液，对一组扩散器内的果实连续进行多次浸渍以逐渐提高糖浓度。操作时，先将果实密封在真空扩散器内，排除果肉组织内的空气，而后加入 95 ℃的热糖液。待糖分扩散渗透之后，将糖液顺序转入另一扩散器内，再在原来的扩散器内加入较高浓度的热糖液。如此连续进行几次，果实即可达到所要求的糖液浓度。由于此法采用真空处理，煮制效果较好，又因采用一组扩散器，操作能连续化。

6.2.8　各类果脯蜜饯生产中的特有工序

(1)干燥(干态蜜饯)　煮制后，沥干，送入烘房或日晒。烘烤温度 50～60 ℃。成品要求糖含量 72％，水含量 18％～20％，外表不皱缩、不结晶，质地紧密不粗糙。

(2)上糖衣(糖衣蜜饯)　所谓糖衣，就是用过饱和糖液处理干态蜜饯，使其表面形成一层透明状的糖质薄膜。糖衣蜜饯外观美，保藏性强，可减少贮存期间的吸湿、黏结和返砂等不良现象。过饱和糖液常以 3 份蔗糖＋1 份淀粉浆＋2 份水混合，煮沸到 113～114 ℃，冷却至

93 ℃。然后将干燥的蜜饯浸入上述糖液中约 1 min 立即取出，于 50 ℃下晾干即成。另外，也可将干燥蜜饯浸于 1.5％的食用明胶和 5％蔗糖溶液中，温度保持 90 ℃，并在 35 ℃下干燥，也能形成一层透明的胶质薄膜。此外，还可将 80 kg 蔗糖和 20 kg 水煮沸至 118～120 ℃，趁热浇淋到干态蜜饯中，迅速翻拌，冷却即可。有的蜜饯也可直接撒拌糖粉而成。

(3)加辅料　凉果类制品在糖渍过程中，还需加甜、酸、咸、香等各种风味的调味料。除糖和少量食盐外，还用甘草、桂花、陈皮、厚朴、玫瑰、丁香、豆蔻、肉桂、茴香等进行适当调配，形成各种特殊风味的凉果，最后干燥，除去部分水分即为成品。

6.2.9　整理与包装

干态蜜饯由于在煮制和干燥过程中的收缩、破碎等，失去应有的形状。同时往往制品表面糖衣厚薄不一，糖衣太厚时会使制品不透明，口感太甜。所以在成品包装前要加以整理。整理包括分级、整形和搓去过多糖分等操作。分级时按大小、完整度、色泽深浅等分成若干级别。

果脯蜜饯的包装应根据制品种类采用不同方法。如糖渍蜜饯，装罐后于 90 ℃下杀菌 20～40 min，如糖度超过 65％，则不用杀菌，成品用纸箱包装。干态蜜饯通常用塑料盒装，每盒 0.25～0.50 kg，然后包上塑料薄膜袋，再行装箱。凉果包装与水果糖粒包装相仿，分三层包装：内层为白纸，外层为蜡纸，然后装入复合薄膜袋中，每袋 0.25～0.50 kg。

知识点 7　果酱类产品加工工作程序

果酱类制品包括果酱、果泥、果丹皮、果冻及果糕等。

7.1　工艺流程

原料选择→原料预处理→
→打浆→过滤→加糖浓缩→装罐→杀菌→冷却→果泥成品
→加热软化→加糖浓缩→装罐→排气密封→杀菌→冷却→果酱成品
→榨汁→过滤→加糖浓缩→调配→装罐→杀菌→冷却→果冻成品。

7.2　操作要点

7.2.1　果酱

(1)工艺流程

原料选择→预处理→软化打浆→加糖浓缩→装罐→排气密封→杀菌→冷却→成品。

(2)操作要点

①原料选择　制作果酱的原料要求成熟度高，含果胶 1％左右，含有机酸 1％以上，洗净后适当切分即可。

②预处理　原料预处理主要包括清洗、去皮、切分、破碎等。去皮、切块后易变色的原料，应及时浸入食盐水或其他护色液中。

③加热软化　处理好的果实可加热软化，其主要目的是破坏酶的活性，防止变色和果胶水解；软化果肉组织，便于糖液渗透；促使果肉中的果胶溶出。软化前要进行预煮，预煮时加入原料中的 10％～20％的水进行软化或蒸汽软化。软化时升温要快，水沸投料，每批投料不宜过

多，软化时间依据原料种类和特点而定，一般 10～20 min。

④配料　依据原料特点和成品质量标准，确定果酱生产的原辅料配比。一般果肉(汁)占总配料量的 40%～50%，砂糖占总配料量的 45%～60%(允许使用占糖量 20%的淀粉糖浆)，成品总酸量 0.5%～1.0%(不足可以加柠檬酸)，成品果胶量 0.4%～0.9%(不足可以加果胶或琼脂等)。所有固体配料应先配制成溶液过滤备用。如砂糖配制成 70%～75%的浓溶液，柠檬酸配成 50%的溶液。果胶事先与 2～4 倍的砂糖混合均匀，再按粉量 10～15 倍加水，在搅拌下加热融化为溶液，琼脂用约 50 ℃温水浸泡软化，洗净杂质，再加琼脂重 20 倍的水，加热溶解过滤备用。

⑤浓缩　目前，常用的方法有常压浓缩和减压浓缩。常压浓缩主要缺点是温度高，水分蒸发慢，制品的色泽、风味差，芳香物质和维生素 C 损失严重，一般常用夹层锅(图 4-22)。减压浓缩是将物料置于真空浓缩装置(图 4-23)中，在减压条件下进行的蒸发浓缩。由于真空浓缩温度较低，制品的色泽、风味等品质都较好。浓缩终点的判断通常是通过折光计来测定可溶性固形物，或凭经验判定。一般煮制浓缩时间短则产品质量好。煮制的终点温度为 105～107 ℃，可溶性固形物≥68%。

图 4-22　夹层锅

图 4-23　单效真空浓缩装置

⑥包装　果酱类制品大多用玻璃瓶或防酸涂料马口铁罐为包装容器，由于含酸量较高，要注意避免发生酸的腐蚀作用。不同果酱制品有不同的包装方法和包装设备，果酱出锅后，应趁热装罐密封(酱体温度 80～90 ℃)，封罐后应立即杀菌冷却，果酱从出锅到分装完毕不超过 30 min。

⑦杀菌　果酱已经过前期的加热浓缩，微生物绝大部分被杀死，而且果酱高糖高酸的特点对微生物也有很强的抑制作用，一般装罐密封后，微生物难以生长、产品比较安全。为了提高产品的质量效果，在封罐后可进行杀菌处理，杀菌的温度和时间可根据原料特点和产品的要求确定，一般是 100 ℃，10 min。

⑧冷却　玻璃罐宜采用分段冷却方法进行，即首先放置到 85 ℃的热水中冷却 10 min，再放到 60 ℃的水中冷却 10 min，最后在冷水中冷却至常温。果酱类制品也可以采用对容器先进行清洗杀菌，然后再通过热灌装或采用无菌包装技术，可不用重复杀菌。

7.2.2　果泥

和果酱加工方法基本相同。所不同的是原料软化后要趁热打浆，使质地均匀细腻。而后加糖浓缩，原料与加糖量之比为1∶(0.5～0.8)。浓缩的终点温度为105～106 ℃，可溶性固形物为65%～68%。有的为了增进果泥的风味，还加有不超过0.1%的香料，如肉桂、丁香等。成品出锅装罐，杀菌方法与果酱同。

7.2.3　果冻

要求原料含有足量的果胶和有机酸，不足时应在果汁中加以调整。为了提高果实的出汁率，预煮工序尤为重要，一般加水1～3倍，煮沸20～60 min，然后压榨取汁；对于汁液丰富的果品类如草莓等，可以直接打浆取汁。果汁与加糖量之比为1∶(0.8～1.0)。果汁总酸度以加糖浓缩后达到0.75%～1.0%为宜，果汁pH应调整为2.9～3.0。调整后立即煮制，不断搅拌，防止焦化，避免加热时间过长而影响胶凝。浓缩的终点温度为104～105 ℃，可溶性固形物在65%以上，即可装罐(瓶)密封，杀菌与果酱同，冷却后即得成品。

7.2.4　果丹皮

选用含糖、酸、果胶物质丰富的鲜果为原料，也可用下脚料，其工艺基本同果泥，所不同的是果丹皮的加糖量只有果酱的10%左右，适当浓缩后，摊于浅盘或玻璃板上(预先在浅盘或玻璃板上涂上植物油，便于撕皮)，放在60 ℃左右的烘房或烘箱中，烘烤至不黏手为度。撕下后将果皮切成条状或片状，包上玻璃纸，即为成品。

子任务一　苹果脯加工

【子任务要求】

学生通过操作实施，掌握苹果脯加工的内容、要点和方法，编制苹果脯加工技术方案，并能解决苹果脯加工中出现的问题。

【任务实践操作】

1　准备主要材料

苹果、白糖。

2　工艺流程

原料选择→去皮→切分→去核→护色→硬化→糖制→烘干→包装→成品。

3　操作步骤

3.1　原料选择

选用果形圆整，果心小，成熟度适宜的原料。

3.2　去皮、切分、去心

用手工或机械去皮后，挖去损伤部分，将苹果对半纵切，再用挖核器挖掉果心。

3.3 硬化、护色处理

将果块放入0.1%的氯化钙和0.2%～0.3%的亚硫酸氢钠混合液中浸泡4～8 h,进行硬化和护色处理。肉质较硬的品种只需进行硫处理。每100 kg混合液可浸泡120～130 kg原料。浸泡时上压重物,防止上浮。浸后取出,用清水漂洗2～3次备用。

3.4 糖煮

在夹层锅内配成40%的糖液25 kg,加热煮沸,倒入果块30 kg,以旺火煮沸后,再添加上次浸渍后剩余的糖液5 kg,重新煮沸。如此反复进行三次,需要30～40 min。此时果肉软而不烂,并随糖液的沸腾而膨胀,表面出现细小裂纹。此后再分6次加糖煮制,第一次、第二次分别加糖5 kg,第三次、第四次分别加糖5.5 kg,第五次加糖6 kg,每次间隔5 min,第六次加糖7 kg,煮制20 min。全部糖煮时间约需1～1.5 h,待果块呈现透明时,即可出锅。

3.5 糖渍

趁热起锅,将果块连同糖液倒入缸中浸泡24～48 h。

3.6 烘干

将果块捞出,沥干糖液,摆放在烘盘上,送入烘房,在60～66 ℃的温度下干燥至不黏手为度,大约需要24 h。

3.7 整形和包装

剔除焦糊片、碎片等不合格产品,根据苹果果脯产品质量要求进行分级,然后按照不同要求进行包装。

4 产品质量标准

苹果果脯表面不黏手,果肉具有韧性,果块透明,呈金黄色,不返砂,不流糖液,含水量为17%～18%,含糖量为65%～70%,酸甜适口。

5 任务实践操作建议

操作实施一:苹果脯加工

(1)资讯 学生分成3～5人一组,各组根据汇总的相关资料,师生共同讨论、分析,用集体智慧完成苹果脯加工方案初稿。

(2)决策计划 师生共同讨论、制作汇报提纲,各小组选派1名同学进行学习汇报交流,并根据反馈情况,用集体智慧修改并确定苹果脯加工技术。

(3)实施 学生按照确定的苹果脯加工技术方案,独立完成工作任务,并填写工作任务记录单(表4-32),教师在工作任务实施过程中巡回指导。

(4)检查评估及反馈 学生对完成工作任务的表现进行自评和互评,各小组进行总结、考核、评估及反馈,教师做出最后评价,填写工作任务评价及反馈单。

表 4-32　工作任务记录单

<table>
<tr><td colspan="6">操作实施一：苹果脯加工</td></tr>
<tr><td colspan="3">仪器（设备等）：</td><td colspan="3">操作人员：</td></tr>
<tr><td>工作项目</td><td colspan="4">操作内容</td><td>完成情况</td></tr>
<tr><td></td><td colspan="4"></td><td></td></tr>
<tr><td></td><td colspan="4"></td><td></td></tr>
<tr><td></td><td colspan="4"></td><td></td></tr>
<tr><td>改进措施</td><td colspan="5"></td></tr>
<tr><td rowspan="3">工作任务
完成记录
评价</td><td>班级</td><td></td><td>第　　组</td><td>组长签字</td><td></td></tr>
<tr><td>教师
签字</td><td colspan="2"></td><td>日期</td><td></td></tr>
<tr><td colspan="5">评语：</td></tr>
</table>

子任务二　糖渍杏加工

【子任务要求】

学生通过操作实施，掌握糖渍杏加工的内容、要点和方法，编制渍杏加工技术方案，并能解决糖渍杏加工中出现的问题。

【任务实践操作】

1　准备主要材料

杏、白糖。

2　工艺流程

原料选择→清洗→去皮、去核→修整→糖渍→浓缩→装罐→封盖→杀菌和冷却→成品。

3　操作步骤

（1）原料选择　选用肉质细密、纤维少、核小、已成熟的果实，未成熟果实适当催熟。剔除腐烂果、有病虫害果、机械损伤果和过小的果。

（2）清洗　拣去枯枝落叶，用清水洗净表皮泥沙等脏物。

（3）去核、去皮　用不锈钢水果刀沿果缝合线对剖，挖去种核和果蒂，投入 1.5%的食盐中保存，防止变色。如需要去皮，可用碱液（8%～12%）加热至 95 ℃处理，时间为 30～60 s，而后漂洗直到去除残留碱液为止。

（4）修整　用水果刀修整表面与毛边，再按大、中、小分级。

（5）糖渍　先称取砂糖 116 kg，加水 40 kg，加热融化后，倒入 100 kg 果肉，在 70～80 ℃的温度下糖渍16～20 h,每隔2～3 h轻轻搅拌一次,至干物质含量达30%以上为止。

(6)浓缩　糖渍后将果块捞出,把滤清后的糖液加热浓缩或加糖调整至浓度为70%左右,再倒入果块一起浓缩,至干物质含量达68.5%以上为止。

(7)装罐　趁热装入经消毒的玻璃罐内,装罐时中心温度不低于50 ℃。

(8)封口　加盖旋紧,密封严实。

(9)杀菌、冷却　将玻璃罐投入沸水中煮12～20 min,然后用60 ℃、40 ℃的温水分段冷却。

4　产品质量标准

(1)果肉呈黄褐色,色泽一致,糖汁透明。

(2)具有杏蜜饯良好的风味,无焦糊味及其他异味。

(3)果实带皮或去皮,纵切为两半,无核,果块大小比较一致,不腐烂,皮肉脱离者不超过20%,无糖的结晶。

(4)果肉重占净重的45%～55%,可溶性固形物含量不低于65%(按折光计),总糖量不低于57%(以转化糖计)。

5　任务实践操作建议

操作实施二:糖渍杏加工

(1)资讯　学生分成3～5人一组,各组根据汇总的相关资料,师生共同讨论、分析,用集体智慧完成糖渍杏加工方案初稿。

(2)决策计划　师生共同讨论、制作汇报提纲,各小组选派1名同学进行学习汇报交流,并根据反馈情况,用集体智慧修改并确定糖渍杏加工技术。

(3)实施　学生按照确定的糖渍杏加工技术方案,独立完成工作任务,并填写工作任务记录单(表4-33),教师在工作任务实施过程中巡回指导。

表4-33　工作任务记录单

<table>
<tr><td colspan="6">操作实施二:糖渍杏加工</td></tr>
<tr><td colspan="3">仪器(设备等):</td><td colspan="3">操作人员:</td></tr>
<tr><td>工作项目</td><td colspan="4">操作内容</td><td>完成情况</td></tr>
<tr><td></td><td colspan="4"></td><td></td></tr>
<tr><td></td><td colspan="4"></td><td></td></tr>
<tr><td></td><td colspan="4"></td><td></td></tr>
<tr><td>改进措施</td><td colspan="5"></td></tr>
<tr><td rowspan="3">工作任务
完成记录
评价</td><td>班级</td><td></td><td>第　　组</td><td>组长签字</td><td></td></tr>
<tr><td>教师
签字</td><td colspan="2"></td><td>日期</td><td></td></tr>
<tr><td colspan="5">评语:</td></tr>
</table>

(4)检查评估及反馈　学生对完成工作任务的表现进行自评和互评,各小组进行总结、考核、评估及反馈,教师做出最后评价,填写工作任务评价及反馈单。

子任务三　苹果酱加工

【子任务要求】

学生通过操作实施,掌握苹果酱加工的内容、要点和方法,编制苹果酱加工技术方案,并能解决苹果酱加工中出现的问题。

【任务实践操作】

1　准备主要原料

苹果、食盐、白砂糖、柠檬酸。

2　工艺流程

原料→去皮→切分去核→预煮→打浆→浓缩→装罐→封盖→杀菌和冷却→成品。

3　操作要点

(1)原料选择　要求选择成熟度适宜,含果胶、酸较多,芳香味浓的苹果。

(2)清洗　将选好的苹果用清水洗涤干净。

(3)去皮、切分、挖核　将洗干净的苹果用不锈钢刀去掉果梗、花萼,削去果皮。

(4)预煮、打浆　将果块放入不锈钢锅中,加入果块质量50%的水,煮沸15～20 min进行软化,预煮软化升温要快,然后打浆。

(5)浓缩　果浆和白砂糖为1∶(0.6～1)的质量比,并添加0.1%左右的柠檬酸。先将白砂糖配成75%的浓糖液煮沸后过滤备用。将果浆、白砂糖液放入不锈钢锅中,在常压下迅速加热浓缩,并不断搅拌;浓缩时间以25～50 min为宜,温度为106～110 ℃时,便可起锅装罐。出锅前,加入柠檬酸并搅匀。

(6)装罐、封盖　将瓶盖、玻璃瓶先用清水洗干净,然后用沸水消毒3～5 min,沥干水分,装罐时保持罐温40 ℃以上。果酱出锅后,迅速装罐,须在20 min内完成,装瓶时酱体温度保持在85 ℃以上,装瓶后迅速拧紧瓶盖。

(7)杀菌、冷却　采用水浴杀菌,升温时间5 min,沸腾下保温15 min;然后产品分别在75 ℃、55 ℃水中逐步冷却至37 ℃左右,得成品。

4　质量评价

色泽均匀;具有应有的风味,无焦糊味,无其他异味;浆体呈胶黏状,不分泌汁液,无糖结晶;总糖量不低于50%。

5　任务实践操作建议

具体内容可参考子任务一红葡萄酒酿造的任务实践操作建议中任务的实践操作时间、分组安排、内容及步骤，在具体教学中有计划、有步骤地实施。

子任务四　山楂果冻加工

【子任务要求】

学生通过操作实施，掌握山楂果冻加工的内容、要点和方法，编制山楂果冻加工技术方案，并能解决山楂果冻加工中出现的问题。

【任务实践操作】

1　准备主要原料

山楂、白砂糖、明矾。

2　工艺流程

原料选择→预处理→加热软化→取汁→加糖浓缩→装罐→杀菌和冷却→成品。

3　操作要点

(1)原料选择　要求选择成熟度适宜，含果胶、酸较多，芳香味浓的新鲜山楂，不宜选用充分成熟的果子。

(2)预处理　将选好的山楂用清水洗涤干净，并适当切分。

(3)加热软化　将山楂放入锅中，加入等量的水，加热煮沸 30 min 左右并不断搅拌，使果实中糖、酸、果胶及其他营养素充分溶解出来，以果实煮软便于取汁为宜。为提高可溶物质提取量，可将山楂煮制 2～3 次，每次加水适量，最后将汁液混合在一起。加热软化可破坏酶的活力，防止变色和果胶水解，便于榨汁。

(4)取汁　软化的山楂果用细布袋揉压取汁。

(5)加糖浓缩　山楂汁与白砂糖比例为 1∶(0.6～0.8)，可加入少量(0.1%～0.5%)的明矾。先将白砂糖配成 75%的溶液过滤。将糖液和山楂汁一起倒入锅中加热浓缩，注意要不断搅拌，浓缩至终点，加入明矾搅匀。当溶液沸点达到 103～105 ℃时，浓缩结束。

(6)装罐、封盖　将瓶盖、玻璃瓶先用清水洗干净，然后用沸水消毒 3～5 min，沥干水分，装罐时保持罐温 40 ℃以上。浓汁出锅后，迅速装罐，须在 20 min 内完成，装瓶时酱体温度保持在 85 ℃以上，装瓶后迅速拧紧瓶盖。

(7)杀菌　采用水浴杀菌，升温时间 5 min，沸腾下保温 15 min。

(8)冷却　灌装后静置凝冻，即可得到果冻。

4　质量评价

色泽呈山楂红色，色泽均匀，半透明，有弹性，块形完整，切面光滑，组织细腻均匀，软硬适宜，酸甜可口，可溶性固形物含量≥65%。

5　任务实践操作建议

具体内容可参考子任务一红葡萄酒酿造的任务实践操作建议中任务的实践操作时间、分组安排、内容及步骤，在具体教学中有计划、有步骤地实施。

知识拓展

果蔬糖制品的低糖化

练习及作业

1. 果蔬加工中硫处理的方法有哪几种？硫处理有什么作用？
2. 果蔬烫漂或者预煮的目的是什么？常见的方法有哪几种？
3. 简述果脯蜜饯类糖制的方法。
4. 糖制的基本原理是什么？

任务六　蔬菜腌制品加工

蔬菜腌制是我国最传统、应用最普遍的蔬菜加工保藏方法。利用食盐渗入蔬菜组织内部，以降低其水分活度，提高其渗透压，有选择地控制微生物的发酵和添加各种配料，以抑制腐败菌的生长，增强保藏性能，保持其食用品质的保藏方法，称为蔬菜腌制。蔬菜腌制是蔬菜加工品中产量最大的一类，可占到蔬菜加工品的50%以上，其制法简单，成本低廉，产品容易保存，风味多样，咸酸甜辣，应有尽有，为其他加工品所不能代替，深受消费者的欢迎。我国的蔬菜腌制约有 3 000 多年的历史，根据各地的制作习惯，形成了许多颇具特色的产品，如重庆涪陵榨菜、四川泡菜、四川南充的冬菜、宜宾芽菜、北京的冬菜和酸菜、浙江绍兴的梅干菜、江苏扬州酱菜、山东酱蘑菇等。

现代科学研究证实，腌制品具有增进食欲、帮助消化、调整肠胃功能等作用，这对于新型产品的开发具有非常重要的意义。同时，通过寻找食盐替代品以改善高盐的特点，可进一步增强蔬菜腌渍品的营养性。

知识点 1　腌制品的分类

我国蔬菜腌制品品种繁多。它们所采用的蔬菜原料、辅料、工艺条件及操作方法各异，从而生产出形态和风格各不相同的产品。因此，腌渍品分类方法也各异。目前国内对腌菜的分类大体有以下 4 种：从保藏作用的机理角度，将腌菜分为发酵性腌菜和非发酵性腌菜；从生产原料和工艺特点的角度，将腌菜分为酱菜类、咸菜类及其他腌渍品；按照产品的物理状态，将腌菜分为湿态腌菜、半干态腌菜、干态腌菜等几类；根据产品的最后状态和特点，可分为酱菜类、半干态腌菜类、湿态腌菜类、糖醋渍菜类、虾油渍菜类、辣椒和辣椒油渍菜类及其他酱腌菜类。

1.1 按保藏作用的机理分类

1.1.1 发酵性蔬菜腌制品

发酵性腌制品的特点是腌渍时食盐用量较低，在腌渍过程有显著的乳酸发酵现象，利用发酵所产生的乳酸、添加的食盐和香辛料等的综合防腐作用，来保藏蔬菜并增进风味。这类产品一般都具有较明显的酸味。

1.1.2 非发酵性蔬菜腌制品

非发酵性腌制品的特点是腌制时食盐用量较高，使乳酸发酵完全受到抑制或只能轻微地进行，其间加入香辛料，主要利用较高浓度的食盐、食糖及其他调味品的综合防腐作用，来保藏产品、增进风味。

1.2 按原料和生产工艺的特点分类

1.2.1 盐渍菜类

盐渍菜类是一种腌制方法比较简单、大众化的蔬菜腌制品，利用较高浓度的盐溶液腌制而成，如咸菜。有时也有轻微的发酵，或配以各种调味料和香辛料。

1.2.2 酱渍菜类

酱渍菜类是以蔬菜为主要原料，经盐渍成蔬菜咸坯后，浸入酱或酱油内，酱渍而成的蔬菜制品，如扬州酱黄瓜、北京八宝菜、天津什锦酱菜等。

> **思考：**蔬菜腌制是我国最传统的蔬菜加工方法，在世界享有盛誉。通过学习，感受中华民族的传统悠久历史和聪明智慧，增强民族自豪感和爱国主义情怀。

1.2.3 糖醋渍菜

蔬菜经过盐腌后，浸入配制好的糖醋液中，使制品酸甜可口，并利用糖醋的防腐作用保藏蔬菜，如糖醋大蒜头、甜酸藠头、酸菜萝卜等。

1.2.4 水渍菜

水渍菜的典型特点是在渍制过程中不加入食盐。它是以新鲜蔬菜为原料，用清水生渍或熟渍，经乳酸发酵而成的制品。这类制品大多是家庭自制自食，如酸白菜等。

1.2.5 盐水渍菜

盐水渍菜是将蔬菜直接用盐水或盐水和香辛料混合液生渍或熟渍而成的制品，如泡菜、酸黄瓜等。

1.3 按照产品的物理状态分类

将酱腌菜分为湿态酱腌菜、半干态酱腌菜和干态酱腌菜。

1.3.1 湿态酱腌菜

由于蔬菜腌制中，伴有乳酸发酵，有水分和可溶性物质渗透出来形成菜卤，其制品浸没于菜卤中，即菜不与菜卤分开。该类产品的特点是产品含水量高（含水量≥70%），且最后产品一般浸渍在腌渍液中，如泡菜、北方酸菜等。

1.3.2 半干态酱腌菜

蔬菜以不同方式脱水后，经腌制成不含菜卤的蔬菜制品，其中虽有用酱（汁）作为辅料的，但产品并不浸在酱汁中。该类产品的主要特点是含水量低，成品含水量在50%～70%，如萝卜干、大头菜、榨菜、独山盐酸菜、川冬菜等。

1.3.3 干态酱腌菜

蔬菜经腌制后，经不同方法(如晾晒和盐渍)脱水加工而成的含水量较低的蔬菜制品，或腌制过程不加水，用粉末状的食盐及辅料与蔬菜均匀混合，如梅干菜、韩国辣白菜等。

知识点2 蔬菜腌制的基本原理

蔬菜腌制的原理主要是利用食盐的保藏作用、微生物的发酵作用、蛋白质的分解作用、辅料的辅助作用以及其他一系列的生物化学作用，起到抑制有害微生物的活动，改善产品的色香味，达到长期保藏的目的。

2.1 食盐的保藏作用

有害微生物在蔬菜上的大量繁殖和酶的作用是造成蔬菜腐烂变质的主要原因，也是导致蔬菜腌制品品质变化的重要因素。食盐之所以具有防腐保护作用，主要是因为它能产生高渗透压，并具有抗氧化和降低水分活度的作用。

2.1.1 食盐的高渗透压作用

在蔬菜腌制过程中，一般都要加入一定量的食盐，依靠食盐的渗透作用，把蔬菜组织中的水分脱出，形成卤水，使蔬菜浸泡在卤水中。食盐溶液具有很高的渗透压，1%的食盐溶液能产生0.61 MPa压力。腌制时，食盐用量在4%～15%，能产生2.44～9.15 MPa的压力。一般植物细胞，包括微生物细胞，所能耐受的渗透压为0.3～1.69 MPa。当食盐溶液渗透压大于微生物细胞渗透压，微生物细胞内水分外渗而脱水，最后微生物原生质和细胞壁发生质壁分离，从而使微生物活动受到抑制，甚至由于生理干燥而死亡。所以，利用食盐溶液的高渗透压的作用，能起到很好的防腐作用。但是，不同种类的微生物具有不同的耐盐能力，见表4-34。

2.1.2 食盐的抗氧化作用

食盐对防止食品的氧化也具有一定的作用，这是由以下原因形成：一是蔬菜所处的食盐溶液比水中的氧气含量低，这就使蔬菜处在较低的氧气浓度环境中；二是通过食盐的渗透作用，还可以排除蔬菜组织中的氧气，从而减轻氧化作用，抑制好氧型微生物活动；三是食盐溶液还能钝化酶的催化作用，尤其是对氧化酶类，其活性随食盐浓度的提高而下降，从而减少或防止酶促氧化作用的发生。

表4-34 几种微生物能耐受的最大食盐浓度

微生物种类	能耐受的最大食盐浓度/%	微生物种类	能耐受的最大食盐浓度/%
植物乳杆菌	13	大肠杆菌	6
短乳杆菌	8	肉毒杆菌	6
甘蓝酸化菌	12	普通变形杆菌	10
黄瓜酸化菌	13	酒花酵母	25
丁酸菌	8	霉菌	20

2.1.3 食盐降低水分活度的作用

食盐具有降低水分活动的作用。食盐溶解于水后，就会发生电离，产生Na^+和Cl^-，并在每一个离子的周围聚集一群水分子，水化离子周围的水分聚集量占总水分量的百分率会随着食盐浓度的提高而增加。因此，溶液中的自由水分就相应减少。微生物要维持正常的生命活动，需要适宜的自由水，所以，蔬菜腌制时，微生物处在饱和的食盐溶液中，使微生物得不到生命所需的自由水分而受到抑制。

2.1.4 食盐中离子的毒害作用

食盐分子溶于水后，会发生电离，以离子状态存在。在食盐溶液中，除了 Na^+ 和 Cl^- 外，还有 K^+、Ca^{2+}、Mg^{2+} 等离子，低浓度的这些离子对微生物的生命活动是必须的，但当这些离子达到一定的浓度时，它们就会对微生物产生生理毒害作用。微生物对 Na^+ 很敏感，少量 Na^+ 对微生物生长有刺激作用，但浓度高时则会产生抑制作用，Na^+ 可以和原生质中的阴离子结合产生毒害作用，且随着溶液 pH 的下降而加强，如酵母在 20%的中性食盐溶液中才开始受到抑制，但在酸性溶液中，14%的食盐浓度就可以抑制酵母的活动。也有人认为，食盐溶液中的 Cl^- 能和微生物细胞的原生质结合，从而促进细胞死亡。

2.1.5 食盐对酶活力的抑制作用

微生物的各种生命活动都离不开酶的作用，酶的活性决定了生化反应的方向和速度。但酶活性的发挥又依赖于其特有的构型。酶的空间构型的稳定存在需要适宜水分状况、溶液中离子种类和数量以及离子带电性的因素等。微生物在各种生命活动中分泌的酶的活性会因食盐的存在而降低。因为食盐溶液中的 Na^+ 和 Cl^- 都可以与酶蛋白中的肽键结合，从而破坏酶分子特定的空间构型，进而破坏了微生物酶分解蛋白质的能力，使其催化活性降低而导致微生物的生命活动受到抑制。

综上，食盐的防腐作用随食盐含量的提高而加强。一般在蔬菜腌制品中，食盐含量达10%左右就会有效抑制微生物生长、抑制酶活性。如果食盐浓度继续增加，食盐的防腐作用效果增强，但过高的食盐浓度会影响制品的风味、质地、颜色等综合品质及腌制过程的生物化学变化。比如含盐量超过 12%，不但成品咸味太重、风味不佳，也会使制品的后熟期延长。因此，在蔬菜腌制过程中，用盐量必须要控制好。

2.2 微生物的发酵作用

微生物发酵加工是以各种蔬菜为原料，利用有益微生物的活动及控制其一定的生长条件，对蔬菜进行加工的一种方式。蔬菜发酵体系是一种微生态环境，其中含有乳酸菌、酵母菌和醋酸菌等多种微生物。发酵作用以乳酸发酵为主，辅以轻度的酒精发酵和醋酸发酵，生成乳酸、酒精和醋酸。微生物引起的正常发酵作用，能通过形成优势菌群抑制有害微生物的活动而起到防腐作用，还能产生酸味和香气，使制品产生风味。

2.2.1 乳酸发酵

乳酸发酵是蔬菜腌制过程中最主要的发酵方式。任何蔬菜腌制品在腌制过程中都存在乳酸发酵，只不过有强弱之分。乳酸菌广泛分布于空气中、蔬菜表面、加工用水以及容器和用具等物体的表面，从应用方面讲，凡是能产生乳酸的微生物，都可以称为乳酸菌，其种类甚多，有球菌、杆菌等，属兼性厌氧性的居多，一般生长的最适温度为 25～30 ℃。

在蔬菜腌制过程中，主要的微生物有乳酸片球菌、植物乳杆菌、黄瓜酸化菌等八大种，还有酵母菌等。这类乳酸菌能将单糖和双糖发酵生成乳酸而不产生气体，称为同型乳酸发酵或正型乳酸发酵。发酵过程的总反应式如下：

$$C_6H_{12}O_6（葡萄糖）\longrightarrow 2CH_3CHOHCOOH（乳酸）$$

在蔬菜腌制过程中，除了上述乳酸菌外，还有其他的各种乳酸菌和非乳酸菌也在进行活动，同样能将糖类发酵产生乳酸，所不同的是还会产生其他的产物以及气体。这类微生物称为异型乳酸菌，所产生的是异型乳酸，发酵过程反应式如下：

$$C_6H_{12}O_6（葡萄糖）\longrightarrow 2CH_3CHOHCOOH（乳酸）+CH_3COOH（乙醇）+CO_2$$

如肠膜明串珠菌等，其发酵方式为异型乳酸发酵。又如短乳杆菌除将单糖发酵产生乳酸外，还产生醋酸以及二氧化碳等。

在蔬菜腌制前期，微生物的种类繁多，加之腌制环境中的空气较多，酸度较低，因此前期异型乳酸发酵占优势，但异型乳酸发酵菌一般不耐酸，到发酵的中后期，由于酸度的增加，异型乳酸发酵基本停止，同型乳酸发酵占据优势。

影响乳酸发酵的因素较多，在生产实践中应当根据这些因素控制发酵进程。影响乳酸发酵的因素主要有：

①食盐浓度　在蔬菜腌制过程中，盐液浓度较低时，乳酸发酵启动早、进行快，发酵结束也早。随着盐液浓度的增加，发酵启动时间拉长，且发酵延续时间延长。在实际生产中，由于低盐度的腌菜能迅速而较多的产生乳酸，并兼有少量的醋酸、乙酸、CO_2 等物质生成，这些产物均具有一定的防腐效果，因而，腌制品对微生物的抑制作用增强。对发酵性腌制品，食盐的使用量多在 5%～10%，有些可能在 3%～5%；有些发酵较弱的腌制品，其食盐用量在 15%以上，有些甚至要到 25%以上，这些高浓度的盐溶液中，乳酸菌受到抑制，乳酸发酵也基本停止。

②发酵温度　乳酸菌生长的最适温度在 25～30 ℃，在此温度范围内，腌制品发酵快、成熟早；低于适宜温度时，发酵时间相应延长。例如，酸白菜的制作过程，温度不同，酸白菜中的乳酸发酵启动时间和结束时间也不同，产酸量也不同。在 10 ℃温度下，乳酸发酵启动慢、发酵时间长、产酸量低（0.5%左右）；当温度为 20 ℃时，乳酸发酵启动快、产酸量高（1.5%左右），产品的质量更加稳定，色泽和风味也更好。

③pH　不同微生物的最适 pH 是不同的，如表 4-35 所示，腐败菌、丁酸菌和大肠杆菌的耐酸能力较差；霉菌和酵母菌抗酸能力强，但均属好氧性微生物，只有在氧气充足的条件下才能正常生长繁殖；乳酸菌的耐酸能力强，在 pH 为 3 的环境中依然可以生长。

表 4-35　不同菌株的最低 pH

菌株	最低 pH	菌株	最低 pH
腐败菌	4.4～5.0	丁酸菌	4.5
酵母菌	2.5～3.0	大肠杆菌	5.2～5.5
霉菌	1.2～3.0	乳酸菌	3.0～4.0

④空气　空气与微生物的生长有密切的关系，尤其对于好氧性微生物。在腌制初期，蔬菜和腌渍环境周围存在一定量的空气，这时果蔬原料、器具、空气及水中的好氧性微生物就可以活动。随着蔬菜细胞和细菌自身的呼吸，很快就造成腌制环境中氧浓度下降，好氧性微生物的生长受到抑制，甚至灭亡，而乳酸菌则迅速生长繁殖，形成优势菌。因此，腌制过程应尽量减少空气，形成缺氧环境，利于乳酸发酵的进行。

⑤营养条件　在蔬菜腌制过程中，乳酸菌的生长、繁殖和发酵，都需要合适的营养条件作

为基础。实际的生产中,蔬菜腌制渗透出来的汁液中含有丰富的营养成分,可为乳酸菌活动提供充足营养,因此,一般不需要额外补充营养。但有些含糖量不足的蔬菜种类和制品,可通过加入适量的葡萄糖或不断补充含糖量高的新鲜蔬菜进行改善,以确保发酵作用的顺利进行。

2.2.2 酒精发酵

蔬菜腌制的过程中也存在一定的酒精发酵,酒精量可达 0.5%～0.7%。在蔬菜表面附着的酵母菌(如鲁氏酵母、圆酵母、隐球酵母等)可在厌氧条件下将蔬菜中的糖分分解,生成酒精和二氧化碳,反应式如下:

$$C_6H_{12}O_6\text{(葡萄糖)}\longrightarrow 2CH_3COOH\text{(乙醇)}+2CO_2$$

腌制初期,蔬菜一般进行的是无氧呼吸,酒精可与有机酸反应生成具有特殊香味的酯类物质,这些物质对最终腌制品的风味起关键性作用。某些细菌活动也可形成少量的酒精。少量酒精的产生,不但不会影响腌制品的品质,反而可以改善和增加制品的风味。

2.2.3 醋酸发酵

在腌制过程中,除乳酸发酵和酒精发酵外,通常还有微量的醋酸发酵,这个过程是由于好气性的醋酸菌氧化乙醇生成醋酸而产生的,称为醋酸发酵,其反应式如下:

$$2CH_3CH_2OH+O_2\longrightarrow 2CH_3COOH\text{(乙醇)}+2H_2O$$

除醋酸菌外,大肠杆菌、戊糖醋酸杆菌等通过作用也可产生少量醋酸。微量的醋酸对腌制品没有品质的影响,反而对于产品的保藏是有利的,但如果含量过多,则会因明显的刺激性气味而影响产品的品质。

总之,在蔬菜腌制过程中会发生微生物的生长繁殖,以乳酸发酵为主,其次是酒精发酵,同时会有极轻微的醋酸发酵。生产不同的产品我们对微生物发酵的控制方法和程度不同,制作泡菜和酸菜时,需要利用乳酸发酵,但制作咸菜及酱菜时则必须控制乳酸发酵,否则,咸菜和酱菜会因乳酸发酵的过度进行导致制品发酸,使制品败坏不可食用。所以,掌握好用盐量、控制和调节好发酵过程对制品的品质而言尤为重要。

2.3 蛋白质的分解作用

蔬菜经过腌制以后,原料菜所具有的一些辛辣、苦、涩等令人不快的气味消失,同时形成了各种酱、腌菜制品所特有的鲜香气味。这种变化主要是由于蛋白质水解以及一系列生物化学反应的作用结果。氨基酸本身就具有一定的鲜味、甜味、苦味和酸味。如果氨基酸进一步与其他化合物作用就可以形成更复杂的产物。蔬菜腌制品色、香、味的形成过程既与氨基酸的变化有关,也与其他一系列生化变化和腌制品辅料或腌制剂的扩散、渗透和吸附等有关。

2.3.1 鲜味的形成

蔬菜腌制品的鲜味来源主要是谷氨酸和食盐作用生成的谷氨酸钠。其化学反应式如下:

$$HOOCCH_2CH_2CH(NH_2)COOH+NaCl\rightarrow NaOOCCH_2CH_2CH(NH_2)COOH+HCl$$

蔬菜腌制品中不只含有谷氨酸,还含有其他多种氨基酸,如天冬氨酸含量也很高,其他的氨基酸如甘氨酸、丙氨酸、丝氨酸等,这些氨基酸均可生成相应的盐,因此腌制品的鲜味远远超过了谷氨酸钠单纯的鲜味,而是多种呈味物质综合作用的结果。乳酸发酵过程生成的乳酸,也能赋予产品一定的鲜味。

2.3.2　香气的形成

腌制蔬菜的香气是在加工过程中经过物理变化、化学变化、生物化学变化和微生物的发酵作用形成的。

(1)原料成分及加工过程中形成的香气　原料及辅料中多种挥发性的香味物质在风味酶或热的作用下经水解或裂解产生香气。所谓风味酶就是使香味前体发生分解产生挥发性香气物质的酶类。例如，蔬菜中所含有的辛辣物质，在腌制过程中，受到蔬菜组织细胞的大量脱水作用，可以分解为香气物质。

(2)发酵作用产生的香气　蔬菜腌制时，原料中的蛋白质、糖和脂肪等成分大多数都在微生物的发酵作用下产生许多风味物质，如乳酸及其他有机酸类和醇类等。这些产物中乳酸本身就具有鲜味可以使产品增添爽口的酸味，乙醇则带有酒的醇香，而乳酸乙酯、乙酸乙酯、氨基丙酸乙酯等使制品具有特殊的芳香气味。另外，乳酸或其他有机酸与醇类物质相互作用，可以形成酯类和醛类。

(3)吸附作用产生的香气　由于腌制品的辅料呈香、呈味的化学成分各不同，因而不同产品表现出不同的风味特点。在腌制加工中依靠扩散和吸附作用，使腌制品从辅料中获得外来的香气。通常腌制过程中采用多种调味配料，使产品吸附各种香气，构成复合的风味物质。产品通过吸附作用产生的风味，与腌制品本身的质量以及吸附的量有直接的关系。一般可以通过采取一定的措施来保证产品的质量，如加大腌制剂的浓度，增加扩散面积和控制腌制温度等。

2.3.3　色泽的形成

在蔬菜腌制加工过程中，色泽的变化和形成主要通过下列途径：

①蔬菜中的天然色素及其特性　蔬菜中常见的天然色素主要有三类：它们分别是叶绿素、花青素和类胡萝卜素。叶绿素在酸性介质中不稳定，易失去绿色而成为褐色或绿褐色，在微碱性介质中则比较稳定。发酵性腌菜在腌渍过程中生成乳酸，蔬菜中含有的水分均呈弱酸性(约pH 为 6)，使叶绿素不能保存。在腌制弱发酵性腌菜时，如未等酸水排出就用盐腌，酸性菜水就会破坏叶绿素，使制品失去原有的鲜绿色。花青素的颜色受酸碱性的影响，酸性中为红色、碱性中为蓝色，中性中为紫色。因此，它在不同蔬菜中会呈现不同的颜色。蔬菜中呈现红色(番茄除外)、紫色、蓝色等色，大都是花青素在起作用。分解、氧化均能使花青素破坏而失去原有的颜色。类胡萝卜素、胡萝卜素、茄红素等是蔬菜天然色泽中较稳定的一类色素，它们多表现为红、橙、黄色，在腌制中不易褪色。

②褐变引起的色泽变化　蔬菜腌制品在其发酵后熟期中，由蛋白质水解所生成的酪氨酸在微生物或原料组织中所含的酪氨酸酶的作用下，经过一系列的氧化作用，最后生成一种深黄褐色或黑褐色的黑色素，又称黑蛋白。此反应中，氧的来源主要依靠戊糖还原为丙二醛时所放出的氧。所以蔬菜腌制品装坛后虽然装得十分紧实，缺少氧气，但腌制品的色泽依然可以由于氧化而逐渐变黑。当然促使酪氨酸氧化为黑色素的变化是极为缓慢而复杂的过程。

另一种色素形成的重要途径是氨基酸与还原糖引起的非酶促褐变形成的黑色物质。由非酶促褐变形成的这种黑色物质不但色黑而且还有香气。一般来说，腌制品装坛后的后熟时间越长，温度越高，则黑色素的形成越多越快。

对于深色的酱菜、酱油渍和醋渍的产品来说，褐变反应所形成的色泽正是这类产品的正常色泽，所以保存时间长的咸菜(如梅干菜、冬菜)，其色泽和香气，都比刚腌制成的咸菜颜色深、香气浓。而对于有些腌制品来说，褐变往往是降低产品色泽品质的主要原因。所以这类产品加工时，就要采取必要的措施抑制褐变反应的进行，以防止产品的色泽变褐、枯暗。

③外来色素的渗入使制品的颜色改变　由于腌渍液中的食盐浓度较高，使得氧气的溶解度大大下降，蔬菜细胞缺乏正常的氧供应，发生窒息作用而失去生命活性。死亡的细胞原生质膜成为可透膜，蔬菜细胞就吸附了腌制原料中的色素而改变了原来的色泽，如酱菜吸附了酱的色泽而变为棕黄色。还有些酱腌制品需要着色，常用的染料有姜黄、辣椒及红花等，如萝卜用姜黄染成黄色，榨菜用辣椒染成红色。

2.4　腌制蔬菜的保脆和保绿

保持蔬菜腌渍品的绿色和脆的质地，是提高制品品质的重要问题。

2.4.1　保脆

蔬菜腌制品失去脆性的原因主要与蔬菜组织中果胶物质的变化有关。具体表现有两点：其一，蔬菜腌制前由于成熟过度，果胶物质在自身果胶酶的作用下，分解为果胶酸而使蔬菜组织变软失脆，如果用这种原料进行腌制，其制成品就不会有脆性；其二，由于蔬菜在腌制过程中，一些有害微生物的活动，分泌果胶酶类，继而分解菜体内的果胶物质，使腌制品失去脆性。无论是哪一种原因，都会使腌制品质地变软而降低品质。保脆首先是要选择成熟度适中、脆嫩而无病虫害的蔬菜原料。

此外，腌制前或腌制中可进行硬化处理，使蔬菜原料中的可溶性果胶与金属离子结合形成不溶性的果胶酸盐，以保持腌菜的脆性，如腌制前将原料放在石灰水或明矾水中浸泡，也可在腌制时加入 $CaCl_2$、$CaCO_3$ 等，起到硬化的作用。此外，还要正确控制腌制条件，如食盐浓度、pH 等，抑制有害微生物的活动，防止微生物对腌菜脆性的破坏。在实际生产过程中，对半干性咸菜如榨菜、大头菜等，晾晒和盐渍用盐量必须恰当，保持产品一定含水量，以利于保脆。供腌制的蔬菜要成熟适度，不受损伤，加工过程中注意抑制有害微生物活动，同时在腌制前将原料放入溶有石灰的水中浸泡，石灰水中的钙离子能与果胶酸作用生成果胶酸钙的凝胶。一般用钙盐作保脆剂，如氯化钙等，其用量以菜重的 0.05%为宜。

2.4.2　保绿

腌制过程中蔬菜逐渐失去绿色，变成黄绿色或灰绿色，甚至变为黄褐色，从而大大降低腌制品的色泽品质，这种色泽的变化就叫做失绿，是由叶绿素本身的性质所决定的。叶绿素在酸性条件下可以脱去镁离子，由氢离子所取代形成脱镁叶绿素而失去绿色，但在碱性条件下，碱性物质可将叶绿素酯基碱化，生成叶绿酸盐而保持绿色。在腌制弱发酵性腌菜时，由于蔬菜中含有的水分均呈弱酸性(约 pH 6)，如果不使酸水排出就用盐腌，酸性菜水就会使叶绿素变成脱镁叶绿素，同样失去原有的鲜绿色。

如泡菜和酸菜类因发酵产生乳酸，在酸性条件下原料菜本身的绿色无法保持而失绿，使制品呈现为黄绿色和黄褐色。相反，对于咸菜或酱菜适当地采取碱性物质处理，则可以保持绿色。例如，在腌黄瓜时，先将黄瓜放在 pH 为 7.4～8.3 的微碱性水中浸泡，并多次换水，然后再用食盐进行腌制；或者在腌制黄瓜时，在盐液中添加适量的弱碱性物质如石灰乳、碳酸钠、碳酸氢钠或碳酸镁等，则可以保持腌黄瓜的绿色。

知识点 3　泡菜加工工作程序

广义泡菜，又叫泡酸菜，是利用食盐溶液或食盐来腌制或泡制各种新嫩蔬菜，利用乳酸发酵作用而制成的一类带酸味的腌制品。世界上很多国家和地区有食用泡菜的习惯，今天的泡菜是东方人、欧洲人和美国人不可缺少的一种食物。由于操作容易、设备简单、成本低廉、营养卫生、风味可口、取食方便，泡酸菜是我国民间，最大众化的蔬菜加工品之一。在我国，各种鲜嫩的蔬菜均可以制作泡菜，泡菜含盐量一般不超过 2%～4%。一般我国北方多用大白菜，国外则多用甘蓝和黄瓜制作泡菜。

> **思考：**质量与卫生安全问题是蔬菜腌制品生产及商品化的关键。通过学习，筑牢食品安全与卫生质量意识，增强精益求精和吃苦耐劳的职业精神。

3.1　工艺流程

原料选择→原料预处理→入坛发酵→成品。

↑（配制泡菜水 → 入坛发酵）

配制泡菜水

3.2　操作要点

（1）原料选别　中式泡菜具有原料的形态和色泽，质地脆嫩，味道兼有咸、甜、酸、辣，清香爽口，低盐、低糖、中酸性，富含维生素 C、纤维素和多种氨基酸。凡是组织致密，质地脆嫩，肉质肥厚而不易软化的新鲜蔬菜均可做泡菜原料，如藕、胡萝卜、红皮萝卜、竹笋、茭白、黄瓜、茄子、芸豆、青菜头等，要求剔除病虫害及腐烂蔬菜。可根据不同季节采取适当保藏手段，周年生产加工。根据其原料的耐贮性，可将泡菜的原料分为三类，第一类是可泡一年以上的原料，如子姜、大蒜、苦瓜、洋姜等；第二类是可泡 3～6 个月的原料，有萝卜、胡萝卜、青菜头、四季豆、辣椒等；第三类是随泡随吃的，原料有黄瓜、莴笋、甘蓝等。应当注意的是绿叶菜类中的菠菜、苋菜、小白菜等由于叶片薄，质地柔嫩软化，一般不适宜作为泡菜的原料。

（2）预泡　即将原料用 20%～25%的食盐溶液预泡一定时间后，再取出沥干明水，加入泡菜液进行泡制。预泡时间根据原料特点而定，一般香辛类蔬菜，如蒜等可预泡 1～2 周，根菜类可预泡 1～2 d，叶菜类泡 1～12 h。预泡工艺为工业化生产泡菜的特有环节，非工业化生产时可以省略该工艺。

原料进行预泡的目的：减弱原料的辛辣、苦等不良风味；不明显改变老泡菜液的食盐浓度，从而可以避免大肠杆菌等杂菌或劣等乳酸菌的活动；杀死细胞，增强组织渗透性，可以快速渗出糖分，提早发酵和成熟。

（3）泡菜液的配制　腌制泡菜的盐水一般使用井水或自来水进行配制，而池塘水、湖水等地表水由于硬度低且水质较差，一般不宜做泡菜用水。从严格意义上讲，泡菜盐水是指蔬菜经预处理后，用来泡制蔬菜的盐水。泡菜盐水根据质量及使用时间可分为“洗澡盐水”“新盐水”“老盐水”“新老混合盐水”等不同的种类。

腌制泡菜的盐水液含盐量一般为 6%～8%，使用的食盐一般为精盐，而且要求食盐中的苦味物质极少。选择的盐以井盐为好，如四川自贡盐、五通盐。海盐因含镁，味苦而需焙炒后方可使用，在确定食盐的使用浓度时还应考虑原料是否出过胚，出过胚的原料的用盐量要相对减少，其用盐量以最后产品与泡菜液中食盐平衡浓度在 4%左右为准。为加速乳酸发酵，可在泡制时加入泡菜液 3%～5%的优质陈泡菜液，以增加乳酸菌数量。此外，为了促进发酵或调色调味，可在泡菜液中加入3%左右的食糖。为了增加风味，在制作泡菜时通常还要加入一些其他的调味料。

常加的调料及其在盐水中所占的比例如下(以水的质量为基准)：黄酒2.5%，白酒0.5%，糖3%，鲜红辣椒3%～5%。这几种调料可直接与盐水混合均匀。其他的香辛料，如花椒、八角、甘草、草果、陈皮、胡椒等的加入量一般为盐水量的0.05%～0.10%，可磨成粉状，用白布包裹或做成布袋，包好后加入到盐水中。将水和各种配料一起放入锅内煮沸，冷却后备用。

(4)装坛　将预处理的原料先装入坛中，要装结实，装到一半时将香料袋放入，再装入其他原料。根据蔬菜品种和泡制、贮存的时间不同，大致分为干装坛、间隔装坛、盐水装坛3种。干装坛适合比较轻的、易漂浮、泡制时间较长的蔬菜，如泡辣椒类蔬菜，用干装坛法最适合不过了；间隔装坛法一般是把所要泡制的蔬菜与需用的辅料(干红辣椒、小红辣椒等)间隔填装，可以充分发挥辅料的作用，提高泡菜的质量；盐水装坛适合茎根类(如萝卜、大葱等)蔬菜，在泡制时易自行沉没，可直接将它们放入预先装好泡菜盐水的坛内。

装到离坛口6～8 cm时，用竹片将原料卡住。再加入盐水淹没原料。盐水加到液面距坛口3～5 cm为止，原料切忌露出液面，否则易变质。泡制1～2 d后，原料因水分渗入而下沉，这时可再补加原料。如果是用老泡菜液泡制，可直接加入原料，并适当地补加食盐、调味料和香料。

(5)泡菜的发酵　蔬菜原料入坛后，开始乳酸发酵过程，也称为酸化过程，根据微生物的活动和乳酸积累的多少可以分成三个阶段：

①发酵初期　在原料装坛以后，原料表面带入的微生物会迅速活动开始发酵，由于溶液的pH较高(一般pH在5.5以上)，原料中含有一定量的空气，因此，发酵初期主要是耐盐、不耐酸的微生物活动，如大肠杆菌、酵母菌，并迅速进行乳酸发酵和微弱的酒精发酵，产生乳酸、乙醇、醋酸及氧气。同时，原料的无氧呼吸产生二氧化碳，二氧化碳积累产生一定的压力，压力的存在可使坛盖被冲开，盐水液排出。水封槽的槽水中有间隙性气泡放出，并使坛内逐渐形成厌气状态，以利于植物乳杆菌的正型乳酸发酵。此为泡菜的初熟阶段，时间是2～5 d，泡菜中的含酸量可达到0.3%～0.4%。

②发酵中期　由于乳酸的积累，pH降低和厌气状态的形成，此时正型乳酸发酵的植物乳杆菌的活动甚为活跃。细菌数可达$(5\sim10)\times10^7$个/mL，乳酸量积累可达0.6%～1.2%，形成一定的真空状态，霉菌因缺氧而受到抑制。大肠杆菌、不耐酸的细菌大量死亡。酵母菌的活动也受到抑制。此期为泡菜的完熟阶段，时间5～9 d。

③发酵后期　正型乳酸发酵继续进行，乳酸量累积达1%以上。当乳酸含量达1.2%以上时，植物乳杆菌也受到抑制。细菌数下降，发酵速度减慢乃至停止。

(6)泡菜泡制期的管理　泡制期间要加强槽水的管理，经常检查。水封槽中的水一般用清洁的饮用水或10%的盐水，在发酵后期，易造成坛内的部分真空，使水封槽中的水被倒吸入坛中。虽然槽内为清洁的水，但因暴露在空气中，易感染杂菌，如果被带入坛内，一方面会使泡菜受到污染，同时也会降低坛内盐水浓度，所以水封槽中以加入盐水为好。若使用清水，应注意经常更换，换水时不要揭盖，以小股清水冲洗，直至旧坛沿水完全被冲洗出为止。发酵期中，揭盖1～2次，以防槽水被吸入坛内。使用盐水时，发酵时间长了以后，槽水易挥发，应及时补充，以保证坛盖下部能浸没在水槽中，保持坛内良好的密封状态。

注意坛沿内清洁，严防水干，定期换水，切忌油脂入内，引起泡菜变质、变软。定期取样检查测定乳酸含量和 pH，待原料的乳酸含量达 0.4%时为初熟，0.6%为中熟，0.8%为完熟，pH 为 3.4～3.9。一般来说，泡菜的乳酸含量为 0.4%～0.6%时品质较好，0.6%以上则酸。一般夏秋季节，青菜头、红心萝卜、胭脂萝卜、红皮萝卜泡制 1～2 d 即可达到初熟，品质最佳。蒜薹、洋姜等 2～3 d 为好；姜、大蒜、刀豆等 5～7 d 即可。春冬季节，时间延长。

在泡制过程中，不可随意揭开坛盖，以免空气杂菌进入坛内，引起盐水生花、长膜，更严防油脂带入坛内。如遇生花长膜，轻微者可以加入适量白酒进行改善，或者加紫苏、老蒜梗、老苦瓜等进行抑制；严重者需要将生花打捞，再加酒消灭。

泡菜成熟后，应及时取出包装，不宜久贮坛内，久之则品质变劣。每坛菜必须一次性取完，再加入预腌制新菜泡制，并酌加白酒和老蒜梗，盖严坛盖，便可保存。泡菜成熟后一般要求及时取出使用，但对那些较耐贮的原料，如大蒜和某些根菜类，成熟后若能加强管理，也可以长期保存。对要保存的泡菜，同一坛内，最好只泡同一种原料，才能安排是否长期或短期储存。泡制盐水的盐浓度要适当提高，若无新菜泡制，则加盐调整其含量为 10%左右，倒坛，将泡菜液装入另一个坛内，坛液距坛口 20～30 cm，并向坛内加入适量白酒，槽水要保持清洁，并保持良好的密封条件。

知识点 4　酱菜加工工作程序

酱菜种类很多，口味不一，但其基本制作过程和操作方法是一致的。一般酱菜都要先经过腌渍，成为半成品，然后用清水漂洗去一部分盐，再酱制。若腌后即进行酱制，可减少用盐量。也有少量的蔬菜可以不经腌制直接制成酱菜。在酱渍过程中，酱料中的可溶性物质通过蔬菜细胞的渗透而进入到蔬菜组织中。由于各种营养成分和色素的渗透和吸附而制成滋味鲜甜、质地脆嫩的酱菜。各地的酱菜加工均有传统制品，如北京的六必居酱菜、扬州的四美酱菜等都很有名。优良的酱菜除应具有所用酱料的色、香、味外，还应保持蔬菜固有的形态和质地脆嫩的特点。

4.1　工艺流程

原料选择→原料预处理→盐腌→切分→脱盐→压榨脱水→酱渍→成品。

4.2　工艺要点

(1)原料选择　选择质地脆嫩，组织紧密，肉质肥厚，富含一定糖分的新鲜蔬菜原料。

(2)预处理　去除不可食用的根、须、叶及病虫害部分，以免影响制品的感官品质。同时进行洗涤、分级等处理。

(3)盐腌　经过盐腌后蔬菜原料即为酱菜的半成品，食盐的浓度控制在 15%～20%，一般腌制 20～30 d，可选择干腌法和湿腌法，要求腌透。对于水分含量高的原料，可采用干腌法，3～5 d 后倒缸，腌制好的咸坯表面柔熟透亮，富有韧性，内部质地脆嫩，切面颜色一致。

(4)切分　蔬菜腌制成咸坯后，一般都需要进行切分，制成各种形状，如片、条、丝等，在酱制前将咸坯切成比原来形状小得多的各种形状。

(5)脱盐　有的半成品盐分高，不容易吸收酱液，有些还带有苦味。因此首先要放在清水中浸泡，以除去多余的盐分和苦卤，以降低咸坯细胞液的浓度，提高酱渍过程的渗透速度，缩短酱菜的成熟期，形成传统酱菜的风味。原料脱除部分盐，才能吸收酱汁，排除苦味和辣味，使酱菜口味更加鲜美。浸泡时要注意保持相当的盐分，以防腐烂。浸泡时间要看腌制品含盐量来决定，一般为1～3 d，也有的泡几小时即可。为使半成品全部接触清水，浸泡时要注意每天换水1～3次。

(6)压榨脱水　浸泡脱盐后，立即捞出沥去水分。为有利于酱制过程和保证浓度，还必须压榨脱水，以除去咸坯中部分水。压榨脱水有两种：一种是把菜坯放在袋或框内，用重石或杠杆进行压榨；另一种是把菜坯放在箱内，用压榨机压榨脱水，如图4-24所示，立式脱水压榨机通过强力对夹挤压脱水方式使湿菜坯脱水，生产效率较高，可满足连续大量的生产的需要。但无论采取哪种方法，咸坯脱水不要太多，咸坯的含水量一般为50%～60%即可。水分过少，酱渍时，菜坯膨胀过程较长，或者根本膨胀不起来，造成酱渍菜外观不良。

图4-24　立式脱水压榨机

(7)酱渍　酱渍是酱菜加工的最后一道工序，也是非常关键的一道工序。酱渍即把脱盐后的菜坯放在酱内进行浸酱。酱的质量直接影响着酱菜的品质。豆酱和面酱是中国酱的两大主体类别。古往今来，豆酱一直是中国酱的大宗，其文化蕴含和影响也相对大得多与深远得多。当然，中国酱的种类和品种绝不仅仅止于豆酱、面酱两类，依中国食品酿造工艺的基本分类方法，中国酱大约可以分为黄酱类、面酱类、清酱(酱油)、豆豉、甜酱类、蚕豆酱、辣椒酱、花生酱、芝麻酱、鱼子酱、果酱、蔬菜酱、虾酱、肉酱等十余种类别。采用不同的酱料，即可得到不同风味的酱菜。

各种蔬菜酱渍时间有所不同，但是酱渍完成后要求达到的程度是一致的，即菜的表面和内部全部变成酱黄色。其中本来颜色就重的菜酱色较深，本来颜色较浅的或白色的原料，酱渍后颜色较浅，菜的表里口味完全像酱一样鲜美。由于酱菜风味的形成主要依赖于蔬菜对酱料和其他调味料的吸附作用，因此，为提高风味，宜选用品种优良的酱菜和调味料，同时其合适的配比对风味的形成也尤为重要。用酱量以能将菜坯全部浸没在酱汁、料液中为宜，一般酱与菜的搭配比例是1∶1。

酱制时，将上述经脱盐和脱水的咸坯装入空缸内酱制。体型较大或韧性较强的可直接放酱中；有些体型小的或质地脆嫩的，易折断的蔬菜，如姜芽、八宝菜等，如果直接装入缸内，则会与酱混合，不易取出，因此一般把这些蔬菜先装入布袋或丝带内，用细麻线扎住袋口，再放入酱缸中进行酱制。

在酱制期间，白天每隔2～3 h需搅拌一次，使缸内的菜均匀地吸收酱液，提高酱制效率，对酱菜质量具有重要意义。根据产品的工艺要求按时打耙(搅拌)，即用酱耙将酱菜上下翻动，以便散发酱制过程中产生的异味，加快酱渍的速度，同时使菜坯位置移动，以便酱渍均匀，避免菜坯由于吸附不均匀而引起“花色”现象，使菜坯细胞能够充分吸附酱汁料中的香气和滋味，保证酱菜形成良好的色、香、味。打耙时，用酱耙将酱菜上下翻动，使缸内菜坯随着上下更替旋转，把缸底浅褐色的酱翻到上面，把缸面深褐色的酱翻到缸底，经2～4 h，待缸面酱色又由浅变成深褐色时，即可进行第二次打耙。如此类推，直到酱渍完成。一般酱菜采用初酱和复酱两次酱渍。初酱多使用用过的酱，较稀薄，其作用在于既能吸收酱中的有效成分，又能除去菜坯中的咸苦涩味；而复酱则用新鲜的酱，浓度较稠厚，其作用在于使菜坯吸收酱中的甜味、鲜味、香味,从而制成美味的酱菜。

知识点5　榨菜加工工作程序

加工榨菜所利用的原料系一种茎用芥菜,俗称为青菜头。茎用芥菜的膨大茎部,组织细嫩,风味鲜美,营养丰富,具有一种特殊的风味,主要产于重庆和浙江,最适于腌制。榨菜是一种半干态非发酵性咸菜,以茎用芥菜为原料腌制而成,是中国名特产品之一,与法国酸黄瓜、德国甜酸甘蓝并称为世界三大名腌菜。在1898年始见于中国四川涪陵(今重庆市涪陵区),时称"涪陵榨菜"。因加工时需用压榨法榨出菜中水分,故称"榨菜"。

5.1　工艺流程

原料选择(青菜头)→脱水→腌制发酵→修剪→淘洗→配料装坛→存放后熟→成品。

5.2　操作要点

5.2.1　原料选择

(1)主要原料　茎用芥菜又叫青菜头,为加工榨菜的主要原料。一般以质地细嫩紧密、纤维质少、菜头凸出部较平缓,呈圆形或椭圆形为好。根据不同品种的特性,掌握适当的收获期,最好能选用早、中、晚熟品种搭配栽种,错峰成熟,先后收获,不但可以保证榨菜的品质、延长加工期限,而且避免了加工时集中忙乱现象,以保证榨菜加工的优质高产。

(2)辅料　榨菜风味的获得至关重要,常用的辅料有食盐、辣椒面、花椒混合香料面(其中八角55%、山萘10%、甘草5%、沙头4%、肉桂8%、白胡椒3%、干姜15%)。

5.2.2　脱水

多采用风脱水方法。主要有如下操作:

(1)搭架　架地选择河谷或山脊,风力风向好,地势平坦宽敞,要使菜架全部能受到风力吹透。架子一般用棕木、脊绳等材料搭成"八"字形。

(2)晾晒　采收后的青菜头应及时进行晾晒,先去除叶片及基部的老梗,对切(大者可一分为二),切时应注意均匀,老嫩兼备,青白齐全,用排块法白面向上,用竹丝穿串,两头回穿后搭在架上,每串4~5 kg,要使菜块易干不易腐,受风均匀。一般风脱水7~10 d,用手捏感觉菜块周身柔软无硬心。晒100 kg干菜块所需鲜菜头数量因其收获期不同而不同。晒干后的菜块要求无腐烂、黑麻斑点、空花及棉花包或发梗,如有出现需要立即去除,并进行整理后,再进行下一步的生产。

5.2.3　腌制

晒干后的菜块下架后,应立即进行腌制。在生产上一般分为三个步骤,其用盐量的多少是决定品质的关键。一般100 kg干菜块用盐13~16 kg。

第一次腌制:100 kg干菜块可用盐3.5~4.0 kg,以一层菜一层盐的顺序下池(下层宜少用盐),用人工或机械将菜压紧,经过2~3 d,腌制脱水时间结束,马上起池上囤;起池时,将菜头在盐水中边起边淘洗边上囤;囤基先垫上竹隔板,囤用苇席围周正,上囤时层层踩紧,上囤24 h。第一次腌制后称为半熟菜块。

第二次腌制:将池内的盐水引入贮盐水池,把半熟菜仍按100 kg半熟菜块加7~8 kg盐,一层菜一层盐放入池内，用机械或人工压紧，经 7～14 d 腌制后，淘洗、上囤，上囤 24 h 后，称为毛熟菜块。

第三次加盐是装坛时进行的。

5.2.4 修剪坎筋

用剪刀仔细地剔净毛熟菜块上的飞边、叶梗基部虚边，再用小刀削去老皮，黑斑烂点，除去硬筋，以不损伤青皮、菜心和菜块形态为原则。

5.2.5 整形分级

按菜块标准认真挑选，按大菜块、小菜块、碎菜块分别堆放。

5.2.6 淘洗上囤

将分级的菜块用澄清的盐水或新配制的含盐量为 8% 的盐水人工和机械淘洗，除去菜块上的泥沙、污物，随即上囤踩紧，以榨干菜块上的明水及菜块内部可能被压出的水分；上榨时，榨盖一定要缓慢下压，不使菜块变形或破裂；上榨时，应准确掌握出折率，一般为 62%～64%。24 h 后流尽表面盐水，即成为净熟菜块。

5.2.7 拌料装坛

按净熟菜块质量配好调味料。食盐按大、小、碎块分别为 6%、5%、4%，红辣椒面儿（即辣椒末）1.1%，整粒花椒 0.03% 及混合香料末 0.12%，混合香料末的配料比例为八角 45%、白芷 3%、山萘 15%、桂皮 8%、干姜 15%、甘草 5%、沙头 4%、白胡椒 5%，以上配料先在大菜盆内充分拌合均匀，再撒在菜块上均匀拌合，必须要使每一菜块都能均匀沾满上述配料，随即进行装坛。每次拌好的菜不宜太多，以 200 kg 为宜。过多，装坛来不及，食盐会融化，反而不利于装坛。因装坛过程中又加入了食盐，故称为第三道加盐腌制。

若制作方便榨菜，因后续工艺需要切分后脱盐，因此只可添加食盐，而不拌和其他辅料。

5.2.8 装坛密封后熟

盛装榨菜的坛子必须两面上釉，无砂眼，坛子应先检查不漏气，再用沸水消毒擦干。将已拌好的毛熟菜块装入坛内，要层层压紧。一般装坛时，地面要先挖装坛窝，形状似坛的下半部，但要大一点，深度约坛的 3/4，放入空坛时，四周围要放入稻草，将坛放平放稳，以使装坛时不摇晃。装入菜时用擂棒等木制工具压紧，一坛菜分 3～5 次装，压紧以排除空气，装至坛颈为止，撒红盐 0.1～0.15 kg（红盐是 100 kg 盐中加入红辣椒面 2.5 kg 混合而成）。在红盐上交错盖上 2～3 层玉米皮，再用干萝卜叶覆盖，或盖塑料，扎紧封严坛口即可存放后熟，该过程一般需两个月左右。

5.2.9 覆口封口

装坛后 15～20 d 内多次覆口检查，将塞口菜取出；若坛面菜块下落变松，用木擂棒擂紧，并添加新菜块擂紧，使其装紧仍至距坛口 2 cm 处为止；坛口塞好后，用干净抹布揩净坛口，然后用水泥封口，水泥要封平不高于坛口。

在存入后熟过程中，要检查坛口 1～2 次，观察其菜块是否下沉、发霉、变酸，若有这些情况，应及时进行清理排除，在存放后熟期间坛内产生翻水现象，待夏天后翻水停止，表示已后熟，即可用水泥封口，以便起坛、运输、销售。

知识点6 糖醋菜加工工作程序

糖醋菜是将选用的蔬菜原料先通过稀盐溶液或清水进行一定时间的乳酸发酵，以利于排除原料中不良风味及逐步提高食盐浓度浸渍及增强蔬菜组织的透性。大多数糖醋菜含醋酸1%以上，并与糖、香料配合调味，因此可以较长时间保存；同时食盐、糖及其他香科和调味料主要起调味作用，因此糖醋具有良好的风味，如糖醋大蒜、糖醋酥姜等。

6.1 工艺流程

配制糖醋液
↓
原料选择及预处理→盐腌→脱盐→沥干→入坛糖醋渍→杀菌包装→成品。

6.2 工艺要点

6.2.1 原料选择及预处理

要求与酱菜基本相同。主要原料有葱头、蒜头、黄瓜、嫩姜、莴笋、萝卜、藕、芥菜、蒜薹等。原料要清洗干净，按需要去皮或去根、去核等，再按食用习惯切分。

辅料主要有食醋或冰醋酸等、糖、香料（如桂皮、八角、丁香、胡椒）、调味料（如干红辣椒、生姜、蒜头）。

6.2.2 盐腌

整理好的原料用8%左右食盐腌制几天，至原料呈半透明为止。盐渍的作用主要是排除原料中不良风味，如苦、涩味等，增强原料组织细胞膜的渗透性，使其呈半透明状，以利于糖醋液渗透。如果以半成品保存原料，则需补加食盐至15%～20%以上，并注意隔绝空气，防止原料露空，这样可大量处理新鲜原料。

6.2.3 脱盐

将盐渍处理好的原料用清水反复浸泡脱盐，至稍有咸味捞起，并沥去水分。

6.2.4 糖醋液配制

糖醋液与制品品质密切相关，要求甜酸适中，一般要求含糖30%～40%，选用白砂糖，可用甜味剂代替部分白砂糖；含酸2%左右，可用醋酸或与柠檬酸混合使用。为增加风味，可适当加一些调味品，如加入0.5%白酒、0.3%的辣椒、0.05%～0.1%的香料或香精。香料要先用水熬煮过滤后备用。砂糖加热溶解过滤后煮沸，依次加入其他配料，待温度降至80 ℃时，加入醋酸、白酒和香精，另加入0.1%的氯化钙保脆。

6.2.5 糖醋渍

把脱盐后的原料放入配制好的糖醋液内，按6份脱盐沥干后的菜坯与4份糖醋香液的比例装罐或装缸，密封保存，25～30 d便可后熟取食。

6.2.6 杀菌包装

如要较长期保存，可选择罐藏，包装容器可用玻璃瓶、塑料瓶或复合薄膜袋，进行热装罐包装或抽真空包装，如密封温度≥75 ℃，不再进行杀菌也可以长期保存。也可包装后进行杀菌处理，在70～80 ℃热水中杀菌10 min。热罐装密封后或杀菌后都要迅速冷却，否则制品容易软化。

子任务一　泡菜加工

【子任务要求】

通过操作实施，学生掌握泡菜加工的内容、要点和方法，编制泡菜加工技术方案，并能解决泡菜加工中出现的问题。

【任务实践操作】

1　准备主要材料

泡菜坛(坛口外围有一圈水槽，槽沿略低于坛口，坛口配有一碗状的盖子叫扣碗，腌制时把扣碗扣在水槽中，可使坛内形成嫌气环境，既有利于乳酸菌的生存、发酵，还可防止外界杂菌的侵入)。

白菜	5 kg
糖	200 g
食盐	800 g
黄酒	200 mL
白酒	200 mL
茴香	1 g
花椒	5 g
胡椒	8 g
鲜红辣椒	300 g

2　工艺流程

配制泡菜水→入坛泡制→发酵→成品。

　　　　　　↑

新鲜蔬菜预处理

3　操作要点

3.1　泡菜水参考配方(以水的质量计)

添加辅料及比例：食盐 8%～10%，黄酒 2%，白酒 2%，新鲜或干红辣椒 3%，白糖 2%，茴香 0.01%，花椒 0.05%、胡椒 0.08%。

配制方法：先把水烧开，加入食盐溶解，冷却后过滤，再加其他调味料。干红辣椒、八角、花椒等可先磨成细粉，然后用经消毒的纱布包裹后制成香料包，避免辣椒、八角、花椒的粉末黏附在腌制蔬菜的表面。

3.2　原料预处理

白菜经充分洗涤后，将根部剔除干净，进行适当切分。原料要沥干水分，并适当晾晒除去表面的水分。

3.3　入坛泡制

将泡菜坛子洗涤干净，沥干后即可将准备就绪的原料装入坛内，装至半坛时放入香料包。

再装原料至距坛口约 6 cm 时为止,并用竹片或筷子将原料压住,以免原料浮于盐水上。随即加入配制的盐水,至盐水能将蔬菜浸没。

3.4 发酵

发酵过程分为发酵初期、发酵中期和发酵末期三个阶段。泡制 1～2 d 后,由于食盐的渗透作用,制品的体积会缩小,泡菜水的水位会下落,应及时添加原料和泡菜水,保持原料距离泡坛口 4 cm。经常检查泡菜坛子水槽中的水量,保持水槽中水呈水满状态。

3.5 泡菜的成熟期

泡菜的成熟期随所泡蔬菜的种类及当时的气温而异。一般新配的盐水、在夏天时需 5～7 d 即可成熟,冬天则需 12～16 d 才可成熟。在泡制和取食过程中,切忌带入油脂类物质,因油脂相对密度轻,浮于盐水表面,易被腐败微生物分解而使泡菜变臭。

4 产品质量标准

产品色泽美观,无霉斑,香气浓郁,质地清脆,组织细嫩,酸咸适口,微有甜味和鲜味,尚能保持原料原有风味。

5 任务实践操作建议

操作实施一:泡菜加工

(1)资讯 学生分成 3～5 人一组,各组根据汇总的相关资料,师生共同讨论、分析,用集体智慧完成泡菜加工技术方案初稿。

(2)决策计划 师生共同讨论、制作汇报提纲,各小组选派 1 名同学进行学习汇报交流,并根据反馈情况,用集体智慧修改并确定泡菜加工技术。

(3)实施 学生按照确定的泡菜加工技术方案,独立完成工作任务,并填写工作任务记录单(表 4-36),教师在工作任务实施过程中巡回指导。

表 4-36 工作任务记录单

<table>
<tr><td colspan="6">操作实施一:泡菜加工</td></tr>
<tr><td colspan="4">仪器(设备等):</td><td colspan="2">操作人员:</td></tr>
<tr><td>工作项目</td><td colspan="4">操作内容</td><td>完成情况</td></tr>
<tr><td></td><td colspan="4"></td><td></td></tr>
<tr><td></td><td colspan="4"></td><td></td></tr>
<tr><td></td><td colspan="4"></td><td></td></tr>
<tr><td>改进措施</td><td colspan="5"></td></tr>
<tr><td rowspan="3">工作任务
完成记录
评价</td><td>班级</td><td></td><td>第 组</td><td>组长签字</td><td></td></tr>
<tr><td>教师
签字</td><td colspan="2"></td><td>日期</td><td></td></tr>
<tr><td colspan="5">评语:</td></tr>
</table>

(4)检查评估及反馈　学生对完成工作任务的表现进行自评和互评,各小组进行总结、考核、评估及反馈,教师做出最后评价,填写工作任务评价及反馈单。

子任务二　糖醋蒜加工

【子任务要求】

通过操作实施,学生掌握糖醋蒜加工的内容、要点和方法,编制糖醋蒜加工技术方案,并能解决糖醋蒜加工中出现的问题。

【任务实践操作】

1　准备主要材料

蒜头、食醋、红糖、食盐、五香粉。

2　工艺流程

原料处理→腌制→晾晒→配制糖醋液→糖醋液浸泡→成品。

3　操作要点

3.1　原料处理

选整齐、肥大、皮色洁白、新鲜的蒜头,去掉须根、老外皮,洗净、沥干。

3.2　腌制

100 kg 鲜蒜头用盐 10 kg,在缸内一层层装好,装到半缸即可。另外准备同样大小的缸,每天早晚各换缸 1 次,腌制 15 d 即成咸蒜头。

3.3　晾晒

捞出蒜头,在晒席上晾晒,每天翻动 1 次,晒至原重量的 70%为宜。发现松皮的需剥皮。

3.4　配制糖醋液

糖醋液的配方为:食醋 0.7 kg,红糖适量,五香粉少许。先将食醋加热到 80 ℃,再加红糖液,最后加入五香粉。

3.5　糖醋液浸泡

将咸蒜头装坛,轻轻压紧,待装到坛容量的 3/4 时,将已配好的糖醋液注入,然后在坛口横放几根竹片,以免蒜头上浮,最后用塑料薄膜将坛口扎紧,用水泥封好,经 2 个月即为成品。

5　任务实践操作建议

具体内容可参考子任务一泡菜加工的任务实践操作建议中任务的实践操作时间、分组安排、内容及步骤在具体教学中有计划、有步骤实施。

知识拓展

蔬菜腌制与亚硝酸胺

练习及作业

1. 食盐的保藏作用是什么？
2. 分析蔬菜腌制品色、香、味形成的机理。
3. 简述蔬菜腌制品的保绿保脆方法。
4. 简述蔬菜腌制的基本原理。

任务七　果蔬速冻制品加工

速冻是将新鲜的果品、蔬菜经过一定的加工处理后，以很低的温度在极短的时间内进行均匀的冻结，并在低温条件下贮藏。其目的是为了保持新鲜果蔬的色泽、风味和营养价值。产品特点是保持原有食品的色、香、味及营养；鲜度高，卫生，方便；保存时间长，调节淡旺季供应。

目前国内生产的速冻果蔬品种有马铃薯、豌豆、菜豆、菠菜、甜玉米、青刀豆、蒜苗、蘑菇、芦笋、洋葱、白菜等。生产地集中在山东、福建、浙江、广东、江苏、上海等地，速冻产品主要用于出口，销往日本、美国、德国等。

知识点 1　速冻原理

引起园艺产品腐烂变质的主要原因是微生物作用和酶的催化作用，而作用的强弱与温度紧密相关。一般来讲，温度降低均使作用减弱，从而达到阻止或延缓园艺产品腐烂的速度。

速冻制品的保藏原理是将产品中的热迅速排除，使水分变成固态的冰晶，抑制微生物的生长繁殖和酶的活性，从而使产品得以长期保存。

园艺产品速冻要求在极低的速冻温度（－35～－30 ℃）下，在最短的时间（30 min 或更短的时间）内将新鲜原料的中心温度迅速降至冻结点（－18～－15 ℃）及以下，使原料中 80％以上的水分快速冻结成固态的冰晶，然后在－18 ℃下贮藏。这一过程能极大地抑制微生物活动和酶的活性，可以在很大程度上防止腐败和生化反应对速冻制品的影响，从而使产品得以长期保存。

1.1　冷冻对微生物的影响

微生物的生长与活动有适宜的温度范围，它们生长繁殖最快的温度称为最适温度，超过或低于这个温度，它们的活动就逐渐减弱直至停止或被杀死。大多数的微生物在低于 0 ℃的温度下生长活动可被抑制。根据微生物对温度的耐受程度，将其划分为4类，即嗜冷菌、适冷菌、嗜温菌和嗜热菌，见表4-37。温度对微生物的生长繁殖影响很大，温度越低，它们的生长与繁殖速度也越低，见表4-38。当处在最低生长温度时，微生物的新陈代谢活动已减弱到极低的程度，并出现部分休眠状态。

表4-37 根据生长温度对微生物的分类

温度/℃	嗜冷菌	适冷菌	嗜温菌	嗜热菌
最低温度	<0～5	<0～5	10	40
最适生长温度	12～18	20～30	30～40	55～65
最高温度	20	35	45	>80

表4-38 不同温度下微生物繁殖时间

温度/℃	繁殖时间/h	温度/℃	繁殖时间/h	温度/℃	繁殖时间/h
33	0.5	10	3	0	20
22	1	5	6	−3	60
12	2	2	10		

防止微生物繁殖的临界温度是−12 ℃。一般酵母菌和霉菌比细菌耐低温的能力强，有些霉菌和酵母菌能在−9.5 ℃未冻结的基质中生活，有些嗜冷菌也能在低温下缓慢活动。它们的最低温度活动范围：有些嗜冷菌可在−8 ℃，有些霉菌可在−12～−8 ℃。所以，一般冷冻制品的贮藏通常都采用−18 ℃或更低一些的温度。

冷冻食品中微生物的存在有两个方面的影响：一个是造成产品的质量败坏或全部腐烂；另一方面是产生有害物质，危及人体健康。

微生物在食品冻结后存活率迅速下降，但冷冻对微生物的作用主要是抑制而不能杀死所有微生物。长期处于低温条件下的微生物会产生新的适应性，一旦条件适宜，就会迅速恢复活动，重新引起速冻制品败坏。

速冻制品一旦解冻，腐败菌就会迅速繁殖，致使速冻制品腐败变质，甚至产生相当数量的毒素。保证速冻制品安全的关键是避免加工品和原料的交叉污染；加工生产中坚持卫生高标准；避免食品原料在准备处理到冷冻之间的时间拖延，保证速冻制品在适宜温度下贮藏。

1.2 冷冻对酶的影响

园艺产品中存在着各种酶，酶能催化各种生化反应的发生，导致冷冻果蔬产品的色泽、风味、营养等变化，影响园艺产品的质量。多数酶活动的适宜温度范围是30～40 ℃，冷冻低温能降低酶的活性，起到一定的抑制作用，有利于产品质量的保持。但是并不能完全抑制酶的活性，一般−18 ℃以下会显著抑制酶的活性。因此在冷冻条件下，园艺产品体内的生化反应只是进行得非常缓慢，但并没完全停止，所以冷冻贮藏的园艺产品经过一段时间贮藏后仍会感到质量上的不良变化。尤其是产品解冻时，酶活性会显著增强，加速产品的质量劣变。

为了保证园艺产品在冷冻时产品质量变化不大，园艺产品冷冻前往往采取抑制或钝化酶活性的措施如热烫处理等，减少酶引起的制品品质劣变。

基质浓度和酶浓度对催化反应速度影响也很大。例如，在食品冻结时，当温度降至−1～

－5 ℃时，有时会出现催化反应速度比高温时快的现象，其原因是在这个温度期间，食品中的水分有 80%变成冰，而未冻结溶液的基质浓度和酶浓度都相应增加的结果。因此，快速通过这个冰晶带能减少冰晶对蔬菜的机械损伤，同时也能减少酶对园艺产品的催化作用。

1.3　低温防止了氧化损失

蔬菜冷冻保藏中由微生物和酶的作用所造成的变质主要是维生素 C、番茄红素和花青素等发生氧化。维生素 C 很容易被氧化成脱氢维生素 C，脱氢维生素 C 继续分解，失去维生素 C 的生理功能；番茄红素是由 8 个异戊二烯结合而成，由于其中有较多的共轭双键，所以容易被空气中的氧所氧化而变色。冷冻的园艺产品由于采取了塑料薄膜袋密封包装，隔绝了空气，对控制上述氧化变质十分有效。

知识点 2　速冻过程

果蔬速冻加工就是将新鲜果蔬经加工处理后，以迅速结晶的理论为基础，采用各种办法加快热交换，在 30 min 或更短的时间内，将其于－35 ℃以下速冻，使果蔬快速通过冰晶体最高形成阶段而冻结，包装后贮藏于－18 ℃以下冷冻库中，达到长期保存目的的过程。

2.1　冻结过程及冻结温度曲线

> **思考：**通过网络学习了解压缩机的发明及冷冻食品加工到速冻食品加工的演变过程，树立技术创新意识，激发学习新技术、新知识的激情，服务地方社会经济，践行使命担当。

2.1.1　果蔬的冻结点

冻结点就是冰结晶开始出现的温度。水的冰点是 0 ℃。一般水果的含水量在 73%～90%，蔬菜含水量在 65%～96%。由于果蔬中的水分不是纯水，而是含有有机物和无机物，包括糖类、酸类和更复杂的有机分子及盐类，是一种复杂的胶体悬浮溶液。果蔬的冰点总是低于 0 ℃，一般在－4～－1 ℃。

2.1.2　冰晶的形成

果蔬中的水分不会像纯水一样在同一温度下结成冰，由于其中的水是以悬浮溶液形式存在，一部分水结成冰后，余下的水溶液浓度升高，使剩余溶液冰点不断下降，即使温度低于初始冰结点，仍会有部分水不结晶。因此，只有当温度降到低共熔点时，才会全部凝结成冰。但食品的低共熔点范围大致在－65～－55 ℃。速冻果蔬的温度一般最低－35 ℃，冻藏温度多为－18 ℃。因此，通常冻藏果蔬中的水分并不能全部冻结成冰。一般只要有 80%的水分结成冰，在感觉上便认为已呈冻结状态。

2.1.3　冻结温度曲线

冻结包括两个过程：降温和结晶。首先果蔬产品由原始温度降到冰点，接着果蔬产品中的水分由液态变为固态，形成冰晶，如图 4-25 所示。冻结温度曲线图反映了食品冻结过程中温度与时间的关系。曲线分为 3 个阶段。

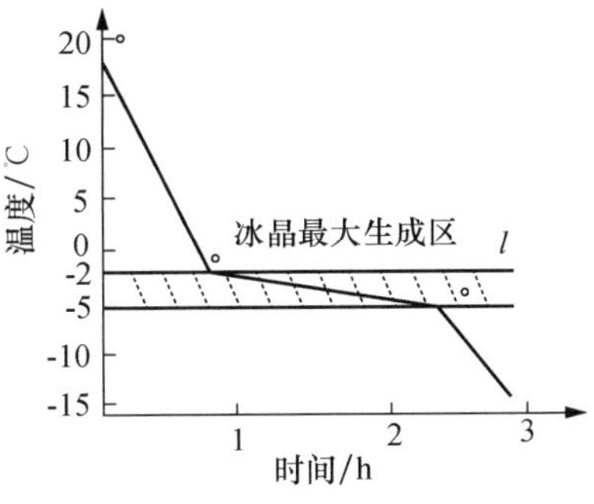

图 4-25　冻结温度曲线

(1)初阶段　从初温至冻结点。放出食品自身的显热，放出的热量占总放出热量的比例最小，故降温快，曲线陡。

(2)中阶段　即结冰阶段，从冻结点至－5 ℃，80％的水分结冰。因冰的潜热约是显热的50～60倍，整个冻结过程中绝大部分热量在此放出，降温慢，曲线平坦。

(3)终阶段　从－18～－5 ℃(终温)。此时，放出的热量，一部分来自冰的降温，另一部分来自余下的水继续结冰，曲线不及初阶段陡。

冻结速度取决于中阶段(结冰阶段)。冷冻介质与传热快慢关系很大。

快速冻结途径：降低冻结温度，提高冷冻介质与食品初温的温差；加快冷冻介质流经食品的相对速度，增加冷冻介质与食品的接触面，以提高食品表面的放热效果；减小食品的体积和厚度，增大食品与冷冻介质的热交换率和缩短冷冻介质与食品中心的距离。

2.2　冻结速度对产品质量的影响

2.2.1　冷冻与速冻

冷冻是将产品中的热能排出去，使水分变成固态的冰晶结构。速冻即快速冻结，指以最快速度通过最大冰晶生成区，使果蔬中80％以上的水分变成微小的冰结晶的过程。

2.2.2　冻结速度的表示方法

目前冷冻速度的表示方法有3种：

(1)时间划分　果蔬中心温度从－1 ℃降至－5 ℃所需要的时间，在30 min内为快速冻结，超过30 min为慢速冻结，之所以选择30 min是因为在这样的冻速下冰晶对组织影响最小。

(2)距离划分　以单位时间内果蔬－5 ℃的冻结层从果蔬表面伸向内部的距离(cm)划分。

快速冻结：5～20 cm/h；中速冻结：1～5 cm/h；慢速冻结：0.1～1 cm/h。

(3)速度划分　以比果蔬冻结点低10 ℃的冻结层移动速度表示。即以果蔬表面与中心温度点间的最短距离与果蔬表面达到0 ℃后果蔬中心温度降到比果蔬冻结点低10 ℃所需时间之比来表示果蔬冻结速度，$V=S/t$。如果蔬中心与表面的最短距离为10 cm，果蔬的冻结点为－2 ℃，果蔬中心温度降到比冻结点低10 ℃(即－12 ℃)时所需时间15 h，其冻结速度为：

$$v=\frac{10}{15}=0.67(\text{cm/h})$$

目前使用的各种冻结设备中，果蔬的冻结速度一般从0.2～100 cm/h。其中通风冷库冻结速度为0.2 cm/h，送风冻结器为0.5～3 cm/h，流化床冻结器为5～10 cm/h，液氮冻结器为10～100 cm/h。

2.2.3　冻结速度对质量的影响

缓冻时，由于细胞内和细胞间隙的溶液浓度不同，间隙水先结成冰晶，细胞内水分向细胞间隙已形成的冰晶迁移聚集，使细胞间隙的冰晶体不断增大，直到冻结温度降到足以使细胞内所有水形成冰晶为止。食品组织内形成的冰晶体积大，数目少，且分布不均匀，易使组织细胞被膨大的冰晶体挤压而遭受机械损伤，同时由于水分迁移而造成细胞浓度增加。使其解冻后流汁、风味变劣等。

速冻时，细胞内水分几乎同时在原地结成冰晶。冰晶体积小(其直径应小于100 μm)，数量多，分布均匀，对组织结构不会造成机械损伤，可最大限度地保持冻结食品的可逆性和质量。

解冻时冰晶融化的水分能迅速被细胞吸收，不会产生汁液流失，基本保持原有的色泽、风味、营养。

快速冻结可将温度迅速降至微生物生长活动及酶活力的温度以下，利于抑制微生物的活动和酶促生化反应，更利于食品保藏。

知识点 3　速冻方法及设备

食品速冻方法及装置多种多样，分类方式不尽相同，按冷冻介质与食品接触的方式可分为空气冻结法、间接接触冻结法和直接接触冻结法 3 种。空气冻结形式中主要有静止空气冻结法、鼓风冻结法，其中鼓风冻结法中主要有隧道式冻结、传送带式连续冻结、螺旋带式连续冻结、流态化冻结 4 种。直接冻结形式中有液氨喷淋、液态二氧化碳喷淋和氟利昂喷淋冻结。从速冻要求来讲，静止空气和半鼓风冻结方法冻结园艺产品时间太长，一般需 5～10 h，属于典型的慢冻，不适于园艺产品冻结；而液态冷媒直接冻结方法虽可以速冻园艺产品，但成本较高，也不实用。因此下面仅介绍最适合园艺产品速冻的冻结方法及装置。

3.1　空气冻结法

在冻结过程中，冷空气以自然对流的方式与园艺产品进行热交换。由于空气的导热性差，与园艺产品间的换热系数小，故所需的冻结时间较长。但是空气资源丰富，无任何毒副作用，其热力性质早已为人们熟知，所以，用空气作介质进行冻结仍是应用较为广泛的一种冻结方法。

3.1.1　隧道式冻结装置

隧道式冻结装置共同的特点：冷空气在隧道中循环，食品通过隧道时冻结。食品通过隧道的方式，可分为传送带式、吊篮式、推盘式等几种，其中推盘式连续冻结隧道较适宜园艺产品速冻。产品用网带携带通过隧道，与冷风逆流而行，冷空气的温度为－34～－18 ℃，风速在 30～1 066 m/min。

这种装置主要由隔热隧道室、冷风机、液压传动机构、货盘推进和提升设备构成，如图 4-26(a)所示。

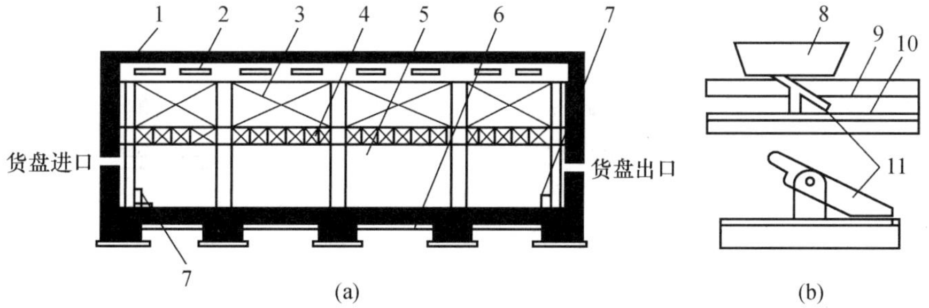

图 4-26　推盘式连续冻结隧道示意图

1. 绝热层　2. 冲淋水管　3. 翅片蒸发排管　4. 鼓风机　5. 集水箱　6. 水泥空心板　7. 货盘提升装置　8. 货盘　9. 滑轨　10. 推动轨　11. 推头

货盘推进设备的推头装置如图 4-26(b)所示。货盘底部焊有两条扁钢，承放在两道扁铁组成的滑道上，每对滑道有两个推动装置。在液压系统的作用下，推头顶住盘底的扁钢，将货盘向前推进。当推头后退复位时，被货盘后端的扁钢压下，滑过后，由于偏心作用，推头自动抬起，复位并进入推进状态。通过推头的反复动作，货盘便向前移动。另外，还有两个提升装置，将货盘分层提升。

冻结时间可通过改变货盘的传送速度进行调整，可调范围为 40～60 min。这种冻结装置可以根据具体情况做成多层或多排输送结构。冷风机放在旁侧吹风，效果也好。

园艺产品装上货盘后，在货盘入口由液压推盘结构推入隧道，每次同时进盘两只，货盘到达第一层的末端后，被提升装置提升到第二层轨道，如此往复经过三层，在此过程中冷冻品被冷风机强烈地吹风冷却，不断地降温冻结，最后经出口推出，每次出盘也是两只。

这种装置的特点：连续生产、冻结速度较快、构造简单、造价低、设备紧凑、隧道空间利用充分。

3.1.2 传送带式连续冻结装置

传送带式冻结装置如图 4-27 所示。其主体装置是钢带连续输送机。通常物料随不锈钢网带或板带在 −40～−35 ℃的冷风下移动，风的流向可与物料平行、垂直、顺向或逆向。传送带移动速度可根据冻结时间进行调节，蒸发器有融霜装置。冷风机在装置的上部。一般传送带下部冷风温度为 −40 ℃，上部温度为 −35 ℃，厚度 15 cm 的物料在 12 min 内即可冻结好；厚度 40 cm 的物料则需 41 min 才能冻结好。

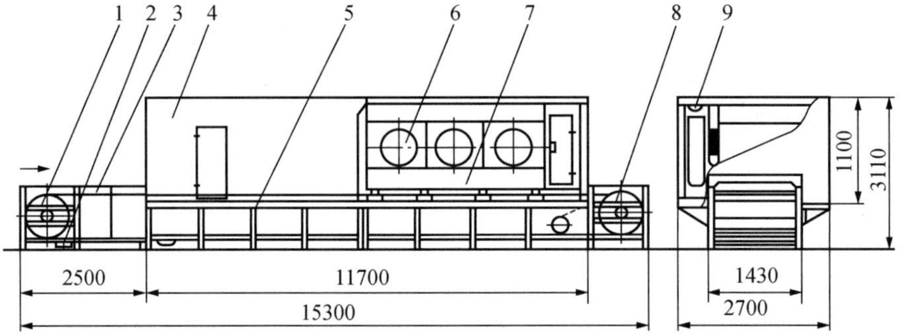

图 4-27 传送带式冻结装置(单位：mm)

1. 从动滚筒 2. 喷淋装置 3. 传送钢带 4. 库体 5. 托架 6. 风机 7. 蒸发器 8. 主动滚筒 9. 灯具

3.1.3 流态化冻结装置

鼓风冷冻法中，如让空气从传送食品的输送带的下方向上鼓送，流经放置于有孔眼的网带上，将产品吹起但不带走，增加了食品与冷空气的接触面积，加速冷冻，此方法叫流态化冷冻法。流态化冻结装置，按其机械传送方式可分为斜槽式流态化冻结装置、带式流态化冻结装置和振动流态化冻结装置，其中又可分为一段带式和两段带式流态化冻结装置。振动流态化冻结装置包括往返振动和直线振动流态化冻结装置两种。如果按流态化形式可分为全流态化和半流态化冻结装置。

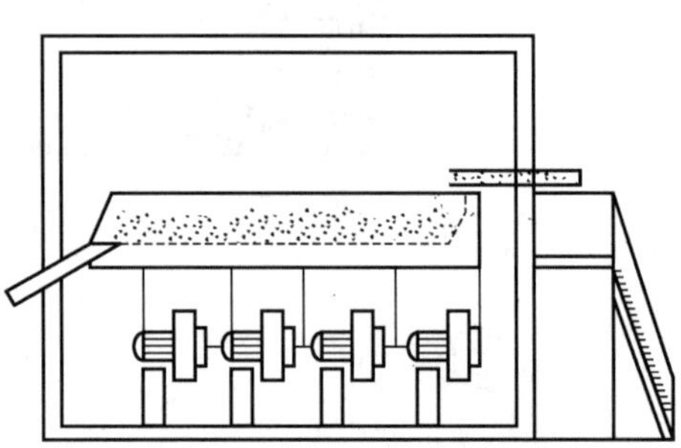

图 4-28 流化床式冻结装置

流化床式冻结装置(图 4-28)是利用强制循环的

高速空气把被冻结产品吹起，形成悬浮状态（流化态），从而获得快速冻结。流化床式冻结装置由多孔槽、空气净化器、喷淋头、蒸发管、鼓风机、丙二醇贮槽、振动筛等组成。冷冻时，将产品铺放在多孔槽内的网带上或盘子上，冷空气由网带下方向上方强制送风，形成流化状态。此法冷冻迅速而均衡，一般 10 min 左右即可冻结。

流态化冻结装置适用于冻结小型球状颗粒物料或各种切分成小块的园艺产品原料。尤其适于园艺产品类单体的冻结，如青豌豆、甜玉米、草莓、菜豆等，冻结时间仅需几分钟到十几分钟。避免了颗粒食品的黏合现象。

流态化冻结装置具有冻结速度快、耗能低和易于实现机械化连续生产等优点。

3.2　间接接触冻结法

间接接触冻结法指的是把食品放在由致冷剂或低温介质（如盐水）冷却的空心金属板、盘、带或其他冷壁上，用冷壁（冷却的板、面等）与食品直接接触，食品与制冷剂间接接触而使食品冻结的方法。对于固态食品，可将食品加工成平坦表面的形状，使冷壁与食品的一个或两个平面接触；对于液态食品，则用泵送方式使食品通过冷壁热交换器，冻成半融状态。它包括平板式冻结装置、回转式冻结装置、钢带式冻结装置。主要装置是在绝热的箱橱内装置可以移动的空心金属板，制冷剂在平板的空心内部流动，产品（厚度 2.5～7.5 cm）则放置在上下两空心平板之间，紧密接触，进行热交换。如图 4-29 所示。冷冻温度－45 ℃，由于冻结品是上下两面同时降温冻结，故冻结速度较快。但分批间歇操作，劳动强度大，日产量低。

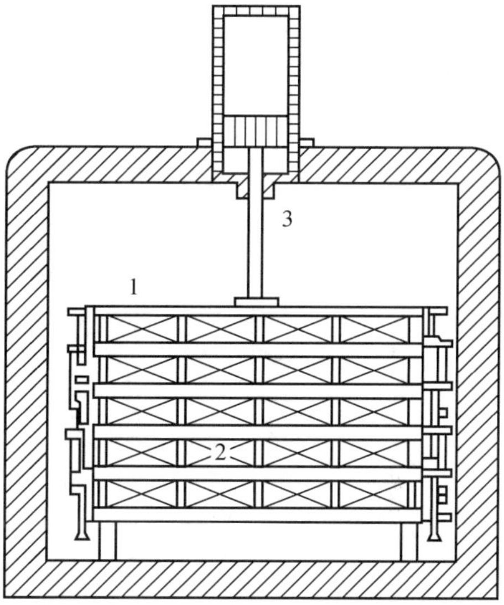

图 4-29　平板式冻结装置

1. 冷却板　2. 带包装食品　3. 水压式升降机

3.3　直接接触冻结法

直接接触冷冻法要求食品（包装或不包装）与不冻液直接接触，食品在与不冻液换热后，迅速降温冻结。食品与不冻液接触的方法有喷淋法、浸渍法，或两种方法同时使用。相应的直接冷冻法有浸渍冷冻法和低温冷冻法两种类型。浸渍冷冻法即产品直接浸在液体制冷剂中，液体是热的良导体，在浸渍冷冻中与产品接触面积最大，冷冻速度快。低温冷冻法是产品在一种沸点很低的制冷剂进行相变的条件下（液态变为气态）获得迅速冷冻的方法。通常的制冷剂是液态氮，沸点是－195.81 ℃，其次是二氧化碳，沸点是－78.5 ℃，这种方法比前几种制冷速度快，效果好。

低温液体冻结装置，同一般的冻结装置相比，这类冻结装置的冻结温度更低，所以常称为低温冻结装置或深冻结装置。其共同特点是没有制冷循环系统，在低温液体与食品接触的过程中实现冻结。

园艺产品常用的冻结介质（低温液体）分两大类：一类是用制冷剂间接接触冷却的低冻结点液态介质，如冷盐液、糖液等；一类是蒸发时本身能产生制冷效应的超低温致冷剂，如压缩液态氮、液氨、液态二氧化碳、液态氟里昂等。

如图 4-30 所示为喷淋式液氮冻结装置，它由隔热隧道式箱体、喷淋装置、贯穿于隧道的不锈钢丝网格传送带、传动装置、减速器、搅拌机、离心排风机、电磁阀和电器控制箱等部件组成。产品在一个循环传送带上通过隔热的冷冻室，整个冷冻室分为预冷区 A、冻结区 B、均温区 C 3 个部分，产品与冷氮气以相对的方向进行，使产品在前进中不断降温。风机将冻结区内温度较低的 N_2 输送到预冷区，并吹到传送带送入的食品表面上，经充分换热，食品预冷。传送带携带产品前进到 B 室中时，上面的液氮向下喷淋在产品上，此时液态氮汽化，产品受到雾化管喷出的雾化液氮的冷却而被急速速冻，经过一定时间，由传送带将产品带进 C 室，使产品温度均匀一致，再从另一端送出。冻结温度和冻结时间，根据食品的种类、形状，可调整储液罐压力以改变液氮喷射量，以及通过调节传送带速度来加以控制，以满足不同食品的工艺要求。由于食品表面和中心的温度相差很大，所以完成冻结过程的食品需在均温区停留一段时间，使其内外温度趋于均匀。液氮的汽化潜热为 1.98.9 kJ/kg，定压比热容为 1.034 kJ/(kg·K)，沸点为 −195.81 ℃。从沸点到 −20 ℃冻结终点所吸收的总热量为 383 kJ/kg，其中，−195.81 ℃的 N_2 升温到 −20 ℃时吸收的热量为 182 kJ/kg，几乎与汽化潜热相等，这是液氮的一个特点，在实际应用中，应注意不要浪费这部分冷量。

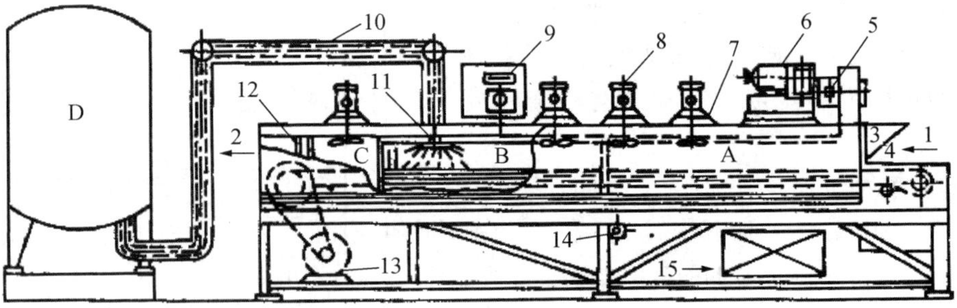

图 4-30 液氮速冻装置示意图

1. 原料进口 2. 原料出口 3、12. 硅橡胶幕帘 4. 不锈钢丝网格传送带 5. T 型蝶形阀 6. 排气风机 7. 硅橡胶密封垫 8. 搅拌风机 9. 温度指示计 10. 隔热管道 11. 喷嘴 13. 巴依阿尔无级变速器 14. 开关 15. 控制盘

A. 预冷区 B. 冻结区 C. 均温区 D. 液氮贮罐

对于 5 cm 厚的食品，经过 10～30 min 即可完成冻结，冻结后的食品表面温度为 −30 ℃，中心温度达 −20 ℃。冻结每千克食品的液氮耗用量约为 0.7～1.1 kg。

知识点 4 速冻制品加工基本技术

4.1 原料选择

选择新鲜，幼嫩，无病虫害，成熟度达到鲜食标准(色香味均已充分表现出来)，适合速冻的品种。要求原料品种优良，成熟度适当，规格整齐，无农药和微生物污染等。原料品质是决定速冻果蔬品质的重要因素，因此要注意选择适宜速冻加工的品种。水果、蔬菜的品种不同，对冷冻的承受能力也有差别。一般含水分和纤维多的品种，对冷冻的适应能力较差，而含水分少、淀粉多的品种，对冷冻的适应能力较强。

4.2　原料预冷

一般园艺产品采收后到速冻期间，要堆放一段时间。此间必需预冷，预冷的终温以原料不结冰为限(0 ℃以上)。

4.3　清洗

原料应充分清洗干净，目的是除去附在园艺产品表面的尘土、泥沙、异物和农药；减少微生物的数量，符合卫生标准。方法：一般采用人工和机械清洗。要注意水的卫生，加工所用的冷却水要经过消毒(可用紫外灯)，并注意及时更换。工作人员、工具、设备、场所的清洁卫生的标准要求要高，加工车间要加以隔离。对喷过农药的园艺产品，需用化学药品清洗，一般使用0.5%～1.5%的盐酸溶液或0.03%～0.01%的 $KMNO_4$ 溶液等。在常温下浸泡数分钟，清水冲净。

4.4　去皮、切分整理

有些园艺产品需进行去皮、切分及整理，制成适合大小的规格形式(条、块、段、片、丝等)，以便于速冻前包装。为防止原料在去皮或切分后变色，可用清水浸泡或浸泡在含0.2%亚硫酸氢钠、1%食盐、0.5%的柠檬酸溶液中。速冻园艺产品，首先去除须根及不能食用部分，如青椒去籽、菠菜去根等。速冻后会减弱果蔬的脆性，可以将原料浸入0.5%～1%的碳酸钙(或氯化钙)溶液中，浸泡10～20 min，以增加其硬度和脆性。有些蔬菜如椰菜花、西兰花、菜豆、豆角等，要在2%～3%的盐水中浸泡15～30 min，以驱出内部的小虫，浸泡后应再漂洗，盐水与原料的质量比不低于2∶1，浸泡时随时调整盐水浓度，若浓度太低，则幼虫不能被驱逐出来；若浓度太高，虫会被腌死。

4.5　漂烫

漂烫主要用于蔬菜的速冻加工，目的是破坏酶的活性，防褐变，软化纤维组织，去掉辛、辣、涩等味，便于烹调加工。

园艺产品漂烫方法主要有热水和常压蒸汽两种。热水漂烫是把水加热到一定温度(90～100 ℃)，将园艺产品迅速放入热水中几十秒至几分钟后，迅速捞出。蒸汽烫漂是把园艺产品放在蒸汽中进行加热。热烫过程中要保持水温稳定。为加强护色效果，沸水热烫还可加入0.2%的碳酸氢钠(绿色蔬菜如青豆荚)或0.1%柠檬酸(浅色蔬菜如马铃薯)等。热烫时间可根据果蔬种类、形状、大小等确定。以钝化酶的活性为目的，尽量缩短时间(通常为2～5 min，也有的只有几秒种)。原料热烫后应迅速冷却，一般有水冷和空气冷却，可以用浸泡、喷淋、吹风等方式。最好能冷却至5～10 ℃，最高不应超过20 ℃。

4.6　沥干

经过烫漂和冷却的原料带有水分可采用振动筛或离心机脱水，沥干水分，以免产品在冻结时粘结成堆。

4.7　预冷与速冻

经过前处理的原料，可预冷至0 ℃，这样有利于加快冻结。许多速冻装置设有预冷设施，或者在进入速冻前先在其他冷库预冷，然后陆续进入冻结。冻结速度往往由于果蔬品种不同、块形大小、堆料厚度、入冻时品温、冻结温度等不同而有差异，故必须在工艺条件上及工序安排上考虑紧凑配合。

经过前处理的果蔬应尽快冻结，速冻温度在－35～－30 ℃，风速应保持在 3～5 m/s，这样才能保证冻结以最短的时间（＜30 min）通过最大冰晶生成区，使冻品的中心温度尽快达到－18～－15 ℃。只有这样才能使 90%以上的水分在原来位置上结成细小冰晶，均匀分布在细胞内，从而获得品质新鲜、营养和色泽保存良好的速冻果蔬。

4.8 包装

包装是贮藏好速冻园艺产品的重要条件。其作用是：控制贮藏过程中冰晶升华而干燥；防止贮藏中接触空气而氧化变色，便于运输、销售和食用；防止产品污染，保证卫生。冻结后的产品经包装后入库冻藏，为加快冻结速度，多数果蔬冻品采用先冻结后包装的方式。但有些产品如叶菜类为避免破碎可先包装后冻结。包装前，应按批次进行质量检查及微生物指标检测。为防止产品氧化褐变和干耗，在包装前对某些产品如蘑菇应镀冰衣，即将产品倒入水温低于－5 ℃的镀冰槽内，入水后迅速捞出，使产品外层镀包一层薄薄的冰衣。

速冻果蔬的包装有大、中、小各种形式，包装材料有纸、玻璃纸、聚乙烯薄膜（或硬塑）及铝薄等。为避免产品干耗、氧化、污染而采用透气性能低的包装材料，还可以采用抽真空包装或抽气充氮包装，此外还应有外包装（大多用纸箱）。

4.9 贮藏

速冻果蔬的长期贮存，要求将贮藏温度控制在－18 ℃以下，冻藏过程应保持稳定的温度和相对湿度。若在冻藏过程中库温上下波动，会导致重结晶增大冰晶体，这些大的冰晶体对果蔬组织细胞的机械损伤更大，解冻后产品的汁液流失增多，严重影响产品品质。并且不应与其他有异味的食品混藏，最好采用专库贮存。速冻果蔬产品的冻藏期一般可达 10～12 个月，如贮藏条件好则可达 2 年。

4.10 运输销售

在运输时，要应用有制冷及保温装置的汽车、火车、船、集装箱等专用设施，运输时间长的要将温度控制在－18 ℃以下，销售时也应有低温货架或货柜。整个商品的供应程序采用“冷冻链”系统，使冻藏、运输、销售及家庭贮存始终处于－18 ℃以下，才能保证速冻果蔬品质。

4.11 速冻制品的解冻

解冻是速冻果蔬在食用前或进一步加工前的必经步骤。对于小包装的速冻蔬菜和水果，家庭中常用结合烹调和自然条件下融化两种典型的解冻方式。解冻过程对于加工原料来说，它不仅直接关系到解冻原料的组织结构，而且对加工后产品的品质和风味等都有直接影响。

解冻是指冻结时食品中形成的冰晶还原融化成水，所以可视为冻结的逆过程。一般解冻食品在－5～0 ℃停留的时间越长，会使食品变色、产生异味，所以解冻时希望能快速通过此温度带。解冻终温由解冻食品的用途所决定，用作加工原料的冻品，半解冻即至中心温度达－5 ℃就可以了，以能用刀切割为准，此时汁液流失也少。一般解冻介质的温度不宜过高，以不超过 10～15 ℃为宜。通常低温缓慢解冻比高温快速解冻时汁液流失少，但蔬菜和调理冷冻食品的快速解冻比缓慢解冻要好。

4.11.1 解冻方法

目前有两类解冻方法:即外部加热法和内部加热法。

外部加热法是指由温度较高的物质向冻结品表面传送热量,热量由表面逐渐向中心传送的解冻方法。

内部加热法是指在高频或微波场中使冻结品各部位同时受热的解冻方法。

常用的外部加热解冻法有空气解冻法,一般采用25～40 ℃空气和蒸汽混合介质解冻;水(或盐水)解冻法,一般采用15～20 ℃的水介质浸渍解冻;水蒸气凝结解冻法;热金属表面接触解冻法。常用的内部加热解冻法有欧姆加热(电解冻)、高频或微波加热、超声波、远红外辐射等。在实践中也可将上述几种方法组合进行解冻。

冷冻园艺产品解冻后,可根据品种形状和消费习惯,不必再清洗、切断,可直接烹调加工,烹调时间以短为好,一般不宜过分热处理,否则影响质地,口感不佳。冷冻的园艺产品在运输和市场零售期间,应当保持其接近于冻藏的温度条件,使产品处在冻结的状态,不能使其冰晶融化。

4.11.2 冻结食品解冻的要求

不管采取哪一种方法解冻,都要遵循以下的基本原则:在使用前解冻;尽可能快速而均匀地解冻;解冻之后温度以低温为宜;解冻后尽快进行调理;在储存解冻食品时,若储存温度低于5 ℃时,不可放置过久;不与空气接触,带包装解冻;利用解冻时流出的汁液并进行调理;解冻终温视解冻用途而定,植物性食品如青豆等为防止淀粉转化,宜采用蒸汽、热水等高温解冻。

知识点5 常见问题及解决途径

5.1 干耗

制品在速冻过程中,随热量带走的同时,部分水分也同时被带走,而造成制品的干耗发生。通常空气流动越快,这种干耗越大;另外,在制品冻藏中,也有干耗的产生,这是水的升华现象造成的。这种干耗随制品贮藏期越长越严重。在产品加工中,可以通过上冰衣来降低或避免干耗对制品品质的影响。

5.2 变色

因为酶的活性在低温下不能完全抑制,所以,常温下发生的变色,在长期冻藏中同样发生,只是速度减慢而已。为防止此类变色的发生,在速冻前,应进行原料的护色处理。

5.3 流汁

缓慢冻结易造成植物组织受机械损伤,解冻后,融化的水不能重新被细胞吸收,从而造成大量汁液的流失,组织软烂,口感、风味、品质严重下降。提高冻结速度可以减少流汁现象的发生。

5.4 龟裂

由于水变冰的过程体积约增大9%,造成含水量多的果蔬冻结时体积膨胀,产生冻结膨胀压,当冻结膨胀压过大时,容易造成制品龟裂。龟裂的产生往往是冻结不均匀、速度过快造成的。

子任务一 速冻草莓加工

【子任务要求】

通过操作实施，学生掌握速冻草莓加工的内容、要点和方法，编制速冻草莓加工技术方案，并能解决速冻草莓加工中出现的问题。

【任务实践操作】

草莓是一种浆果。草莓味美、芳香、酸甜适口，营养价值高，可食部分达98%。草莓风味别致，但因多汁、娇嫩，不易运输和贮藏，常温下仅能存放1～2 d。研究表明，草莓在温度−0.5～0 ℃，相对湿度85%～90%，最高贮期仅有7～10 d，即使低温贮藏和气调相结合，最长贮期也不超过15 d。采用速冻保藏草莓可大大延长贮藏期，特别是在炎热夏天，小包装速冻草莓解冻后食用，受到广大消费者青睐。

1 准备主要材料

新鲜的草莓、高锰酸钾、白砂糖等。

2 工艺流程

原料选择→清洗消毒→沥水称重→调糖装盘→速冻包装→金属探测→冻藏→销售。

3 操作步骤

3.1 原料选择

一般在果实颜色基本变红一半以上时采收。选择果实形态端正，大小接近，成熟度及色泽较一致，且籽少的草莓鲜果作为加工原料。采后按果实的色泽和大小分级挑选，首先挑选出果面红色占2/3的适宜冻结加工的果实，然后按下列直径分级：20 mm以下、20～24 mm、25～28 mm、28 mm以上；或按质量分级：质量10 g以上为1级、8～10 g为2级、6～8 g为3级、6 g以下为4级。采收和挑选及运输时须轻拿轻放，最好是浅底箱，装箱不宜过满，防止造成机械损伤和太阳直接照射。由于草莓采收时气温较高，采收后极易过熟腐烂，并在采后的8～12 h内加工完毕，若遇特殊情况。可采用快速预冷，使草莓在1 h内，温度降至0 ℃，并在相对湿度85%条件下暂存，但不超过7 d。

3.2 清洗消毒

把选择好的草莓去蒂后，置于水池中清洗，一般采用洁净的压缩空气吹入池内的冷水中搅动清洗，以除去泥沙、叶片等碎屑，并换水冲洗。如需消毒可随即将清洗后的果置于0.05%～0.10%高锰酸钾水溶液中浸泡，洗涤8～10 min后，再次转入清水池中用清水冲洗2～3次至清洗液不呈现兰紫色为宜。人工除去鲜果上的果柄、萼片，注意不得弄破果皮，并捡除烂果、病虫危害果等不合标准的果实，再用清水淘洗1次。

3.3 沥水称重

将经洗涤消毒的果实用塑料漏瓢捞起，盛于专用筐中沥尽水滴后称重。按每2 kg或5 kg为1个装量单位，把鲜果装入专用金属盘中，为了防止加工过程中水分的散失，一般鲜果称重要多出规定重量的2%～3%。

3.4　调糖装盘

作生食的加工草莓，如果酸味较重、甜度不足，通常要加入净重30%～50%浓度的白砂糖浸渍。也可按鲜果与糖3∶1的比例加入白砂糖，搅拌均匀后即可装盘。装盘时摆放要均匀、松散，不得堆积，以免冻结后不易分散。

3.5　速冻包装

装好盘后，应立即送入低温冷库速冻。速冻温度为－40～－37 ℃，冻结时间为30～40 min，直至果心温度为－18～－16 ℃。如果在40 min以内达不到所需低温，要调整速冻间装盘的层数或每盘内的装量。为了保证制品质量，冷冻必须在尽可能短的时间内完成。速冻完成后，将草莓移至0～5 ℃冷却间，倒于干净工作台上，使草莓逐个分开，分别装入专用塑料袋中。每袋500 g或1 000 g。用封口机封实，过金属探测器后，再装入纸箱中。每箱装10大袋或20小袋，并用胶带密封。在塑料袋和外包装箱上注明产品名称、规格、贮藏条件、食用方法、生产日期及厂家等。

3.6　冻藏

包装后的草莓，应立即送入室温－20～－18 ℃、湿度为95%～100%的冻藏室中贮藏。严禁与其他有挥发性气味或腥味冷藏品混藏以免串味。速冻草莓可贮藏18个月。在运输过程也必须保持冻藏状态，运输工具要采用冷藏车或冷藏船。批发商、零售商要用冰箱、冰柜贮藏。速冻草莓较好地保持了新鲜草莓的色、香、味、形，具有良好的市场前景。

4　产品质量标准

色泽鲜红艳丽，呈现鲜草莓正常色泽，无褐色及其他非正常色；具有本品应有的滋味和气味，无异味；组织鲜嫩，不软烂，草莓果形完整，无严重机械损伤，无病虫斑、无蒂、无泥沙，不允许有任何杂质，符合食品卫生要求，符合食用标准。

5　任务实践操作建议

操作实施一：速冻草莓加工

(1)资讯　学生分成3～5人一组，各组根据汇总的相关资料，师生共同讨论、分析，用集体智慧完成速冻草莓加工技术方案初稿。

(2)决策计划　师生共同讨论、制作汇报提纲，各小组选派1名同学进行学习汇报交流，并根据反馈情况，用集体智慧修改并确定速冻草莓加工技术方案。

(3)实施　学生按照确定的速冻草莓加工技术方案，独立完成工作任务，并填写工作任务记录单(表4-39)，教师在工作任务实施过程中巡回指导。

(4)检查评估及反馈　学生对完成工作任务的表现进行自评和互评，各小组进行总结、考核、评估及反馈，教师做出最后评价，填写工作任务评价及反馈单。

表 4-39　工作任务记录单

<table>
<tr><td colspan="6">操作实施一：速冻草莓加工</td></tr>
<tr><td colspan="3">仪器（设备等）：</td><td colspan="3">操作人员：</td></tr>
<tr><td>工作项目</td><td colspan="4">操作内容</td><td>完成情况</td></tr>
<tr><td></td><td colspan="4"></td><td></td></tr>
<tr><td></td><td colspan="4"></td><td></td></tr>
<tr><td></td><td colspan="4"></td><td></td></tr>
<tr><td>改进措施</td><td colspan="5"></td></tr>
<tr><td rowspan="3">工作任务
完成记录
评价</td><td>班级</td><td></td><td>第　　组</td><td>组长签字</td><td></td></tr>
<tr><td>教师
签字</td><td colspan="2"></td><td>日期</td><td></td></tr>
<tr><td colspan="5">评语：</td></tr>
</table>

子任务二　速冻蘑菇加工

【子任务要求】

通过操作实施，学生掌握速冻蘑菇加工的内容、要点和方法，编制速冻蘑菇加工技术方案，并能解决速冻蘑菇加工中出现的问题。

【任务实践操作】

蘑菇是一种食用真菌，品种较多，世界上现有的品种有白蘑菇、棕色蘑菇、大肥蘑菇等。近年来，我国大量种植，蘑菇产量居世界首位。蘑菇味道鲜美，营养丰富，100 g 鲜蘑菇中含有蛋白质 2.9 g，其中约 50％是完全蛋白质，同时还含有谷氨酸、精氨酸、维生素 C、维生素 K 等 6 种维生素，还含有核苷酸、矿物质及多糖类。蘑菇速冻后品质良好，肉质鲜美，是人们喜欢食用的速冻园艺产品。

1　准备主要材料及仪器、设备

鲜蘑菇、食盐、亚硫酸、半胱氨酸、柠檬酸等。速冻机、切削刀、漂烫机、冷却缸、离心机、温度计、台秤、杀菌器等。

2　工艺流程

原料选择→护色→热烫→冷却→沥干→速冻→分级→复选→镀冰衣→包装。

3　操作步骤

3.1　原料选择与采收

蘑菇原料要求新鲜、色白，菌盖带柄，形态完整近似圆形，菌盖横径 20～40 mm，无畸形，允许轻微薄菇，但菌褶不发黑、不发红、无斑点、无鳞片。菇柄切削平整，不带泥根，无空心、无变色。蘑菇原料品质的好坏与优种、育种、栽培条件、技术管理、采收方法、储运条件等有直接关系。

采菇应在开伞前 2 h、菌膜尚未破裂时为宜，此时不可喷水，以免菇面发黏、变色。菌盖直径应在 20～40 mm 为宜。采摘后的蘑菇后熟作用强，极易变色，应在避风处迅速削去菇根，注意要轻拿轻放，尽量做到快装快运并严防机械伤，采收后 1～4 h 内运往工厂立即加工，能保证加工蘑菇的优良品质。严禁使用铁、钢等金属容器，以免蘑菇发黑变色。

3.2 蘑菇的变色及护色

将刚采的蘑菇置于空气中，一段时间后在菌盖表面即出现褐色的采菇指印及机械伤痕。控制方法如下：

(1)稀薄食盐溶液　蘑菇采摘后浸入浓度 0.6%～0.8%、温度 13 ℃以下的食盐溶液中运入工厂。要求浸泡到工厂加工，不得超过 4～6 h。

(2)亚硫酸盐溶液　常用的有亚硫酸钠(Na_2SO_3)、焦亚硫酸钠($Na_2S_2O_5$)等。将刚采摘的蘑菇浸入 300 mg/kg 的 Na_2SO_3 溶液或 500 mg/kg 的 $Na_2S_2O_5$ 溶液中浸泡 2 min 后，立即将菇体浸没在 13 ℃以下的清水中运往工厂，或浸泡 $Na_2S_2O_5$ 溶液 2 min 后捞出沥干，再装入塑料薄膜袋，扎好袋口并放入木箱或竹篓运往工厂，到厂后立即放入温度 13 ℃以下的清水池中浸泡 30 min，脱去蘑菇体上残留的护色液。

(3)半胱氨酸溶液　将刚采摘的蘑菇浸入 0.4 mol/L 半胱氨酸溶液中 30 min 后取出，也有良好的护色效果。此法护色的蘑菇经 4～6 h 后，菇色仍为白色，基本上保持了蘑菇的本色。

(4)柠檬酸溶液　将蘑菇浸入 1%的柠檬酸水溶液以后，同时加入少量维生素 C，抽真空并使真空桶中保持真空度 0.053 MPa，维持 3 min 后，再把空气放入。

(5)薄膜气调包装　将刚采摘的蘑菇立即放入 0.06～0.08 mm 聚乙烯袋，每袋可放 20 kg，并将袋口扎紧。此法的包装时间必须严格控制在 4～6 h 以内，若超过这一时间，由于袋内缺氧，蘑菇无法维持最低限度的呼吸作用而可能导致金黄色葡萄球菌滋生。

3.3 热烫

蘑菇热烫的目的，主要是破坏多酚氧化酶的活力，抑制酶促褐变。同时赶走蘑菇组织中的空气，使组织收缩，保证固形物的要求，此外还可增加弹性，减少脆性，便于包装。当利用亚硫酸盐护色时，利用热烫还可起脱硫作用。为了减轻非酶褐变，常在热烫液中添加适量的柠檬酸，以增加热烫液的还原性，改进菇色。

一般热烫水中加入 0.1%的柠檬酸溶液调整酸度来抑制反应，热烫的时间根据菌盖大小控制在 4～6 min。热烫时间不宜太长，以免组织太老，失水大，失去弹性。为了防止菇色变暗，热烫溶液酸度应经常调整并注意定期更换热烫水。

3.4 冷却

热烫后迅速将蘑菇放入冷却水池中冷透，以防过度受热影响品质。冷却水含余氯 0.4～0.7 mg/kg。

3.5 沥干

蘑菇速冻前还要进行沥干，否则蘑菇表面含水分过多，会冻结成团，不利于包装，影响外观，而且过多的水分还会增加冷冻负荷。沥干可用振动筛、离心机或流化床预冷装置进行。

3.6 速冻

蘑菇速冻宜采用流化床速冻装置。将冷却、沥干的蘑菇均匀地放入流化床传送带上，传送带的蘑菇层厚度为80～120 mm。流化床装置内空气温度要求－35～－30 ℃，冷气流流速4～6 m/s，速冻时间12～18 min，至蘑菇中心温度为－18 ℃以下。

3.7 分级

速冻后的蘑菇应进行分级，按菌盖大小可分为特大、大、中、小4级，见表4-40。

表4-40 蘑菇大小分级

级别	代号	菌盖横径/mm	级别	代号	菌盖横径/mm
特大级	LL	36～40	中级	M	21～27
大级	L	28～35	小级	S	15～20

3.8 复选

剔除不合乎速冻蘑菇标准的畸形、斑点、锈渍、空心、脱柄、开伞、变色菇、薄菇、带泥根、菌裙发黑以及不合乎规格要求的蘑菇。

3.9 镀冰衣

为了保证速冻蘑菇的品质，防止产品在冷藏过程中干耗及氧化变色，蘑菇在分级、复选后尚需镀冰衣。具体操作法是把5 kg蘑菇放入有孔塑料筐或不锈钢丝篮中，再把篮、筐浸入1～2 ℃的水中2～3 s，拿出后左右振动摇匀沥水即可。冰水要求清洁干净，含余氯0.4～0.7 mg/kg。

3.10 包装

包装工作场地必须保证在－5 ℃以下低温，温度在－4～－1 ℃以上时速冻蘑菇会发生重结晶现象。包装间在包装前1 h必须开紫外线灯灭菌，所有包装用工器具，工作人员的工作服、帽、鞋、手均要定时消毒。工作场地及工作人员必须严格执行食品卫生标准，非操作人员不得随意进入，以防止污染，确保卫生。

内包装可用0.06～0.08 mm聚乙烯薄膜袋。外包装用纸箱，每箱净重10 kg(20×500 g，10×1 kg)。纸箱表面必须涂油，防潮性良好，内衬清洁蜡纸，外用胶带纸封口，所有包装材料在包装前必须在－10 ℃以下低温预冷。

速冻蘑菇包装前应按规格重检，人工封袋时应注意排除空气，防止氧化。用热合式封口机封袋，有条件的可用真空包装机包装。装箱后整箱进行复磅。合格者在纸箱上打印品名、规格、数量、生产日期、储存条件和期限、批号和生产厂家。用封口条封箱后，立即入冷藏库储存。

4 产品质量标准

具有本品种固有的天然白色或淡黄色斑点；经热烫后具有本品种应有的滋味及风味，无异味；整粒菇组织脆嫩，略有弹性，形态完整良好，不开伞。菌柄无空心，切削整齐，柄长不超过6 mm，菌柄菌皱不变黑；无严重畸形菇、病斑菇，无有害杂质存在。

5　任务实践操作建议

操作实施一：速冻蘑菇加工

(1)资讯　学生分成3～5人一组，各组根据汇总的相关资料，师生共同讨论、分析，用集体智慧完成速冻蘑菇加工方案初稿。

(2)决策计划　师生共同讨论、制作汇报提纲，各小组选派1名同学进行学习汇报交流，并根据反馈情况，用集体智慧修改并确定速冻蘑菇加工技术方案。

(3)实施　学生按照确定的速冻蘑菇加工技术方案，独立完成工作任务，并填写工作任务记录单(表4-41)，教师在工作任务实施过程中巡回指导。

表4-41　工作任务记录单

<table>
<tr><td colspan="6">操作实施二：速冻蘑菇加工</td></tr>
<tr><td colspan="3">仪器(设备等)：</td><td colspan="3">操作人员：</td></tr>
<tr><td>工作项目</td><td colspan="4">操作内容</td><td>完成情况</td></tr>
<tr><td></td><td colspan="4"></td><td></td></tr>
<tr><td></td><td colspan="4"></td><td></td></tr>
<tr><td></td><td colspan="4"></td><td></td></tr>
<tr><td>改进措施</td><td colspan="5"></td></tr>
<tr><td rowspan="3">工作任务
完成记录
评价</td><td>班级</td><td></td><td>第　　组</td><td>组长签字</td><td></td></tr>
<tr><td>教师
签字</td><td colspan="2"></td><td>日期</td><td></td></tr>
<tr><td colspan="5">评语：</td></tr>
</table>

(4)检查评估及反馈　学生对完成工作任务的表现进行自评和互评，各小组进行总结、考核、评估及反馈，教师做出最后评价，填写工作任务评价及反馈单。

子任务三　速冻青刀豆加工

【子任务要求】

通过操作实施，学生掌握速冻青刀豆加工的内容、要点和方法，编制速冻青刀豆加工技术方案，并能解决速冻青刀豆加工中出现的问题。

【任务实践操作】

青刀豆，又名荷兰豆、菜豆等，系豆科豆属一年生草本植物。以其嫩荚供人们鲜食或加工用。刀豆富含维生素、氨基酸和矿物质。刀豆风味独特，营养价值高，在国内外市场上十分走俏。

1 准备主要材料、仪器与设备

新鲜青刀豆、食盐、亚硫酸、半胱氨酸、柠檬酸等。
速冻机、切削刀、漂烫机、冷却缸、离心机、温度计、台秤、杀菌器等。

2 工艺流程

原料选择→前处理→浸盐水→漂洗→烫漂→冷却→滤水→速冻→包装→贮藏。

3 操作步骤

3.1 原料选择

选用白籽架刀豆或细青刀豆作为原料。原料采摘首先做到适时，过生、过熟都会影响冻品品质。临近地面豆荚多数畸形，品质较粗，不宜采用。当日采摘的宜当日加工，来不及加工的应放入冷库贮存，或放在阴冷通风处，厚度要薄。

3.2 原料前处理

用剪刀略剪去豆荚两头尖端。不宜剪去过多，以防止水分浸入豆荚，而使豆荚在冻结时胀裂，影响质量。同时撕掉两边的筋，挑选要仔细，凡有病虫害、带伤、畸形、弯曲的一律剔除。

3.3 浸盐水

将剪去两头尖端的青刀豆荚，置于2%的盐水中浸泡10 min，以驱除小虫。浸泡时，要随时调整盐水浓度。

3.4 漂洗

用清水漂洗浸过盐水的青刀豆荚，以便将盐分、小虫、黏附的杂质和微生物漂洗干净，清洗三四次。清洗前可将原料在含有效氯浓度5～10 mg/L的水中适当浸泡。

3.5 烫漂

将漂洗干净的青刀豆荚，立即进入烫漂机中，水的温度一般为95～100 ℃，时间1～1.5 min。热烫要适度。烫漂的作用是破坏果蔬中氧化酶、过氧化酶的活性，以保持果蔬的色泽和营养成分；防止在冷藏过程中和速冻后褐变及变质；杀灭原料表面的微生物和虫卵；除去果蔬组织内的空气，使维生素C和胡萝卜素损失减少，除去豆类蔬菜的腥味等。

3.6 冷却

采取两次降温法：在第一个冷却池用自来水，对一些容易受冷收缩的果蔬起缓冲作用，第二次冷却采用冷却水，0 ℃左右彻底冷却，以达到规定品质。

3.7 滤水

将青刀豆表面的水分滤掉，以保证快速冻结。一般采用柔性振动和吹风结合。

3.8 快速冻结

速冻时制冷水流的蒸发温度为－45～－40 ℃，冷冻机室温在－33 ℃以下。流化床冻结时间最长不能超过15 min，隧道冻结要一次装满，待中心温度低于－18 ℃时出货。

3.9 包装

在低温条件下包装(－10 ℃)，防止因包装温度过高，青刀豆表面结霜，同时，包装过程中